실 용 전 자 측 정

이 현 창 저

도서출판 상 학 당

머 리 말

트랜지스터의 발명과 IC로의 발전 및 컴퓨터와 디지털 회로의 급속한 확산에 의해 현대는 전자기기들 없이는 생활할 수 없는 시대가 되었다. 가정에서는 텔레비전을 비롯해 컴퓨터, 휴대폰, 세탁기, 전기밥솥 등은 필수품이 되었으며 이전에는 전자화되지 않았던 기기들도 전자화되어 전자회로가 다른 기기의 부품으로 다루어지고 있다. 이러한 전자회로들을 연구하고 제작하며 수리하는 데 있어서 필수요소는 전자측정기술이라 할 수 있는데, 현재 대학에서 교재로 사용되고 있는 전자측정 관련서적들은 대부분 Cooper의 원서를 기초로 한 것들이다.

이 원서는 전자측정기술에 관한 이론이 잘 정립된 우수한 교재이지만 현대의 급변하는 기술에 비해 시대적으로 많이 뒤떨어지는 것이 사실이다. 특히 현재는 거의 사용되지 않는 기기나 기술에 대한 내용이 상당히 많이 차지하고 있는 관계로 이를 학습하는 입장에서는 지루하고 실전에서 그다지 도움이 되지 않는 것이 많아 흥미를 잃게 되며, 정작 중요한 내용이 다루어지더라도 다른 내용들과 섞여 등한시되는 경우가 많았다.

이러한 문제점들을 보완하기 위해 이 책에서는 비록 이론적으로 유용하다 할지라도 현실에서 그다지 사용되지 않는 내용들은 과감히 배제하고 가급적 실전위주로 내용을 구성하였다. 특히 최근에 급격히 확산되고 있는 디지털 기술 및 마이크로프로세서를 이용한 측정기술은 기존 측정관련 교재에서는 전혀 다루고 있지 않아 이에 대한 많은 배려를 하였다.

이 책의 초반에는 측정을 위한 기본적인 사항들과 아날로그 측정에 관한 지식들을 다루고, 후반에는 디지털 관련 측정기술과 마이크로프로세서를 이용한 측정기술들을 다루었다. 특히 아날로그 측정에 있어서는 트랜지스터 개별소자 증폭기보다 연산증폭기를 이용한 측정회로를 많이 다루었으며, 실전 기술에 도움이 되고자 가급적 수학적 해석은 최소화하고 원리 해설에 중심을 두었다. 저자의 경험으로는 3시간 한 학기에는 약간 시간이 부족한 감이 있었고, 4시간 한 학기나 2시간 두 학기가 적당한 것 같다. 특히 본 과목은 다른 과목을 보조하는 기초과목이므로 저학년에서 다루면 전자회로 등 타 과목에 도움이 될 것으로 예상된다.

이 책이 완성되고 보니 미진한 점 눈에 띄지만 이러한 것은 점차 보완하기로 하고 일단 탈고하였다. 이 책이 독자들의 측정기술 함양에 조금이나마 일조를 한다면 천만 다행으로 생각한다.

이 책을 출간하기까지 많은 도움을 주신 남승우 사장님과 송일복 전무님을 비롯해 상학당 직원 여러분께 감사의 말씀을 드리며, 이 책이 완성되기까지 물심양면으로 지원을 아끼지 않으신 저의 하나님 아버지께 감사의 말씀을 올립니다.

2010년 8월

저자 올림

차 례

1

서 론

1. 측정 2. 오차와 통계적 해석

이 장에서는 전자측정을 학습하는 데 있어 필요로 하는 측정의 분류, 관련 용어, 그리고 간단한 수학적 통계 수단에 관한 것을 다룬다.

1. 측 정

측정이란 어떤 양이나 변수의 크기를 결정하는 것이라 정의되는데, 예를 들어 전압을 측정하거나 질량을 측정하는 최종 목표는 다음과 같은 식의 크기를 결정하는 것이라 할 수 있다.

$$전압\ V = ?,\qquad 질량\ m = ?$$

(1) 측정의 분류

측정은 그 방법에 따라 여러 가지 방식으로 분류된다.

- 직접측정
- 간접측정

- 절대측정
- 비교측정
  - 편위법
  - 영위법

1) 직접측정과 간접측정

① 직접측정

직접측정이란 측정량을 직접 구하는 방법으로서, 예를 들어 사람의 키를 잰다든가 전압의 크기를 측정하는 것 등이 이에 속한다.

② 간접측정

간접측정이란 직접측정된 다른 값을 이용해 간접적으로 값을 구하는 것으로서, 예를 들어 전압과 전류를 직접측정해 이 값으로 저항과 전력을 계산해 구하는 것이나 교류의 최대값을 직접측정한 후 이를 이용해 실효값을 계산하는 것 등이 이에 속한다.

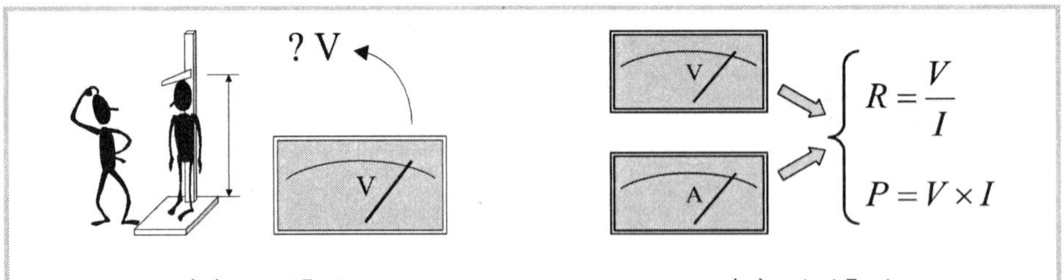

(a) 직접측정 (b) 간접측정

[그림 1-1-1] 직접측정과 간접측정의 예

2) 절대측정과 비교측정

① 절대측정

절대측정이란 측정할 대상의 절대적인 값을 직접 구하는 것으로서, 예를 들어 물건의 개수 알아내기, 어떤 조건에 해당되는 인원수 알아내기 등이 이에 속한다.

② 비교측정

비교측정이란 이미 값을 알고 있는 것과 측정을 하려는 대상을 서로 비교해 값을 알아내는 것으로서, 예를 들어 길이를 알고 있는 줄자와 비교해 다른 물건의 길이를 측정하거나, 어떤 무게가 올려졌을 때 얼마만큼 눈금이 움직인다는 것을 알고 있는 저울을 이용해 물건의 무게를 측정하는 것 등이 이에 해당된다.

3) 편위법과 영위법

편위법과 영위법은 앞서 비교측정 중에서 비교방법에 따라 세분화한 것이다.

① 편위법(偏位法)

편위법은 측정결과가 한쪽으로 치우쳐 표시되는 것으로서, 예를 들어

[그림 1-1-2(a)]와 같이 무게를 측정하는 저울이나 전압을 측정하는 미터기가 이에 해당된다. 이 방법은 측정이 간단하지만 측정결과가 비교적 정확치 못하다는 단점이 있다.

② **영위법(零位法)**

영위법은 이미 값을 아는 다른 물체와 비교해 차이가 0이 되도록 조절해 측정하는 것으로서, 예를 들어 [그림 1-1-2(b)]와 같이 천칭을 이용해 질량을 측정하거나 본문에서 소개할 브리지 회로에 의한 전압측정이 이에 해당된다. 이 방법은 측정이 복잡하지만 비교적 정확한 결과를 얻을 수 있다.

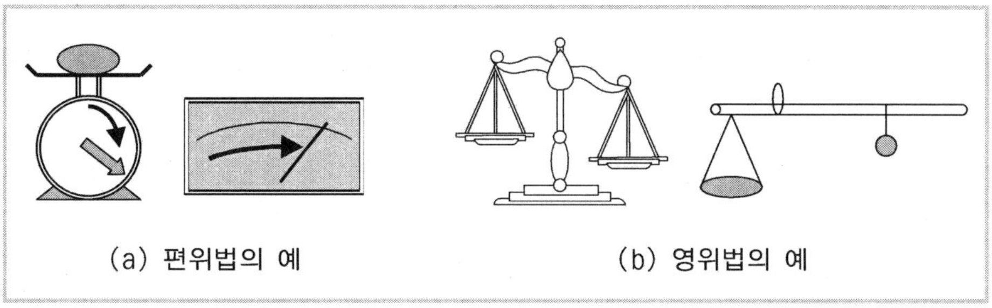

[그림 1-1-2] 편위법과 영위법의 예

(2) 정확도와 정밀도

측정기기의 측정능력을 표시하는 사항 중 정확도와 정밀도라는 것이 있다.

1) 측정의 정확도

정확도(正確度)란 장치의 측정값이 참값에 얼마나 근접한가를 나타내는 것으로서, 예를 들어 [그림 1-1-3]과 같이 하루에 1초 틀리는 시계와 1분 틀리는 시계에서 하루에 1초 틀리는 시계가 더 정확도가 높다 할 수 있다.

(a) 하루에 1초 틀리는 시계　　(b) 하루에 1분 틀리는 시계

[그림 1-1-3] 측정 정확도의 예

2) 측정의 정밀도

정밀도(精密度)는 측정장치로부터 얻을 수 있는 측정치의 한계를 나타내는 것으로서, 예를 들어 [그림 1-1-4]와 같은 2개의 시계에서 [그림 1-1-4(a)] 시계는 분 단위로 시간을 판독하는 데 비해 [그림 1-1-4(b)] 시계는 초단위로 시간을 판독할 수 있으므로 정밀도가 더 좋다.

(a) 5분 눈금 시계　　(b) 1분 눈금 + 초침 시계

[그림 1-1-4] 측정 정밀도의 예

2. 오차와 통계적 해석

어떤 양을 측정하면 그 값에는 오차가 포함되기 마련이며 이러한 오차를 줄이기 위해 여러 차례 측정을 실시한 후 이 값들을 이용해 통계를 낸다. 이처럼 측정과 통계적 해석은 밀접한 관계를 가지고 있고 이에 관한 지식은 매우 유용하고 빈번하게 사용되기 때문에 이에 관해 간단히 살펴본다.

(1) 오차의 계산

1) 오차와 보정

오차(error)란 측정값과 참값과의 차이를 의미하고, 보정(correction)은 참값과 측정값과의 차이를 의미하는데, 이를 식으로 나타내면 다음과 같다.

$$\epsilon = M - T \tag{1}$$

$$\alpha = T - M \tag{2}$$

여기서, ϵ : 오차(error)

α : 보정

M : 측정값(Measured value)

T : 참값(True)

즉, 오차와 보정은 부호만 반대인 동일한 값을 가지는데, 이들은 상당히 혼동될 수 있으므로 '보정'에 관한 것만 정확히 이해하면 오차는 이와 반대일 뿐이므로 쉽게 구분할 수 있다. 보정은 "측정값에 얼마를 보정해야 참값이 되는가?"로 이해할 수 있으며, 이를 이용하면 다음 예제와 같이 구분해 계산할 수 있다.

예 제 실제 체중이 50kg인 사람을 저울로 측정했더니 47kg이라는 값을 얻었다. 이때의 오차와 보정을 계산하시오.

풀이 보정이란 "측정값에 얼마를 보정해야 참값이 될 것인가?"였으므로 측정값 47kg에 3kg을 더해야 한다. 즉 '+3kg'의 값이 얻어지려면 50kg −47kg이 되어야 하므로 다음과 같이 식을 유추할 수 있다.

보정 $\alpha = 50\text{kg} - 47\text{kg} = 3\text{kg}$

∴ 오차 $\epsilon = 47\text{kg} - 50\text{kg} = -3\text{kg}$

2) 오차와 보정의 비율

앞서 소개한 오차와 보정은 절대적인 값만을 나타내기 때문에 전체량에 대해 어느 정도의 오차와 보정이 발생하는지는 알 수 없다. 예를 들어 어떤 측정값에 대한 오차가 3kg이라 할 때, 전체가 10kg 중에 이러한 오차가 발생한 것이라면 큰 값이지만, 전체가 1t 중에 이러한 오차라면 이는 매우 작은 값이다.

따라서 전체 값에 대한 오차와 보정의 상대적 비율이 더 큰 의미를 가지기 때문에 오차율과 보정률, 또는 백분율 오차와 백분율 보정 등을 이용해 표시한다.

① 보정률, 백분율 보정

보정률과 백분율 보정은 측정값 중 얼마만큼을 보정하는지의 비율을 나타낸 것으로서 식 (3)과 같이 나타낸다.

$$\text{보정률} = \frac{\alpha}{M}, \qquad \text{백분율 보정} = \frac{\alpha}{M} \times 100 \tag{3}$$

② 오차율, 백분율 오차

오차율과 백분율 오차는 참값 중 얼마만큼이 오차로 발생하는지의 비율을 나타낸 것으로서 식 (4)와 같이 나타낸다.

$$\text{오차율} = \frac{\epsilon}{T}, \qquad \text{백분율 오차} = \frac{\epsilon}{T} \times 100 \tag{4}$$

③ 상대 정확도

상대 정확도란 참값을 '1'로 보았을 때, 측정값이 참값에 얼마나 근접했는지를 나타내는 척도로서 식 (5)와 같이 나타낸다.

$$\text{상대 정확도 } A = 1 - \left|\frac{M - T}{T}\right| = 1 - \left|\frac{\epsilon}{T}\right| \tag{5}$$

이 식을 그래프로 나타내면 [그림 1-2-1]과 같으며 측정값이 참값에 근접하면 상대 정확도는 1에 가까워진다. 즉 거꾸로 표현하면 상대 정확도가 1에 가까우면 그만큼 측정값이 참값에 근접하다는 의미이다.

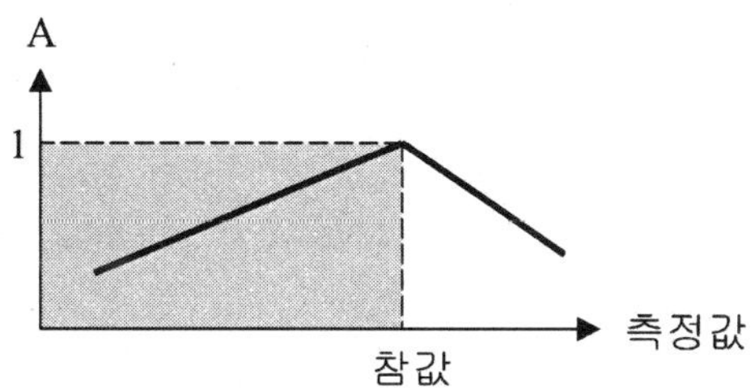

[그림 1-2-1] 상대 정확도의 그래프

예 제 [그림 1-2-2]의 저항 양단에 발생한 50V의 전압을 측정했는데 49V의 측정값을 얻었다. 이때 보정, 오차, 백분율 보정, 백분율 오차, 상대 정확도를 계산하시오.

[그림 1-2-2] 전압측정 예제

풀이 **i) 보정**

측정값에 얼마를 보정해야 참값인가? $\therefore +1V$

ii) 오차

오차는 보정과 반대의 부호이므로 $-1V$

iii) 백분율 보정

측정값에 얼마나 보정해야 참값으로 되는지의 비율이므로

$$\frac{\alpha}{M}\times 100 = \frac{1}{49}\times 100 \fallingdotseq 2[\%]$$

iv) 백분율 오차

참값 중 얼마만큼이 오차로 발생했는지의 비율이므로

$$\frac{\epsilon}{T}\times 100 = \frac{-1}{50}\times 100 \fallingdotseq -2[\%]$$

v) 상대 정확도

$$A = 1 - \left|\frac{\epsilon}{T}\right| = 1 - \left|\frac{-1}{50}\right| = 0.98$$

즉, 측정값이 참값에 0.98만큼 접근해 있다.

(2) 오차의 종류

오차는 측정환경이나 대상에 따라 발생원인이 다양하게, 그리고 복합적으로 존재하는데, 이들의 특성에 관해 알아두면 오차를 미리 방지하거나 또는 이러한 특성을 감안해 측정함으로 인해 오차를 줄이는 데 매우 중요한 지식이 될 수 있다.

1) 오차의 발생원인

오차가 발생했을 때 그 원인을 조사하는 것이 매우 중요한 의미를 가지는 경우가 있는데, 예를 들어 어떤 오차에 의해서 큰 사고가 발생한 경우 그 원인에 따라 책임소재가 달라지기도 한다. 항공기 사고의 경우 그

원인에 따라 배상책임이 달라짐을 상기해 보라. 일반적으로 측정공학에서는 오차의 원인을 과실오차, 계통오차, 우연오차의 3가지로 구분한다.

① 과실오차

과실오차란 측정하는 사람의 부주의에 의해 발생하는 것으로서, 예를 들어 계기의 눈금을 잘못 읽었다거나 계기의 조정을 잘못했을 경우이다.

② 계통오차(시스템 오차)

계통오차란 측정하는 기기의 결함이나 고장에 의해 발생하는 오차를 의미한다.

③ 우연오차

우연오차란 측정조건이나 환경의 갑작스런 변화에 의해 발생하는 오차로서, 예를 들어 측정하는 순간 낙뢰가 발생했다거나 외부 전압이 순간적으로 변화한 경우에 발생할 수 있다.

2) 고주파 측정에서의 오차

각종 측정상황 중 측정대상이 교류, 특히 고주파인 경우 생각지 않은 오차가 여러 가지 원인에 의해 다양하게 발생한다.

① 주파수 오차

주파수 오차란 측정하려는 주파수에 따라 발생되는 오차로서 예를 들어 탄소피막형 저항의 경우 내부에 나선 모양의 저항체를 통과하는데, 이 나선 모양에 의해 인덕턴스가 존재한다.

평상시 이 인덕턴스는 무시해도 될 만큼 매우 작지만 주파수가 매우 높은 경우 이 인덕턴스에 의해 값이 변화해 예를 들어 본래 10Ω의 저항이었던 것이 10MHz의 주파수에서는 11Ω으로 증가하는 등의 오차가 발생할 수 있다.

② 파형오차

파형오차는 측정하려는 파형의 모양에 의해 발생하는 것으로서, 예를 들어 멀티테스터의 교류전압은 정현파 실효값 전용으로 구성되어 있기 때문에 피크 전압의 $1/\sqrt{2}$ 배로 계산되어 눈금이 매겨진다.

따라서 이러한 계기로 구형파나 삼각파 등의 교류를 측정하면 오차가 발생하는데 이것이 파형오차이다. 이는 오실로스코프에서 [그림 1-2-3(a)]와 같이 정현파를 측정한 경우 피크값을 $\sqrt{2}$ 로 나누면 실효값을 얻을 수 있지만, [그림 1-2-3(b)]와 같은 구형파의 경우에는 잘못된 결과를 얻는 것과 마찬가지이다.

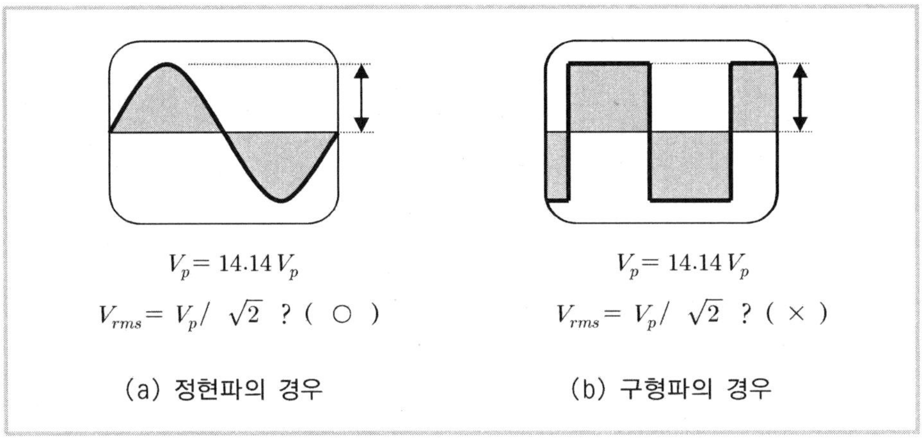

[그림 1-2-3] 파형오차의 예

③ 공진오차

공진오차란 측정장치에 의해 뜻하지 않게 발생하는 공진현상 때문에 측정값에 오차가 발생하는 경우로서, 예를 들어 회로의 측정 부분에 오실로스코프 프루브를 댔을 때 프루브와 오실로스코프의 인덕턴스와 커패시턴스에 의해 공진이 발생해 오차를 유발할 수 있다. 또는 발진하고 있던 회로를 측정하기 위해 오실로스코프 프루브를 댔을 때 프루브와 오실로스코프에 의한 영향으로 발진이 정지해 엉뚱한 결과를 측정하는 경우도 있다.

④ 표피오차

표피오차란 고주파 전류가 도체를 흐를 때 표피현상에 의해 도체의 표면으로 흐르는 현상에 의해 발생하는 오차로서, 예를 들어 [그림 1-2-4(a)]와 같이 원래 10Ω인 저항체에 고주파 전류가 흘러 [그림 1-2-4(b)]와 같이 표피현상에 의해 12Ω으로 관측되는 오차가 발생한다.

(a) 원래는 10Ω (b) 표피효과로 12Ω

[그림 1-2-4] 표피오차의 예

⑤ 포유용량의 의한 오차

인덕터나 프린트 기판의 배선 등에 고주파가 흐르면 권선이나 배선 간의 미세한 포유용량에 의해 전류가 흘러 오차가 발생한다. 예를 들어 전형적인 인덕터의 주파수-전류 그래프는 [그림 1-2-5(a)]의 이론치 그래프와 같이 주파수가 높아질수록 전류는 0에 가까워져야 하는데, 실제로 실험을 행하면 실험치 그래프와 같이 특정 주파수부터는 오히려 전류가 증가하는 경우가 있다.

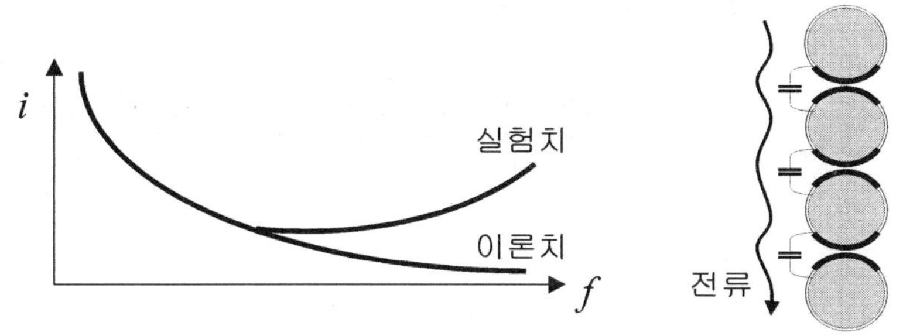

(a) 주파수-전류 그래프 (b) 인덕터의 단면

[그림 1-2-5] 포유용량의 예와 원인

이는 [그림 1-2-5(b)]와 같이 권선과 권선 사이의 면적에서 존재하는 미세한 포유용량 때문인데, 평상시에는 이 용량이 문제를 일으키지 않으나 주파수가 매우 높아지면 이 용량에 의해 전류는 권선의 표면을 통해 흐르므로 전류가 증가한다.

(3) 오차의 통계적 해석

앞서 논한 바와 같이 측정결과를 비교적 정확히 얻기 위해서, 또한 오차가 발생할 경우 어느 정도로 발생하는지 등의 데이터를 분석하기 위해서 통계적 해석의 수단이 이용된다.

1) 평균과 평균편차

① 평균(mean)

평균이란 측정 데이터 한 집단에 대한 대표값을 나타내는 것으로서, 각 데이터를 모두 덧셈한 후 데이터 수로 나누는 방법으로 계산할 수 있으며, 이를 식으로 나타내면 다음과 같다.

$$\bar{x} = \frac{x_1 + x_2 + \cdots + x_n}{n} \tag{6}$$

평균을 구하는 예는 우리 일상생활에서 흔히 발견할 수 있는데, 그중 학업성적의 평균을 구하는 예는 다음과 같다.

국어	영어	수학	과학	**평균**
94	92	85	95	**91.5**

② 편차(deviation)

편차는 각 데이터와 평균 사이의 차를 나타낸 것으로서 다음 식과 같이 계산할 수 있다.

$$d_1 = x_1 - \bar{x}$$
$$d_2 = x_2 - \bar{x}$$
$$\vdots$$
$$d_n = x_n - \bar{x} \tag{7}$$

앞서 나타낸 성적표를 이용해 편차를 구하면 다음과 같다.

	국어	영어	수학	과학	평균
	94	92	85	95	91.5
편차	+2.5	+0.5	−6.5	+3.5	

일반적으로 성적의 편차가 작으면 "골고루 잘한다"고 표현하고, 편차가 크면 "몇 과목에 편중되어 있다"고 표현하듯이 편차는 데이터들에 대한 질을 평가할 수 있다.

③ 평균편차

평균편차는 앞서 구했던 편차들의 평균으로서, 이 값을 이용하면 데이터들의 질을 평가하는 지표로 사용할 수 있다. 즉 계측기의 오류 데이터인 경우 계측기의 정확도를 나타내는 척도로 사용할 수 있다. 평균편차는 각 편차들의 절대값(−1의 편차도 1만큼 편차가 발생한 것이므로)들의 평균을 의미하며 식 (8)에 의해 계산된다.

$$D = \frac{|d_1| + |d_2| \cdots + |d_n|}{n} \tag{8}$$

앞서 성적표 예제의 평균편차는 다음과 같다.

	국어	영어	수학	과학	평균
	94	92	85	95	91.5
편차	+2.5	+0.5	−6.5	+3.5	3.25

평균편차를 이용하면 이와 같이 데이터의 질을 평가할 수 있는데, 가끔은 이를 사용할 수 없는 문제점이 있다. 예를 들어 동일한 10g의 물체를 2개의 저울로 5번씩 측정하였더니 다음과 같은 값들을 얻은 경우를 가정하자.

저울 A 측정값	저울 B 측정값
10g, 11g, 9g, 9g, 11g	10g, 12g, 10g, 8g, 10g

이들 측정값을 살펴보면 눈짐작으로도 A저울이 더 좋은 것임을 알 수 있다. 이 값들을 이용해 평균을 구하면 다음과 같다.

저울 A 평균	저울 B 평균
$\bar{x} = \frac{10+11+9+9+11}{5}$ $= 10[\mathrm{g}]$	$\bar{x} = \frac{10+12+10+8+10}{5}$ $= 10[\mathrm{g}]$

비록 각 측정값들은 차이가 있더라도 평균을 구하면 이와 같이 참값에 근접한 값을 얻을 수 있으며, 이 예의 경우 두 저울의 평균은 동일한 것으로 나타난다. 이 저울들의 측정값에 대한 편차를 구하면 다음과 같다.

저울 A 편차	저울 B 편차
$d_1 = 10-10 = 0$ $d_2 = 11-10 = 1$ $d_3 = 9-10 = -1$ $d_4 = 9-10 = -1$ $d_5 = 11-10 = 1$	$d_1 = 10-10 = 0$ $d_2 = 12-10 = 2$ $d_3 = 10-10 = 0$ $d_4 = 8-10 = -2$ $d_5 = 10-10 = 0$

편차의 양을 살펴보면 저울 A는 작은 편차가 자주 나타나고, 저울 B는

큰 편차가 가끔 나타나는 것을 알 수 있는데, 이들 편차의 평균을 구하면 다음과 같다.

저울 A 평균편차	저울 B 평균편차
$D = \frac{\lvert 0\rvert + \lvert 1\rvert + \lvert -1\rvert + \lvert -1\rvert + \lvert 1\rvert}{5}$ $= 0.8\,[\mathrm{g}]$	$D = \frac{\lvert 0\rvert + \lvert 2\rvert + \lvert 0\rvert + \lvert -2\rvert + \lvert 0\rvert}{5}$ $= 0.8\,[\mathrm{g}]$

여기서 알 수 있듯이 눈짐작으로는 분명히 저울 A가 더 우수한 저울 같지만 평균편차만으로는 두 저울의 차이를 알 수 없는 경우가 있으므로 다른 구분 수단이 필요하다.

2) 표준편차

앞서 저울의 예에서 평균편차가 서로 동일하게 나타난 원인을 살펴보면 저울 A는 1만큼의 편차가 4번 발생하였고, 저울 B는 2만큼의 편차가 2번 발생했기 때문에 이를 단순 평균하면 서로 동일한 결과가 나타난다.

그런데 사실상 저울 B의 2만큼 편차 1번은 저울 A의 1만큼 편차 2번보다 더 심각한 경우이기 때문에 '가중치'의 개념을 도입해야 올바른 평가가 이루어질 수 있으므로 각 편차를 면적으로 표시하면 [그림 1-2-6]과 같다.

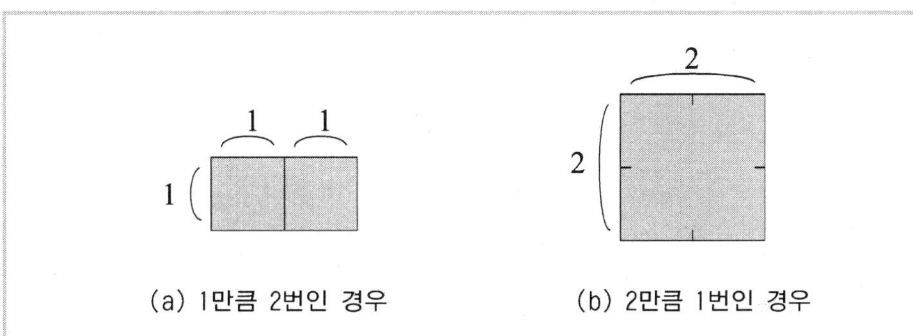

[그림 1-2-6] 가중치의 원리

즉, 1만큼 2번 편차가 발생하면 2의 면적이, 2만큼 1번 편차가 발생하면 4의 면적이 나타나 2만큼의 편차가 더 심각하게 적용됨을 알 수 있다. 그러므로 편차들을 모두 면적으로 바꾸기 위하여 제곱하면 식 (9)와 같이 표현된다.

$$d_1^2 + d_2^2 + d_3^2 + \cdots + d_n^2 \text{ (질량이라면 단위는 [g}^2\text{])} \tag{9}$$

단, 여기서 계산되는 값은 본래 단위의 제곱이 됨에 유의하라. 이 값들의 평균을 구하면 다음과 같다.

$$\frac{d_1^2 + d_2^2 + d_3^2 + \cdots + d_n^2}{n} \text{ (질량이라면 단위는 [g}^2\text{])} \tag{10}$$

이 값들은 처음에 제곱을 하였기 때문에 단위를 맞추기 위해 다시 루트를 씌우면 다음과 같다.

$$\sqrt{\frac{d_1^2 + d_2^2 + d_3^2 + \cdots + d_n^2}{n}} \quad \text{(질량이라면 단위는 [g])} \tag{11}$$

이 식을 이용해 앞서 저울의 예를 다시 계산하면 다음과 같이 저울 B 쪽이 더 오차가 심한 것을 알 수 있다.

저울 A	저울 B
$\sqrt{\frac{0^2+1^2+(-1)^2+(-1)^2+1^2}{n}}$ $= 0.89\,[\text{g}]$	$\sqrt{\frac{0^2+2^2+0^2+(-2)^2+0^2}{n}}$ $= 1.26\,[\text{g}]$

이러한 계산은 루트(Root) 내에 평균(Mean)이 존재하고 이는 제곱(Square)값들의 평균이었으므로 이들의 머리글자를 따서 'RMS 평균' 또는 '표준편차'라 한다. 단순히 두 저울 중 어느 것이 더 정확한지만 비교하고 싶다면 루트까지 계산하지 않아도 되므로 이는 다음과 같이 된다.

저울 A	저울 B
$\dfrac{0^2+1^2+(-1)^2+(-1)^2+1^2}{n}$ $=0.8[g^2]$	$\dfrac{0^2+2^2+0^2+(-2)^2+0^2}{n}$ $=1.6[g^2]$

이와 같이 비록 단위는 맞지 않지만 단순히 서로를 비교만 하기 위해 루트값 이전까지만 계산한 것, 즉 면적의 평균을 '분산(Variation)'이라 한다.

(4) 기타 오차

1) 제한오차

제한오차란 실제로 발생한 오차가 아니라 발생 가능한 오차의 최대 범위를 표시한 것으로서, 예를 들어 어떤 저항이 1kΩ, 5%라면 이는 정확히 5%의 오차가 발생한 것이 아니라, 1kΩ±5% 이내, 즉 950~1050Ω 사이의 저항이라는 의미이다.

2) 오프셋 오차

각종 계기들의 기계적 구조에는 베어링의 마찰이나 스프링의 초기 장력과 같은 기본적인 오차가 존재하는데 이는 측정하는 양과 관계없이 모든 측정영역에서 존재하기 때문에 약간 다른 양상의 오차가 발생한다.

예를 들어 어떤 체중계에 무게가 가해지지 않았을 때 2kg이 더 나가도록 조절되어 있었다면 이는 체중을 측정할 때도 계속 이만큼의 오차가 발생한다. 즉 50kg의 체중을 측정할 때는 52kg을 나타내므로 4%의 오차가 발생하지만, 80kg의 체중을 측정할 때는 82kg을 나타내므로 2.5%의 오차로 나타난다.

만약 이러한 체중계로 10kg을 측정하면 12kg이 되어 오차는 20%나 된다. 따라서 가능한 최대 눈금에 가깝도록 측정하는 것이 오차를 줄일 수 있다(체중계로 편지봉투 무게를 측정한다고 생각해 보라).

예제 바늘이 처음부터 6V만큼 틀어져 있는 미터기를 이용해 300V와 120V의 전압을 측정했을 때 발생하는 오차율을 계산하시오.

풀이 6V의 오차는 미터기 전체에 걸쳐 발생하므로 300V를 측정하는 경우

$$\frac{6\text{V}}{300\text{V}} \times 100 = 2\%$$

의 오차가 발생한다. 120V를 측정할 때는

$$\frac{6\text{V}}{120\text{V}} \times 100 = 5\%$$

의 오차가 발생한다. 만약 이 미터기로 60V를 측정한다면

$$\frac{6\text{V}}{60\text{V}} \times 100 = 10\%$$

의 오차가 발생한다.

2

아날로그 측정

이 장에서는 아날로그 측정 장치의 기본인 가동코일형 계기와 기타 지시계기 및 연산증폭기와의 결합회로를 다루며, 오실로스코프의 원리 및 응용방법과 측정 보조기기들에 관한 지식을 다룬다. 후반에는 전기량 이외의 것 즉 온도나 광도 등과 같은 물리량 측정에 관한 지식을 다룬다.

1. 가동코일형 계기

가동코일형 계기는 전자계열에서 사용되는 지시계기 중 가장 많이 사용되는 기기이다. 지시계기란 지침(指針, 바늘)이나 이와 유사한 방법으로 눈금을 지시하도록 구성된 계기로서 예를 들어 눈금식 전압계, 눈금식 체중계, 저울, 바늘 시계, 눈금식 신장(身長) 측정기 등이 이에 해당된다. 전기량을 측정하는 지시계기도 이와 유사하게 지침을 이용해 측정량을 표시하는데, 이러한 전기 지시계기에 관해 살펴본다.

(1) 지시계기의 구성요소

지시계기는 구동장치와 제어장치의 최소 2가지 장치가 필요하고, 이에 더해 제동장치가 추가로 설치되기도 한다.

이들의 예로는 [그림 2-1-1(a)]와 같은 체중계를 생각할 수 있는데, 체중계의 위로부터 아래로 누르는 구동력과 이와는 반대 방향으로 떠받치는 제어력이 서로 일치하는 곳에서 발판이 정지하고, 그 위치를 [그림 2-1-1(b)]와 같은 지침을 이용해 표시한다.

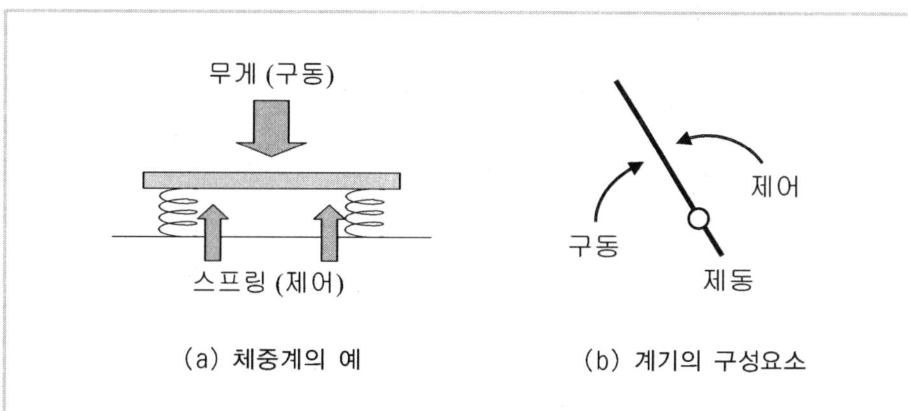

[그림 2-1-1] 지시계기의 구성요소

즉, 지침이 움직이는 것은 왼쪽으로부터 구동력이 작용하고 반대 방향으로는 제어력이 작용하며 이들이 동일할 때 그 위치에서 지침이 멈춘다. 이들에 비해 제동장치는 바늘이 심하게 흔들리지 않고 빠른 시간에 지시치를 가리킬 수 있도록 약간의 브레이크 역할을 하는 것으로서, 일반 체중계에는 이 장치가 생략되어 있어 지침이 눈금을 가리킬 때까지 진동이 발생한다.

1) 구동장치

구동장치(Driving device)는 측정하고자 하는 전기량에 비례하는 구동력을 발생시키는 장치로서, 앞서 체중계의 경우 체중을 받아들이는 발판이 이에 해당된다. 전기량으로 구동력을 발생시키는 데는 여러 가지 방법이 사용되고 있다.

① 자계와 전류의 힘

영구자석과 전자석 사이에서 발생하는 힘을 구동력으로 이용하는 것으로서 다른 방법에 비해 운동력이 비교적 크게 나타나므로 가장 많이 사용되는 방법이다.

② 전류와 전류 사이의 힘

전류가 흘러 발생하는 자기력을 이용하는, 즉 전자석과 전자석 사이의 힘을 구동력으로 이용한다.

③ 충전된 두 물체 사이의 힘

정전기가 유기된 책받침에 종잇조각이 붙는 힘과 유사한 것으로서 고압으로 충전된 물체 사이에서 발생하는 힘을 구동력으로 사용한다.

④ 자계 내에 있는 철편

철에 자석을 대면 끌어당기듯이 전자석을 구성해 철을 당기는 힘을 구동력으로 사용한 원리이다.

⑤ 회전자계, 이동자계 내에 있는 금속 도체

회전자계와 이동자계는 본래 선풍기와 같은 전동기에 사용하는 원리로서 이 힘을 구동력으로 사용하는 것이며, 적산전력계(전기 계량기) 등에서 이러한 원리가 적용된다.

⑥ 열에 의한 금속선의 팽창

금속선이 열에 의해 팽창하고 수축하는 힘을 구동력으로 사용한다.

⑦ 열전 효과에 의한 기전력

열에 의해 전기가 발생하는 열전(熱電)소자를 이용해 전기를 발생시킨 후 이를 구동력으로 사용한다.

2) 제어장치

제어장치(Controlling device)는 구동력이 발생되어 가동 부분이 이동되었을 때 반대 방향으로 작용하는 제어력을 발생시키는 장치로서 앞서 체중계의 경우 아래에서 떠받치는 스프링이 이에 해당된다.

제어력을 발생시키는 장치로는 주로 다음과 같은 3가지 방법이 사용된다.

① 스프링(Spring)에 의한 것

금속의 탄성을 이용한 스프링은 제어장치로 가장 많이 사용되는 것으로서 체중계나 저울이 이를 이용한 대표적인 예이다.

② 중력에 의한 것

무게 추 등을 이용해 중력으로 제어력을 발생시키는 것으로서 천칭의 경우 측정할 물질을 올려놓는 접시는 중력에 의해 구동력을 발생시키고, 반대쪽의 분동을 올려놓는 접시는 중력에 의해 제어력을 발생시킨다.

③ 전기 와류(渦流)에 의한 것

이동자계나 회전자계에 도체를 접근시켜 와류에 의한 운동력으로 제어력을 발생시킨다.

3) 제동장치

제동장치(Damping device)란 빠른 시간에 지시치를 가리키도록 제동을 거는 장치로서 움직이지 못하도록 하는 브레이크와는 달리 움직임이 둔하도록, 즉 빠른 움직임에 대해서는 강한 제동력이, 느린 움직임에 대해서는 약한 제동력이 작용하도록 구성된다.

제동장치는 앞서 설명한 구동장치와 제어장치와 달리 계기에 필수적인 사항은 아니나 측정시간을 줄일 수 있는 유용한 장치이다. 제동장치가 없는 경우의 예로는 체중계를 들 수 있는데, 체중계에 올라간 경우 눈금이 지시치를 중심으로 심하게 흔들리다가 잠시 후 멈추기 때문에 곧바로 판독할 수 없다. 이에 비해 전기미터기는 한 번에 지시치에 도달하기 때문에 빠른 판독이 가능하다(그림 2-1-2).

지시치에 지침이 가장 빠른 시간에 한 번에 도달하는 정확한 제동량을 '임계제동'이라 하며, 만약 제동량이 작을 경우 [그림 2-1-3]에 나타낸 바와 같이 '과소제동' 상태가 되어 지침이 흔들린다.

이와는 반대로 제동량이 지나치면 '과제동' 상태가 되어 지시치에 도달하는 시간이 지나치게 길어진다.

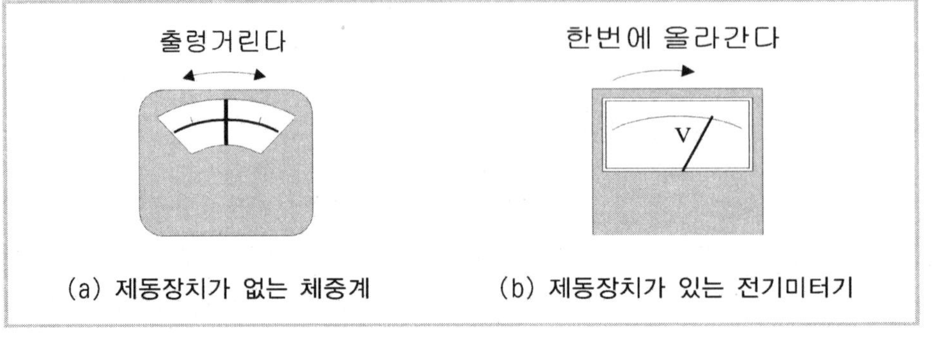

[그림 2-1-2] 제동장치의 역할 예

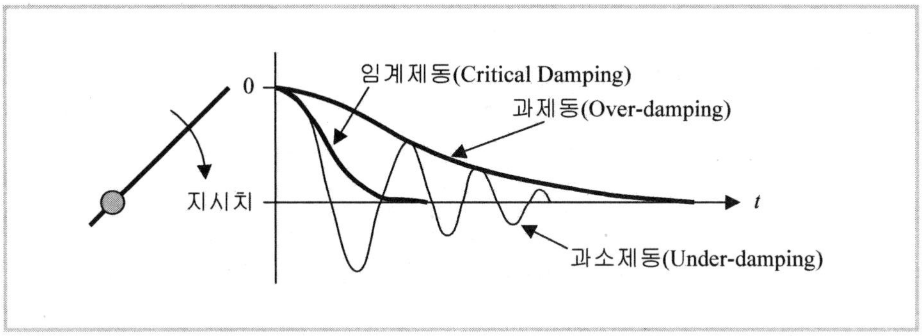

[그림 2-1-3] 여러 가지 제동의 예

제동을 거는 방법으로는 공기제동, 액체제동 그리고 전자제동이 주로 사용된다.

① 공기제동

공기제동은 공기와의 마찰력을 이용하는 바람개비나 공기의 압력을 이용하는 공기실린더 등이 사용된다.

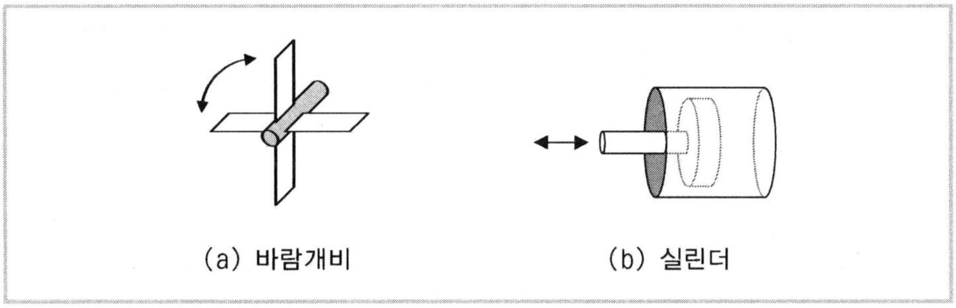

[그림 2-1-4] 공기제동의 예

② 액체제동

액체제동의 기본 원리는 공기제동과 유사하나 공기보다 적극적으로 제동이 가능하므로 부피를 작게 할 수 있어 자주 사용되는 방법인데, 예를 들어 카세트 플레이어의 테이프 데크(tape deck)를 부드럽게 동작하도록 [그림 2-1-5(a)]와 같은 오일댐퍼(Oil damper)를 사용하고 있다.

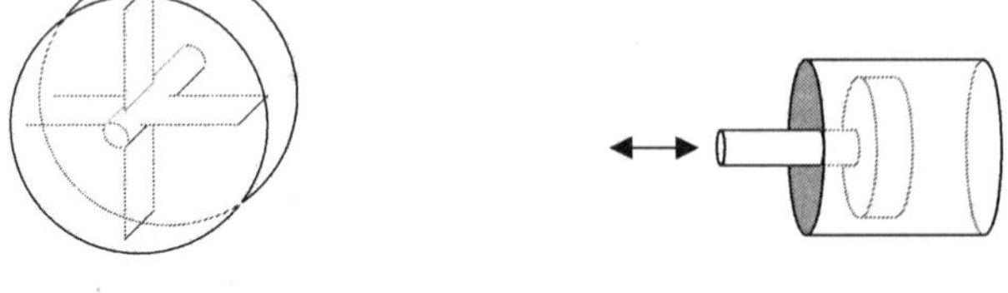

(a) 바람개비 (b) 실린더

[그림 2-1-5] 액체제동(오일댐퍼)의 예

③ 전자제동

전자제동은 주로 와류에 의한 운동력을 이용하는데, 전기미터기나 적산 전력계(전기계량기) 등은 모두 전자제동 방식을 사용하고 있다.

(2) 가동코일형 계기(PMMC)

가동코일형 계기는 PMMC(Permanent-magnet moving-coil mechanism)라고도 하며 감도가 우수하고 소형으로 제작이 가능하기 때문에 가장 많이 사용되는 계기로서 [그림 2-1-6]에 이를 이용한 오디오 음량표시장치를 예로 나타내었다.

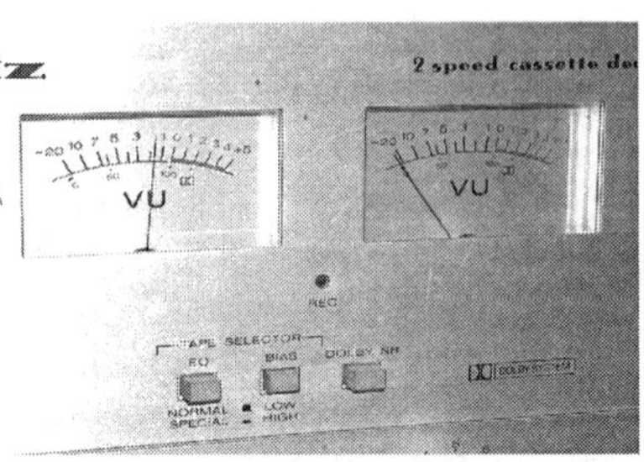

[그림 2-1-6] 가동코일형 계기의 사용 예

1) 구조 및 원리

① 계기의 구조

가동코일형 계기는 [그림 2-1-7]에 나타낸 바와 같이 속이 비어 있는 가벼운 통(보통 얇은 알루미늄이나 종이로 만들며 이를 보빈(bobbin)이라 한다)에 코일을 촘촘히 감고 회전축을 부착한 후 제어장치인 스프링을 부착해 가동부가 구성된다.

가동부는 최종적으로 영구자석에 끼워 완성하며, 가동부의 코일에 전류를 흘리면 플레밍의 법칙에 의해 코일에 회전력이 발생하고 이를 지침을 이용해 지시하도록 구성되어 있다. 여기에 사용하는 스프링은 나선 모양의 것으로서 이를 유사(遊絲)라 한다.

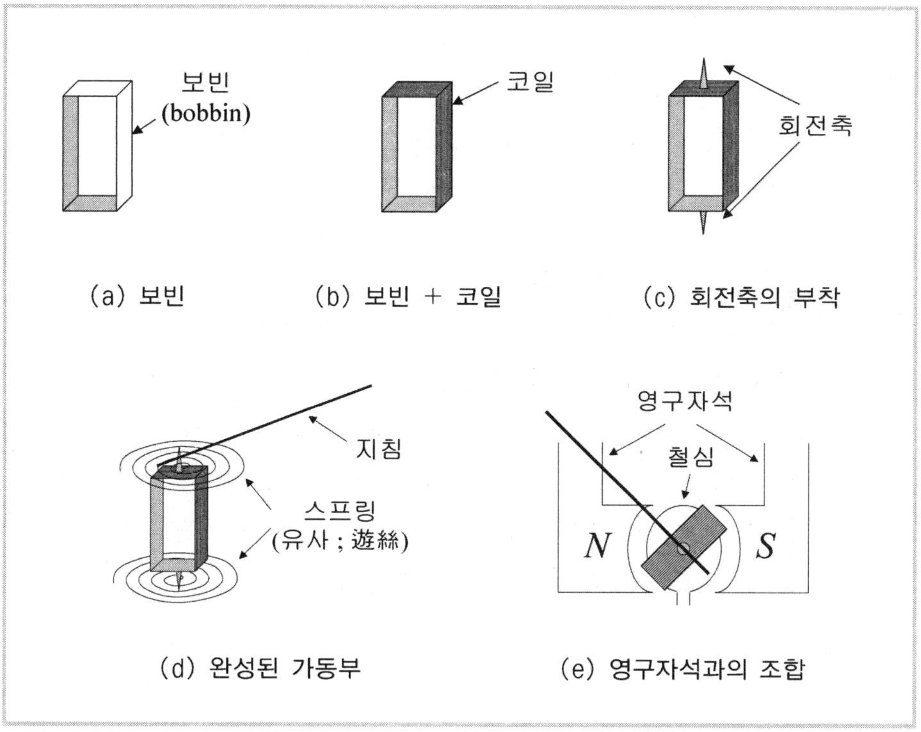

[그림 2-1-7] 가동코일형 계기의 구조

② 계기의 원리

가동코일형 계기의 가동부 코일에 의한 구동력(Driving torque)은 식 (1)과 같이 표현된다.

$$T_d = B \cdot A \cdot N \cdot I\,[\mathrm{Nm}] \qquad (1)$$

여기서, B : 영구자석의 자속밀도

A : 코일의 단면적

N : 코일의 감이 수

I : 코일에 흐르는 전류

즉 구동력은 영구자석의 세기, 코일의 단면적, 코일 감이 수, 코일의 전류에 비례한다. 또한 스프링에 의한 제어력(Controlling torque)은 식 (2)와 같이 표현된다.

$$T_c = k \cdot \theta \qquad (2)$$

여기서, k : 스프링 탄성 비례상수

θ : 회전 각

즉 각도가 많이 기울수록 제어력이 커지는데, 이는 스프링을 누르면 누를수록 그 반발력이 커지는 것을 의미한다. 이들 구동력과 제어력은 [그림 2-1-8(a)]에 나타낸 바와 같이 그 방향이 반대로 발생하며, 코일에 어떤 전류가 흐르면 구동력은 일정한 데 비해 제어력은 각도에 따라 점차 커지므로 [그림 2-1-8(b)]와 같이 두 힘이 동일한 지점에서 지침이 정지한다.

지침이 정지하려면 [그림 2-1-8(b)]와 같이 $T_d = T_c$ 이어야 하므로 식 (1)과 식 (2)를 이용하면 식 (3)과 같이 표현된다.

$$B \cdot A \cdot N \cdot I = k \cdot \theta \qquad (3)$$

이를 정리하면,

$$\theta = \frac{B \cdot A \cdot N}{k} \cdot I \qquad (4)$$

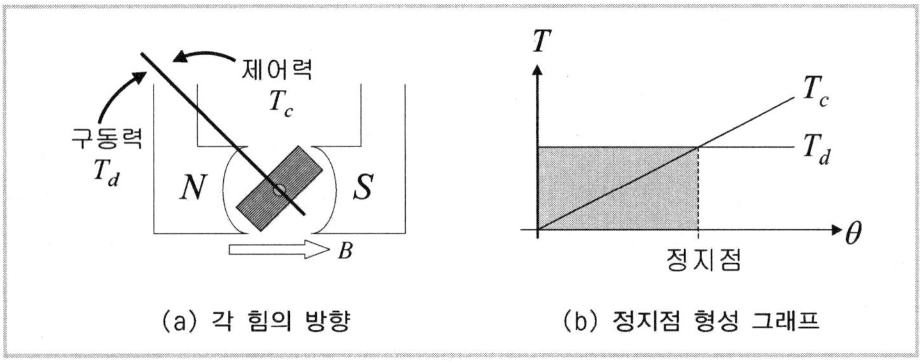

[그림 2-1-8] 계기 지침의 정지점

$\frac{B \cdot A \cdot N}{k}$ 은 모두 상수이므로 K라 하면,

$$\theta = K \cdot I \tag{5}$$

즉, 지침의 각도 θ는 전류 I에 비례하므로 각도를 읽으면 전류량을 알 수 있으며 이것이 '전류계'의 기본 원리가 된다.

③ 최대 눈금(최대 편위)

최대 눈금은 계기가 지시할 수 있는 최대값을 의미하며 f_{sd}(Full-scale deflection), F.S 또는 fsd라 표시한다. 예를 들어 어떤 체중계가 최대 100kg까지 눈금이 있고 이곳까지만 측정 가능하다면 이 계기의 최대 눈금은 $m_{fsd} = 100\text{kg}$이다. 마찬가지로 [그림 2-1-9]와 같은 계기의 경우 최대 눈금 $V_{fsd} = 400[\text{V}]$이고 계기의 아래에도 표시되어 있다.

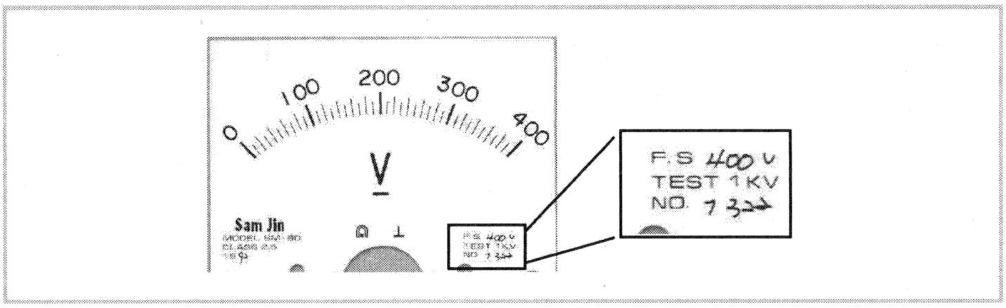

[그림 2-1-9] 최대 눈금의 예

④ 영점 조절

계기에 입력이 없을 때는 지침이 정확히 '0'의 눈금을 가리켜야 하나, 온도의 변화 등으로 인해 계기의 상태가 변화하면 0을 가리키지 않아 서론에서 논한 오프셋 오차가 발생하므로 [그림 2-1-10]에 나타낸 바와 같은 영점 조절 나사를 조절해 지침이 정확히 0을 가리키도록 조절할 수 있다.

영점 조절 단자를 회전시키면 계기 내의 제어장치인 스프링의 장력을 조절하도록 구성되어 있다.

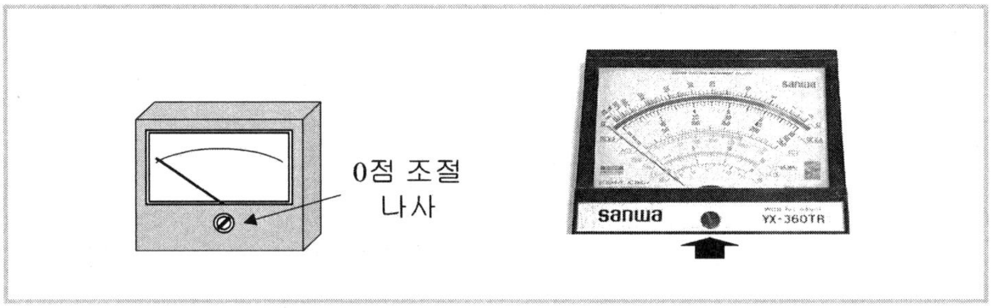

[그림 2-1-10] 계기의 영점 조절 나사

⑤ 계기 보호회로

가동코일형 계기는 코일의 굵기가 굵지 않아 미약한 전류로 동작하기 때문에 약간의 과전류만 흘러도 코일이 파손된다.

따라서 계기를 보호하기 위해 [그림 2-1-11(a)]와 같이 게르마늄 다이오드를 병렬로 삽입하는데, 다음 절에 소개하지만 계기의 양단은 보통 0.1V를 넘어서지 않기 때문에 정상 상태에서는 다이오드에 전류가 흐르지 않다가 과전류가 입력되어 미터기 양단이 약 0.2V를 넘어서면 다이오드로 전류가 흘러 계기의 파손을 방지할 수 있다.

또한 다이오드가 파손될 정도의 과도한 전류가 계속 흐르는 경우를 대비해 그림과 같이 퓨즈를 함께 연결해 사용하기도 한다.

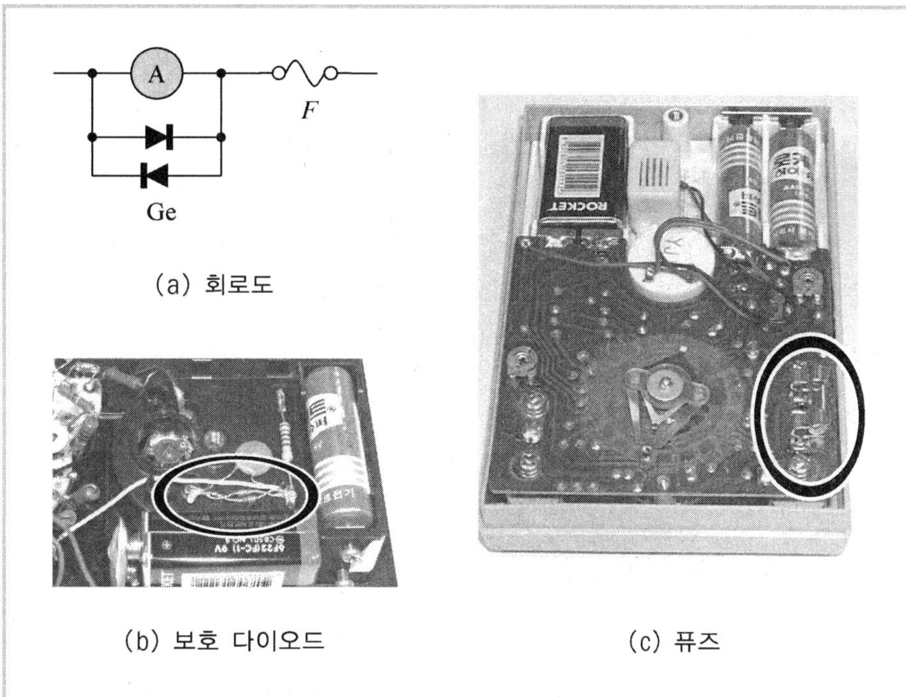

(a) 회로도

(b) 보호 다이오드

(c) 퓨즈

[그림 2-1-11] 계기 보호회로들

2) 가동코일형 계기의 종류

가동코일형 계기는 기본적으로 직류용 전류계지만 이를 변형해 전압을 측정할 수 있고, 교류에도 사용할 수 있으며, 계기를 눕혀서 사용하는 것과 세워서 사용하는 것이 있다.

① 전류계/전압계

가동코일형 계기는 본래 전류계이나 다음 절에 설명할 원리로 전압계로서도 활용이 가능하다.

이에 따라 [그림 2-1-12]에 나타낸 바와 같이 전류계에는 'A'를, 전압계에는 'V'의 표시를 한다.

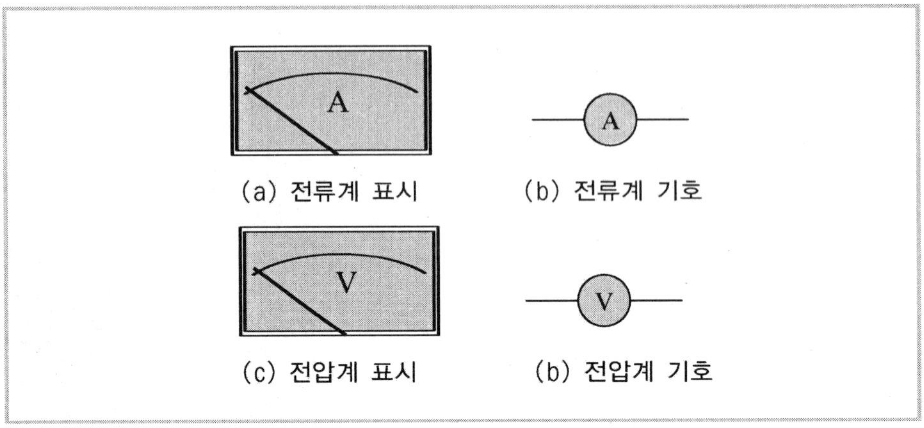

[그림 2-1-12] 계기의 표시 및 기호

② 직류용/교류용

가동코일형 계기는 그 원리에 의해 기본적으로 직류용이지만 다음 절에 설명할 원리로 교류용으로 활용이 가능하며, 이에 따라 [그림 2-1-13]에 나타낸 바와 같이 직류용은 전압/전류 표시 아래에 직선을, 교류용은 전압/전류 표시 아래에 교류 기호를 표시한다.

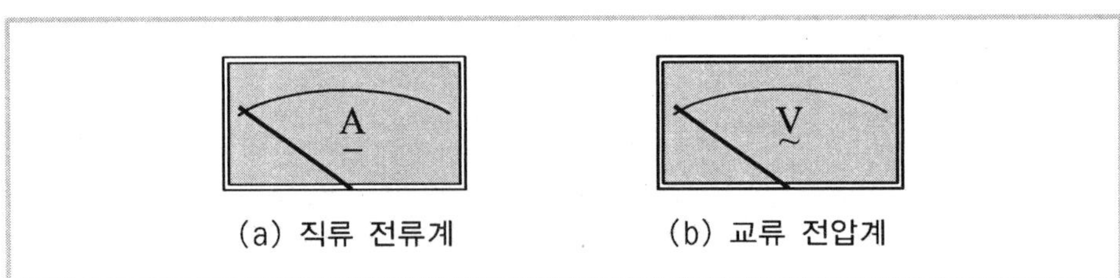

[그림 2-1-13] 계기의 직류/교류 표시 예

③ 기타 표시

i) 수직형

일반적인 가동코일형 계기는 수직으로 세워 사용하도록 되어 있으며, 이러한 경우 [그림 2-1-14(a)]와 같이 ⊥기호가 기록되어 있다. 이러한 기호가 없는 경우에는 수평으로 배치해 사용한다.

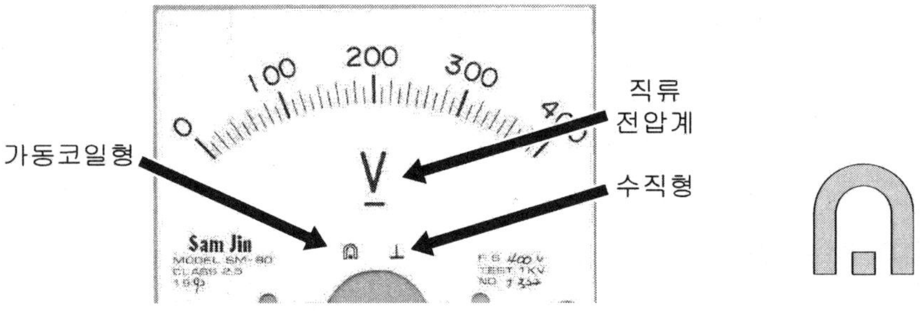

(a) 계기 패널의 표시 예　　(b) 가동코일형 표시

[그림 2-1-14] 기타 표시의 예

[그림 2-1-15(a)]는 오디오에 장치된 수직형 계기를, [그림 2-1-15(b)]는 수평으로 놓고 사용하는 멀티테스터를 나타낸 것으로서, 만약 수직형 계기를 수평으로 사용하거나 수평형 계기를 수직으로 사용하면 중력에 의해 오차가 발생할 수 있다.

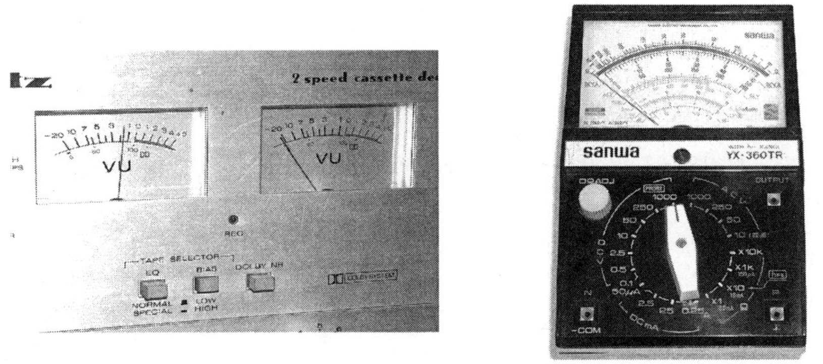

(a) 수직형 계기의 사용 예　　(b) 수평형 계기의 사용 예

[그림 2-1-15] 계기의 사용 예

ii) 가동코일형 표시

지시계기에는 여기서 소개한 가동코일형 계기 이외에 여러 가지가 있으며, 겉으로 보아서는 동작 원리를 정확히 알 수 없기 때문에 가동코일형 계기의 경우 [그림 2-1-14(b)]에 나타낸 바와 같은 기호를 표기한다.

(3) 전류측정

앞서 살펴본 바와 같이 가동코일형 계기는 입력되는 전류에 비례해 지침의 각도가 정해지므로 전류를 측정하는 데 사용할 수 있다. 여기서는 가동코일형 계기를 회로에 적용시켜 전류계로 사용하는 방법과 전류계가 가져야 할 조건에 관해 살펴본다.

1) 전류계의 접속 및 조건

① 전류계의 접속

전류량을 측정하기 위해서는 계기를 회로에 직렬로 접속해 전류가 전류계 내부를 거쳐 흐르도록 해야 하므로 [그림 2-1-16(b)]와 같이 회로의 측정지점을 끊고 전류가 전류계를 거쳐 가도록 접속한다.

이때 계기로 전류가 흘러드는 쪽을 (+)극, 계기로부터 전류가 나오는 쪽을 (−)극으로 접속해야 올바른 표시가 되며 극성을 반대로 접속하면 계기의 지침이 거꾸로 움직이므로 측정이 불가능하다.

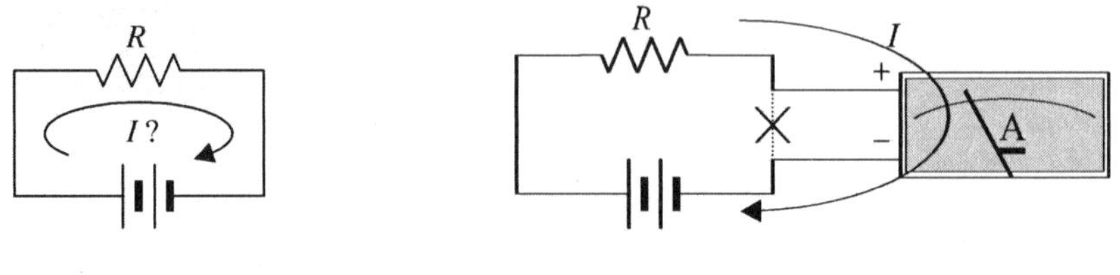

(a) 측정대상 회로

(b) 전류계의 접속방법

[그림 2-1-16] 전류계 접속의 예

② 전류계의 조건

전류를 측정하기 위해 측정전류를 전류계 내부로 흐르도록 하는데, 만약 [그림 2-1-17]의 회로에서 전류계의 저항이 크다면 회로에 흐르는 전류에 영향을 주기 때문에 오차가 발생할 수 있다. 따라서 전류계는 내부저항이 작을수록 회로에 미치는 영향이 작아지므로 우수한 계기라 할 수 있다.

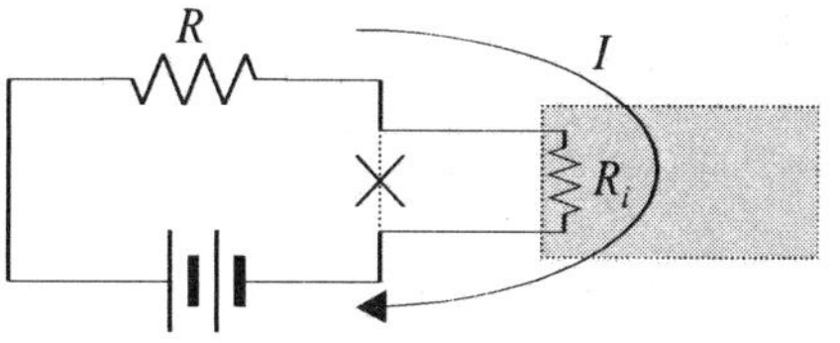

[그림 2-1-17] 전류계의 조건

2) 측정범위의 확장

가동코일형 계기는 코일을 굵게 하면 가동 부분이 무거워져 오차가 발생하기 때문에 보통 수백 μA급에서 수mA급밖에는 측정할 수 없어 활용 영역이 극히 제한된다.

이때 더 큰 전류를 측정할 수 있도록 확장할 수 있다면 활용범위를 크게 넓힐 수 있는데 이러한 방법에 관해 살펴본다.

① 분류기(分流器, shunt)

분류기 저항(shunt라 하며 '비키다, 돌리다'의 뜻이다)은 전류계의 측정범위를 확장하기 위한 것으로서, 예를 들어 최대 1mA까지 측정할 수 있는 계기를 1A까지 측정하거나 10A까지 측정할 수 있도록 확장할 수 있다. 분류기를 사용한 전류 측정범위의 확장회로는 [그림 2-1-18]에 나타낸 바와 같이 분류기 저항이 계기와 병렬로 접속된다.

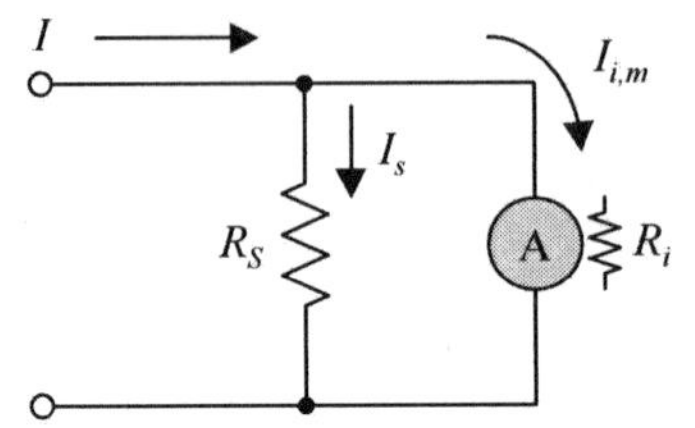

I : 회로 전체 전류(측정할 전류)
$I_{i,fsd}$: 계기 최대 눈금 전류
I_s : 분류기 전류
R_i : 계기 내부 저항
R_s : 분류기 저항

[그림 2-1-18] 분류기의 기본 회로

회로에서 전류계로 흐르는 전류 $I_{i,fsd}$는 측정전류 I가 R_s와 R_i로 분류된 것이므로 식 (1)과 같이 나타낼 수 있다.

$$I_{i,fsd} = \frac{R_s}{R_s + R_i} \cdot I \tag{1}$$

확장할 측정범위의 배율을 m이라 하면 식 (2)와 같이 표현할 수 있다.

$$m = \frac{I}{I_{i,fsd}} \tag{2}$$

식 (2)에 식 (1)을 대입하면 식 (3)과 같은 배율기 저항을 구하는 공식을 얻을 수 있다.

$$m = \frac{I}{I_{i,fsd}} = \frac{R_s + R_i}{R_s}$$

$$\therefore R_s = \frac{R_i}{m-1}[\Omega] \tag{3}$$

예제 내부 저항이 100Ω이고, 최대 눈금 전류 I_{fsd} = 1mA인 계기로 0~10mA 범위의 전류를 측정하기 위한 회로를 설계하시오.

풀이 i) 공식 이용

원래의 측정범위가 1mA인 계기를 10mA까지 확장하므로 배율 $m = 10$이다. 따라서 식 (3)을 이용하면 다음과 같이 배율기 저항을 구할 수 있다.

$$\therefore R_s = \frac{R_i}{m-1} = \frac{100}{10-1} = 11.11[\Omega]$$

ii) 회로에서 계산하기

회로의 각 부분에 흐르는 최대 전류를 표시하면 [그림 2-1-19]와 같다.

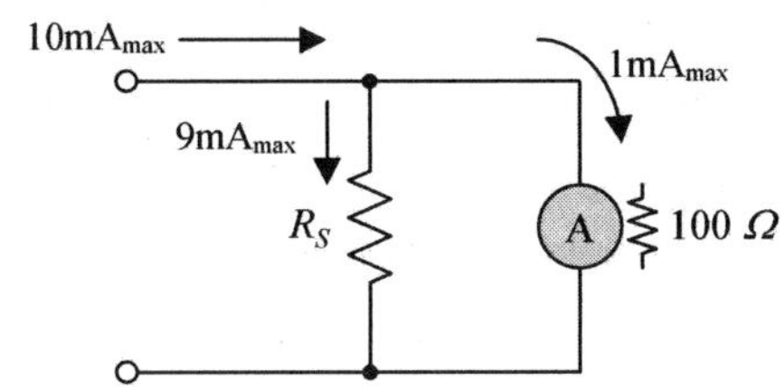

[그림 2-1-19] 분류기 저항의 계산 예

따라서 분류기 저항에는 9mA와 0.1V의 전압이 유기되므로 다음과 같이 구할 수 있다.

$$V = 1\text{mA} \cdot 100[\Omega] = 0.1\text{V}$$

$$\therefore R_s = \frac{0.1\text{V}}{9\text{mA}} = 11.11[\Omega]$$

문제 앞의 예제 계기를 이용해 최대 1A까지 측정할 수 있도록 회로를 구성하시오.

② 다중-범위 전류계(Multi-range Ammeter)

여러 범위에 대한 분류기 저항들을 [그림 2-1-20(a)]와 같이 접속하고 이를 스위치를 이용해 절환한다면 하나의 계기를 이용해 다양한 범위의 전류를 측정할 수 있는데 이를 다중범위 전류계(Multi-range Ammeter)라 한다. 여기서 'Ammeter'란 'Ampere Meter'의 줄임말이다.

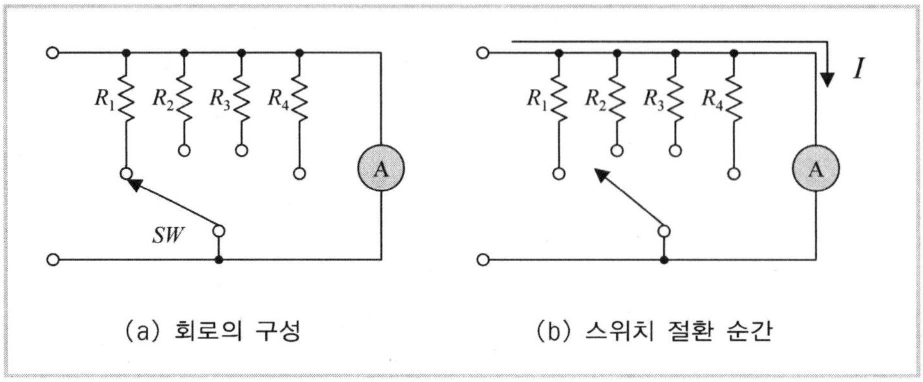

[그림 2-1-20] 다중-범위 전류계 회로

그러나 이 회로는 실제로 사용되지 않고 다음에 소개할 에어톤 분류기(Ayrton shunt)가 사용되는데, 그 이유는 각 분류기 저항들의 값이 모두 특수한 저항값이 나타나고, 더구나 [그림 2-1-20(b)]와 같이 스위치가 절환되는 순간에 계기 최대 전류의 수십 배, 수천 배의 매우 큰 입력전류가 모두 계기로 흐르므로 계기가 바로 파손된다.

③ 에어톤 분류기(Ayrton shunt or universal shunt)

앞서 다중-범위 전류계의 문제점, 즉 각 저항값들이 특수한 값이 되는 것과 스위치 절환 시의 문제점을 해결한 것이 [그림 2-1-21(a)]의 에어톤 분류기이다.

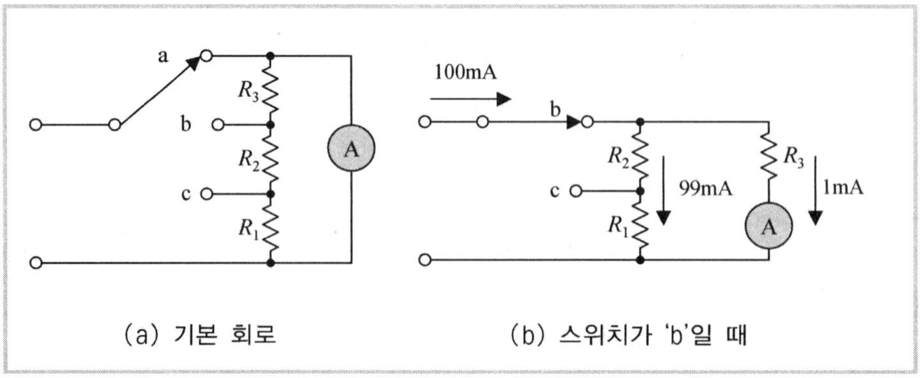

[그림 2-1-21] 에어톤 분류기 회로

회로에서 알 수 있듯이 스위치가 절환되는 순간에는 계기로 전류가 흐르지 않기 때문에 계기가 보호된다. 이 회로는 또한 한 개의 저항을 제외하면 나머지 저항들은 특수한 값이 아닌 일반 값이 나타나므로 제작이 용이한데, 이는 다음 예제에서 확인해 본다.

예 제 [그림 2-1-21(a)] 회로에서 계기의 최대 눈금 전류 $I_{fsd}=1\text{mA}$이고 내부 저항이 100Ω일 때 스위치가 a접점이면 10mA까지, b접점이면 100mA까지, c접점이면 1A까지 측정할 수 있도록 설계하시오.

풀이 a접점일 때는 최대 입력 전류가 10mA이므로 계기로 1mA, 분류기 저항으로 9mA가 흐르고, 계기에는 1mA×100Ω=0.1V의 전압이 유기되므로 저항값은 다음과 같다.

$$R_1+R_2+R_3=\frac{0.1\text{V}}{9\text{mA}}=11.11[\Omega] \tag{4}$$

b접점일 때의 회로는 [그림 2-1-21(b)]와 같이 형성되며, 따라서 비례식은 다음과 같다.

$$(R_1+R_2)\cdot 99\text{mA}=(R_3+R_i)\cdot 1\text{mA}$$
$$99R_1+99R_2-R_3=100 \tag{5}$$

c접점일 때는 b접점에서와 동일한 방법으로 다음 식을 얻을 수 있다.

$$R_1\cdot 999\text{mA}=(R_2+R_3+R_i)\cdot 1\text{mA}$$
$$999R_1-R_2-R_3=100 \tag{6}$$

식 (4), (5), (6)을 행렬을 이용해 풀면 다음과 같다.

$$\begin{bmatrix} 1 & 1 & 1 \\ 99 & 99 & -1 \\ 999 & -1 & -1 \end{bmatrix}\cdot\begin{bmatrix} R_1 \\ R_2 \\ R_3 \end{bmatrix}=\begin{bmatrix} 11.11 \\ 100 \\ 100 \end{bmatrix}$$

$$D=100000$$

$$R_1=\frac{\begin{bmatrix} 11.11 & 1 & 1 \\ 100 & 99 & -1 \\ 100 & -1 & -1 \end{bmatrix}}{100000}=\frac{11111}{100000}\cong 0.11\,\Omega$$

$$R_2 = \frac{\begin{bmatrix} 1 & 11.11 & 1 \\ 99 & 100 & -1 \\ 999 & 100 & -1 \end{bmatrix}}{100000} = \frac{99999}{100000} \cong 1\,\Omega$$

$$R_3 = \frac{\begin{bmatrix} 1 & 1 & 11.11 \\ 99 & 99 & 100 \\ 999 & -1 & 100 \end{bmatrix}}{100000} = \frac{999890}{100000} \cong 10\,\Omega$$

※ 다중-범위 전류계(Multi-range Ammeter)는 모든 저항들이 특수값을 가지는 데 비해 에어톤 분류기(Ayrton shunt)는 R_1을 제외한 나머지는 일반 저항값을 가진다.

3) 교류 전류계

가동코일형 계기는 우수한 감도를 지니고 있지만 원리에 의해 직류용으로만 사용할 수 있다. 그러나 약간의 보조회로를 추가하면 가동코일형 계기의 우수한 감도를 교류에도 적용해 사용할 수 있다.

① 정류형 전류계

직류전용인 가동코일형 계기에 교류를 직접 인가하면 지침이 흔들릴 뿐 평균값은 0이 되어 측정이 되지 않는다. 따라서 [그림 2-1-22(a)]와 같이 입력된 교류를 반도체 다이오드를 이용해 정류한 후 계기에 인가한다.

이때 회로에서 평활용 커패시터는 생략되는데 일반적인 60Hz 상용전원의 경우 정류하면 [그림 2-1-22(b)]와 같은 120Hz의 맥류가 되며 이 전류가 계기에 인가되면 계기의 지침이 미처 따라가지 못하므로 기계적 평균이 발생해 어느 지점에 멈춘다.

이때 지침이 지시한 지점을 실효값 눈금으로 표시하면 교류 실효값을 측정할 수 있는 계기로 사용할 수 있다. 단, 이 계기는 실제 실효값을 표현하는 것이 아니라 정현파의 실효값을 눈금으로 표시한 것이기 때문에 정현파 이외의 교류가 입력되면 파형오차가 발생한다.

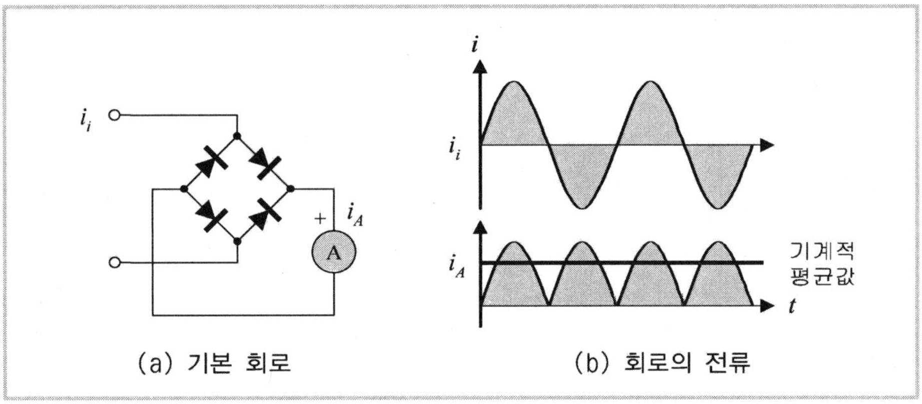

[그림 2-1-22] 정류형 전류계의 원리

② 변류기에 의한 교류 전류계

교류는 직류와 달리 트랜스포머에 의해 절연된 상태에서도 전압과 전류를 전달할 수 있는 특징을 가지고 있다. 또한 전압과 전류를 큰 손실 없이 자유롭게 높이고 낮출 수 있으므로 저항을 이용한 분류기를 대신할 수 있으며 특히 대전류인 경우 저항보다 유용하게 사용할 수 있다.

i) 교류 변류기

변류기(變流器)란 일명 'C.T'(Current Transformer)라고도 하는 일종의 트랜스포머로서 [그림 2-1-23(a)]와 같이 측정할 대상 전선 주위에 많은 코일이 감긴(보통 '1000turn', '4000turn'과 같이 부른다) 교류 변류기를 설치해 전선에서 발생하는 자장을 검출한다.

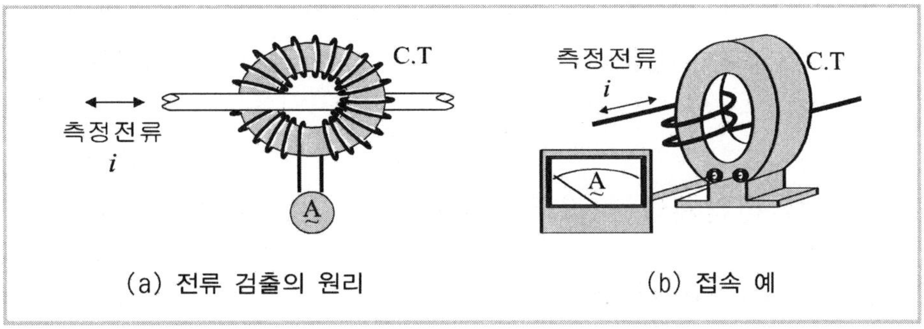

[그림 2-1-23] 교류 변류기의 원리 및 사용 예

전선의 자장은 전류에 비례하기 때문에 이를 측정하면 전류량을 측정할 수 있으며, [그림 2-1-23(b)]와 같이 교류 전류계를 접속해 사용한다.

ii) 클립형 변류기

클립형 변류기는 [그림 2-1-24(a)]와 같이 교류 변류기의 한쪽 끝을 개방할 수 있도록 클립 형태로 구성한 것으로서 이를 이용하면 측정할 전선을 자르거나 감을 필요 없이 [그림 2-1-24(b)]와 같이 대상 전선에 접촉시키면 전류를 측정할 수 있다.

이러한 클립형 변류기는 일반적으로 [그림 2-1-24(b)]와 같이 계기의 몸체에 함께 부착되어 곧바로 측정값을 표시할 수 있도록 구성되어 있다.

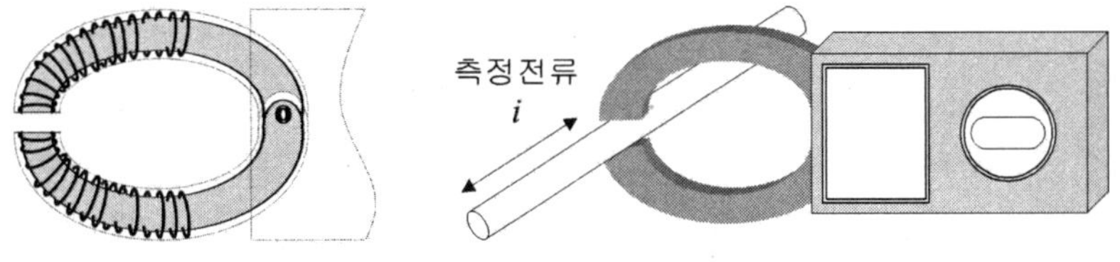

(a) 검출 부분 (b) 측정방법

[그림 2-1-24] 클립형 변류기

(4) 전압측정

가동코일형 계기는 지금까지 논한 바와 같이 기본적으로 직류전류를 측정하는 기기이다. 그러나 이를 이용하면 전압을 측정할 수 있고, 더 나아가 큰 전압을 측정할 수도 있는데 이 절에서는 이러한 전압측정에 관한 지식을 살펴본다.

1) 전압계의 원리 및 접속

① 전압계의 원리

[그림 2-1-25(a)]와 같이 내부 저항이 100Ω이고 최대 1mA를 측정할 수

있는 전류계가 있다면, 최대 전류가 흐를 때는 전류계 양단에 0.1V의 전압이 유기된다. 이를 거꾸로 말하면 이 전류계에 0.1V의 전압을 인가하면 1mA의 전류가 흘러 최대 눈금을 가리키며, 만약 0.05V의 전압을 인가하면 0.5mA의 전류가 흘러 절반의 눈금을 가리킨다. 즉 최대 1mA, 내부저항 100Ω인 전류계는 최대 0.1V까지 측정할 수 있는 전압계로 사용이 가능하다.

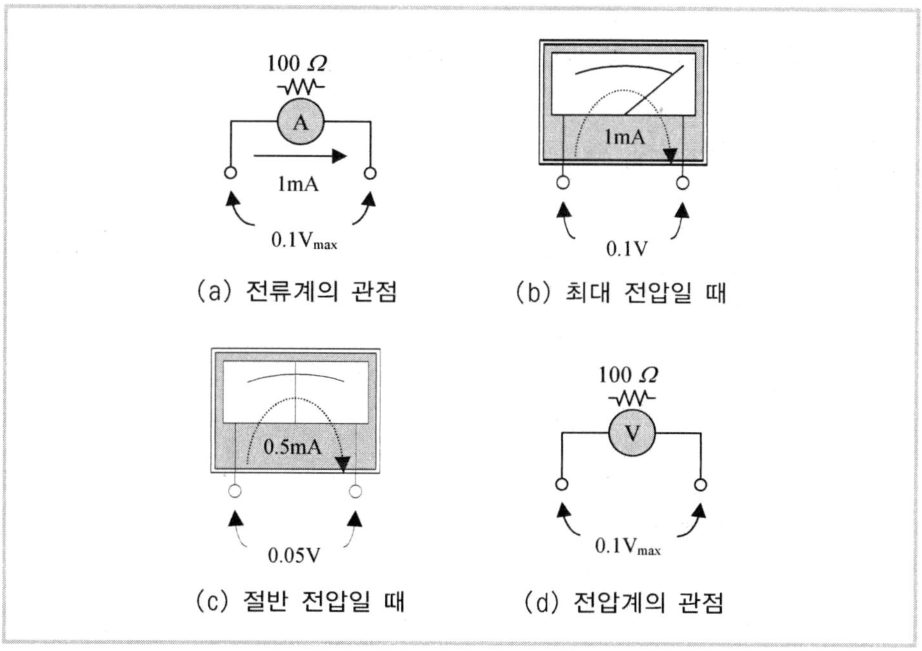

[그림 2-1-25] 전압계의 원리

② 전압계의 접속

회로의 특정 지점 전압을 측정하기 위해서는 [그림 2-1-26(a)]와 같이 원하는 지점에 계기를 병렬로 접속한다. 이때 전압이 높은 쪽에 계기의 (+)극을, 전압이 낮은 쪽에 계기의 (−)극을 접속해야 하므로 그림의 경우 R_1의 아래쪽 부분은 계기의 측정점에 따라 접속 극성이 달라진다. 즉 V_1을 측정할 때는 계기의 (−)극이 접속되지만 V_2를 측정할 때는 계기의 (+)극이 접속된다.

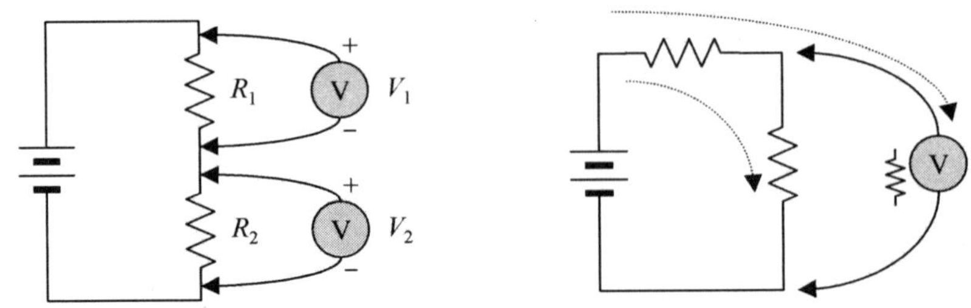

(a) 전압계의 접속 예 (b) 전압계의 조건

[그림 2-1-26] 전압계의 접속 및 특성

③ 전압계의 조건

전압을 측정하기 위해 [그림 2-1-26(b)]와 같이 전압계를 접속했을 때, 만약 전압계의 저항이 작다면 전압계로 전류가 흘러 회로에 흐르는 전류에 영향을 주기 때문에 오차가 발생할 수 있다. 따라서 전압계는 내부 저항이 클수록 회로에 미치는 영향이 작아지므로 우수한 계기라 할 수 있다(전류계의 경우와는 반대이므로 유의하라).

2) 측정범위의 확장

가동코일형 계기를 전압계로 이용하는 경우 가동코일의 내부 저항이 비교적 작고 전류용량도 작기 때문에 큰 전압을 측정하기에는 부적합하다. 따라서 전류계의 경우와 마찬가지로 더 큰 전압을 측정할 수 있도록 확장한다면 활용범위를 크게 넓힐 수 있는데 이러한 방법에 관해 살펴본다.

① 배율기

배율기 저항(multiplier)은 전압계의 측정범위를 확장하기 위한 것으로서, 예를 들어 최대 0.1V까지 측정할 수 있는 계기를 100V까지 측정할 수 있는 계기로 확장하는 등의 응용이 가능하다. 배율기를 사용한 전압 측정범위의 확장회로는 [그림 2-1-27]에 나타낸 바와 같이 배율기 저항이 계기와 직렬로 접속된 형태이다.

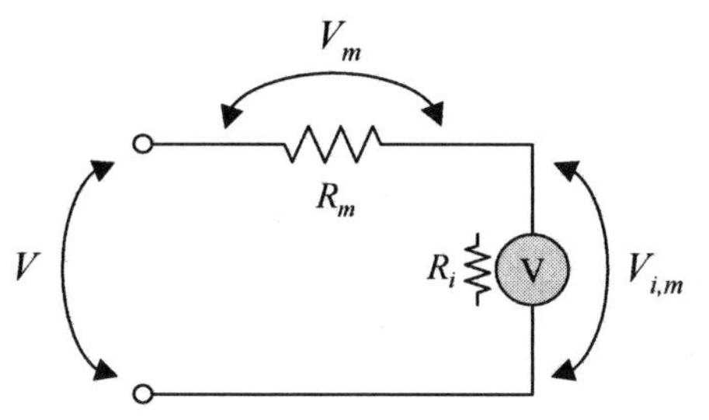

V : 회로 전체 전압(측정할 전압)
V_{fsd} : 계기 최대 눈금 전압
V_s : 배율기 전압
R_i : 계기 내부 저항
R_m : 배율기 저항

[그림 2-1-27] 배율기의 기본 회로

입력전압 V는 배율기 저항 R_m과 계기 저항 $V_{i,m}$으로 전압분배되므로 계기의 최대 눈금 전압은 다음 식과 같이 구할 수 있다.

$$V_{fsd} = \frac{R_i}{R_m + R_i} \cdot V \quad (1)$$

확장할 측정범위의 배율을 m이라 하면 식 (2)와 같이 표현할 수 있다.

$$m = \frac{V}{V_{fsd}} \quad (2)$$

식 (1)을 식 (2)의 형태로 정리해 대입하면,

$$m = \frac{R_m + R_i}{R_i} \quad (3)$$

따라서 배율기 저항 R_m은 다음과 같이 구할 수 있다.

$$R_m = (m-1) \cdot R_i [\Omega] \quad (4)$$

예 제 내부 저항이 100Ω이고 최대 눈금 전류 $I_{fsd} = 500\mu A$인 계기로 최대 50V까지 측정하기 위한 회로를 구성하시오.

풀이 i) 공식 이용

계기에 인가되는 최대 전압과 배율은

$$V_{fsd} = 100\Omega \cdot 500\mu\text{A} = 50\text{mV}$$

$$m = \frac{50\,V}{50m\,V} = 1000$$

이므로 배율기 저항은 다음과 같다.

$$R_m = (1000 - 1) \cdot 100\Omega = 99.9\text{k}\Omega$$

ii) 회로에서 계산하기

[그림 2-1-28]에서 회로에 흐르는 최대 전류는 500μA이고, 배율기 저항에는 계기의 전압 $V_{fsd} = 100\Omega \cdot 500\mu\text{A} = 50\text{mV}$를 제외한 나머지 전압인 49.95V가 인가되므로,

$$R_m = \frac{49.95\text{V}}{500\mu\text{A}} = 99.9\text{k}\Omega$$

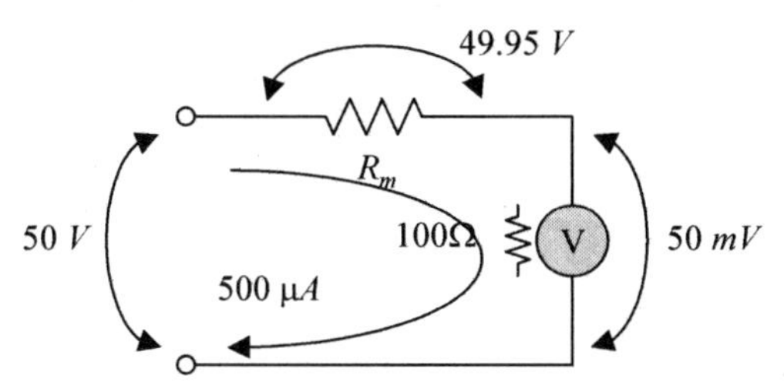

[그림 2-1-28] 배율기 저항의 계산 예

② 다중-범위 전압계

여러 범위에 대한 배율기 저항들을 [그림 2-1-29(a)]와 같이 스위치를 이용해 절환한다면 하나의 계기를 이용해 다양한 범위의 전압을 측정할 수 있으며, 이를 다중-범위 전압계(Multi-range Volt-meter)라 한다.

[그림 2-1-29(b)]는 [그림 2-1-29(a)]의 변형으로서, [그림 2-1-29(a)]의 회로를 사용할 경우 모든 저항들이 특수값을 가지는 것에 비해 [그림 2-1-29(b)]는 에어톤 분류기에서와 유사하게 일부 저항만 특수값을 가지고 나머지는 일반 저항값을 가진다.

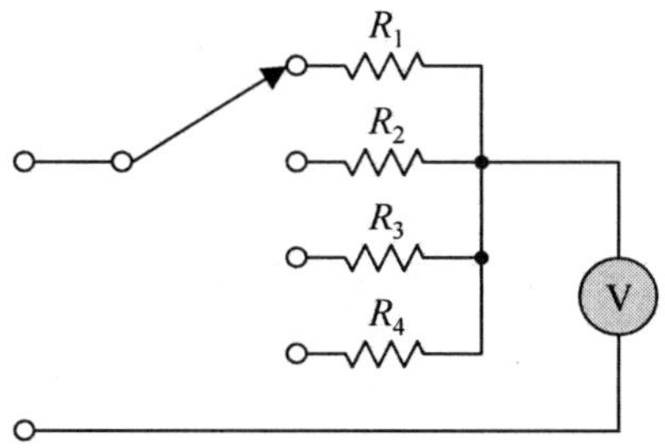

(a) 이론적인 회로

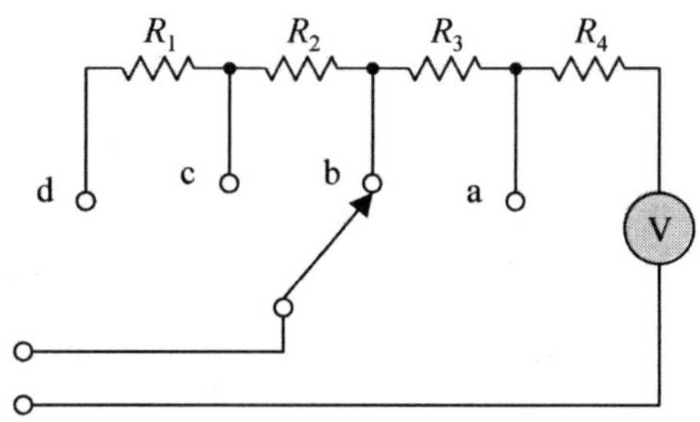

(b) 실제 사용되는 회로

[그림 2-1-29] 다중-범위 전압계(Multi-range Volt-meter)

예 제 [그림 2-1-29(b)]의 회로에서, 계기의 내부 저항이 100Ω, 최대 눈금 전압 $V_{fsd}=0.1$V일 때 스위치가 a점에 위치하면 최대 10V, b점에 위치하면 최대 50V, c점에 위치하면 최대 250V, d점에 위치하면 최대 500V를 측정하도록 회로를 설계하시오.

풀이 a점 : 배율 $m = 10\text{V}/0.1\text{V} = 100$이므로,

$R_4 = (100-1) \cdot 100\Omega = 9.9\text{k}\Omega$

b점 : 배율 $m = 50\text{V}/0.1\text{V} = 500$이므로,

$R = (500-1) \cdot 100\Omega = 49.9\text{k}\Omega$

$R_4 = 9.9\text{k}\Omega$ 이므로,

$R_3 = 49.9\text{k}\Omega - 9.9\text{k}\Omega = 40\text{k}\Omega$

c점 : 배율 $m = 250\text{V}/0.1\text{V} = 2500$이므로,

$$R = (2500 - 1) \cdot 100\Omega = 249.9\text{k}\Omega$$

$R_3 + R_4 = 49.9\text{k}\Omega$ 이므로

$$R_2 = 249.9\text{k}\Omega - 49.9\text{k}\Omega = 200\text{k}\Omega$$

d점 : 배율 $m = 500\text{V}/0.1\text{V} = 5000$이므로,

$$R = (5000 - 1) \cdot 100\Omega = 499.9\text{k}\Omega$$

$R_2 + R_3 + R_4 = 249.9\text{k}\Omega$ 이므로

$$R_2 = 499.9\text{k}\Omega - 249.9\text{k}\Omega = 250\text{k}\Omega$$

※ 만약 [그림 2-1-29(a)]의 회로를 사용했다면 각 저항들은 다음과 같은 값을 가진다.

$$R_1 = 9.9\text{k}\Omega,\ R_2 = 49.9\text{k}\Omega,\ R_3 = 249.9\text{k}\Omega,\ R_4 = 499.9\text{k}\Omega$$

3) 교류 전압계

① 교류 전압계의 원리

교류 전압계는 교류 전류계와 거의 유사한 원리로서 [그림 2-1-30(a)]와 같이 정류회로를 이용해 교류를 맥류로 변환한 후 계기에 인가한다.

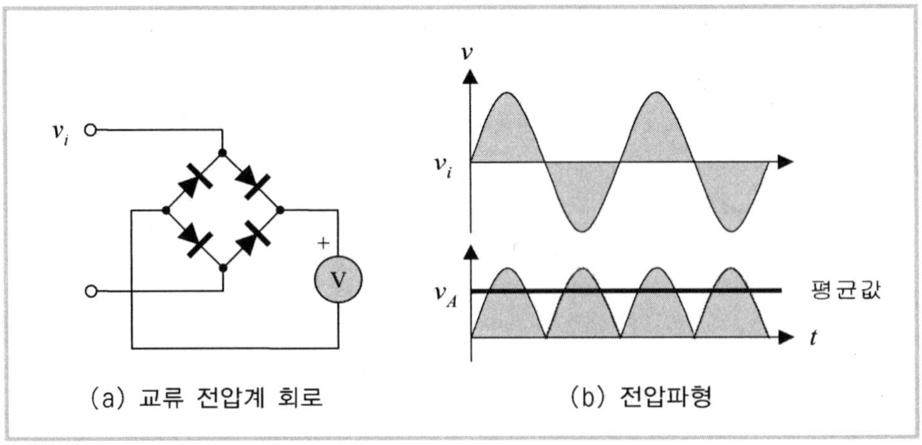

[그림 2-1-30] 교류 전압계의 원리

맥류는 계기에서 기계적 평균이 이루어지며, 이를 실효값 눈금으로 표시한다.

입력되는 파형이 정현파인 경우 평균값은 식 (1)과 같이 나타낸다.

$$V_{avr} = \frac{2}{\pi} \times V_p \tag{1}$$

이에 비해 정현파의 실효값은 식 (2)와 같이 표현된다.

$$V_{rms} = \frac{1}{\sqrt{2}} \times V_p \tag{2}$$

그러므로 정현파 실효값은 평균값의 $\pi/2\sqrt{2}$ 배, 즉 1.11배이고 거꾸로 말하면 평균값은 실효값의 0.9배이다. 따라서 만약 직류(실효값) 눈금과 평균값 눈금을 함께 나타내면 [그림 2-1-31]과 같이 0.9배 작은 눈금이 그려진다.

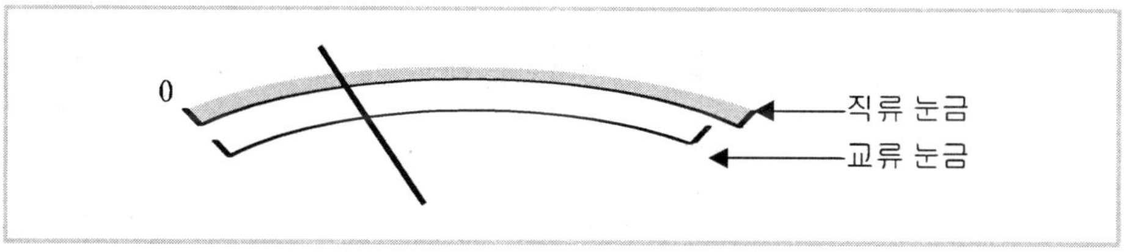

[그림 2-1-31] 직류 눈금과 교류 눈금의 차이

실제 회로에서는 다이오드의 오프셋 전압이 존재하기 때문에 이러한 사항도 고려해 눈금을 작성하는데, 과거의 멀티테스터들은 당시 부품 가격이 비쌌던 관계로 직류 전압계의 배율기 회로를 교류에서도 겸용으로 사용했고, 이 때문에 차이가 있는 두 가지 눈금을 하나의 계기에 표시해 사용했다.

② 문제점의 보완

앞서 살펴본 교류 전압계에서는 몇 가지 문제점이 존재하는데, 우선 브리지 정류회로를 사용함으로 인해 다이오드의 오프셋이 2배가 되어

$1.2V_p$ 이하의 전압은 통과하지 못하고, 그나마 이 이상의 전압이 통과하더라도 작은 전압인 경우(예를 들어 $2V_p$ 정도) 다이오드가 비직선 영역에서 동작하기 때문에 큰 오차가 발생한다. 또한 다이오드는 온도에 의한 특성변화가 심한데, 브리지 정류회로는 2개의 다이오드가 직렬로 동작하므로 이러한 변화가 2배로 나타난다.

이상과 같은 여러 가지 문제점을 해결하기 위해 [그림 2-1-32(a)]에 나타낸 바와 같이 반파 정류를 사용하고, 다이오드는 오프셋 전압이 작은 게르마늄 다이오드를 사용한다. 단, 게르마늄 다이오드는 일반적으로 전류용량이 작기 때문에 [그림 2-1-32(a)]와 같이 배율기 저항 이후에 부착해 전류제한을 하며, 반파 정류로 인해 계기의 지침이 진동하므로 커패시터에 의해 평활시킨다.

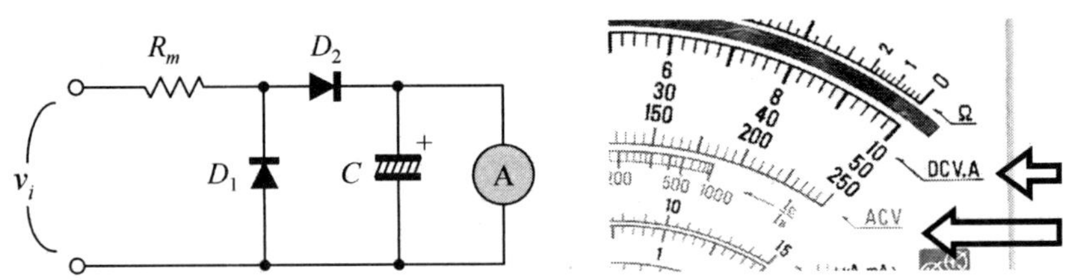

(a) 교류 전압계 회로 (b) 직류와 동일한 눈금

[그림 2-1-32] 개선된 교류 전압계

이와 같은 회로를 사용하면 다이오드의 오프셋은 0.1~0.2V 이내로 제한되어 앞서 실리콘 브리지 정류에 비해 10분의 1 수준으로 줄어들고 온도에 의한 영향도 이와 비례해 줄어들기 때문에 안정된 측정값을 얻을 수 있다.

이와 같은 다이오드 오프셋, 평균값과 실효값의 차 등을 고려해 교류 전압계용 배율기를 설치하고 이 저항을 조절함으로써 직류눈금과 동일한 눈금을 사용할 수 있는데, [그림 2-1-32(b)]는 최근의 멀티테스터의 눈금을 나타낸 것으로서, 직류와 교류 눈금이 동일함을 알 수 있다. 그러나 이 계기 또한 앞서 교류 전류계의 경우와 마찬가지로 입력되는 교류가 정현파일 경우를 가정한 것이기 때문에 정현파 이외의 파형에서는 오차가 발생한다.

③ 다른 방법의 회로

앞서 소개한 바와 같은 반파정류 방식은 많은 문제점을 해결할 수 있지만, 만약 계기의 동작전압이 매우 큰 경우 [그림 2-1-33(a)]와 같이 배전압 정류를 사용하면 더 작은 범위의 전압도 측정이 가능하다.

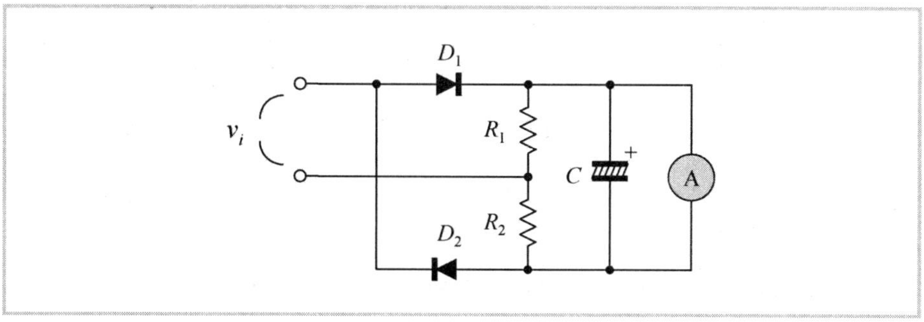

[그림 2-1-33] 배전압형 교류 전압계

(5) 저항측정

저항측정은 간접측정과 직접측정 이외에도 이후에 소개할 휘트스톤 브리지와 같은 영위법도 사용된다. 사실, 저항을 측정하기 위한 전용 계기가 있기는 하나 실제로는 여기에 소개하는 방법이 더 자주 사용되므로 전용계기에 관한 사항은 측정공학 관련 서적을 참조하라.

1) 전압/전류에 의한 간접측정

저항은 전압계와 전류계를 이용해 다음 식과 같은 간단한 옴의 법칙에 의해 간접측정이 가능하다.

$$R = \frac{V}{I} \tag{1}$$

전압과 전류를 측정하기 위해서는 [그림 2-1-34]와 같이 2가지의 접속을 생각할 수 있는데, 일반적인 경우 전압계와 전류계의 위치는 상관이 없지만, 측정하려는 저항값이 매우 작거나 매우 클 때 문제가 발생하기 때문에 이를 분류해 설명한다.

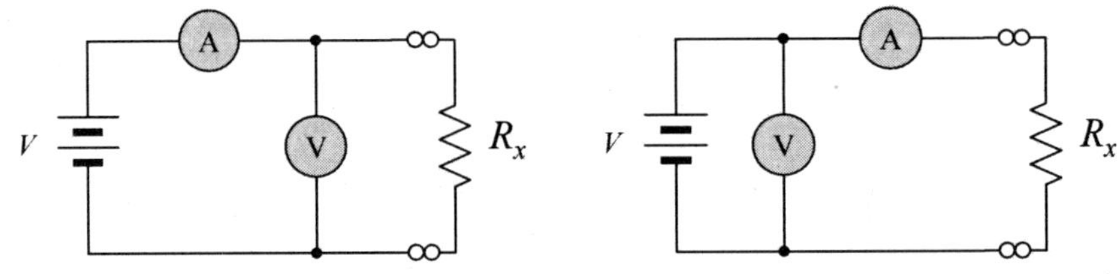

[그림 2-1-34] 전압계/전류계의 위치

단, 여기서 '매우 작은 저항'이란 측정할 대상이 전류계 내부 저항과 거의 같을 만큼 작은 것을 의미하고, '매우 큰 저항'이란 전압계 내부 저항과 거의 같을 만큼 큰 것을 의미한다.

① 저저항일 경우

[그림 2-1-35(a)]의 계기 접속법은 일반적인 저항, 또는 매우 작은 저항값을 측정할 때 사용하는 회로로서, 전류는 전원으로부터 유출되는 것을 측정하고, 전압은 저항의 양단을 측정하도록 접속되어 있다.

[그림 2-1-35(b)]에서 만약, $R_x \ll R_V$일 경우에는 $I_x \gg I_V$이므로 전압계에 흐르는 전류 I_V는 무시해도 좋다. 그러나 $R_x \cong R_V$일 경우에는 $I_x \cong I_V$이므로 전압계에 흐르는 전류 I_V에 의해 전류오차가 발생하기 때문에 위 회로는 일반 저항이나 저저항에서만 측정해야 한다.

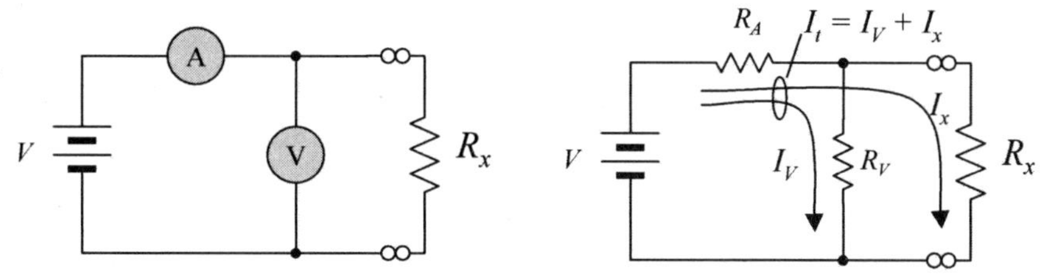

(a) 측정회로 (b) 전류의 흐름

[그림 2-1-35] 저저항 측정회로

② 고저항일 경우

[그림 2-1-36(a)]의 계기 접속법은 일반적인 저항, 또는 매우 큰 저항값을 측정할 때 사용하는 회로로서 전압은 전원의 것을 측정하고 전류는 저항에 흐르는 것을 측정하도록 접속되어 있다.

[그림 2-1-36(b)]에서 R_x가 매우 작다면 저항으로 흐르는 전류 I_x는 커지며, 이 때문에 전류계 저항 R_A 양단에 전류계 전압 V_A가 커져 전압계에는 이들 전압이 더해진 결과가 나타나므로 전압계의 전압과 실제 저항의 전압 사이에서 오차가 발생한다.

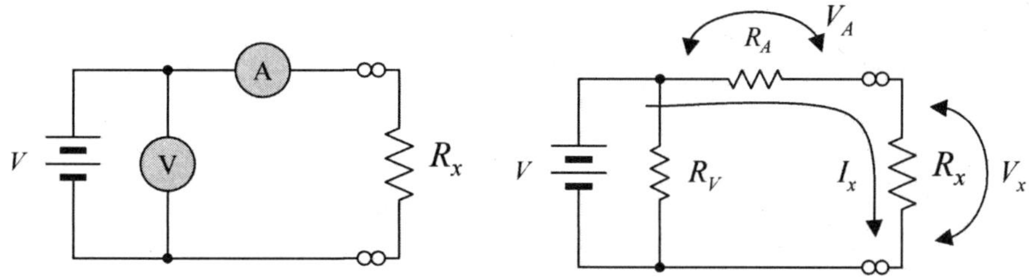

(a) 측정회로 (b) 전류의 흐름

[그림 2-1-36] 고저항 측정회로

만약 R_x가 상당히 크다면 저항으로 흐르는 전류 I_x는 작고, 따라서 전류계 양단에서 발생하는 전압도 작기 때문에 전압계의 전압과 저항의 전압 사이에 오차가 작다. 따라서 위 회로는 일반 저항이나 큰 저항에서만 측정해야 한다.

③ 겸용 회로

매우 작은 저항과 매우 큰 저항 2가지의 경우 앞서 살펴본 바와 같은 전압계, 전류계의 접속을 선택해야 하는데, 궁극적인 문제는 현재 측정하려는 저항값을 모르기 때문에 측정하려는 것이고, 따라서 어떤 접속을 선택해야 할지 알 수 없다. 이러한 경우 [그림 2-1-37(a)]와 같은 회로를 이용해 우선 작은 저항인지 큰 저항인지를 구분하고 경우에 맞는 회로를 선택해 측정한다.

측정하려는 저항이 매우 작아 [그림 2-1-37(b)]와 같이 저항에 큰 전류가 흐르고 있는 경우를 살펴보면, 전류계에 큰 전류가 흐르므로 전류계 양단에 전압이 유기되고, 이에 따라 스위치를 절환해 보면 전류계는 거의 변화가 없지만 전압계가 변화한다. 이러한 경우는 저항 양단의 정확한 전압측정을 위해 스위치를 2번 위치에 놓고 측정한다.

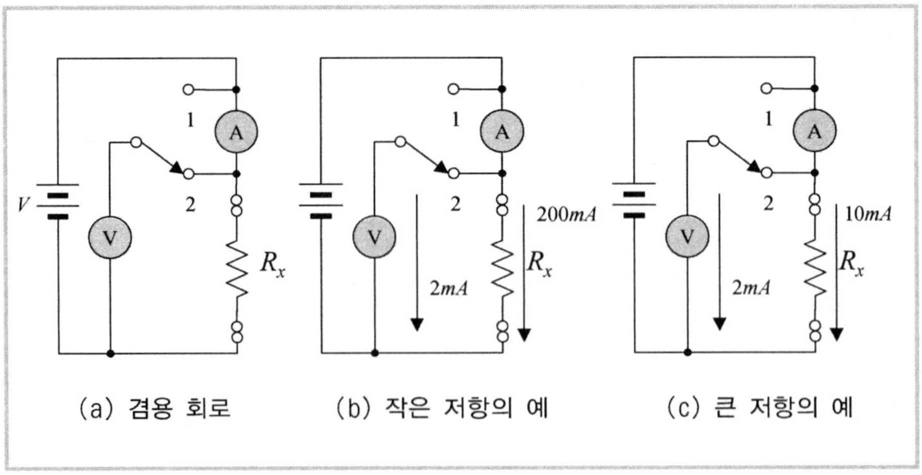

[그림 2-1-37] 저저항/고저항 겸용 측정회로

이와 반대로 [그림 2-1-37(c)]와 같이 저항에 미약한 전류가 흐르고 있다면 스위치를 절환할 경우 전압계는 거의 변화가 없지만 전압계 전류에 의해 전류값이 변화한다. 이때는 정확한 저항 전류를 측정하기 위해 스위치를 1번 위치에 놓고 측정한다.

전류가 매우 큰 값이 나타나면 무조건 작은 저항이고 전류가 매우 작으면 무조건 큰 저항이라 할 수는 없다. 여기서 논하는 '작은 저항'과 '큰 저항'의 기준은 전압계, 전류계의 내부 저항에 비교한 상대적인 의미이므로 계기의 내부 저항에 따라 기준이 달라지기 때문이다.

2) 저항계(직렬형 저항계)

여기서 소개할 저항계는 정확히 '직렬형 저항계'라는 것으로서, 현재 가장 보편적으로 사용하는 것이다. 이 이외에도 저항을 측정하는 방법에는 여러 가지가 있는데 이에 관해서는 전문 측정공학 서적을 참조하라.

① 직렬형 저항계의 원리

직렬형 저항계는 [그림 2-1-38(a)]에 나타낸 바와 같이 미지의 저항에 전압을 인가하고 그때 흐르는 전류의 양을 관찰하는 원리로 되어 있다. 회로에서 저항 R_0은 미지 저항 R_x가 [그림 2-1-38(b)]와 같이 0Ω일 경우 계기의 최대 편이 전류 I_{fsd}가 되도록 전류제한을 한 것이며, 만약 이 저항이 없다면 계기에 과도한 전류가 흘러 파손된다. R_s는 전류계의 측정 범위를 설정하기 위한 분류기이다.

[그림 2-1-38(a)]와 같이 미지 저항 R_x가 접속되면 일정한 전류가 흐르고 이 양이 계기에 나타난다.

[그림 2-1-38(b)]와 같이 R_x가 0Ω인 경우에는 이 회로의 최대 전류가 흐르고, 이때 계기는 최대 눈금 전류인 I_{fsd}가 되도록 분류기가 조정되어 있어 계기는 오른쪽으로 최대 편이 된다.

[그림 2-1-38(c)]와 같이 R_x가 없는 경우에는 전류가 흐르지 않으므로 계기는 왼쪽 끝의 0A에 위치한다.

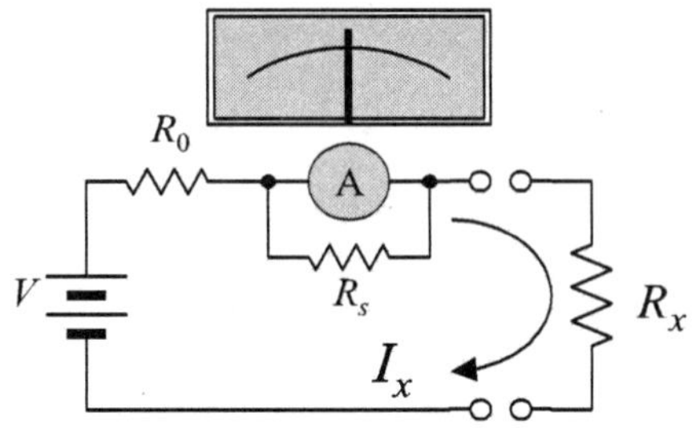

(a) 기본 회로

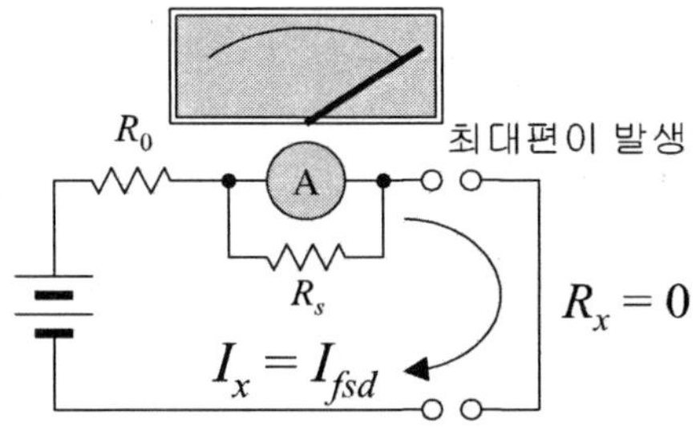

(b) $R_x = 0\,\Omega$일 때

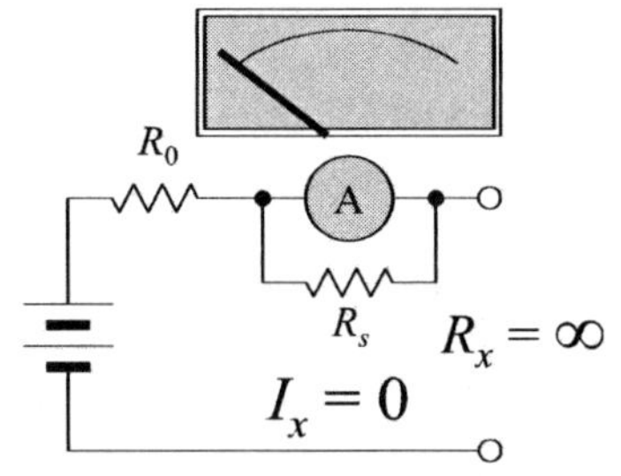

(c) $R_x = \infty\,\Omega$일 때

[그림 2-1-38] 저항계의 원리

이와 같은 원리에 의해 직렬형 저항계의 눈금은 [그림 2-1-39]와 같이 전류계/전압계의 눈금과는 반대로 오른쪽부터 0으로 구성되어 있다. 전류계/전압계의 눈금체계와 동일한 눈금을 갖는 '병렬형 저항계'라는 것이 있기는 하지만 실용성에 문제가 있어 사용되지 않는다.

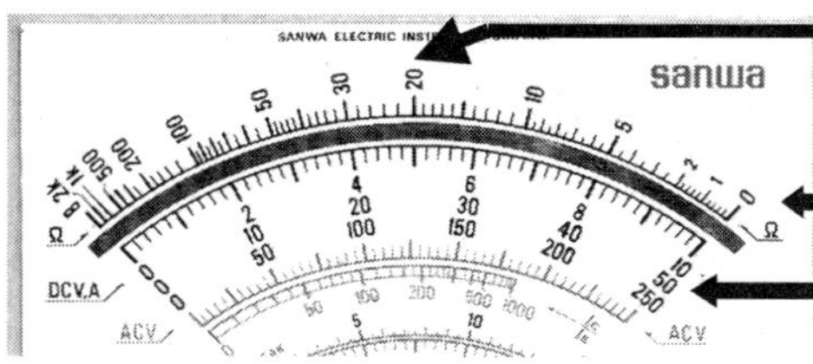

[그림 2-1-39] 저항계 눈금의 예

예 제 최대 전류 50μA, 내부 저항 500Ω의 계기와 +3V의 전원을 이용해 1Ω 단위로 판독할 수 있는 저항계를 구성하시오.

풀이 i) R_1 값의 결정

일반적으로 저항계 눈금을 제작할 때는 [그림 2-1-39]에 나타낸 바와 같이 계기의 중앙이 판독 단위의 20배 정도가 되도록 구성하는데, 이보다 더 조밀하게 구성하면 판독이 어려워지고 더 넓게 구성하면 측정할 범위가 줄어드는 문제(왼쪽의 약 1/3 정도는 눈금이 조밀해져 정확한 값을 읽기 어렵다)가 있기 때문이다.

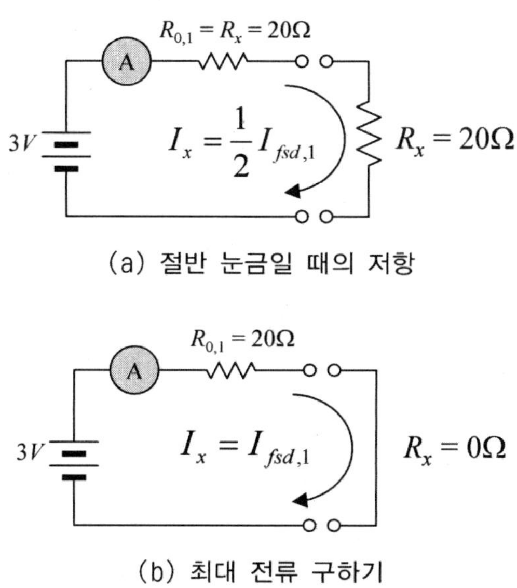

[그림 2-1-40] 저항계의 설계 예-1

따라서 1Ω 단위의 20배에 해당하는 20Ω일 때 계기가 중앙을 가리키려면 [그림 2-1-40(a)]와 같이 계기 내부 저항 $R_{0,1}$('1'이라는 첨자는 1Ω 단위용의 의미)과 외부 저항이 동일할 때이므로 $R_{0,1} = 20\,\Omega$으로 정해진다.

ii) R_s 값의 결정

앞 단계에서 $R_{0,1}$이 20Ω으로 정해졌으므로 [그림 2-1-40(b)]에 의해 회로의 최대 전류는 다음과 같다.

$$I_{fsd,1} = \frac{3\text{V}}{20\,\Omega} = 150\text{mA} \tag{1}$$

단, 여기서 전류계 내부 저항은 분류기가 부착되었을 때 0Ω이라 가정하였다(이후 계산에 의하면 실제로 R_0에 비해 거의 무시할 수 있는 값이다).

전류계는 문제에서 최대 전류 50μA, 내부 저항 500Ω으로 지정하였으므로 식 (1)에 의해 구한 150mA의 전류가 흐를 때 계기에는 50μA가 흘러야 하므로 [그림 2-1-41(a)]에 의해 분류기는 다음과 같이 구할 수 있다.

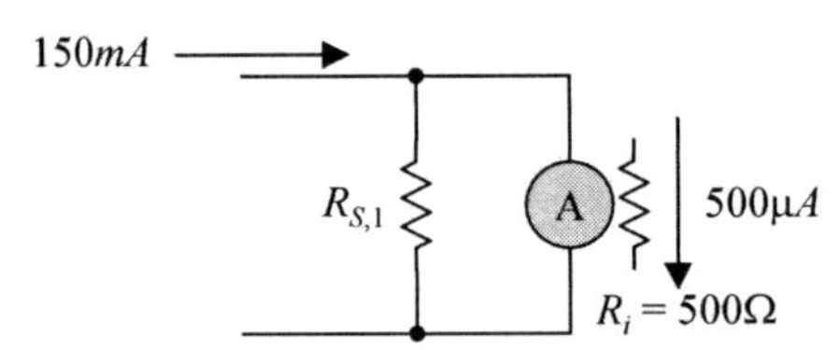

(a) 분류기 저항값 구하기

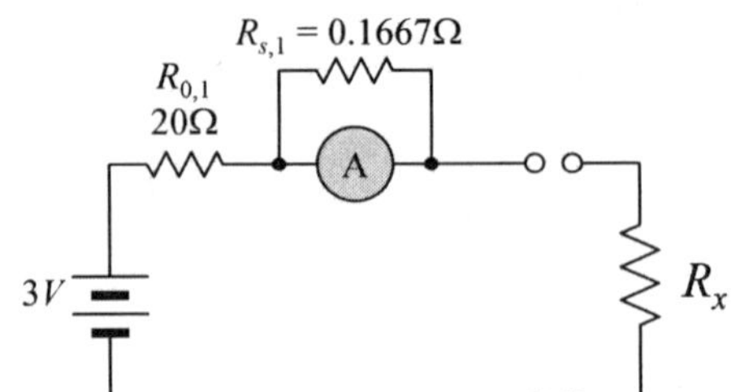

(b) 1Ω단위 저항계의 회로도

[그림 2-1-41] 저항계의 설계 예-2

배율 $m = \dfrac{150\text{mA}}{50\mu\text{A}} = 3000$ 이므로

$$R_{s,1} = \frac{R_{i,m}}{(m-1)} = \frac{500\Omega}{3000-1} = 0.1667\Omega \tag{2}$$

또는,

$$R_{s,1} \cdot (150\text{mA} - 50\mu\text{A}) = 50\mu\text{A} \cdot 500\Omega$$

$$\therefore R_{s,1} = 0.167\Omega$$

따라서 [그림 2-1-41(b)]와 같은 회로를 얻을 수 있다.

문제 최대 전류 50μA, 내부 저항 500Ω의 계기와 +3V의 전원을 이용해 10Ω 단위로 판독할 수 있는 저항계를 구성하시오.

② 영점 조정

앞서 설명한 직렬형 저항계를 휴대용으로 구성하기 위해 전지를 전원으로 사용한다면 시간이 지남에 따라 전지의 전압이 떨어지게 마련인데, 이 경우 저항이 0Ω일 때의 전류 I_x가 I_{fsd}에 못 미치기 때문에 측정에 오차가 발생한다. 그렇다고 항상 전지를 새것으로만 사용하는 것은 실용상 문제가 있으므로 [그림 2-1-42(a)]와 같이 R_0 저항값을 2개의 저항, 즉 R_0보다 약간 작은 R_1과 VR로 분리해 전류량을 조절할 수 있도록 하고, 저항계를 사용하기 전에 이를 조정하는 '영점 조정'을 시행한 후 측정한다.

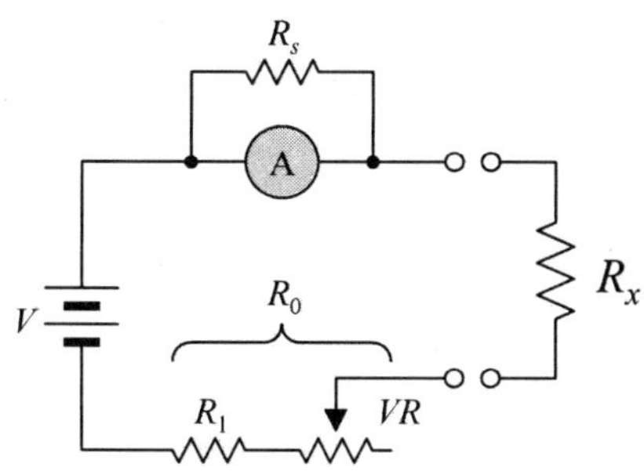

(a) 영점 조정 회로

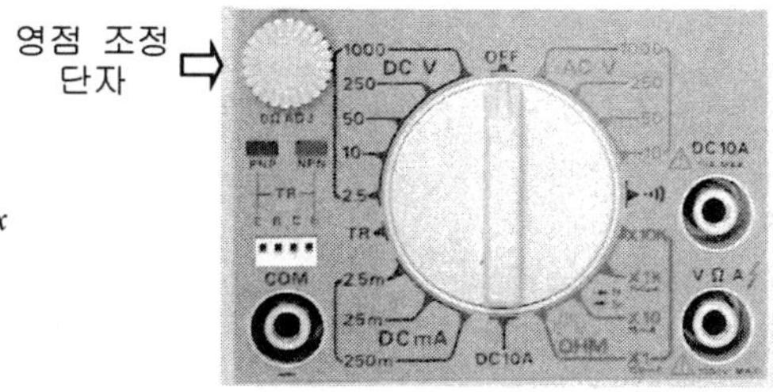

(b) 영점 조정 단자의 예

[그림 2-1-42] 영점 조정 회로

영점 조정의 순서는 다음과 같다.

① 계기의 프루브(probe)를 short시켜 $R_x = 0\,\Omega$ 상태, 즉 최대 전류가 흐르도록 한다.

② 영점 조정단자 VR을 조절해 계기 눈금이 정확히 '0'(즉 I_{fsd})을 가리키도록 한다.

③ R_x의 측정을 시작한다.

③ 다중-범위 저항계(Multi-range Ohm-meter)

여러 가지 범위의 저항값을 측정하기 위한 저항계를 구성하려면 미지 저항에 공급할 전류의 최대 크기를 정할 R_1값(내부 저항과 영점 조정 저항)과 이러한 최대 전류 때 계기가 최대 편이가 발생하도록 하는 분류기 R_s의 2가지 부분을 조절해야 한다. 최대 전류 50μA, 내부 저항 500Ω의 계기와 +3V의 전원을 이용해 [그림 2-1-43(a)]에는 1Ω 단위 저항계를, [그림 2-1-43(b)]는 10Ω 단위 저항계를 구성한 예를 나타내었다.

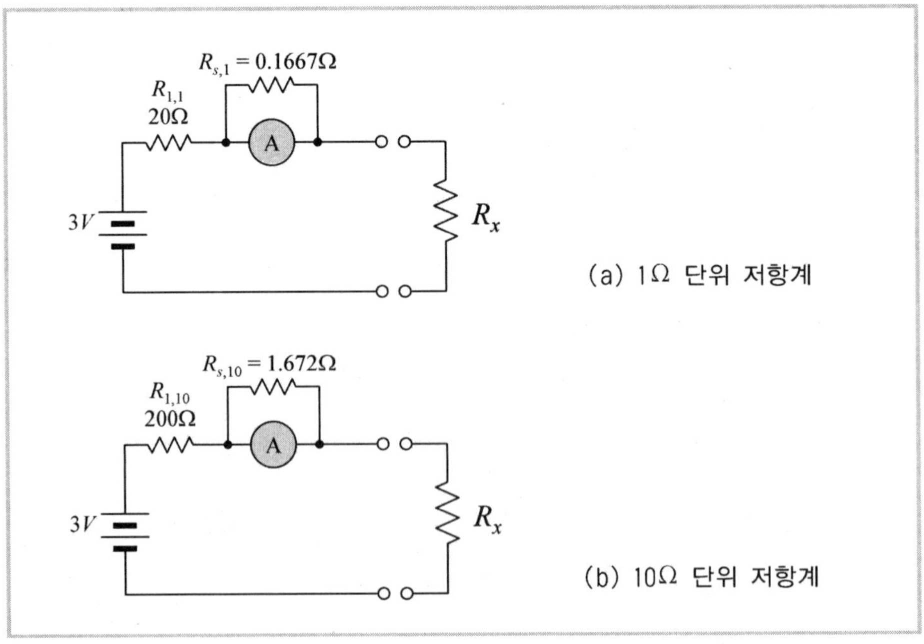

[그림 2-1-43] 다양한 범위의 저항계 설계 예

따라서 다양한 범위의 저항계를 구성하기 위한 일반 회로는 [그림 2-1-44]와 같다.

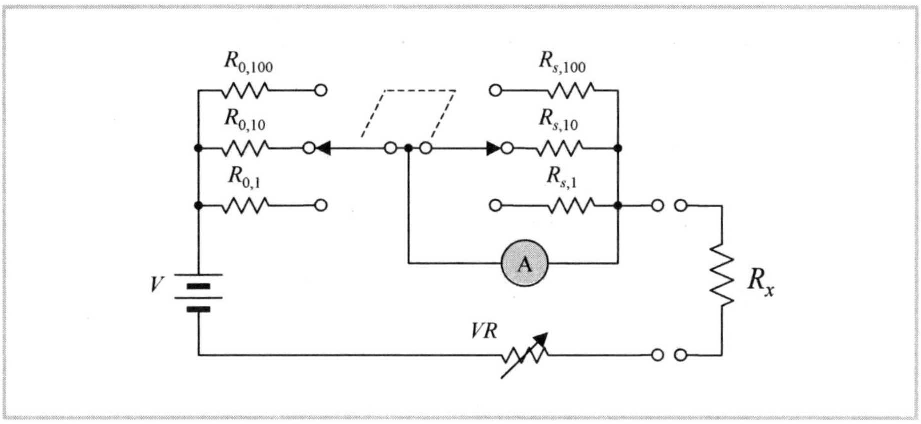

[그림 2-1-44] 다중-범위 저항계의 회로 예

(6) 전력측정

전력측정은 이후에 소개할 '전류력계형 계기'로 직접측정이 가능하지만 전압계, 전류계를 이용해 간접측정도 가능하다.

① 전류, 전압에 의한 간접측정

측정하려는 대상의 전류와 전압을 모두 측정하면 식 (1)에 의해 전력을 계산할 수 있다.

$$P = V \cdot I \tag{1}$$

그런데, 전류계와 전압계를 동시에 접속할 때는 저항측정에서와 마찬가지로 측정대상 저항이 매우 작거나 매우 클 때 [그림 2-1-45]와 같이 2가지의 경우로 나누어 측정해야 하며 이들의 선택방법은 저항측정에서의 경우와 동일하다.

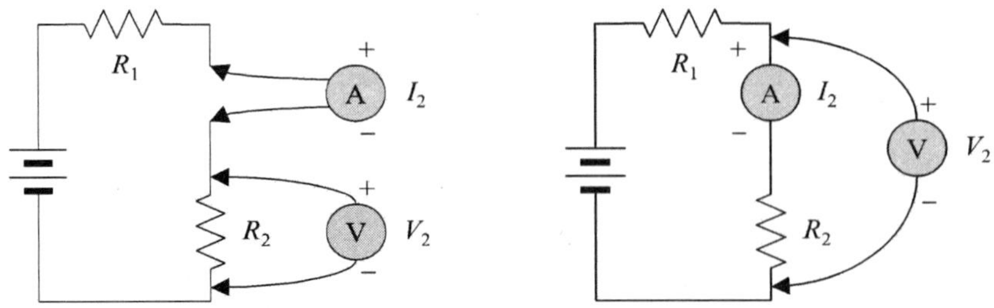

(a) 저저항 측정용 회로　　(b) 고저항 측정용 회로

[그림 2-1-45] 전력 간접측정 회로

② 전압 또는 전류에 의한 간접측정

측정할 대상의 저항값을 정확히 알고 있다면 전압이나 전류 하나만을 측정한 후 식 (2), (3)에 의해 전력을 계산할 수 있다.

전력은 $P = V \cdot I$이므로 $V = I / R$을 대입하면,

$$P = V_2^2 / R_2 \tag{2}$$

또는 $V = I / R$을 대입하면,

$$P = I_2^2 \cdot R_2 \tag{3}$$

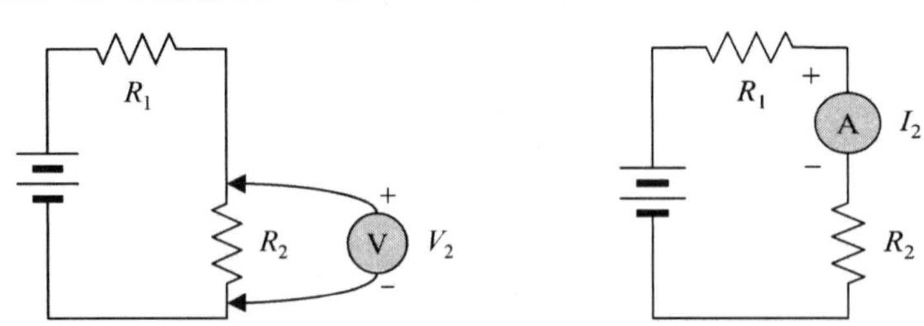

(a) $P = V_2^2 / R_2$　　(b) $P = I_2^2 \cdot R_2$

[그림 2-1-46] 전압이나 전류에 의한 전력 간접측정

(7) 멀티테스터

멀티테스터는 VOM(Volt-Ohm-mA)이라고도 하며, 지금까지 설명했던 직류 전류계, 직류 전압계, 교류 전압계, 저항계를 하나의 계기로 측정할 수 있도록 구성해 광범위하게 사용되고 있는 기초 측정장비이다.

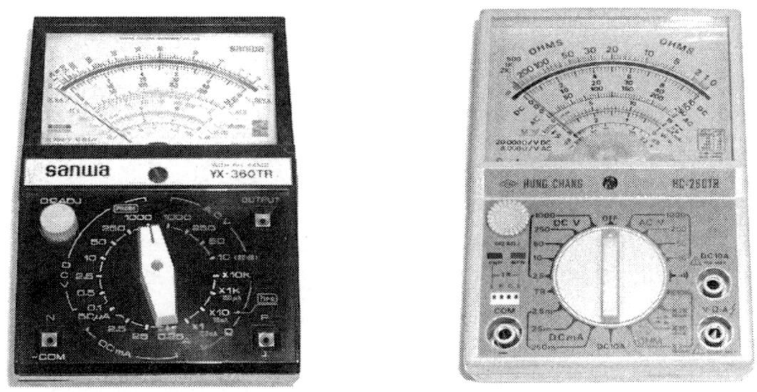

[그림 2-1-47] 각종 멀티테스터

멀티테스터는 하나의 계기로 여러 종류의 전기량을 측정하기 위해 [그림 2-1-48(a)]와 같이 기능을 선택할 수 있도록 구성되어 있으며, 이 스위치의 내부는 [그림 2-1-48(b)]와 같이 로터리 스위치로 구성되어 있다.

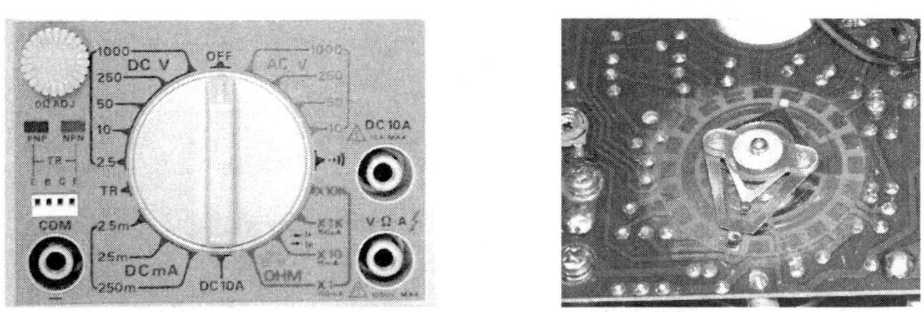

(a) 앞면 스위치 패널　　　(b) 뒷면 스위치 회로

[그림 2-1-48] 멀티테스터의 스위치 부분

1) 전압계/전류계

멀티테스터의 직류 전압계와 직류 전류계, 그리고 교류 전압계는 앞서 소개했던 내용이 적용되고 있으며 이를 [그림 2-1-49]에 다시 나타내었다. [그림 2-1-49(a)]는 에어톤 분류기(Ayrton shunt)에 의한 전류계, [그림 2-1-49(b)]는 다중-범위 배율기(Multi-range multiplier)에 의한 전압계, [그림 2-1-49(c)]는 정류형 교류 전압계 회로가 적용되어 있다.

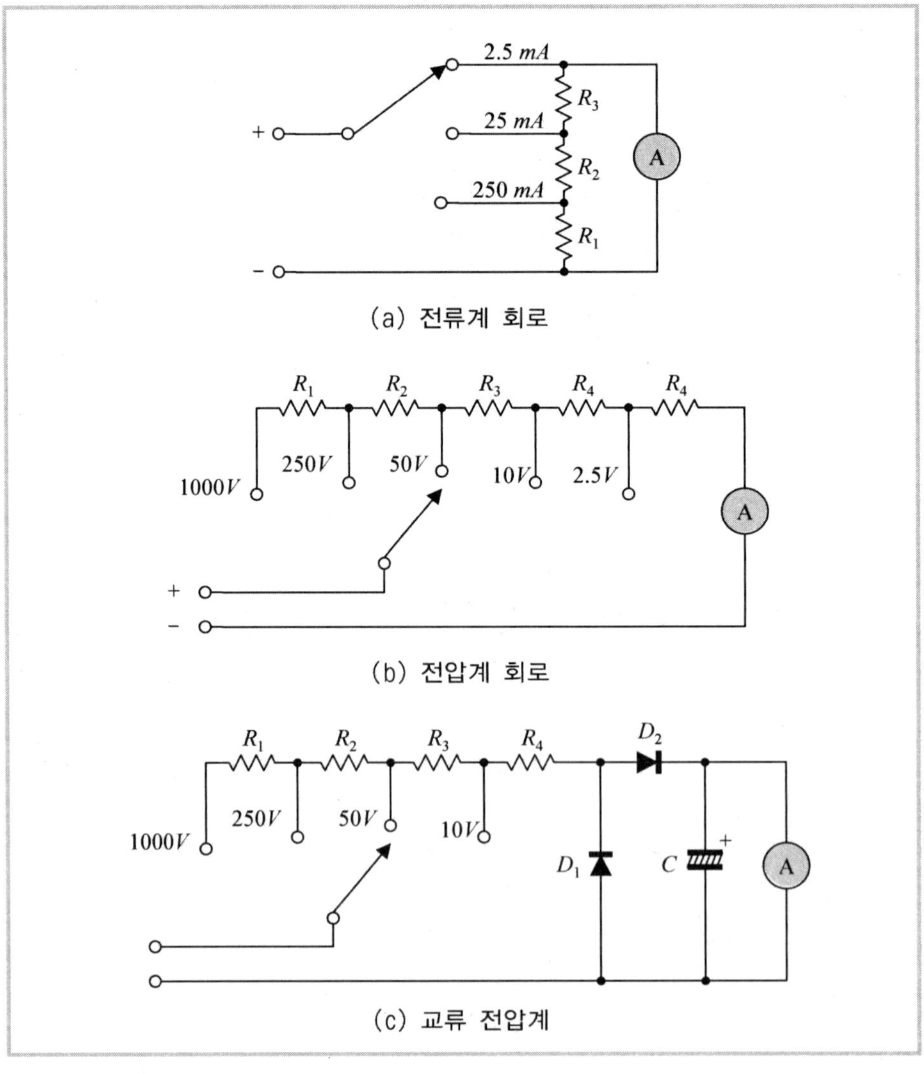

[그림 2-1-49] 멀티테스터의 부분별 회로

2) 저항계

멀티테스터에서 사용되는 저항계도 [그림 2-1-50(a)]에 나타낸 바와 같이 앞서 다루었던 직렬형 저항계가 사용되며, 회로의 영점 조정 단자도 [그림 2-1-50(b)]와 같이 장치되어 있다.

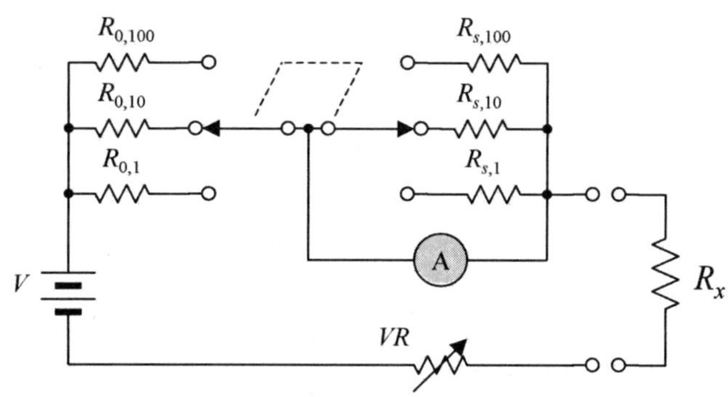

(a) 저항계 회로

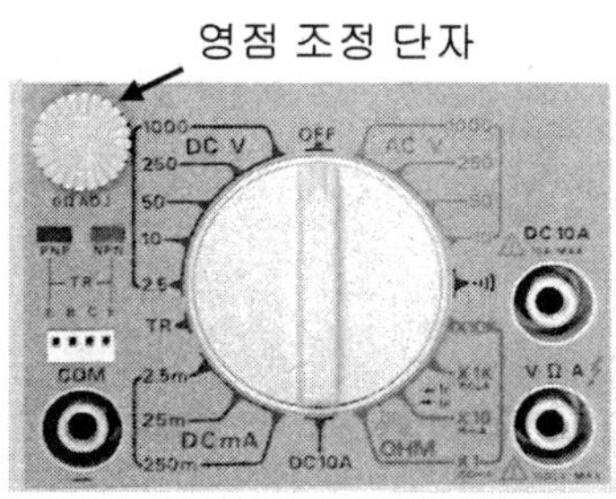

(b) 영점 조정 단자

[그림 2-1-50] 멀티테스터의 저항측정 회로

그러나 멀티테스터의 경우 앞서 다루었던 직렬형 저항계 중 10kΩ 단위측정 회로에서 한 가지 고려해야 할 사항이 있다.

일반적인 멀티테스터는 $I_{fsd} = 50\mu A$ 정도의 계기를 사용하기 때문에 저항계 회로의 전류는 최소 50μA는 되어야 계기의 정상동작이 이루어진다. 그런데 10kΩ 단위로 측정하는 경우에는 [그림 2-1-51(a)]와 같이

내부 저항이 20배인 200kΩ이 되고 따라서 +3V의 전지로 흐를 수 있는 최대 전류는,

$$I_{x,1K,\max} = \frac{3\mathrm{V}}{200\mathrm{k}\Omega} = 15\mu\mathrm{A}$$

밖에 되지 않아 $I_{fsd} = 50\mu\mathrm{A}$ 인 계기를 최대로 구동할 수 없다.

이 때문에 10kΩ 단위측정 시에는 더 큰 전압을 공급하기 위해 [그림 2-1-51(b)]와 같이 9V 전지를 추가해 12V로 동작시킨다면 최대 전류는 다음과 같이 60μA가 되므로 $I_{fsd} = 50\mu\mathrm{A}$ 인 계기를 충분히 구동할 수 있다.

$$I_{x,1K,\max} = \frac{12\mathrm{V}}{200\mathrm{k}\Omega} = 60\mu\mathrm{A}$$

이러한 이유에서 멀티테스터에는 [그림 2-1-52(a)]와 같이 1.5V 전지 2개 이외에 9V 전지가 추가로 내장되며 [그림 2-1-52(b)]와 같이 10kΩ 단위측정 시에만 이 전지가 동작한다.

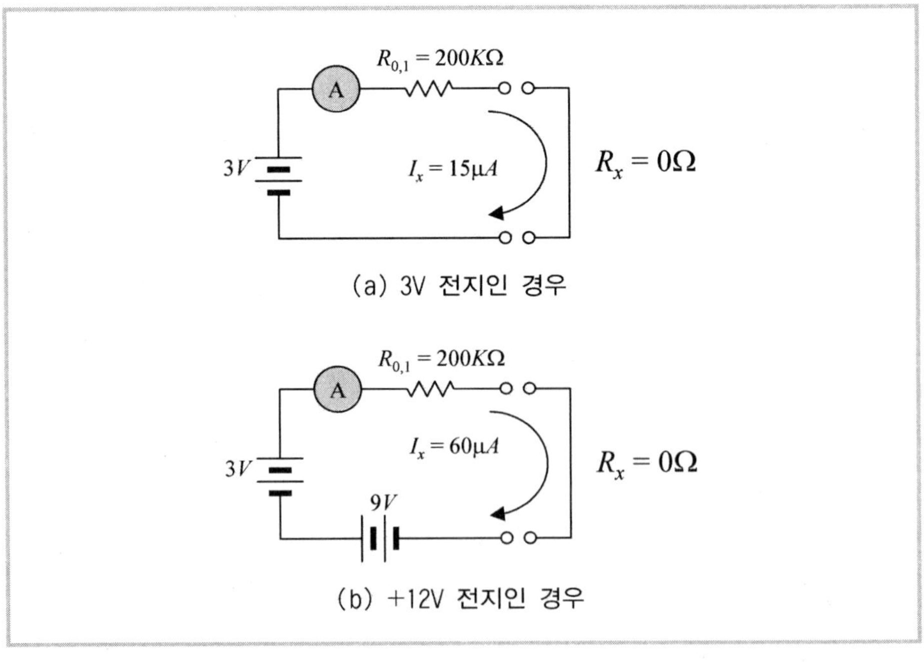

[그림 2-1-51] 저항계의 전류량

(a) 멀티테스터의 전지들

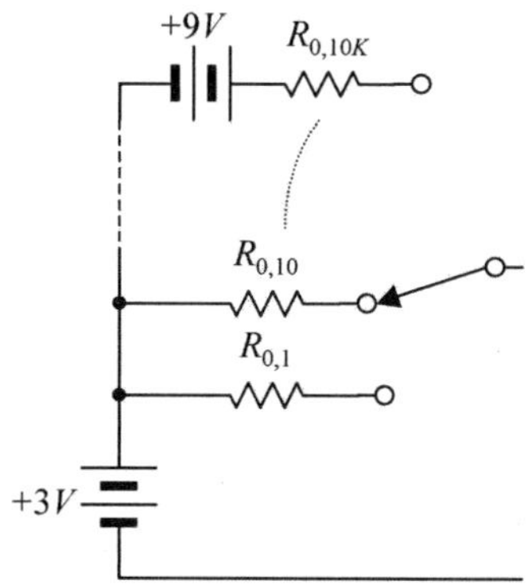

(b) 전지의 접속

[그림 2-1-52] 멀티테스터의 전지들

이상의 원리에 의해 아날로그 멀티테스터에 내장된 전지는 오직 저항 측정 시만 사용되는 것이므로 전지가 없을 경우라도 전류계, 전압계는 정상 동작한다. 만약 3V 전지는 있으나 9V 전지가 없는 경우라면 10kΩ 단위 저항만 측정되지 않을 뿐 나머지 저항들은 측정이 가능하나, 3V 전지가 없다면 9V 전지 유무에 상관없이 저항측정은 불가능하다.

참고로, 멀티테스터의 저항계를 구성할 때 처음부터 9V 전지 하나만을 사용한다면 더 간편하지 않을까 하는 의문이 있을 수 있는데, 소형 9V 전지(006P형 또는 FC-1형이라 한다)는 전압은 높지만 전류용량이 매우 작아 1Ω 단위측정 시 150mA, 10Ω 단위측정 시 수10mA의 전류를 발생시킬 수 없다. 따라서 작은 저항단위의 측정을 위한 큰 전류는 전압은 낮지만 전류용량이 큰 AAM 전지를 사용하고, 수십 μA 단위의 전류가 흐르는 10kΩ 단위 저항계에서만 9V 전지를 사용한다.

3) 멀티테스터의 응용

멀티테스터는 [그림 2-1-53]에 나타낸 바와 같이 (+)극성은 적색 프루브(probe)를, (−)극성은 흑색 프루브를 접속해 사용한다. 또한, 눈금의 정확한 값을 읽을 수 있도록 눈금 면에는 [그림 2-1-54(a)]와 같이 거울이 설치되어 있어 반사되는 지침과 실제 지침이 일치되도록 보이는 위치, 즉 관찰자와 미터기가 수직이 되는 위치에서 눈금을 판독한다. 예를 들어 [그림 2-1-54(b)]와 같이 거울에 비치는 상과 실제 지침이 따로 보이면 안 되고 일치해 보이는 지점으로 관측점을 이동해 그때의 눈금을 읽어야 한다.

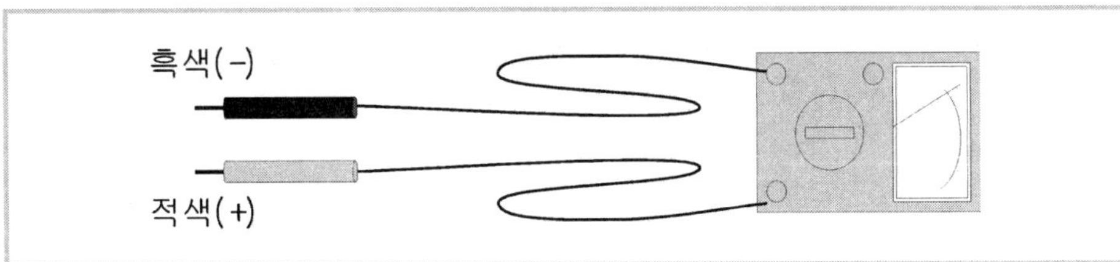

[그림 2-1-53] 멀티테스터의 프루브

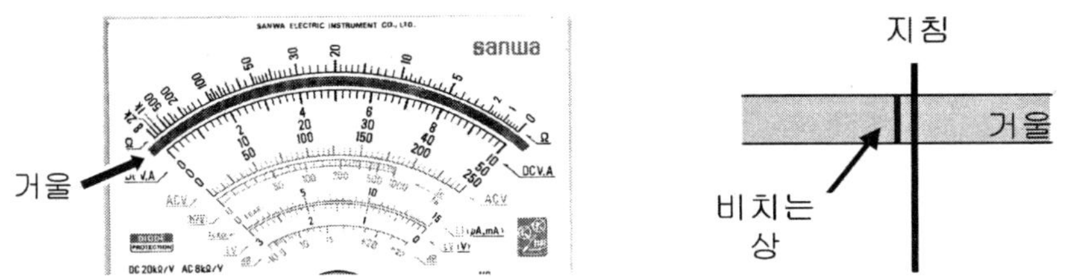

(a) 눈금의 거울 면　　(b) 적절치 않은 경우

[그림 2-1-54] 멀티테스터의 눈금 거울

① 전류측정

멀티테스터를 이용해 전류를 측정하려면 [그림 2-1-55]의 선택 스위치를 전류측정의 가장 큰 레인지(그림의 경우 250mA)에 놓아야 한다. 작은 레인지를 선택한 상태에서 만약 측정전류가 매우 클 경우 과전류가 흘러 계기가 파손되거나 내부 퓨즈가 파손될 우려가 있기 때문이다. 이 레인지에서 측정해 지침이 충분히 움직이지 않는 경우에는 전류가 작은 것이므로 이때 다음 레인지(그림의 경우 25mA 방향)로 전환한다.

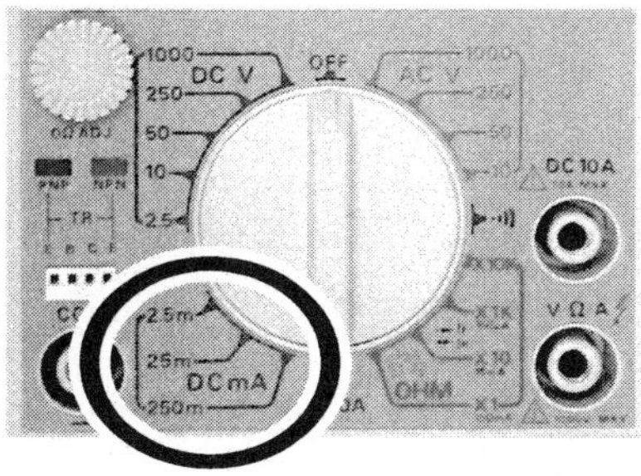

[그림 2-1-55] 전류측정 스위치의 선택

참고로, 전류측정 시 과전류가 흘러 멀티테스터가 전혀 동작하지 않는 경우, 대부분 테스터 내부의 퓨즈가 파손되므로 동일용량의 것으로 교체하면 다시 정상적으로 사용할 수 있다.

멀티테스터를 이용해 [그림 2-1-56(a)]와 같은 회로의 전류를 측정하려면 [그림 2-1-56(b)]에 나타낸 바와 같이 측정하려는 전류가 멀티테스터 내부로 통과해야 한다. 즉 회로와 직렬로 접속돼야 하는데, 이때 전류가 유입되는 쪽에 적색 프루브, 유출되는 쪽에 흑색 프루브를 접속한다.

만약 방향이 거꾸로 되면 계기의 지침이 0보다 왼쪽으로 움직이므로 측정할 수 없다.

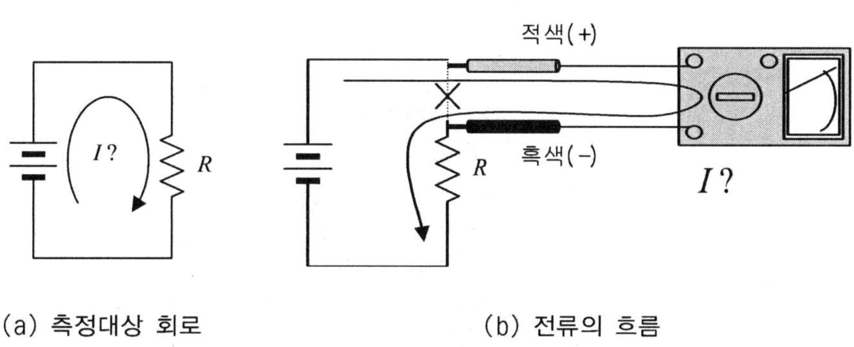

[그림 2-1-56] 전류측정 접속방법

전류를 측정한 결과 [그림 2-1-57(a)]와 같이 25mA 레인지에서 [그림 2-1-57(b)]와 같이 지침이 나타나면 250눈금을 25mA로 간주해 측정전류는 15mA로 판독된다. 만약 스위치가 250mA 레인지에서 이와 같은 지침이 나타났다면 측정전류는 150mA가 된다.

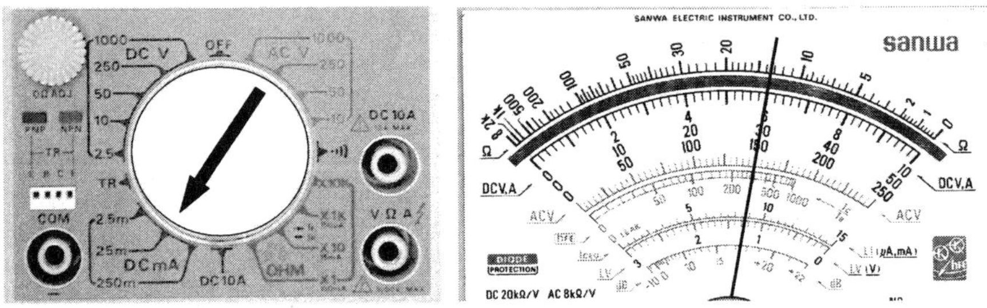

(a) 레인지 선택 (b) 측정된 지침의 예

[그림 2-1-57] 전류 눈금 판독의 예

② 직류전압 측정

멀티테스터를 이용해 직류전압을 측정하려면 [그림 2-1-58]에 나타낸 바와 같이 직류전압 레인지를 선택해야 한다. 측정할 대상의 전압을 전혀 모르는 경우 전류측정에서와 마찬가지로 최대 전압부터 작은 전압 쪽으로 차례로 내려가며 측정한다.

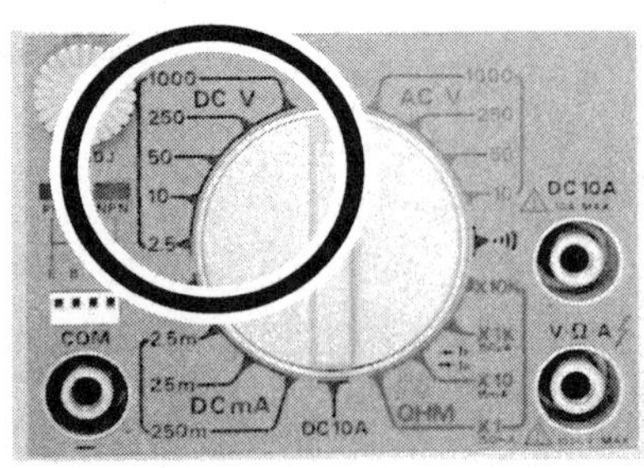

[그림 2-1-58] 직류전압 측정 스위치의 선택

멀티테스터를 이용해 [그림 2-1-59(a)]와 같은 회로의 전압을 측정하려면 [그림 2-1-59(b)]에 나타낸 바와 같이 측정하려는 지점의 전기 압력을 테스터가 감지할 수 있도록 접속해야 한다. 즉 회로와 병렬로 접속돼야 하는데, 이때 전압이 높은 쪽에 적색 프루브, 낮은 쪽에 흑색 프루브를 접속한다. 만약 방향이 거꾸로 되면 계기의 지침이 0보다 왼쪽으로 움직이므로 측정할 수 없다.

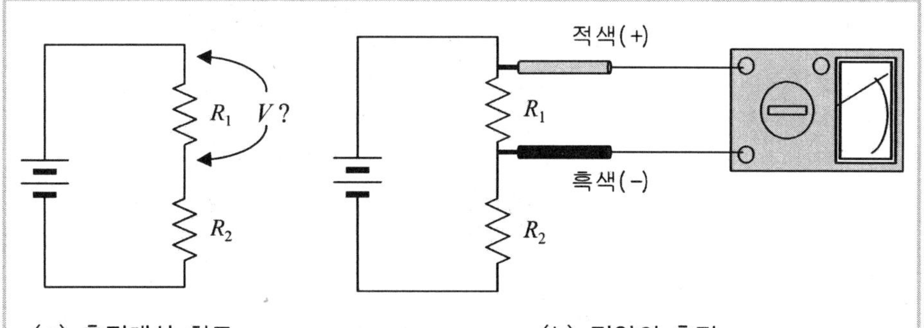

(a) 측정대상 회로 (b) 전압의 측정

[그림 2-1-59] 전압측정 접속방법

전압을 측정한 결과 [그림 2-1-60(a)]와 같이 250V 레인지에서 [그림 2-1-60(b)]와 같이 지침이 나타나면 250눈금을 250V로 간주해 측정전압은 150V로 판독된다. 만약 스위치가 50V 레인지에서 이와 같은 지침이 나타났다면 50 눈금을 이용해 측정전압이 30V로 판독된다.

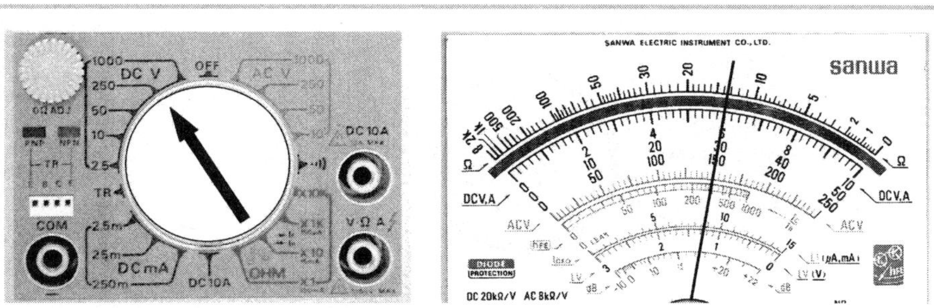

(a) 레인지 선택 (b) 측정된 지침의 예

[그림 2-1-60] 전압 눈금 판독의 예

③ 교류전압 측정

교류전압의 측정은 직류전압의 측정과정과 유사하며, 단지 [그림 2-1-61]에 나타낸 교류전압 레인지를 선택하는 것과 프루브의 극성 구분이 없다는 것이 다르다.

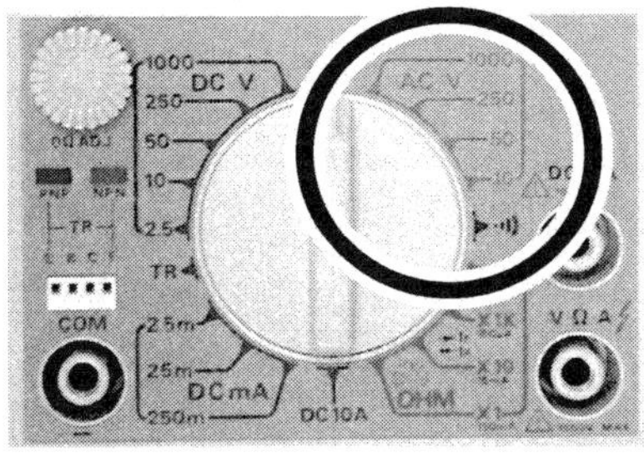

[그림 2-1-61] 교류전압 측정 스위치의 선택

④ 저항측정

멀티테스터를 이용해 저항을 측정하려면 [그림 2-1-62(a)]에 나타낸 바와 같이 저항 레인지를 선택하고 영점 조정 단자를 사용해야 한다.

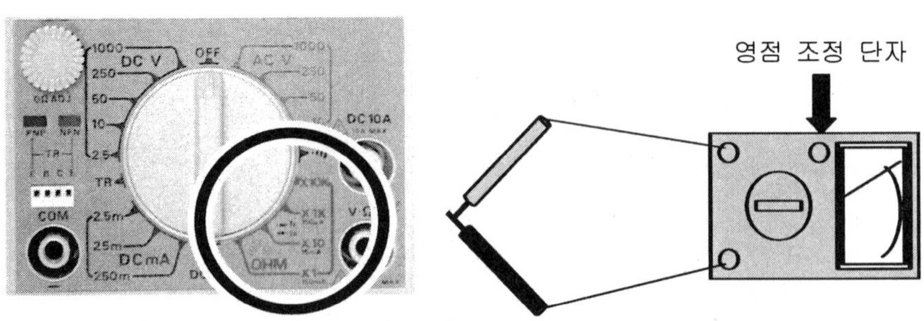

(a) 저항측정 스위치의 선택 (b) 영점 조정의 상태

[그림 2-1-62] 저항측정 스위치의 선택 및 영점 조정

저항측정은 과전압이나 과전류의 개념이 없으므로 전압/전류 측정 시와 같이 큰 레인지부터 선택할 필요는 없으나 레인지를 변화시킬 때마다 [그림 2-1-62(b)]에 나타낸 바와 같이 프루브 양단을 쇼트시킨 상태에서 영점 조정을 실시해야 한다.

영점 조정이 완료된 멀티테스터를 [그림 2-1-63(a)]와 같이 저항 양단에 접속하면 저항값이 나타나는데, 이때 프루브 양단을 손으로 잡고 있으면 몸으로 전류가 흘러 저항값에 오차가 발생하며, 특히 큰 저항값을 측정할 때 이 현상이 심하게 나타나므로 가급적 프루브에 손이 닿지 않도록 한다.

또한 [그림 2-1-63(b)]와 같이 회로에 전류가 흐르고 있는 상태에서 저항을 측정하면 회로의 전압, 전류가 계기로 흘러들어 오차가 발생하며, 전원이 인가되어 있지 않더라도 다른 회로들과 접속되어 있기 때문에 정확한 값을 얻을 수 없다.

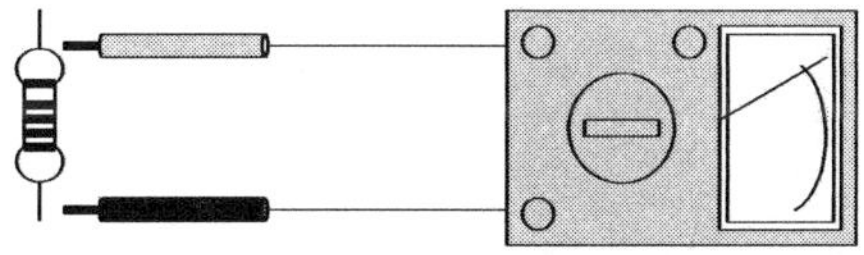

(a) 저항의 측정

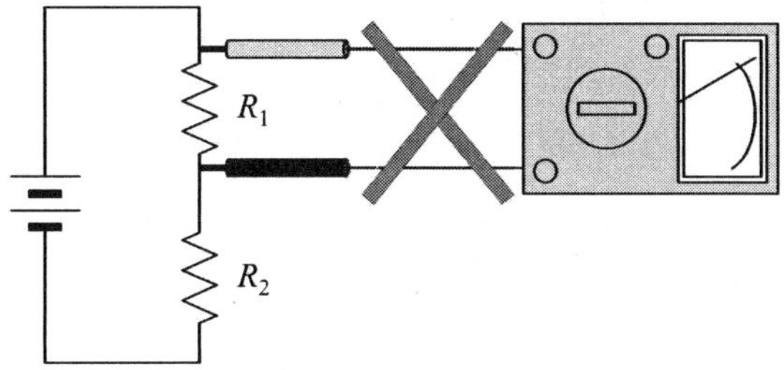

(b) 접속 상태의 측정

[그림 2-1-63] 저항측정 방법 및 잘못된 경우

⑤ 단선, 합선의 측정

어떤 도선이 단선되거나 합선된 것을 알아내는 측정을 '도통(道通) 테스트'라 하는데, 이는 저항측정 기능을 이용해 가능하다. 예를 들어 [그림 2-1-64(a)]와 같이 겉은 연결되어 있으나 내부는 끊어진 전선의 경우 멀티 테스터를 저항측정 위치에 놓고 측정하면 전류가 흐르지 않아 무한대의 저항값을 가리킨다.

이와는 반대로 내부적으로 연결된 전선을 측정하면 0Ω에 가까운 저항값(전선 저항이 존재하기 때문에 약간의 저항이 나타날 수 있다)을 가리킨다.

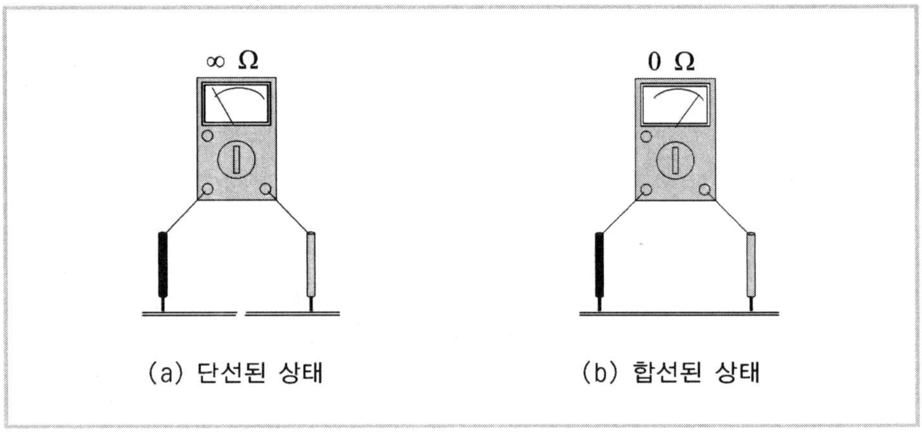

[그림 2-1-64] 단선, 합선의 측정 예

2. 기타 지시계기

가동코일형 계기(PMMC) 이외에도 지시계기에는 여러 가지 종류가 있으나, 이 책에서는 전자계열에서 자주 사용되는 갈바노미터와 전기계열에서 자주 사용되는 전류력계형 계기에 관해 간단히 살펴본다.

(1) 갈바노미터

갈바노미터(Galvano meter)는 '검류계(檢電計)'라고도 하며, 이는 특정한 전류값을 측정하는 용도가 아니라 전류가 존재하는지 아닌지, 존재한다면 어느 방향인지를 검사하는 계기이다.

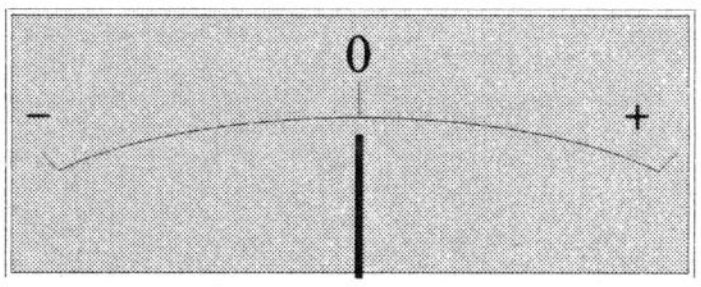

(a) 눈금 형태

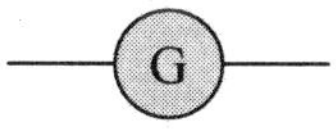

(b) 기호

[그림 2-2-1] 갈바노미터

전형적인 갈바노미터는 기계적으로 매우 정밀하고 독특한 구조와 원리를 가지고 있는 계기이지만, 현재는 반도체 소자의 발달에 따라 가동코일형 계기에 전자부품을 결합시킨 것이 많이 사용되므로 과거의 전통적인 갈바노미터에 관해서는 전문 측정공학 서적을 참조하라.

1) 갈바노미터의 특징

갈바노미터는 전류의 유무를 판정하는 계기이므로 감도가 매우 높아 보통 수μA 단위의 전류에도 반응하도록 전자회로를 이용해 증폭하고 가동코일형 계기를 구동하도록 제작되어 있으며, 특히 전류의 방향까지 알아내기 위해 평소에 [그림 2-2-1(a)]와 같이 계기의 지침이 중앙에 위치해 있다.

2) 휘트스톤 브리지

휘트스톤 브리지(Wheatstone Bridge)는 갈바노미터를 이용한 영위법 저항값 판별회로로서 앞서 소개한 직렬형 저항계에 비해 정밀도가 훨씬 좋기 때문에 정밀측정에 자주 사용하는 중요한 측정회로이다.

① 휘트스톤 브리지를 이용한 측정방법

[그림 2-2-2(a)]는 휘트스톤 브리지의 기본 회로로서 [그림 2-2-2(b)]와 같이 나타내기도 한다.

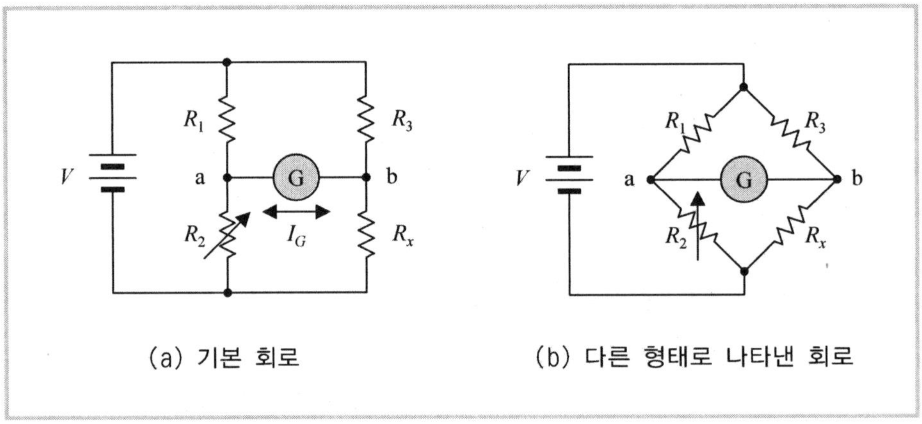

[그림 2-2-2] 휘트스톤 브리지 회로

휘트스톤 브리지는 [그림 2-2-2]에 나타낸 바와 같이 고정저항 R_1, R_3과 가변저항 R_2, 그리고 측정할 미지의 저항 R_x로 구성되어 있다.

단, 가변저항 R_2와 미지저항 R_x가 대각선으로 놓이는 것만 제외하면 저항들의 위치는 어느 곳도 상관없고, 전압원 V의 전압도 임의의 값을 사용한다.

회로가 구성된 후 가변저항 R_2를 조절하면 브리지 회로의 중간에 위치한 갈바노미터의 눈금이 (+)나 (−)로 이동하는데, R_2를 조절해 $I_G = 0$이 되도록 하였다면 이때의 회로 상태는 $V_a = V_b$이며,

$$V_a = \frac{R_2}{R_1 + R_2} \cdot V, \quad V_b = \frac{R_x}{R_3 + R_x} \cdot V$$

이므로

$$\frac{R_2}{R_1 + R_2} \cdot V = \frac{R_x}{R_3 + R_x} \cdot V \tag{1}$$

이를 정리하면,

$$R_1 \cdot R_x = R_2 \cdot R_3 \tag{2}$$

즉, 휘트스톤 브리지 회로의 대각선 방향 저항들의 곱은 항상 같도록 된다. R_1, R_3은 고정저항이었으므로 가변저항 R_2의 값을 알아내면 미지의 저항 R_x의 값을 알 수 있다.

② 디케이드 박스

휘트스톤 브리지의 측정방법에서 가변저항 R_2의 값을 알면 미지저항 R_x의 값을 알 수 있다고 했는데, 그렇다면 R_2값은 또 어떻게 알아낼 수 있을까? 이 또한 미지저항이 아닌가?

R_2는 일반적인 가변저항이 아니라 디케이드 박스(Decade Box)라는 특수한 저항기로서, 설정된 저항값을 바로 알 수 있는 장치이며 [그림 2-2-3]에 그 예를 나타내었다.

[그림 2-2-3(a)]는 디케이드 박스의 내부 구성 예로서 각 스위치마다 10진수(decade) 단위의 저항을 선택할 수 있으며, 그림과 같은 경우 각 스위치의 접속에 의해 디케이드 박스 전체 저항은 153Ω이다. 이는 [그림 2-2-3(b)]와 같이 디케이드 박스 앞면 스위치의 설정값을 읽음으로써 현재의 저항값을 바로 판독할 수 있다.

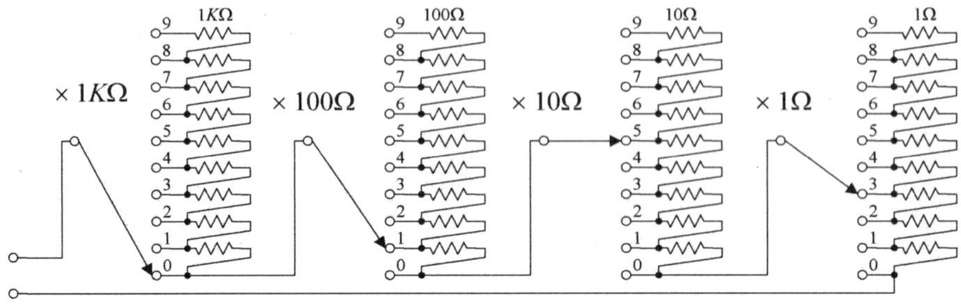

(a) 디케이드 박스의 회로 구성 예

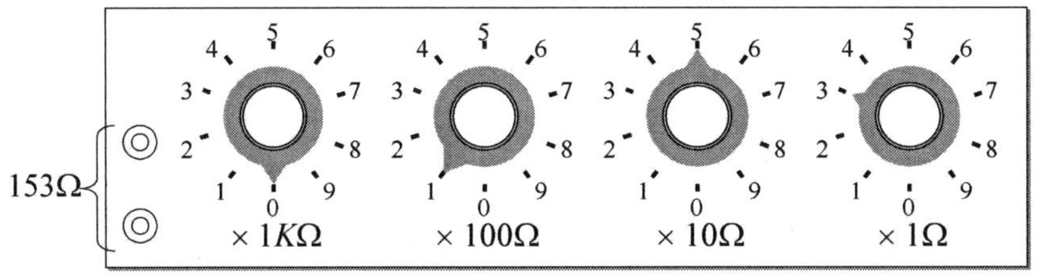

(b) 디케이드 박스의 설정 예

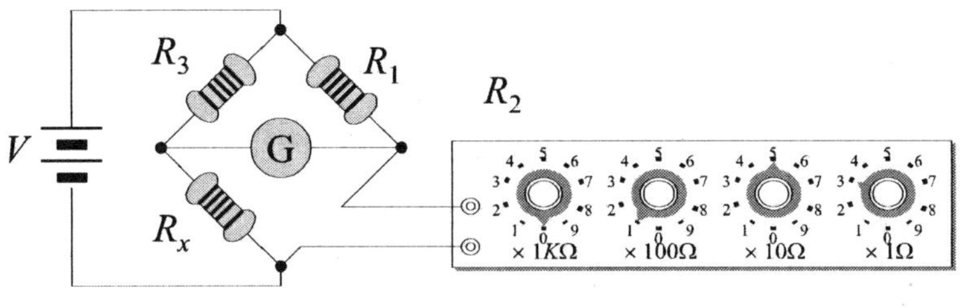

(c) 휘트스톤 브리지와의 접속

[그림 2-2-3] 디케이드 박스의 구성 및 사용 예

③ 휘트스톤 브리지의 원리 및 특징

휘트스톤 브리지의 원리는 천칭의 질량측정 원리와 동일한 것으로서, [그림 2-2-4(a)]의 브리지의 각 소자들은 [그림 2-2-4(b)]의 부품들과 동일한 역할을 한다.

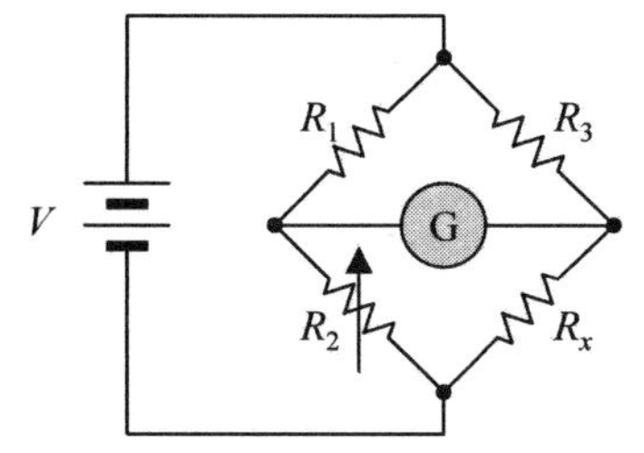

(a) 휘트스톤 브리지

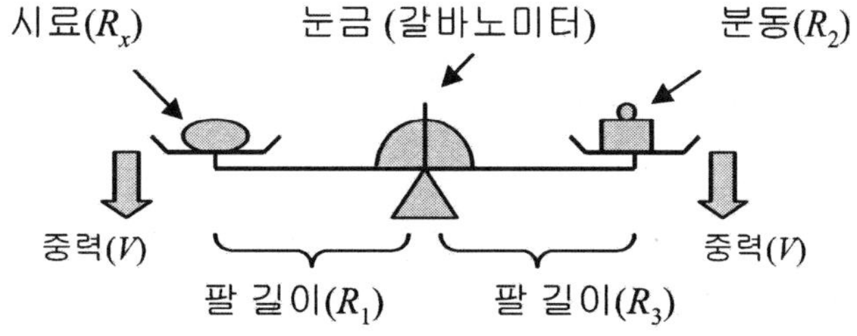

(b) 천칭의 질량측정

[그림 2-2-4] 휘트스톤 브리지의 측정원리 비유

[그림 2-2-4(b)] 천칭의 왼쪽 팔에 작용하는 힘은 (시료의 질량×왼쪽 팔 길이)이며, 오른쪽 팔에 작용하는 힘은 (분동의 질량×오른쪽 팔 길이)이다.

휘트스톤 브리지의 보조저항들인 R_1과 R_3은 [그림 2-2-4(b)] 천칭의 팔 길이에 해당되며, 시료와 분동 사이에 차이가 발생할 때 팔 길이가 길 경우 짧을 때보다 쉽게 천칭이 기울어진다. 즉 팔 길이가 길 경우가 짧을 경우보다 더 정밀한 측정이 가능하지만 아주 약간의 차이만 발생해도 기울어지므로 그만큼 양 팔의 균형을 조절하기 어려워진다.

마찬가지로 휘트스톤 브리지의 보조저항 R_1과 R_3도 값이 클수록 정확도가 좋아지지만 그만큼 갈바노미터의 중점을 맞추기 어려워진다.

또한 휘트스톤 브리지의 전원 V는 천칭에서의 중력에 해당되는 것으로서, 천칭은 중력이 강한 곳이든 약한 곳이든 관계없이 중력만 존재한다면 항상 동일한 질량을 나타낸다. 이와 마찬가지로 휘트스톤 브리지의 전원도 강하든 약하든 관계없이 전원만 존재하면 항상 정확한 측정이 이루어지므로 앞서 고찰했던 저항계와 같은 전지의 변화에 의한 큰 오차는 발생하지 않는다.

휘트스톤 브리지의 특징을 정리하면 다음과 같다.

직렬형 저항계에 비해,

① 영위법으로 측정하므로 정확한 측정이 가능하다.
② 측정결과는 전압원 V의 전압변동과 거의 무관하다.
③ 측정과정이 더 복잡하다.

(2) 전류력계형 계기

전류력계형 계기(電流力計型 計器)는 파형에 관계없이 교류 실효값을 측정할 수 있고, 직류도 측정할 수 있으며, 접속을 바꾸면 전력을 직접 측정할 수 있는 계기로서 유용하게 사용된다.

1) 전류력계형 계기의 원리 및 특징

① 계기의 원리

전류력계형 계기의 기본 원리는 가동코일형 계기로부터 설명할 수 있으며, [그림 2-2-5(a)]에 나타낸 가동코일형 계기의 구조 중 영구자석을 [그림 2-2-5(b)]와 같이 전자석으로 대체한 것이다.

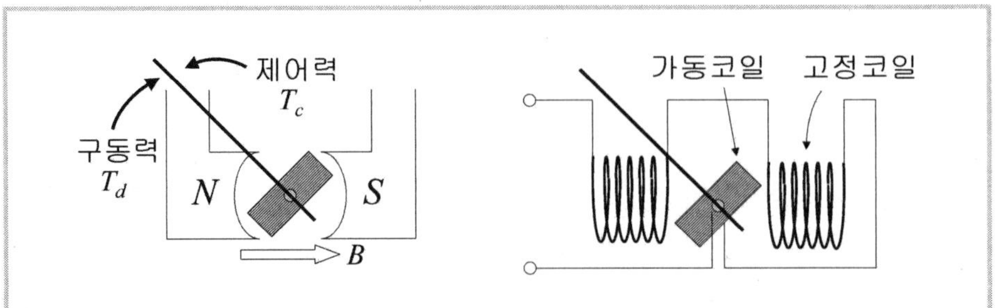

(a) 가동코일형 계기 (b) 전류력계형 계기

[그림 2-2-5] 전류력계형 계기의 원리

가동코일형 계기의 구동력은 식 (1)에 의해 표현할 수 있었다.

$$T_d = B \cdot A \cdot N \cdot I \tag{1}$$

전류력계형 계기는 가동코일형 계기의 영구자석이 전자석으로 대체된 것이므로 영구자석의 자속밀도 B가 전자석을 표현하는 식 (2)로 대체된다.

$$B = \frac{\mu_0 \cdot I}{2\pi \cdot r} \tag{2}$$

여기서, 비투자율 μ_0와 코일반경 r은 상수이므로 자속밀도 B는 코일전류 I에 비례한다. 따라서 식 (2)를 식 (1)에 대입하고 정리하면 전류력계형 계기의 구동력 T_d는 식 (3)과 같이 표현된다.

$$T_d = K \cdot I^2 \tag{3}$$

따라서 전류력계형 계기에 정현파 교류가 인가되면 제곱이 되어 구동력은 [그림 2-2-6]의 빗금 부분과 같이 발생하고 지침이 움직이지만, 상용 60Hz라면 이의 2배 주파수가 되므로 기계적으로 추종하지 못해 기계적 평균이 이루어져 [그림 2-2-6]의 평균값 위치에서 지침이 멈춘다.

이때 지침이 가리키는 눈금을 √ 눈금으로 매기면 이것이 '실효값'을 나타낸다.

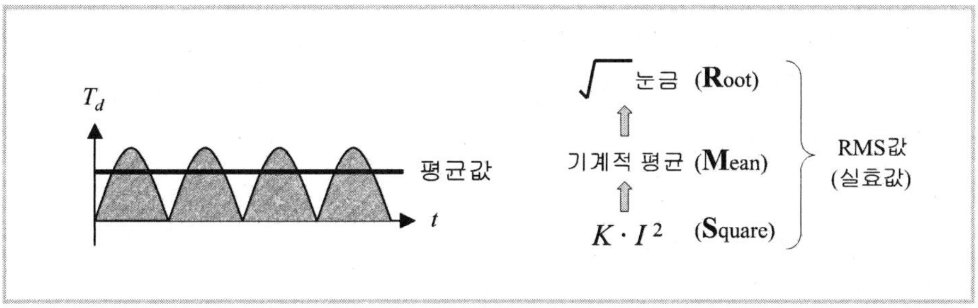

[그림 2-2-6] 전류력계형 계기의 측정량

② 계기의 특징

이상의 원리에 의해 전류력계형 계기는 다음과 같은 특징을 가지고 있다.

① 직류를 입력하면 제곱된 것이 다시 제곱근 되어 본래의 직류전류를 나타낸다. 즉, 직류전류를 측정할 수 있다.

② 교류를 입력하면 교류의 제곱이 평균되고 이것이 제곱근 되어 실효값을 나타낸다. 즉, 교류전류를 측정할 수 있다. 더구나 이 실효값은 가동코일형 계기에서의 정류형 교류전류계와 달리 실효값 연산에 의해 파형에 관계없이 항상 실제 실효값을 나타내므로 파형오차가 없다.

③ 이상에 의해 전류력계형 계기는 직류, 교류 공용으로 사용 가능하다. 그럼에도 불구하고 직류와 교류에서 동일한 눈금을 사용한다. 따라서 눈금을 교정할 때 직류를 이용할 수 있어 정밀도를 높일 수 있다.

그러나 다음과 같은 단점이 있다.

① 외부 코일에 자계를 집중시키는 코어가 없어 외부 자계의 영향을 쉽게 받는다. 만약 코어를 설치하면 자계가 집중되는 효과가 있지만 코어에 존재하는 히스테리시스 특성에 의해 큰 오차가 발생한다.

② 전류가 가동코일 및 고정코일을 통과하므로 가동코일형 계기에 비해 전압강하가 커 계기 자체의 소비전력이 크다.

③ 1A급 이상을 측정하도록 제작하면 코일들이 굵고 커지므로 온도에 의한 코일의 팽창을 보상해야 하고 인덕턴스에 의한 주파수 보상도 필요하다.

2) 전력의 측정

전류력계형 계기는 실효값 전류측정 이외에도 배선을 변경하면 전력을 직접 측정할 수 있다.

① 전력측정의 원리

전류력계형 계기를 이용해 전력을 측정하려면 [그림 2-2-7]에 나타낸 바와 같이 고정코일에는 전류를, 가동코일에는 전압을 각각 인가한다.

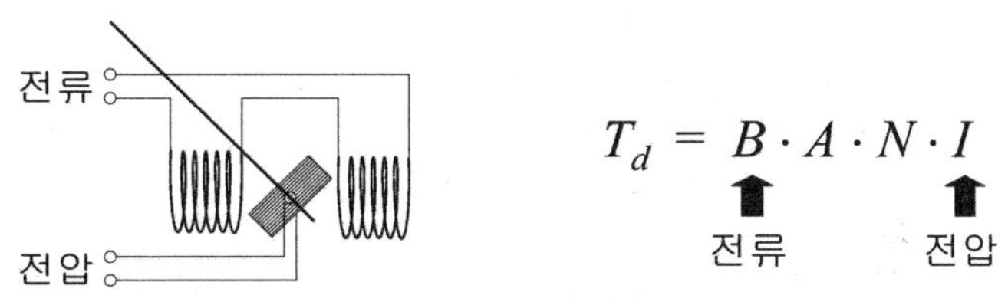

[그림 2-2-7] 전력측정을 위한 배선

이와 같이 인가된 경우 가동코일형 계기의 공식 $T_d = B \cdot A \cdot N \cdot I$에서 B에는 전류를 인가하고 I에는 전압을 인가한 것이므로 식 (4)와 같이 표현되어 전력을 측정할 수 있다.

$$T_d = K_1 \cdot V \cdot I = K_1 \cdot P \tag{4}$$

만약 가동코일에 전류를 인가하고 고정코일에 전압을 인가해 전력을 측정하면 이론상 문제는 없지만 실제로는 전류가 흐를 가동코일의 굵기를 굵게 할 수 없기 때문에 큰 전류를 측정할 수 없다.

따라서 코일 굵기에 제약을 받지 않는 고정코일에 전류를 인가하는 것이 유리하다.

② 전력측정의 방법

전력을 측정하기 위해서는 측정대상에 전압코일과 전류코일을 접속해야 하는데, 앞서 살펴보았던 전압계와 전류계를 동시에 사용하는 저항측정이나 전력측정의 경우에 발생하던 문제점이 여기서도 동일하게 나타난다. 즉 매우 작은 저항이나 매우 큰 저항의 전력을 측정하는 경우로서, 각 경우에 따라 전압코일과 전류코일의 접속방법이 달라진다.

i) 저저항 측정용 회로

측정하려는 대상의 저항이 매우 작을 경우에는 [그림 2-2-8(a)]에 나타낸 바와 같이 전류코일에 전류를 먼저 통과시킨 후 측정대상에 전압코일을 접속하며, 이는 [그림 2-2-8(b)]의 등가회로로 나타낼 수 있다.

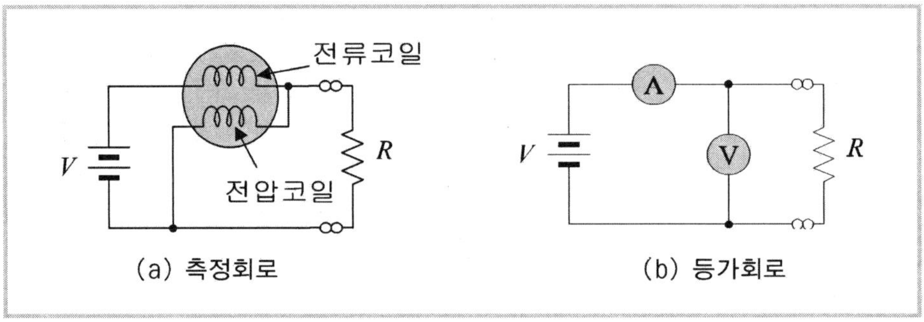

[그림 2-2-8] 저저항 측정용 회로

즉, 측정대상의 저항이 매우 작다면 큰 전류가 흐르므로 전류계에 전압강하가 발생해 오차가 발생한다. 따라서 전류계의 전압강하가 전압계에 포함되지 않도록 전압계를 측정대상에 직접 접속한다.

ii) 고저항 측정용 회로

측정하려는 대상의 저항이 매우 클 경우에는 [그림 2-2-9(a)]에 나타낸 바와 같이 전압을 먼저 측정하고 측정대상의 전류를 측정하도록 접속하며, 이는 [그림 2-2-9(b)]의 등가회로로 나타낼 수 있다.

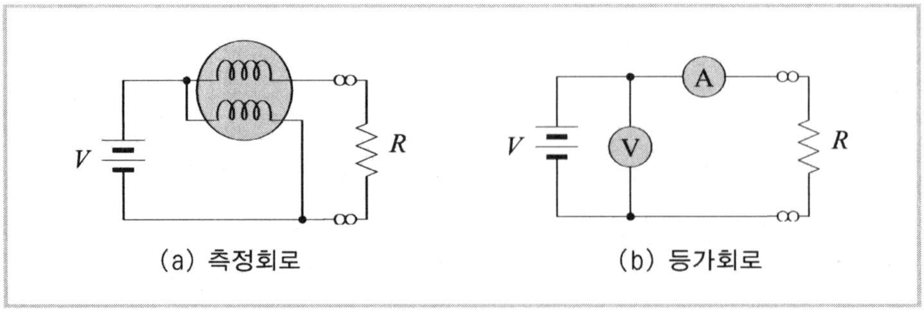

[그림 2-2-9] 고저항 측정용 회로

즉, 측정대상의 저항이 매우 크다면 흐르는 전류가 미약하기 때문에 전압계에 유입되는 전류가 전류계에 나타날 수 있으므로 측정대상의 전류만 측정되도록 전류계를 측정대상에 직접 접속한다.

iii) 자동 보정회로

가동코일형 계기는 앞서 살펴본 바와 같은 저저항용, 고저항용 회로를 구분해 사용하지만, 전류력계형 계기에서는 이러한 경우들에 의해 발생하는 오차를 자동으로 보정할 수 있도록 제작이 가능하며 이를 [그림 2-2-10]의 (a)와 (b)에 나타내었다.

[그림 2-2-10(a)] 회로를 살펴보면 저저항용 측정회로의 접속에 '보정코일'이 삽입된 형태인데, [그림 2-2-10(b)]에 나타낸 바와 같이 전압코일과 직렬로 접속된 보정코일은 전류코일과 함께 배치되어 있지만 보정코일의 권선 방향은 전류코일과는 반대로 되어 있다. 따라서 전압코일에 전류가 흐르면 이는 보정코일에도 흘러 전류코일의 자장형성을 방해하도록 동작한다.

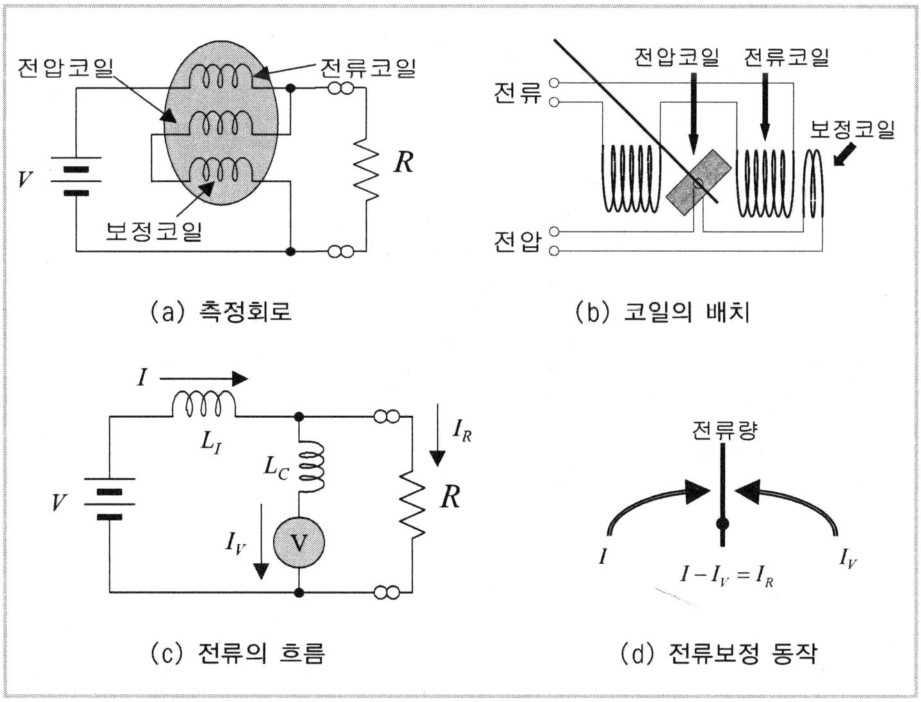

[그림 2-2-10] 자동 보정회로의 동작

[그림 2-2-10(c)]에서, 전압코일 Ⓥ로 전류가 흐르면 전류코일 L_I에는 측정전류 I_R 이외에 전압코일 전류 I_V도 흘러 오차가 발생한다. 이러한 I_V를 보정코일 L_C를 통해 흘려보내면 보정코일에서는 전류량에 의한 자장형성을 보정코일 전류만큼 보정해 [그림 2-2-10(d)]와 같이 전류량에 있어서의 오차 성분인 I_V에 의한 오차를 감소시킬 수 있다.

(3) 연산증폭기(OP-Amp.)를 이용한 지시계기

연산증폭기란 이상적인 증폭기를 의미하는데, 이는 응용에 따라 무한대 입력 임피던스로 또는 0의 임피던스로 활용이 가능하기 때문에 지금까지 다루었던 가동코일형 계기와 결합하면 그 용도가 크게 확장될 수 있다. 즉 입력 임피던스가 무한대인 전압계나 입력 임피던스가 0인 전류계 등을 쉽게 구성할 수 있고, 원하는 대로 증폭도 가능하므로 정밀한 계기를 구성할 수 있다.

1) 연산증폭기의 정의

어떤 증폭기가 [그림 2-2-11]에 나타낸 바와 같이 입력 임피던스가 무한대, 출력 임피던스가 0, 그리고 전압 증폭도가 무한대인 조건을 만족하면 이를 연산증폭기(Operational-Amplifier)라 한다.

일반 증폭기는 입력 임피던스가 어느 정도 이내에서(보통 수십kΩ에서 수백kΩ 정도) 존재하고, 출력 임피던스도 어느 정도 이상(보통 수Ω에서 수백Ω 정도) 존재한다. 또한 전압 증폭도도 어느 정도 이내(보통 수십 배에서 수천 배)이다.

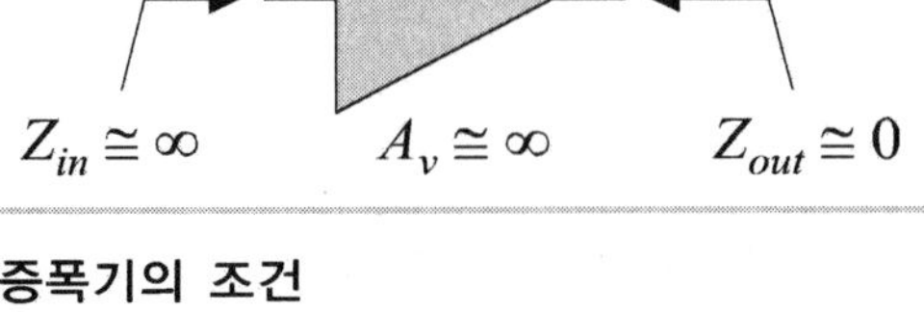

[그림 2-2-11] 연산증폭기의 조건

이와 같은 증폭기는 입력신호를 증폭해 출력신호를 발생할 때 동일한 회로라 할지라도 회로의 입력과 출력에 접속되는 다른 회로의 상태에 따라 증폭도나 회로의 조건이 변화한다.

이에 비해 입력 임피던스가 거의 무한대(보통 수 MΩ 이상), 출력 임피던스가 거의 0(보통 수Ω 이하), 그리고 증폭도가 매우 큰(보통 수십만 배 또는 수백만 배 이상) 조건을 갖춘 증폭기의 경우에는 회로의 입력과 출력에 접속되는 다른 회로에 거의 영향을 받지 않아 아날로그 연산(덧셈, 뺄셈, 곱셈, 나눗셈, 미분, 적분, 로그 등)이 가능하며 이를 연산증폭기(演算增幅器, Operational Amplifier), 약자로 OP-Amp.라 한다.

이와 같은 조건을 가진 증폭기가 어떤 이유로 주변 회로에 대해 영향을 받지 않는지는 수학적으로 해석하면 명확히 알 수 있지만, 이 책에서는 내용을 쉽게 하기 위해 간단한 원리만을 설명하며 수학적 해석은 연산증폭기 관련서적을 참조하라.

① 입력·출력 임피던스 조건

입력 임피던스란 [그림 2-2-12(a)]에 나타낸 바와 같이 어떤 증폭기의 입력단에 전압을 인가하면 증폭기 내부로 전류가 흘러드는데, 이를 [그림 2-2-12(b)]와 같이 등가적인 저항값으로 나타낸 것이다.

즉, 입력 임피던스가 크면 입력으로부터의 유입 전류가 작음을 의미한다.

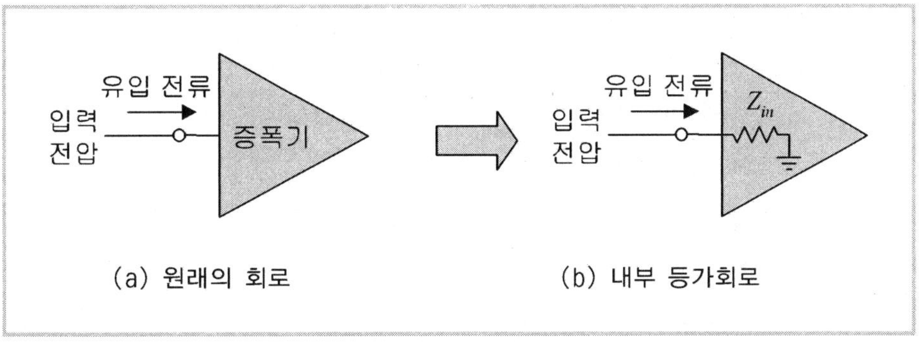

[그림 2-2-12] 입력 임피던스의 정의

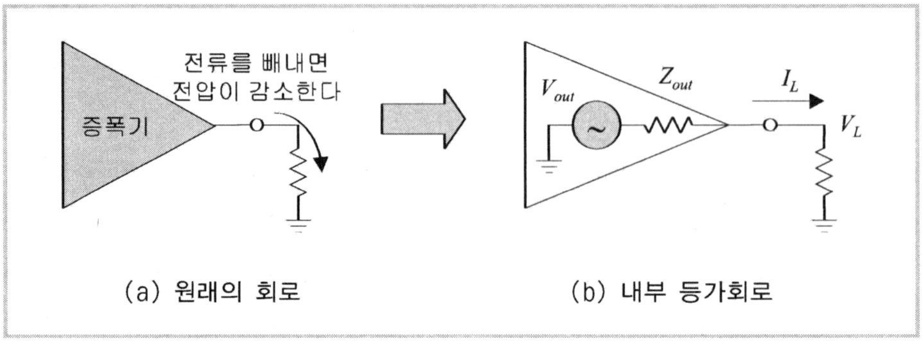

[그림 2-2-13] 출력 임피던스의 정의

같은 방법으로, 출력 임피던스란 [그림 2-2-13(a)]에 나타낸 바와 같이 어떤 증폭기의 출력단에서 전류를 빼내면 출력전압이 감소하는데(건전지에 많은 전구를 연결하면 어두워지는 것과 같다) 이는 [그림 2-2-13(b)]와 같이 증폭기 출력 부분에 등가적인 저항이 존재한다고 표현할 수 있으며, 이를 출력 임피던스라 한다.

즉, 출력 임피던스가 작으면 출력전류를 많이 흘려도 출력전압이 그다지 감소하지 않으므로 많은 전류를 출력할 수 있다. 연산증폭기의 입력 임피던스와 출력 임피던스의 조건은 [그림 2-2-14]에 나타낸 바와 같이 증폭기의 전압출력을 많은 증폭기로 안정적으로 전달하기 위한 조건에서 구할 수 있다.

[그림 2-2-14(a)]에서, 증폭기-0이 제한된 전류를 출력하는 상태에서 증폭기-1, 2, 3의 흡수 전류가 작으면 작을수록 많은 수의 증폭기를 부착할 수 있으며, 만약 증폭기-1, 2, 3이 전혀 전류를 흡수하지 않는다면(즉, 입력 임피던스가 무한대라면) 이론적으로 무한대의 증폭기를 부착할 수 있다. 다시 말하면, 입력 임피던스가 무한대인 증폭기는 전단의 증폭기에 영향을 미치지 않는다.

[그림 2-2-14(b)]는 [그림 2-2-14(a)]의 조건과 반대로, 증폭기-1, 2, 3이 어느 정도 전류를 흡수하는 증폭기일 때 증폭기-0의 출력 임피던스가 작으면 작을수록 출력할 수 있는 전류가 크므로 많은 수의 증폭기를 부착할 수 있다.

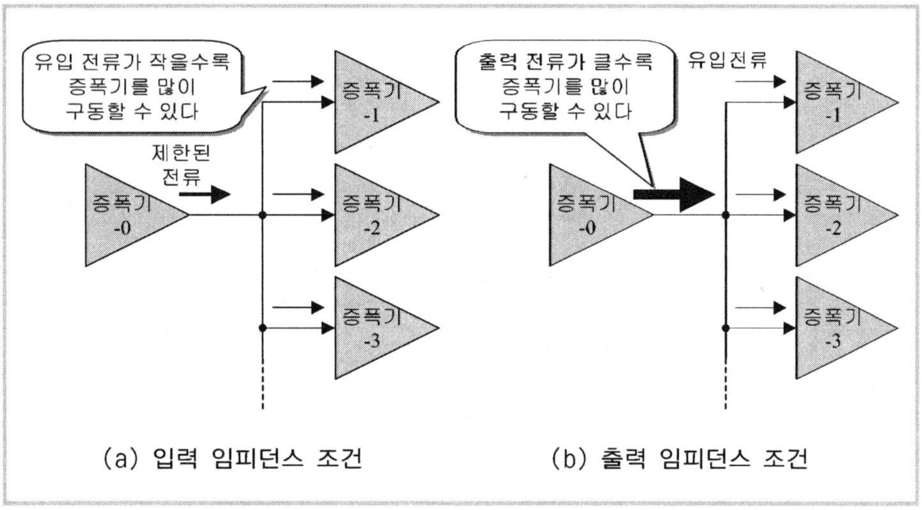

[그림 2-2-14] 입력·출력 임피던스 조건의 유도

만약 증폭기-0의 출력 임피던스가 0이라면 이론적으로 전혀 전압이 감소하지 않으면서 무한대의 증폭기에 전류를 공급할 수 있다. 다시 말하면, 출력 임피던스가 0인 증폭기는 다른 증폭기에 의해 영향을 받지 않는다.

이상의 설명에 의해 '이상적인 증폭기(Ideal Amplifier)'는 다음과 같은 임피던스 조건이 유도된다.

- 입력 임피던스는 클수록 좋다.
- 출력 임피던스는 작을수록 좋다.

② 전압 증폭도 조건

전압 증폭도 조건은 수학적으로 해석하면 명확하게 크면 클수록 좋다는 것이 증명되지만, 수학적인 사항은 연산증폭기 관련 서적을 참조하고 이 책에서는 설명을 쉽게 하기 위해 다음에 논할 '부귀환'에서 유도한다. 일단은 전압 증폭도는 매우 크다는 것을 염두에 둔다.

③ 연산증폭기의 동작

일반적인 연산증폭기는 [그림 2-2-15]에 나타낸 바와 같이 입력 임피던스가 거의 무한대인 2개의 입력이 존재하며, (+)로 표시된 입력은 출력전압을 증가시키는 방향으로, (−)로 표시된 입력은 출력전압을 감소시키는 방향으로 작용한다.

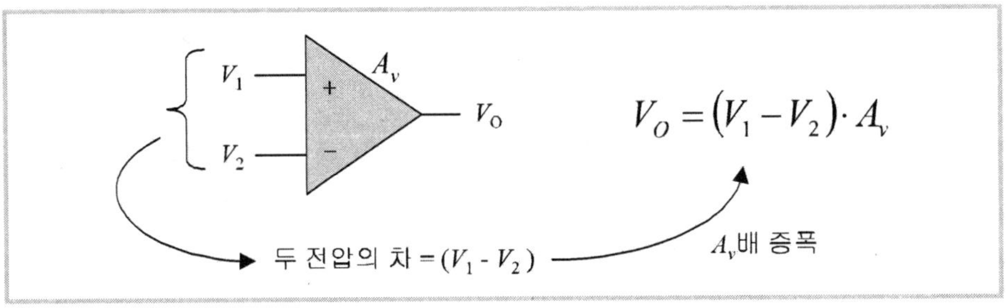

[그림 2-2-15] 연산증폭기의 동작

두 입력전압은 서로 반대로 동작하기 때문에 그 차인 ($V_1 -\ V_2$)가 발생하고, 식에 나타낸 바와 같이 입력전압 V_1과 V_2의 차이가 A_v배만큼 증폭되어 출력으로 나타난다.

연산증폭기의 입력단자와 출력단자는 [그림 2-2-16]과 같이 여러 조합이 있을 수 있으며, 이들 중 가장 보편적인 것은 [그림 2-2-16(b)]의 2입력 1출력 방식이다.

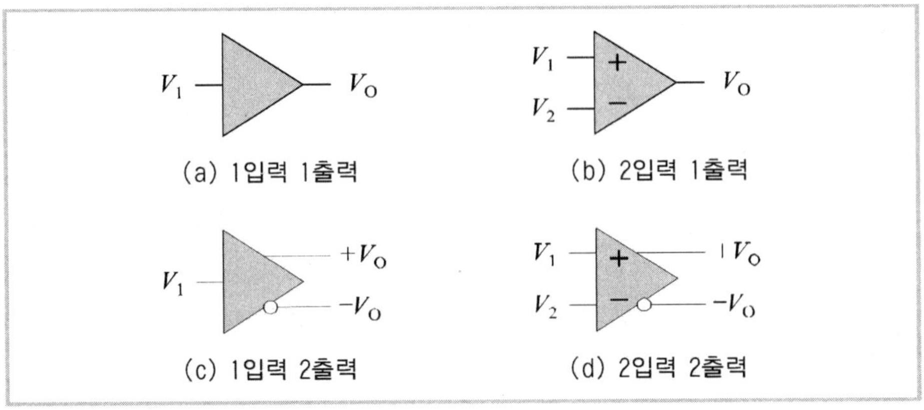

[그림 2-2-16] 연산증폭기의 입출력 형식 예

④ 연산증폭기 IC

연산증폭기 회로는 개별 트랜지스터 소자로도 구성이 가능하나 부품들의 신뢰성이나 균일성, 그리고 소형화 측면에서 우수한 IC형태의 것을 주로 사용한다. [그림 2-2-17]에 연산증폭기 IC의 대표적인 외형을, [그림 2-2-18]에 연산증폭기 내부의 소자 배선 예를 나타내었다.

[그림 2-2-17] 연산증폭기 IC의 외형

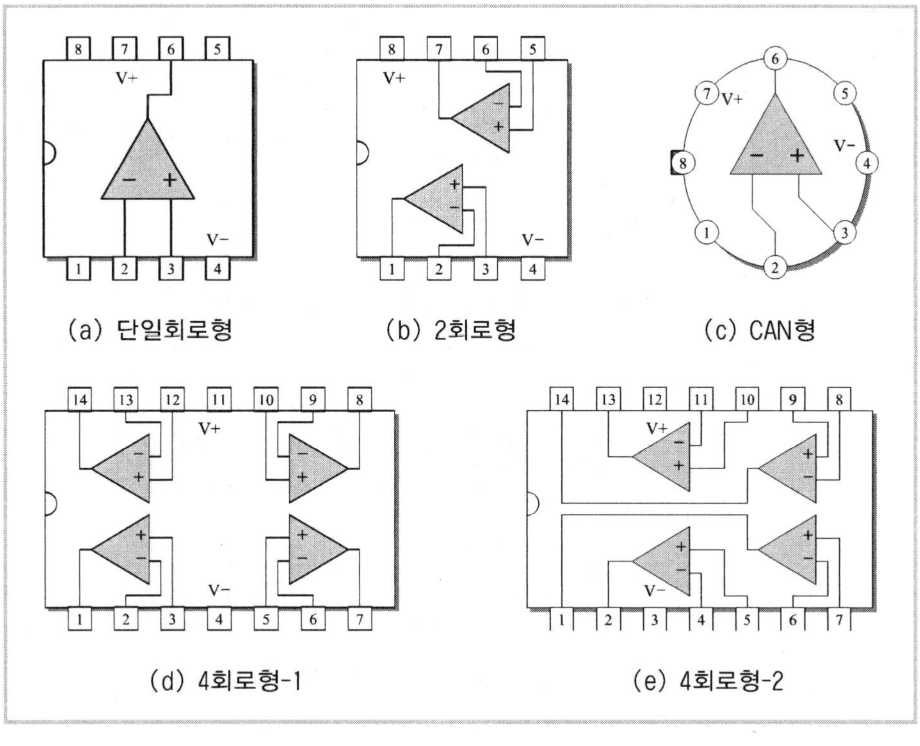

[그림 2-2-18] 여러 형태의 연산증폭기 IC

2) 부귀환

① 부귀환의 개념

귀환(Feed-back)이란 출력 상태가 다시 입력으로 반영되는 것을 의미하는데, 특히 부귀환(負歸還, NFB ; Negative Feed-Back)은 출력이 반대가 되도록 입력에 반영되는 것을 말한다. 이와 같은 부귀환의 원리는 회로 분야뿐만 아니라 일상생활에서도 중요하게 적용되는 원리 중 하나인데, 그 예를 [그림 2-2-19]에 나타내었다.

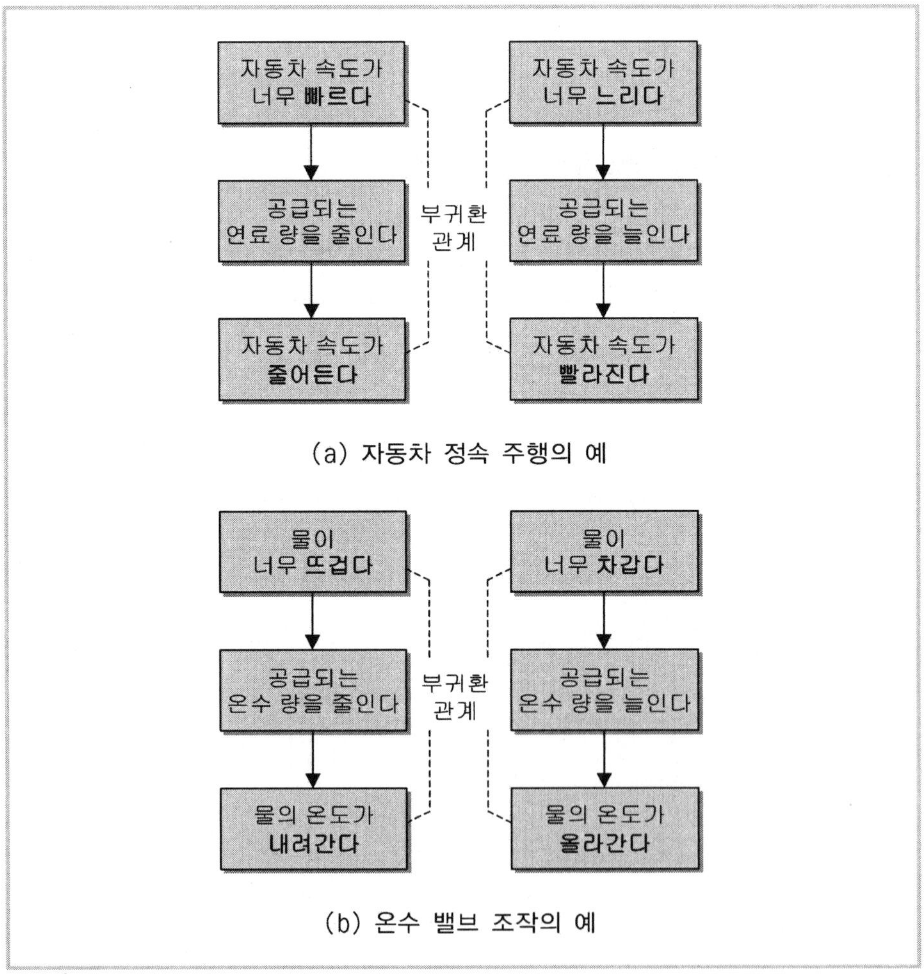

[그림 2-2-19] 부귀환의 예

[그림 2-2-19(a)]는 자동차를 일정 속도로 운전하는 예로서, 자동차 속도가 지나치게 빨라지면 액셀 페달을 덜 밟아 연료량을 줄임으로써 자동차의 속도가 줄어들어 정상 속도로 되돌아온다. 즉, 속도가 빨라지면 다시 속도를 줄이도록 제어하기 때문에 부귀환 제어이다.

이와 반대로 자동차 속도가 느리다면 연료를 더 공급해 속도를 빨라지게 하는데, 이때도 속도가 느려지면 다시 빠르게 제어하는 부귀환이다. [그림 2-2-19(b)]와 같이 일정한 온도의 온수를 사용하려 할 때도 역시 부귀환의 원리가 적용된다.

② 연산증폭기의 부귀환

연산증폭기에 사용되는 부귀환 회로는 [그림 2-2-20]과 같다.

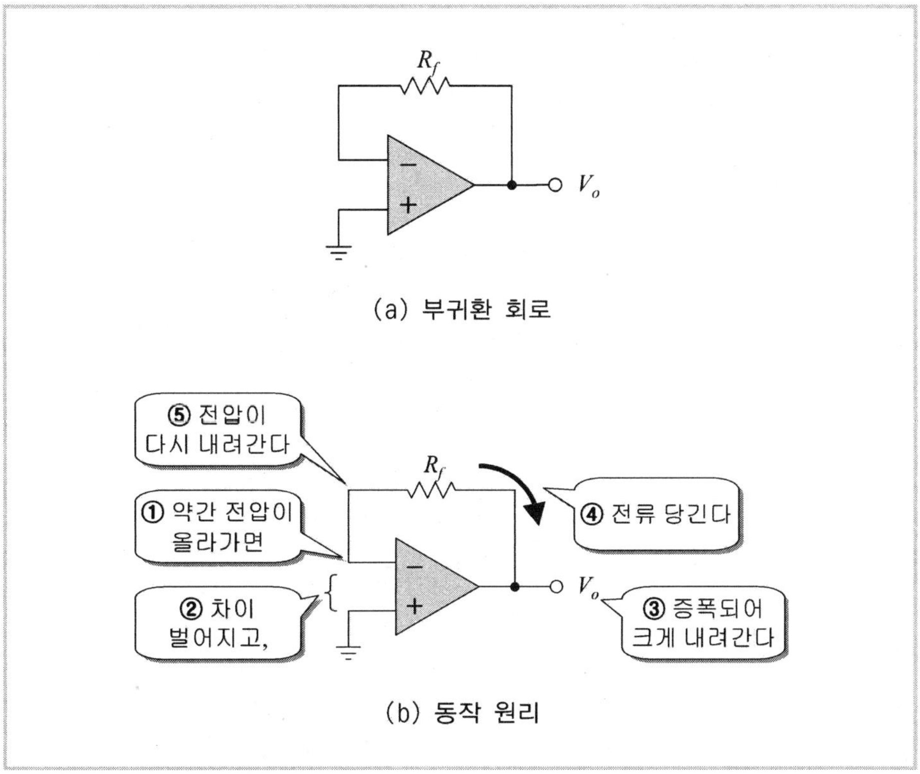

[그림 2-2-20] 연산증폭기의 부귀환 회로

[그림 2-2-20(a)]에서, R_f가 부귀환 저항으로서 출력이 (−)입력 측으로 되돌아간다. 이 회로의 동작 원리는 [그림 2-2-20(b)]에 나타낸 바와 같이 어떤 요인에 의해 (−)입력단의 전압이 약간 상승하면(①), 연산증폭기의 두 입력단에 전압차가 발생하고(②), 이는 (−)방향으로 크게 증폭돼 출력 전압은 크게 내려가며(③), 이 때문에 부귀환 저항 R_f를 경유해 전류를 흡수하고(④), 입력전압은 다시 내려간다(⑤).

어떤 요인에 의해 입력전압이 내려가면 이와 반대로 동작해 입력전압은 다시 올라가도록 제어되며, 출력전압 V_o는 입력전압차를 상쇄시키는 만큼 유지된다.

③ 전압 증폭도 조건

앞서 살펴본 바와 같이 입력전압차는 증폭기의 전압 증폭도에 의해 증폭되어 부귀환으로 작용하므로, 부귀환 양은 전압 증폭도에 크게 영향을 받는다. 전압 증폭도가 비교적 작을 때와 클 때의 차이를 [그림 2-2-21]에 나타내었다.

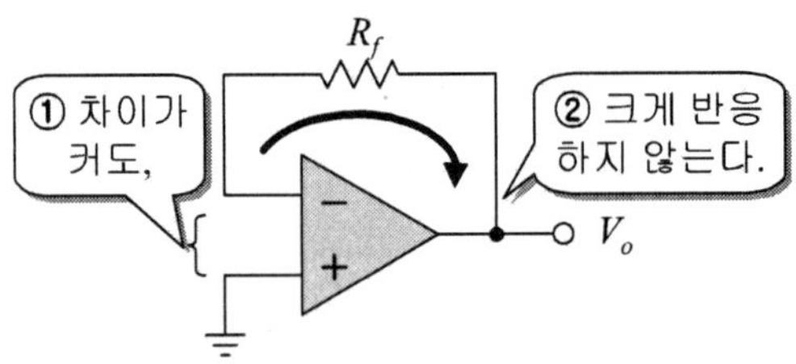

(a) 증폭도 작을 때

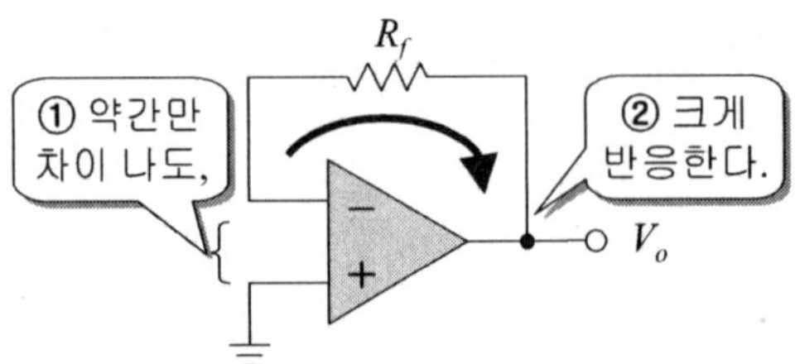

(b) 증폭도 클 때

[그림 2-2-21] 증폭도와 귀환량의 관계

증폭도가 비교적 작을 경우(그림 2-2-21(a)) 입력단 전압차가 크더라도 크게 증폭하지 않기 때문에 출력전압의 변화폭이 작아 귀환량은 크지 않다.

이에 비해 증폭기의 증폭도가 크다면(그림 2-2-21(b)) 입력단 전압차가 약간만 발생하더라도 이는 크게 증폭돼 큰 귀환이 발생하여 입력전압을 다시 제어한다. 따라서 만약 전압 증폭도가 매우 커 거의 무한대에 가깝다면 입력전압차는 거의 0에 가까워진다. 즉, 다음과 같은 조건을 얻을 수 있다.

- 전압 증폭도가 크면 클수록 입력신호의 보정 효과가 크다.
- 전압 증폭도가 거의 무한대이면 증폭기의 두 입력단 전압차는 거의 0에 가까워진다.

※ 이러한 전압 증폭도에 대한 보정 효과는 수학적으로 해석하면 명확히 알 수 있으므로, 관심 있는 독자는 연산증폭기 관련 서적을 참조하라.

3) 연산증폭기 회로

연산증폭기를 응용한 회로는 많은 종류가 있는데, 여기서는 측정에 응용하기 위한 기초적인 회로를 소개하고, 이 이외의 응용 회로에 관해서는 관련 전문서적을 참조하라.

① 반전증폭기

반전증폭기(Inverting Amplifier)는 [그림 2-2-22(a)]에 나타낸 바와 같이 입력되는 전압이 증폭되기는 하나 극성이 반대로 출력되는 증폭기로서, 연산증폭기 회로를 이해하는 데 있어 입문적인 회로라 할 수 있으므로 약간 자세히 다루고, 이후의 비반전 증폭기와 차동증폭기는 간단히 다룬다.

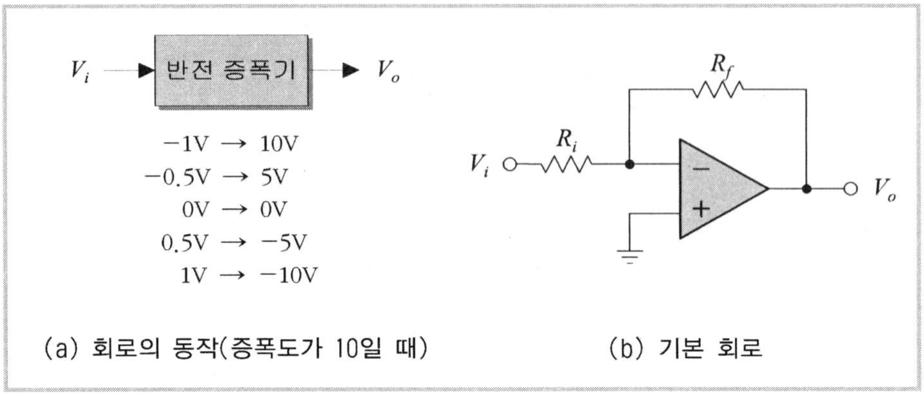

[그림 2-2-22] 반전증폭기

i) 기본 원리

[그림 2-2-22(a)]에서, 반전증폭기의 증폭도(앞서 설명한 연산증폭기 자체의 증폭도가 아니라 구성된 회로 전체의 증폭도)가 10이라면, 이 증폭기의 입력에 −1V가 입력되면 10배 증폭되는 대신 극성이 반전되어 +10V의 출력이 나타난다.

반전증폭기의 기본 회로는 [그림 2-2-22(b)]와 같다. 입력 V_i에 전압이 인가되면 이 때문에 연산증폭기의 (−)입력단자 전압이 변화하고, 연산증폭기는 앞서 부귀환의 원리에 의해 출력전압을 크게 변동시켜 입력전압의 변동을 다시 정상화시키려 한다. 이와 같은 동작 원리를 [그림 2-2-23]에 나타내었다.

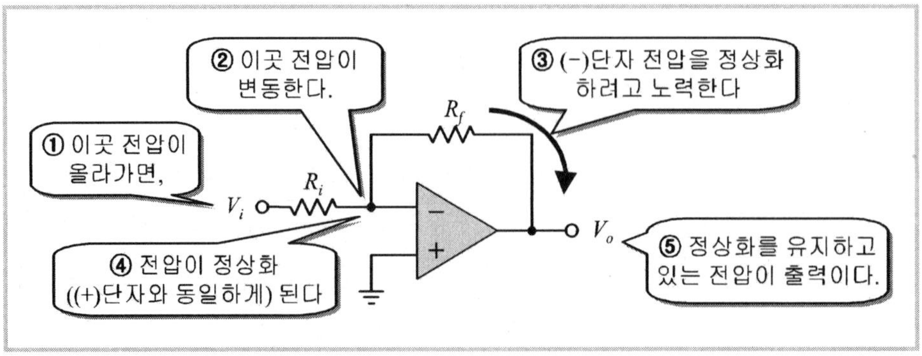

[그림 2-2-23] 반전증폭기의 동작 원리

[그림 2-2-23]에서, 입력전압이 인가되면(①), 그에 따라 연산증폭기의 (−)입력단 전압이 증가하고(②), 이는 증폭되어 큰 (−)출력전압으로 나타나는데 이 전압이 다시 귀환되어 (−)입력단자 전압을 하강시켜 정상화하려 한다(③). 이에 따라 연산증폭기의 (−)입력단자 전압은 다시 하강하는데(④), 입력전압에 의한 상승 폭과 출력전압에 의한 하강 폭이 같아지는 점에서 멈추게 되며, 이때의 출력전압이 증폭기 전체의 출력전압인 V_o 이다(⑤).

연산증폭기의 (−)입력단 상태를 살펴보면, 이 지점은 항상 (+)입력단과 전압이 동일하도록 작용하며, 따라서 (+)입력단이 0V로 접지되어 있는 위 증폭기에서는 연산증폭기의 (−)입력단은 항상 거의 0V를 유지하게 되므로, 이를 '**가상접지**(Imaginary Ground)'라 한다.

즉, (−)입력단자는 실제로는 접지되어 있지 않음에도 불구하고 이 지점의 전압은 입력전압에 관계없이 항상 0V를 유지하므로 접지된 것과 유사한 결과가 나타난다.

ii) 전압이득

반전증폭기의 전압이득은 간단한 공식으로 나타낼 수 있는데, 단순히 공식을 암기해 사용하면 자칫 혼동이 올 수 있으므로 공식을 유도해 보기로 한다. 이 증폭기의 전압이득을 구하는 공식은 [그림 2-2-24]로부터 얻을 수 있다.

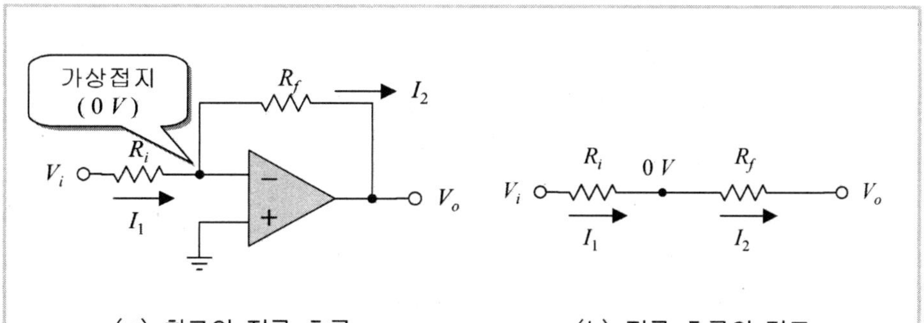

(a) 회로의 전류 흐름　　(b) 전류 흐름의 경로

[그림 2-2-24] 반전증폭기 전압이득 공식의 유도

[그림 2-2-24(a)]에서, 입력전압 V_i 에 의해 흐르는 전류를 I_1, 출력전압 V_o 에 의해 흐르는 전류를 I_2 라 가정한다. 이때, 연산증폭기의 입력단은 앞의 정의에 의해 입력 임피던스가 무한대이므로 연산증폭기 내부로 흐르는 전류는 없으므로 입력된 전류 I_1 은 모두 I_2 로 흐르며, 따라서

$$I_1 = I_2 \tag{1}$$

이다. 또한, 이 증폭기는 (+)입력단자가 접지되어 있으므로 (−)입력단자는 가상접지되어 0V를 유지하므로 이들을 종합하면 [그림 2-2-24(b)]와 같이 전류 흐름의 경로를 나타낼 수 있다.

[그림 2-2-24(b)]의 중앙 0V 지점을 기준으로 왼쪽에서 유입되는 전류는 저항 R_i 양단의 전압차는 $V_i - 0\,V = V_i$ 이므로 옴의 법칙에 의해 다음과 같이 나타낼 수 있다.

$$I_1 = \frac{V_i}{R_i} \tag{2}$$

중앙 0V 지점을 기준으로 오른쪽으로 유출되는 전류는 저항 R_f 양단의 전압차는 $0\,V - V_o = -V_o$ 이므로 옴의 법칙에 의해 다음과 같이 나타낼 수 있다.

$$I_2 = -\frac{V_o}{R_f} \tag{3}$$

식 (2)와 (3)을 식 (1)에 대입하고 출력전압 식으로 정리하면 다음과 같다.

$$V_o = -\frac{R_f}{R_i} \cdot V_i \tag{4}$$

식 (4)를 살펴보면, 입력전압에 대한 출력전압 비율은 단지 R_f 와 R_i 저항들의 비에 의해 결정됨을 알 수 있다. 또한, (−)부호가 붙은 것은 입력전압이 출력 측에서 반전됨을 나타낸 것이다.

전압 증폭도는 입력전압에 대한 출력전압의 비이므로 식 (4)를 정리하면 다음과 같이 나타낼 수 있다.

$$A_v = \frac{V_o}{V_i} = -\frac{R_f}{R_i} \tag{5}$$

> ☼ 이와 같은 공식은 외워서 사용하지 말고 그 자리에서 간단히 유도해 사용하는 것이 바람직하다. 왜냐하면 외워서 사용하면 많은 사람들이 헛갈릴 예정(?)이기 때문이다. 예를 들어, 회로에서 R_i 대신에 R_1으로, R_f 대신에 R_2로 표기한 경우 어찌할 것인지 상상해 보라.

이 식의 의미를 살펴보면 부귀환 저항 R_f가 커지면 입력으로부터 유입된 전류를 출력에서 상쇄시키기 더 어려워지기 때문에 더 큰 전압으로 상쇄하려 하므로 출력전압은 커진다. 이와는 반대로 R_i가 커지면 입력으로부터 유입되는 전류가 작아지므로 출력에서 끌어낼 전류는 작은 전압으로도 가능하므로 출력전압은 작아진다.

iii) 임피던스

이상에서 살펴본 반전증폭기는 입력신호가 반전되는 것 이외에도 입력 임피던스를 사용자가 필요로 하는 만큼 자유롭게 선택할 수 있다. 즉 연산증폭기의 (−) 입력단은 가상접지이므로 임피던스는 0Ω이고, 따라서 회로의 입력 임피던스는 입력저항 R_i로 된다. 또한 출력 임피던스는 0Ω에 가까워지는데, 설령 연산증폭기 자체의 출력 임피던스가 상당히 존재했을지라도 전체 증폭기의 출력 임피던스는 부귀환의 원리에 의해 매우 작아져 거의 0Ω이 된다.

예를 들어 [그림 2-2-25]에 나타낸 바와 같이 이 회로의 출력에 부하가 접속되어 전류가 유출된다면 (−)입력단으로 귀환을 가하는 전압이 변동하므로 (−)입력단 전압이 변화하고, 연산증폭기는 이 변화를 복원하기 위해 출력전압을 재조정함으로 인해 출력전압은 다시 정상으로(−입력단 전압이 0V를 유지하는 상황) 복원시켜 출력 임피던스는 거의 0Ω과 같은 결과가 된다.

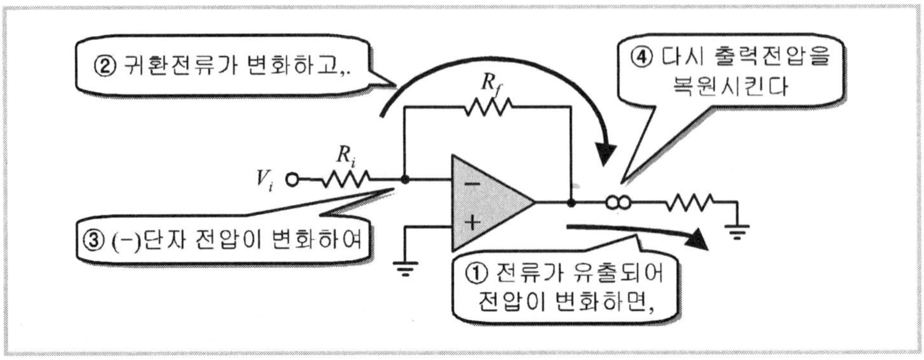

[그림 2-2-25] 출력 임피던스가 작아지는 원리

예 제 다음 반전증폭기 회로의 연산증폭기가 이상적이라 할 때, 회로의 전압 증폭도와 입력 임피던스를 구하시오. 또한, 귀환저항 R_f 가 50kΩ이라면 이때의 전압 증폭도와 입력 임피던스는 얼마인가?

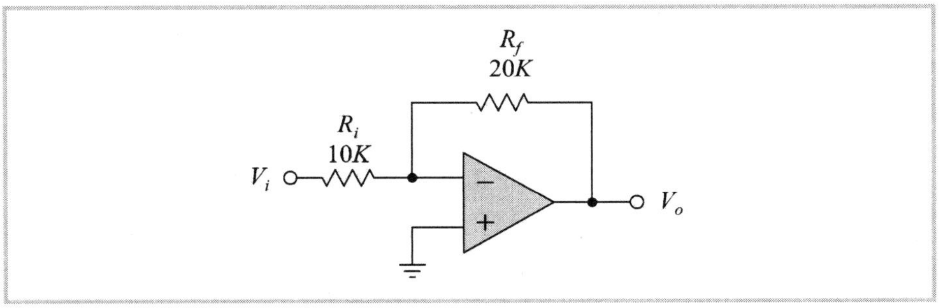

[그림 2-2-26] 반전증폭기 회로 예제

풀이 전압 증폭도 $A_v = -\dfrac{R_f}{R_i} = -\dfrac{20\text{k}\Omega}{10\text{k}\Omega} = -2$

입력 임피던스 $Z_{in} = R_i = 10\text{k}\Omega$

문제 입력 임피던스가 100kΩ이고 전압 증폭도가 −4.7인 증폭기를 설계하시오(BJT를 이용해 이러한 회로를 설계하는 경우와 비교해 설계과정이 얼마나 단순한지를 생각해 보라).

② 비반전 증폭기

i) 기본 원리

비반전 증폭기(Non-inverting Amplifier)는 반전증폭기와 달리 출력전압의 극성이 바뀌지 않는 증폭기이며, 이의 기본 회로를 [그림 2-2-27(a)]에 나타내었다.

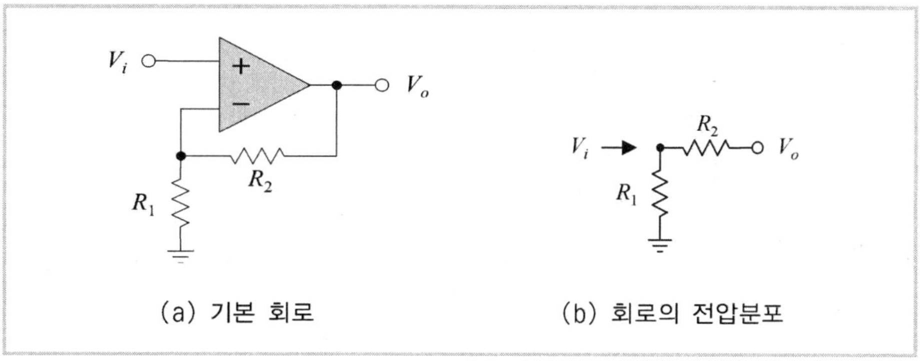

[그림 2-2-27] 비반전 증폭기

[그림 2-2-27(a)]의 회로에서, 입력전압은 연산증폭기의 (+)입력단자로 인가되고, 출력전압은 R_1 과 R_2 에 의해 분압되어 (−)입력단자로 인가된다. 연산증폭기의 (+)입력단자와 (−)입력단자 모두 입력 임피던스가 무한대이므로 증폭기 내부로는 전류가 흐르지 않으며, R_2 에 의한 부귀환 회로가 형성되어 있어 (+)입력단자와 (−)입력단자의 전압은 항상 동일하도록 유지된다. 즉, 입력전압 V_i 가 연산증폭기의 (+)단자에 입력되면 연산증폭기의 출력은 (+)로 증가하며, 이 출력전압은 저항 R_1 과 R_2 에 의해 분압되면서 다시 (−)입력단자로 귀환되어 출력을 제한한다.

이는 연산증폭기의 (−)입력단자 전압이 (+)입력단자 전압과 거의 같아질 때까지 제어하며, 이와 같이 연산증폭기의 두 입력단자가 동일한 전압이 되도록 하는 출력전압 V_o 가 이 증폭기의 출력결과로 나타난다. 이와 같이 연산증폭기의 (+)단자와 (−)단자는 항상 동일한 전압을 유지하며, 이러한 상태를 가상합선(Imaginary Short)이라 한다.

ii) 전압이득

앞서 원리에서 논한 사항을 종합해 회로의 전압분포를 다시 그리면 [그림 2-2-27(b)]와 같다. 출력전압 V_o는 저항 R_1과 R_2에 의해 분압되므로 두 저항이 접속된 곳(연산증폭기의 (−)입력단자)은 다음과 같이 분압된다.

$$V_o \cdot \frac{R_1}{R_1 + R_2} \tag{1}$$

그런데, 이 지점은 부귀환에 의해 입력전압 V_i와 같으므로,

$$V_o \cdot \frac{R_1}{R_1 + R_2} = V_i \tag{2}$$

따라서 출력전압 V_o에 관한 식으로 정리하면,

$$V_o = \frac{(R_1 + R_2)}{R_1} \cdot V_i = \left(1 + \frac{R_2}{R_1}\right) \cdot V_i \tag{3}$$

이다. 전압 증폭도는 다음과 같이 표현된다.

$$A_v = \frac{V_o}{V_i} = 1 + \frac{R_2}{R_1} \tag{4}$$

이 식의 의미를 살펴보면, 부귀환 저항 R_2가 커지면 (−)입력단자 전압을 (+)입력단자 전압과 동일하게 맞추기 위해서 출력전압 V_o가 더 커져야 이 전압이 R_1과 R_2로 분압되어 (−)입력단자에 가해진다. 또한 저항 R_1이 커지면 분압 비율이 커져 출력전압이 약간만 증가해도 (−)입력단자 전압은 쉽게 증가한다.

iii) 임피던스

비반전 증폭기는 반전증폭기와는 달리 전압 입력단이 직접 연산증폭기에 접속되므로 임피던스가 거의 무한대에 가까워진다. 따라서 만약 적당한 임피던스가 필요하다면 다음 예제에 나타낸 것처럼 전압 입력단에 병렬로 저항을 삽입해 조절할 필요가 있다.

예 제 다음 비반전 증폭기 회로의 연산증폭기가 이상적일 때, 회로의 전압 증폭도와 입력 임피던스를 계산하라. 또한, 귀환저항 R_2 가 90kΩ이라면 이때의 전압 증폭도와 입력 임피던스는 얼마인가?

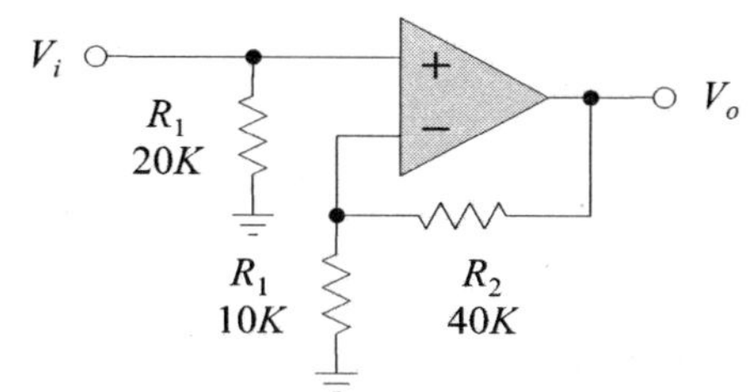

[그림 2-2-28] 비반전 증폭기 회로 예제

풀이 $A_v = 1 + \frac{R_2}{R_1} = 1 + \frac{40\text{k}\Omega}{10\text{k}\Omega} = 5$

입력 임피던스 $Z_i = R_3 = 20\text{k}\Omega$

③ 차동증폭기

차동증폭기(Differential Amplifier)란 일명 '감산증폭기'라고도 하는데, 이는 2개 전압입력에 대한 차전압을 증폭하기 때문이다. 차동증폭기의 기본 회로를 [그림 2-2-29]에 나타내었다.

[그림 2-2-29(a)]에서 연산증폭기의 (+)입력단자는 V_1 전압이 R_3 와 R_4 에 의해 전압배분된 것이므로,

$$(+)\text{입력단자 전압} = \frac{R_4}{R_3 + R_4} \cdot V_1 \tag{1}$$

그런데, 조건에서 $R_1 = R_3$, $R_2 = R_4$이므로 다음과 같이 나타낼 수 있다.

$$(+)\text{입력단자 전압} = \frac{R_4}{R_3 + R_4} \cdot V_1 = \frac{R_2}{R_1 + R_2} \cdot V_1 \tag{2}$$

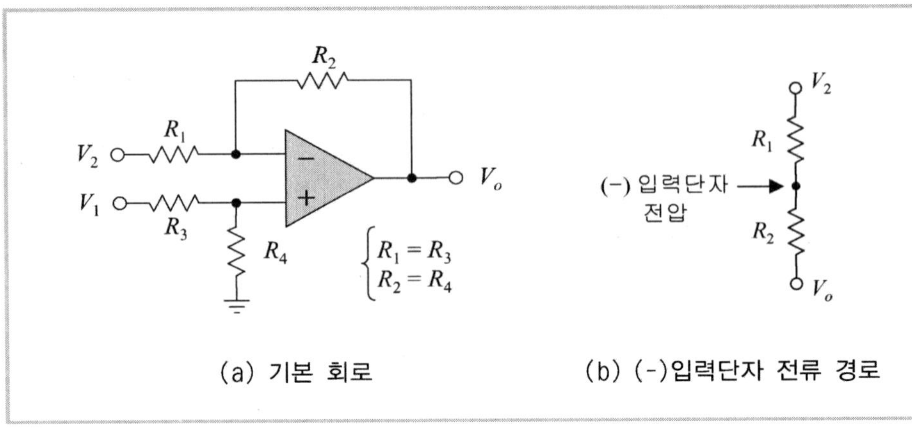

[그림 2-2-29] 차동증폭기

같은 방법으로, (−)입력단자의 상태는 [그림 2-2-29(b)]에 나타낸 바와 같이 V_2 와 V_o 의 전압차가 R_1 과 R_2 에 의해 분압된 것이므로,

$$(-)\text{입력단자 전압} = \frac{R_2}{R_1 + R_2} \cdot (V_2 - V_o) + V_o$$

$$= \frac{R_2}{R_1 + R_2} \cdot V_2 + \frac{R_1}{R_1 + R_2} \cdot V_o \qquad (3)$$

식 (2)와 식 (3)의 양 단자 전압들은 부귀환에 따른 가상합선에 의해 서로 같으므로 이들 식을 같도록 놓고 정리하면 다음과 같다.

$$V_o = \frac{R_2}{R_1} \cdot (V_1 - V_2) \qquad (4)$$

식 (4)를 살펴보면 두 입력전압 V_1 과 V_2 의 차전압이 먼저 구해지고, 이 전압이 R_2 / R_1 의 배율로 증폭됨을 알 수 있다.

예 제 다음 차동증폭기의 입력전압이 각각 $V_1 = 2\text{V}$, $V_2 = 1.5\text{V}$ 일 때 출력전압을 계산하시오.

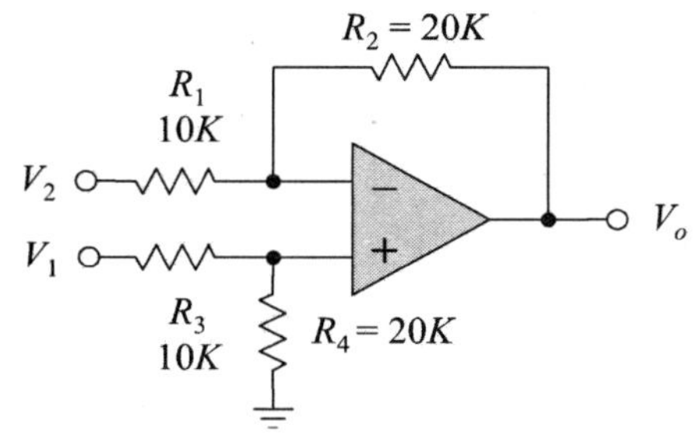

[그림 2-2-30] 차동증폭기 예제

풀이 두 입력의 전압차는,

$V_1 - V_2 = 2V - 1.5V = 0.5V$

전압 증폭도는

$20k\Omega / 10k\Omega = 2$

따라서 출력전압은

$2 \times 0.5V = 1V$

④ 버퍼

버퍼(Buffer Amplifier)란 신호에는 영향을 주지 않고 그대로 통과시키면서 임피던스만을 변화시키는 회로로서, 임피던스 매칭이나 신호의 전송 시에 매우 중요하게 사용되는 회로이며 이의 구성도를 [그림 2-2-31(a)]에 나타내었다.

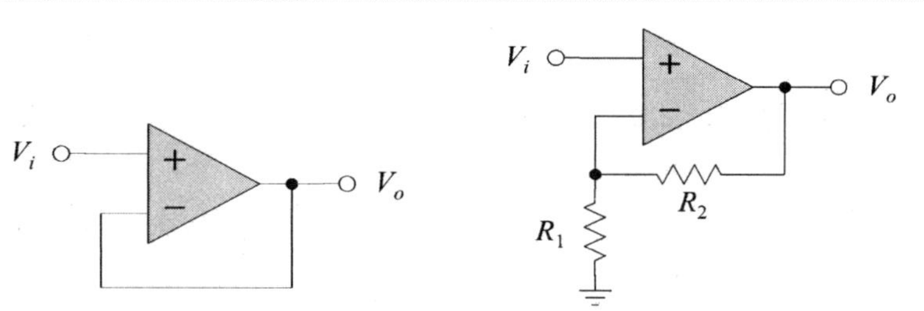

(a) 버퍼 회로 (b) 비반전 증폭기 회로

[그림 2-2-31] 버퍼의 원리

그림에 나타낸 바와 같이 버퍼는 연산증폭기의 출력과 (−)입력단자가 직접 접속된 것으로서, V_i에 전압이 입력되면 이는 연산증폭기의 (+)입력단으로 인가되고 연산증폭기는 이 전압과 동일하도록 (−)입력단 전압을 조절함에 따라 출력 V_o는 입력 V_i와 동일하게 된다.

이는 앞서 살펴보았던 비반전 증폭기 공식으로부터도 증명이 가능한데, [그림 2-2-31(b)]와 같은 비반전 증폭기의 경우 다음과 같은 식을 유도할 수 있었다.

$$A_v = \frac{V_o}{V_i} = 1 + \frac{R_2}{R_1} \tag{1}$$

이 회로의 저항 R_1은 무한대로, R_2는 0으로 대체된 것이 [그림 2-2-31(a)]의 버퍼이므로 위 식의 저항은 0이 되어 전압 증폭도 A_v는 1, 즉 출력전압과 입력전압은 동일하게 된다.

이러한 버퍼 회로는 임피던스 관점에서 살펴보면 [그림 2-2-32]와 같이 입력 임피던스는 연산증폭기의 입력단자로 직결되므로 거의 무한대에 가깝고, 출력 임피던스는 연산증폭기의 출력단자가 (−)입력단과 직결되므로 강한 부귀환에 의해 거의 0인 특징이 있다.

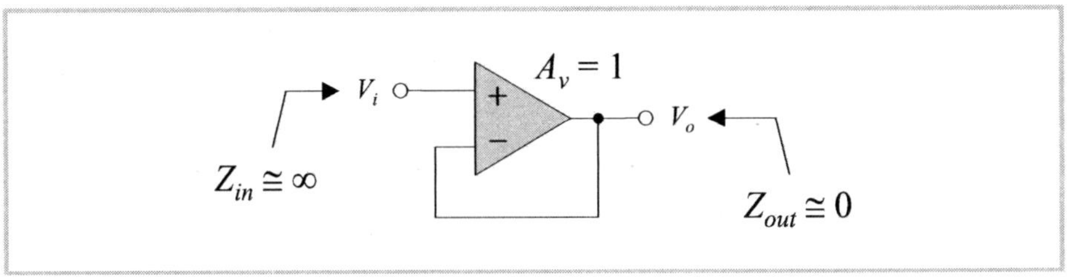

[그림 2-2-32] 버퍼의 임피던스 특성

이러한 버퍼의 응용 예로는 [그림 2-2-33(a)]와 같이 전압을 측정할 때 전압계 내부로 전류가 흐르는 것이 문제가 되는 경우 [그림 2-2-33(b)]와 같이 중간에 버퍼를 삽입하면 전압은 그대로 전압계로 전달되지만 측정 대상의 전류에는 영향을 미치지 않는다.

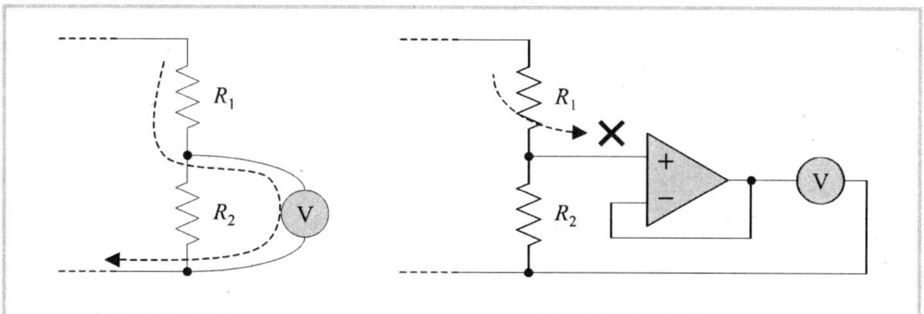

(a) 측정회로의 예 (b) 버퍼의 삽입

[그림 2-2-33] 버퍼의 응용 예

4) 연산증폭기를 이용한 전류계

지금까지 간단히 살펴본 연산증폭기 회로에 가동코일형 계기를 결합시키면 여러 가지 우수한 특성을 얻을 수 있다.

① 입력 임피던스가 매우 작은 전류계

이상적인 전류계는 내부저항이 0으로서 회로의 전류흐름에 영향을 미치지 않아야 하는데, 연산증폭기를 이용하면 이러한 계기 내부저항을 크게 줄일 수 있어 이상적인 전류계가 실현될 수 있다. [그림 2-2-34(a)]와 같은 일반 전류계는 인가된 전류에 의해 계기가 수동적으로 동작하므로 전류계 내부저항에 의해 전류의 흐름에 영향을 미친다.

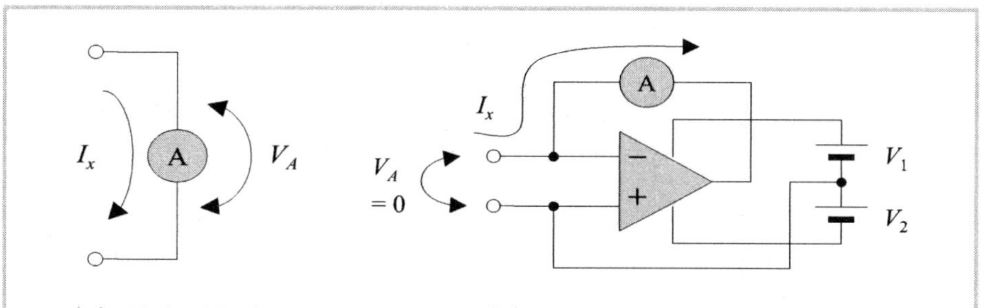

(a) 일반 전류계 (b) 연산증폭기에 의한 전류계

[그림 2-2-34] 제로 임피던스 전류계

이에 비해 [그림 2-2-34(b)]와 같이 연산증폭기를 이용하면 증폭기로 흘러든 전류는 연산증폭기가 능동적으로 빼내므로 계기의 내부저항에 의한 영향을 크게 줄일 수(사실상 영향이 거의 없이) 있다.

다른 관점으로는 [그림 2-2-34(a)]의 일반 전류계에 전류가 흐르면 전류계 양단에 계기 저항에 의한 전압강하 V_A가 발생하지만, [그림 2-2-34(b)]의 연산증폭기 회로에서는 증폭기 양단의 전압차가 가상합선에 의해 거의 0, 즉 전류계 양단의 전압차가 0이 되어 측정회로에 영향을 주지 않는다. 단, 측정할 회로와의 접속을 위해 연산증폭기의 전원은 독립전원을 사용해야 한다.

② mA급 계기를 μA급 계기로

연산증폭기는 앞서 논한 바와 같이 임피던스의 장점과 함께 간단히 증폭회로를 구성할 수 있다.

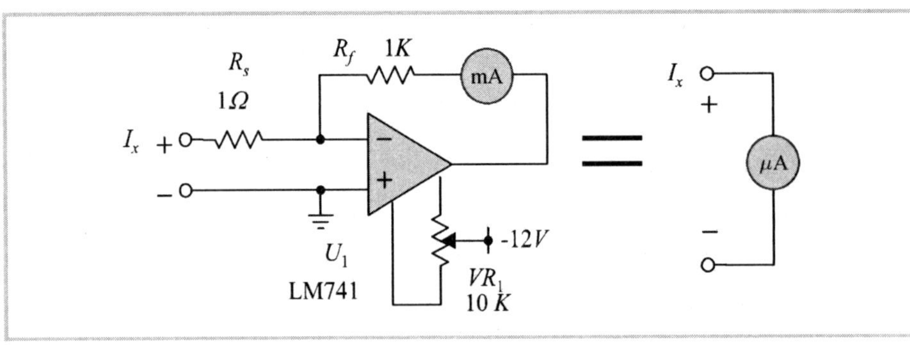

[그림 2-2-35] 전류계의 측정범위 변환 예

그러므로 정밀도가 그다지 좋지 않은 전류계에 연산증폭기를 부착하고 입력신호를 증폭하면 정밀한 측정이 가능해진다. [그림 2-2-35]는 mA 단위의 전류를 측정할 수 있는 전류계를 μA 단위의 정밀한 전류계로 활용한 예이다.

연산증폭기 회로는 반전증폭기를 이용한 것으로서 입력저항 R_s와 귀환저항 R_f에 의한 증폭도를 1000배로 설정했다.

$$I_O = \frac{R_f}{R_s} \cdot I_s \quad (1)$$

여기서, I_s : 검출전류

I_o : 출력전류

따라서, mA 단위의 전류계로 μA 단위의 전류를 측정할 수 있는데, 이 회로는 입력 임피던스가 1Ω이며, 만약 이를 더 작게 하려면 예를 들어 $R_S = 0.1\Omega$, $R_f = 100\Omega$ 으로 사용해도 된다. 회로 중의 VR_1 은 연산증폭기의 오프셋 조절을 위한 것으로서, 입력단에 미약한 오프셋이 존재할 때 1000배나 증폭되므로 이를 조절해야 한다. 또한 앞서 이상적인 전류계의 경우와 마찬가지로 회로에 영향을 주지 않기 위해 연산증폭기의 전원은 독립전원을 사용해야 한다.

5) 연산증폭기를 이용한 전압계

이상적인 전압계는 내부 임피던스가 무한대로서 회로의 전류가 유입되지 않아야 한다. 기존 전압계에 연산증폭기를 이용하면 전압계의 임피던스를 무한대에 가깝도록 할 수 있고, 이에 더하여 증폭까지 행하면 더 작은 전압범위를 측정할 수 있는 전압계로 활용할 수 있다.

① 입력 임피던스가 매우 큰 전압계

[그림 2-2-36(a)]는 연산증폭기를 비피로 사용해 입력 임피던스를 무한대에 가깝도록 구성한 것이며, 저항 R_m은 배율기 저항이다.

단, 이 회로는 연산증폭기의 입력범위인 0~12V 범위 내의 전압만 측정 가능하며, 만약 더 큰 전압범위를 측정하려면 [그림 2-2-36(b)]와 같이 적정범위로 분압을 시킨 후 입력한다. 이때 연산증폭기의 입력 임피던스는 거의 무한대이므로 R_1, R_2의 저항값을 매우 크게 할 수 있어 측정대상 회로에 영향을 거의 미치지 않고, 저항들의 전류도 극히 미약하므로 전력소모가 매우 작아진다.

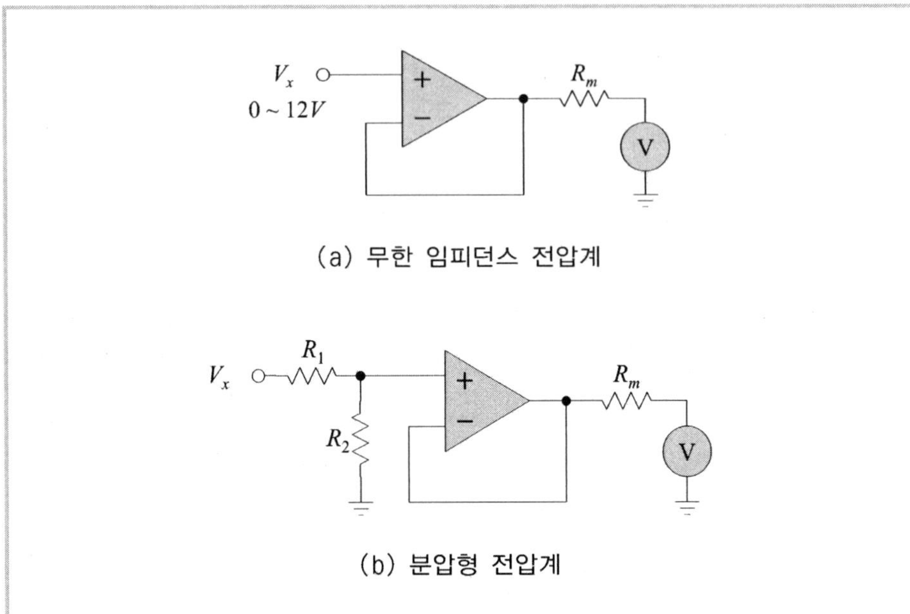

(a) 무한 임피던스 전압계

(b) 분압형 전압계

[그림 2-2-36] 연산증폭기에 의한 전압계

② 고감도 전압계

연산증폭기의 증폭기능을 이용하면 감도가 낮은 계기를 이용해 정밀한 측정이 가능한데, [그림 2-2-37]에 그 예를 나타내었다.

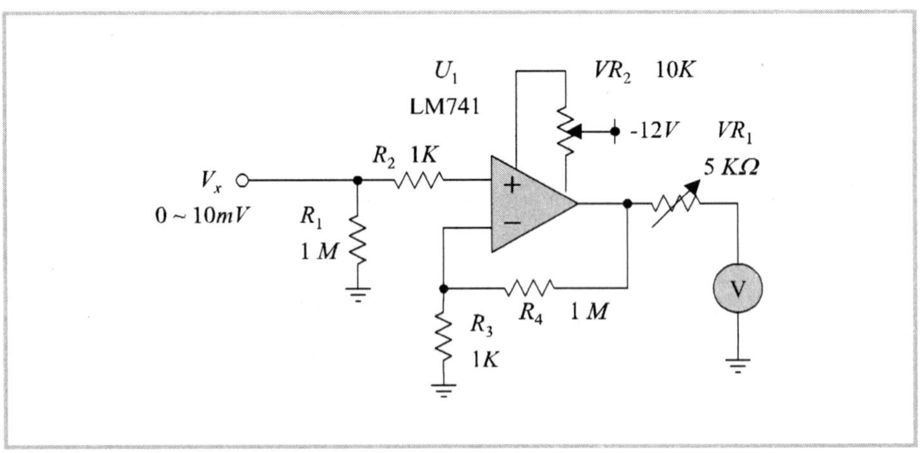

[그림 2-2-37] 전압계의 측정범위 변환 예

연산증폭기는 비반전 증폭회로로 구성해 입력 임피던스를 매우 크게 하여 측정대상 회로의 영향을 최소화했고, R_3, R_4에 의해 1001배(약 1000배) 증폭을 행하며 VR_1에 의해 계기의 최대 눈금을 조절한다.

입력저항 R_2는 연산증폭기 양쪽 입력의 저항을 동일하게 유지해 오프셋을 최소화하려는 것으로서, 연산증폭기의 (−)입력단의 합성저항이 $(1K \| 1M) \cong 1K$이므로 (+) 입력단도 $1K$를 접속한다(이 이유에 대해서는 전자회로 관련서적의 연산증폭기 입력 오프셋을 참조하라). 또한 입력저항 R_1은 연산증폭기 입력단에 존재하는 용량에 의해 입력이 포화되는 것을 방지하기 위한 방전저항이다.

③ 정현파 교류 전압계

가동코일형 계기로 정현파 교류전압을 측정하기 위해서는 정류회로를 삽입했는데, 이때 여러 가지 문제점이 존재했다. 우선 정류회로에 의한 지시치는 평균값이므로 직류와 동일한 실효값과는 약간의 차이가 발생해 교류용 눈금을 별도로 사용해야 했다. 또한 정류용 다이오드 오프셋에 의한 전압강하 문제도 있기 때문에 이를 감안해야 했다.

연산증폭기를 이용해 교류 전압계를 구성하면 입력 임피던스 개선 효과는 물론 정류 다이오드의 오프셋 영향을 없앨 수 있고, 직류와 정현파 교류 눈금을 동일하게 사용하는 것도 쉽게 가능하다. 이러한 효과를 가진 교류 전압계 회로를 [그림 2-2-38]에 나타내었다.

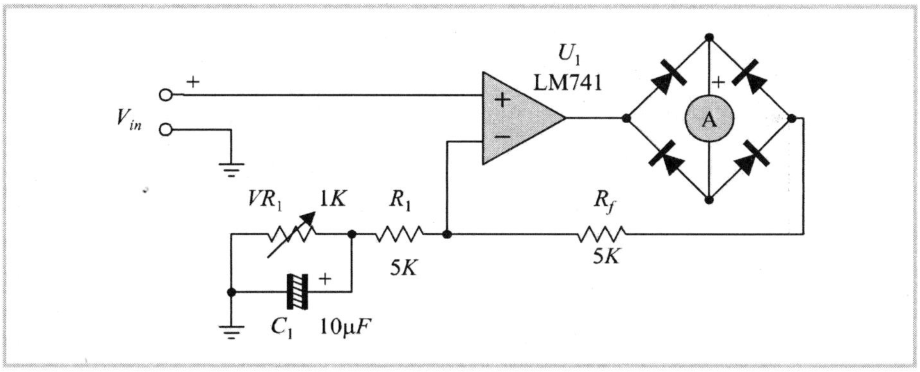

[그림 2-2-38] 연산증폭기를 이용한 교류 전압계

회로는 정류 다이오드와 R_f를 거쳐 귀환을 형성하고 있기 때문에 다이오드에 의해 전압차가 발생하면 이는 연산증폭기의 (−)입력단 전압이 부족하게 되므로 연산증폭기는 이를 보정한다. 즉 연산증폭기는 다이오드 오프셋 전압을 포함한 귀환량이 연산증폭기의 (+)단과 (−)단이 같아질 때까지 보정하므로 다이오드 오프셋 전압은 자동으로 보상된다.

또한 VR_1과 C_1은 직류측정과 교류측정 시 동일한 눈금을 사용하기 위한 것으로서, 앞서 논한 바와 같이 정현파 교류측정 시 계기에는 평균값이 표시되지만 직류는 실효값에 해당하므로 평균값이 약간 더 작다. 회로의 경우 직류에서는 커패시터가 없는 것과 마찬가지이므로 증폭도가 식 (1)과 같이 설정된다.

$$A_{v,DC} = \frac{R_f}{R_1 + VR_1} \tag{1}$$

이에 비해 교류측정 시는 커패시터에 의해 접지되므로 증폭도는 식 (2)와 같이 된다.

$$A_{v,AC} = \frac{R_f}{R_1} \tag{2}$$

따라서 교류일 때 증폭도가 더 증가하므로 직류와 정현파 교류에서 동일한 눈금으로 측정이 가능해진다.

④ 절대값 전압계

앞서 살펴본 정현파 교류 전압계는 연산증폭기의 귀환전류를 전류계에 의해 표시하는 것으로서 오직 전류계 전용 증폭기라 할 수 있다. 그러나 경우에 따라 입력된 교류의 절대값을 전압으로 출력시킬 필요가 자주 있는데, 이때 사용하는 것이 절대값 전압계이며 원리회로를 [그림 2-2-39]에 나타내었다.

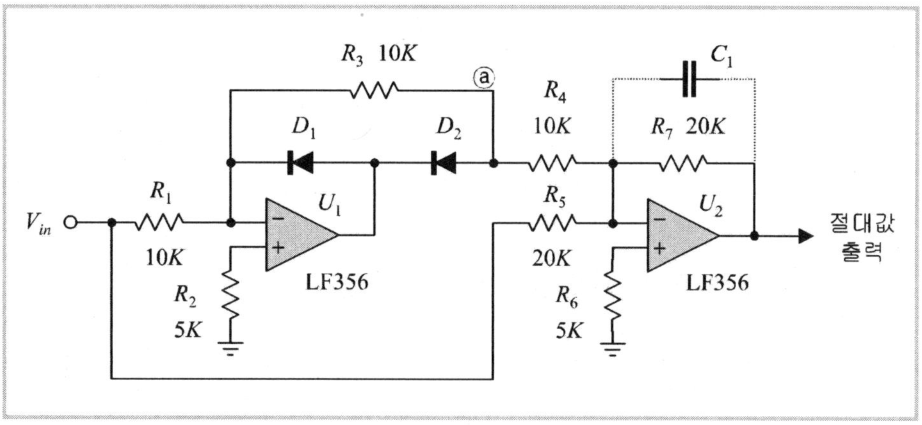

[그림 2-2-39] 절대값 전압 출력회로

[그림 2-2-39]의 U_1은 반전형 반파 정류회로로서 입력이 (+)일 때는 출력이 (−)로 되며 이는 R_3와 D_2에 의해 귀환되므로 출력이 나타나며, 이때 다이오드에 의한 오프셋은 연산증폭기에 의해 보상되어 완전한 출력이 된다.

또한 입력이 (−)일 때는 출력이 (+)가 되어 D_1을 통해 귀환되므로 출력은 나타나지 않아 [그림 2-2-40(a)]와 같은 오프셋 없는 반파 출력이 발생한다.

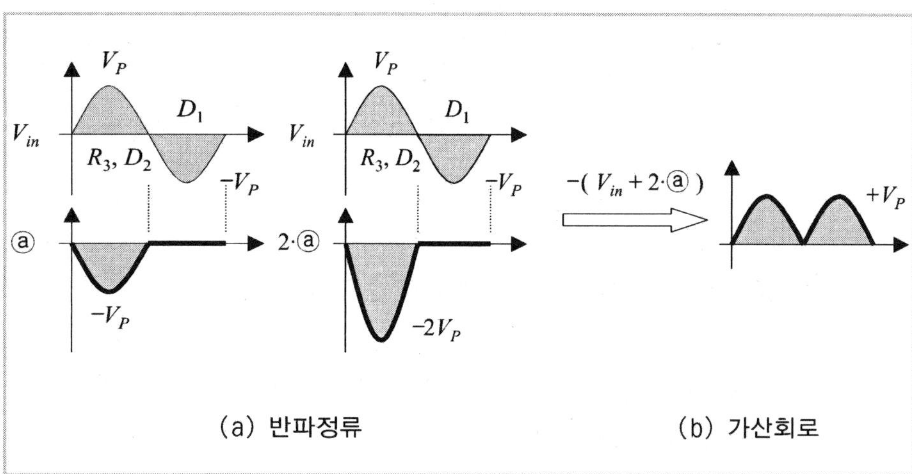

[그림 2-2-40] 회로의 동작 원리

이 신호는 다시 U_2 가산회로에 의해 원래 입력파형과 가산되는데, 이때 가산하는 비율이 R_4가 R_5에 비해 절반 값이므로 상대적으로 ⓐ점 전압은 V_{in}보다 두 배 큰 것이 되므로 [그림 2-2-40(b)]와 같이 가산되어 최종적으로 절대값 파형이 출력된다.

6) 로그 연산회로를 이용한 측정

연산증폭기 회로 중에는 로그 연산회로와 역로그(지수) 연산회로가 있는데, 이들을 이용하면 [그림 2-2-41]의 원리와 같이 곱셈, 나눗셈, 제곱, 제곱근의 연산이 연산증폭기의 연산 기능인 덧셈, 뺄셈, 2배, 1/2배 등으로 변환되므로 회로의 구성이 쉬워져 측정에서 자주 사용하는 회로이다.

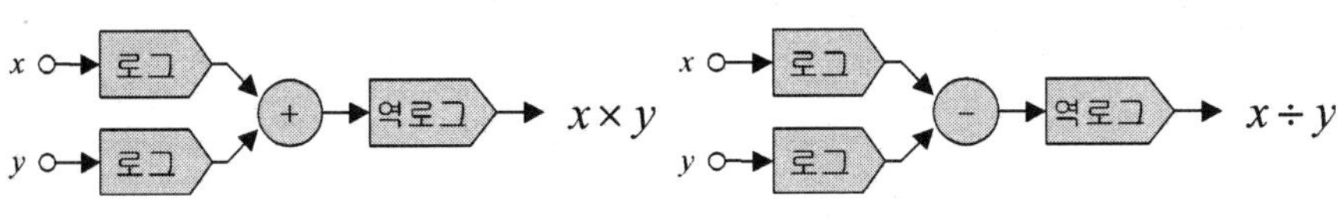

$\log x + \log y = \log x \cdot y$

(a) 곱셈

$\log x - \log y = \log \frac{x}{y}$

(b) 나눗셈

$2 \cdot \log x = \log x^2$

(c) 제곱

$\frac{1}{2} \cdot \log x = \log x^{1/2} = \sqrt{x}$

(d) 제곱근

[그림 2-2-41] 로그/지수 연산회로의 응용 예

로그 회로와 역로그 회로 중 우선 원리를 이해하기 쉬운 역로그 연산회로에 관해 살펴본다.

① 역로그 연산회로

역로그(지수) 연산회로는 다이오드의 순방향 전압에 대한 전류 특성을 이용한 것으로서 반도체 공학에서 유도된 전류식은 다음과 같다.

$$I_D = I_S \cdot \left(e^{k V_D / T_k} - 1\right) = I_S \cdot e^{k V_D / T_k} - I_S \qquad (1)$$

식에서 I_S, k, T_k 들은 상수이고 지수 항은 1부터 시작해 급격히 커지므로 식 뒤쪽의 I_S항은 무시할 수 있으므로 다이오드 전압 V_D에 대한 다이오드 전류 I_D는 다음과 같이 근사화된다.

$$I_D \simeq e^{K_1 \cdot V_D} \qquad (2)$$

즉, 다이오드 전류 I_D는 다이오드 전압 V_D에 지수적으로 변화한다. 참고로, 식 (1)에 다이오드의 상수들을 대입하고 시뮬레이션 한 그래프의 일부를 크게 확대해 [그림 2-2-42]에 나타내었다.

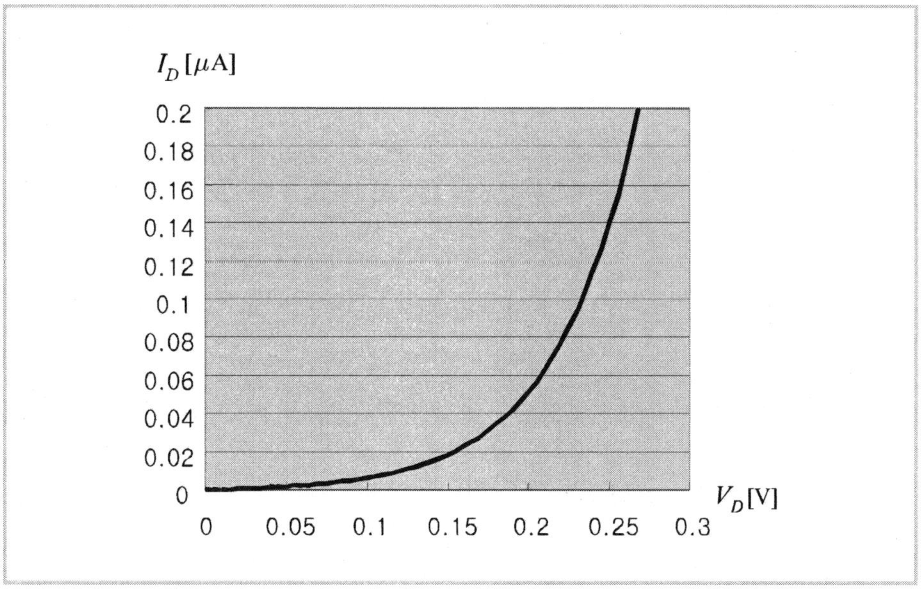

[그림 2-2-42] 다이오드 전압/전류 특성 그래프

따라서 [그림 2-2-43(a)]와 같이 다이오드 출력전류를 전압으로 변환하면 기본적인 지수 연산회로가 구성된다. 그러나 전압을 전류로 변환할 때 출력 임피던스를 낮춰 정밀도를 좋게 하기 위해 연산증폭기를 사용하고, 다이오드도 전류가 커지면 기본으로 가지고 있는 벌크저항(bulk resistance)에 의해 영향을 받으므로 트랜지스터를 대신 사용하면 [그림 2-2-43(b)]와 같이 구성된다.

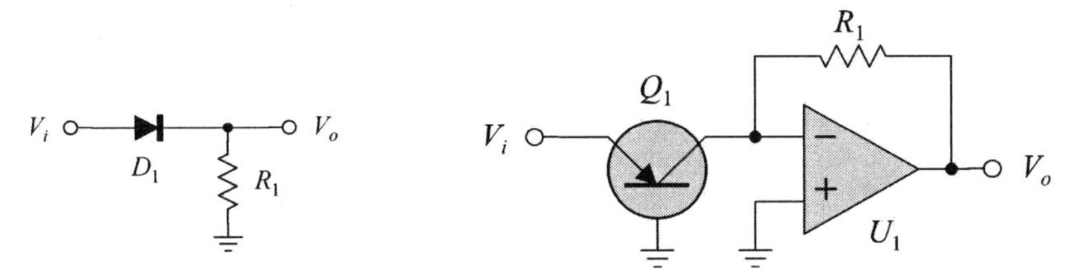

(a) 기본 회로 (b) 임피던스 특성을 개선한 회로

[그림 2-2-43] 지수 연산회로

[그림 2-2-43(b)] 회로에 전압이 입력되면 이는 트랜지스터의 베이스 쪽으로 지수 전류흐름이 발생하고 이는 β배 증폭되어 연산증폭기의 (−)단으로 입력되며, 연산증폭기는 이 전류를 제거하기 위해 $-I_C \cdot R_1$ 출력을 발생한다. 즉, 최종적으로 다음과 같은 출력이 발생한다.

$$V_o \simeq -e^{K_1 \cdot V_i} \cdot \beta \cdot R_1 \tag{3}$$

실제로 이 회로는 트랜지스터의 온도특성과 트랜지스터의 차이에 의해 많은 오차가 있으며, 이를 제거하기 위한 보조회로를 부착해 구성하는데, 이에 관한 자세한 사항은 연산증폭기 관련 서적을 참조하라.

② 로그 연산회로

로그 연산회로의 기본 원리는 앞서 다이오드 또는 트랜지스터의 지수 관계를 역으로 이용하면 쉽게 구현되는데, 앞서 나타내었던 다이오드의 전압에 대한 전류 그래프를 축을 교환해 [그림 2-2-44]에 다시 나타내었다.

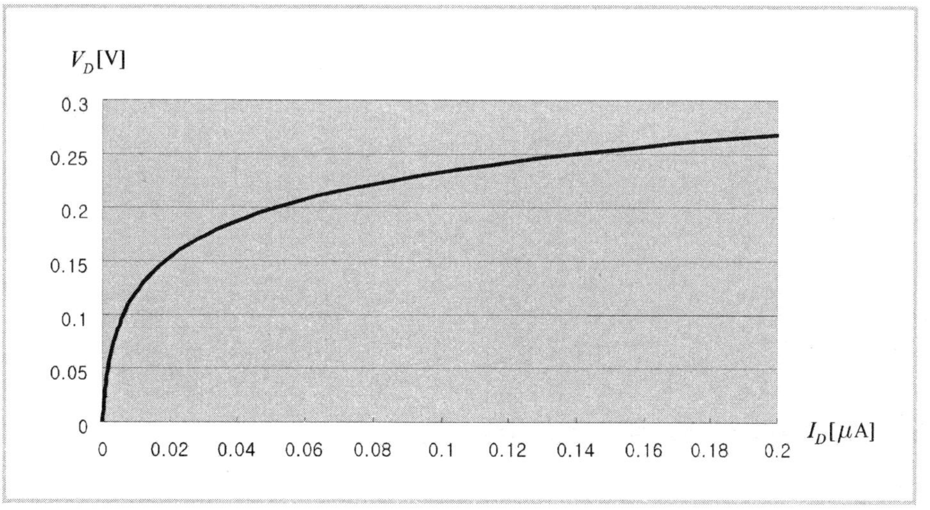

[그림 2-2-44] 다이오드 전류/전압 그래프

즉, $I_D \simeq e^{K \cdot V_D}$로부터 특정 I_D에 대한 V_D를 구하는 것으로서, 식으로 나타내면 다음과 같고 회로로 구현하면 [그림 2-2-45(a)]와 같다.

$$V_D = K_2 \cdot \ln I_D \tag{4}$$

회로에서 입력전압이 인가되면 R_1과의 관계에 의해 전류로 변환되는데, 연산증폭기는 이 전류를 제거하기 위해 다이오드를 통해 전류를 흡수하므로, 결과적으로 입력된 전류가 다이오드에 흐르기 위한 전압이 출력된다.

이 회로 또한 지수 연산회로와 동일한 이유로 [그림 2-2-45(b)]와 같이 트랜지스터를 이용해 구성하며, 실제로는 트랜지스터의 온도특성 및 트랜지스터 차이를 제거하기 위해 보조회로를 추가해 사용한다.

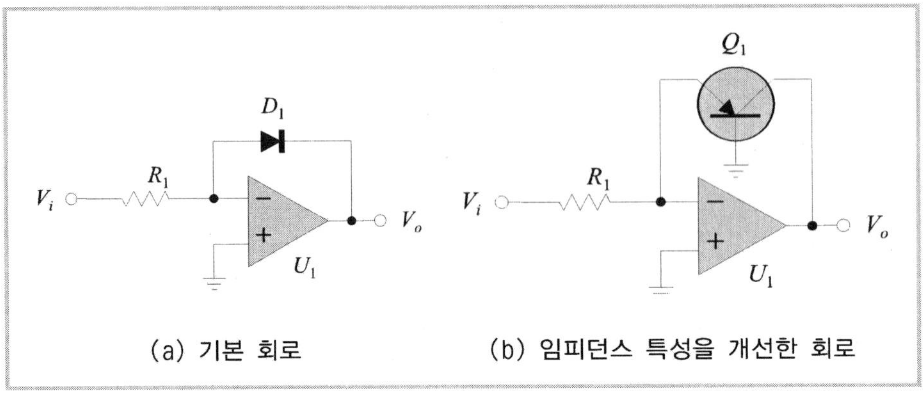

[그림 2-2-45] 로그 연산회로

③ 데시벨 미터

데시벨은 두 전압, 또는 전력의 이득비이며 다음과 같이 정의되어 있다.

$$dB = 10 \cdot \log\left(\frac{P_1}{P_2}\right), \ dB = 20 \cdot \log\left(\frac{V_1}{V_2}\right) \tag{5}$$

따라서 전압을 이용한 데시벨을 측정하려면 [그림 2-2-46]과 같이 로그 연산회로를 이용해 나눗셈을 한 후 20배 증폭하면 쉽게 값을 얻을 수 있다. 이의 출력으로 미터기를 구동하거나 A/D 변환해 디지털로 표시한다.

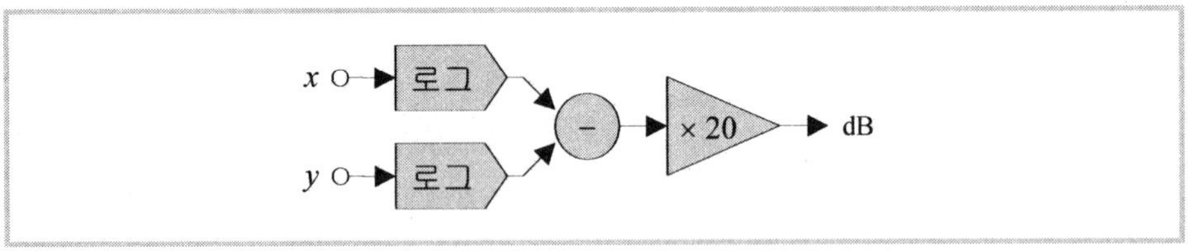

[그림 2-2-46] 데시벨 연산회로

④ 실효값 전압계

로그와 역로그 회로를 이용하면 파형의 모양에 관계없이 실효값을 직접 지시하는 계기를 구성할 수 있는데, 그 구성도를 [그림 2-2-47]에 나타내었다.

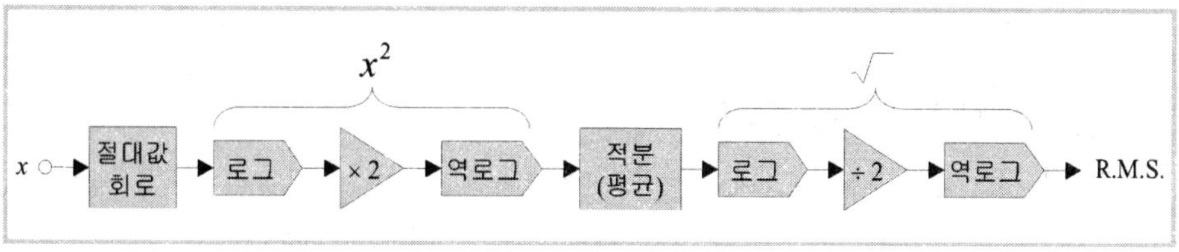

[그림 2-2-47] 실효값 연산회로

로그 연산회로는 (−) 전압은 처리할 수 없으므로 절대값 회로에 의해 (+) 전압으로 변환한 후 로그/역로그 회로에 의해 제곱 연산을 행한다. 그 후 적분회로에 의해 평균값을 구하고 이를 다시 로그/역로그 회로에 의해 제곱근 연산을 행하면 실효값을 직접 얻을 수 있다.

3. 기타 전자측정

지금까지는 주로 전압, 전류, 저항의 측정에 대해 다루었는데 이 절에서는 이 이외의 값들, 예를 들어 커패시턴스나 인덕턴스, 임피던스, 반도체 소자 등의 측정법에 관해 간단히 살펴본다.

(1) 소자의 측정

1) 커패시터 용량의 측정

커패시터 용량을 측정하는 것은 용량성 리액턴스를 이용하거나 시정수를 이용하는 방법이 있다.

① 용량성 리액턴스에 의한 측정

[그림 2-3-1]에 용량성 리액턴스를 이용한 커패시터 용량의 측정회로를 나타내었다. 측정할 커패시터와 저항을 직렬로 접속한 후 교류전압을 인가하면 커패시터의 용량성 리액턴스에 의해 분압되는데, 이 전압 비율이 저항과 리액턴스의 비율이다.

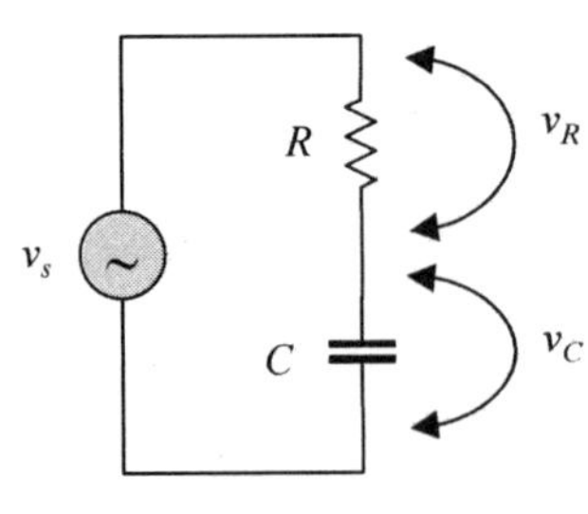

$v_R : v_C = R : X_C$ 이고

$X_C = \dfrac{1}{2\pi f C}$ 이므로

$$\therefore C = \frac{v_R}{2\pi f R v_C} = \frac{1}{2\pi f R} \cdot \frac{v_R}{v_C} \quad \cdots\cdots\cdots\cdots\cdots (1)$$

[그림 2-3-1] 용량성 리액턴스를 이용한 커패시터 측정

② 브리지를 이용한 측정

앞서 용량성 리액턴스에 의한 전압을 이용해 커패시터의 용량을 측정하는 것보다 더 정밀하게 측정하기 위해 [그림 2-3-2(a)]와 같은 브리지 회로를 이용할 수 있다. 만약 회로가 평형상태로서 Ⓖ의 전류가 0이라면,

$$R_1 \cdot X_{Cx} = R_2 \cdot X_{C1} \tag{2}$$

이므로 커패시터 용량은 다음과 같이 계산된다.

$$C_x = \frac{R_1}{R_2} C_1 \tag{3}$$

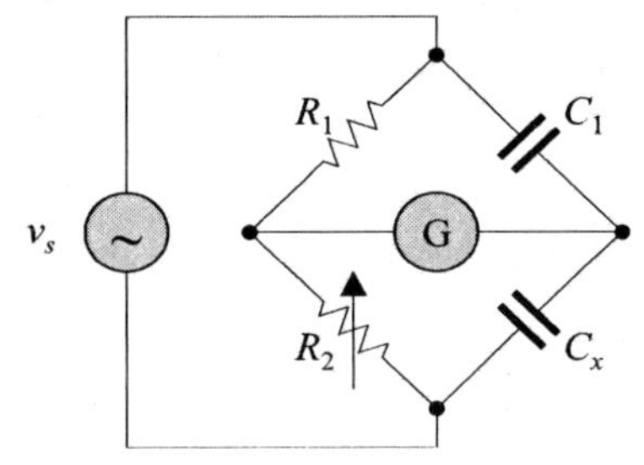

(a) 원리회로

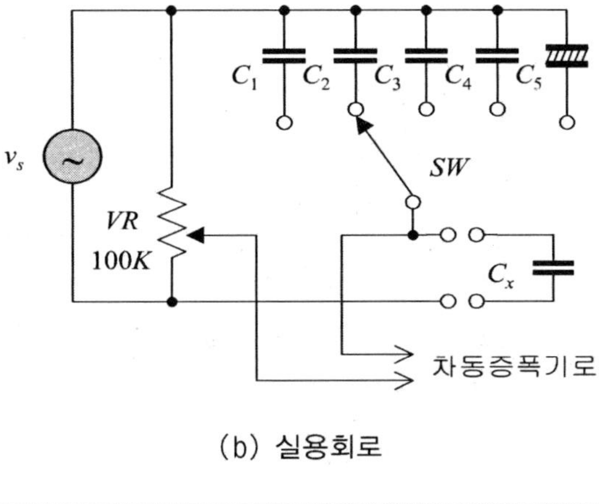

(b) 실용회로

[그림 2-3-2] 리액턴스 브리지를 이용한 커패시터 측정

[그림 2-3-2(a)]는 원리회로로서 실제로는 교류를 측정할 수 있는 갈바노미터는 없으므로 [그림 2-3-2(b)]와 같은 실용회로를 사용한다. 회로에서 가변저항 VR은 원리회로의 R_1, R_2의 비율을 결정하는 것으로서, 가변저항의 회전각마다 미리 저항비 눈금을 매겨놓는다.

C_1부터 C_5는 각종 용량의 기준 커패시터들로서 이 커패시터에 대한 저항비로 커패시터 용량을 측정할 수 있다. 또한 브리지의 평형상태를 나타내기 위한 미터는 브리지 중앙 부분의 전압을 연산증폭기로 구성된 차동증폭기로 증폭하면 정밀한 차를 구할 수 있다.

③ 타이머 IC를 이용한 측정

커패시터를 저항과 접속하고 펄스를 인가하면 커패시터 용량에 따른 시정수를 측정할 수 있는데, 비교적 정밀하고 간단한 방법으로서 CMOS IC의 단안정 멀티바이브레이터인 4538을 이용한 회로를 [그림 2-3-3(a)]에 나타내었다.

회로의 'B' 입력에 임의의 펄스를 인가하면 [그림 2-3-3(b)]와 같이 펄스의 하강시점에서 출력펄스가 나타나는데, 이 펄스의 폭은 식 (4)와 같이 결정된다.

$$t = R \cdot C \tag{4}$$

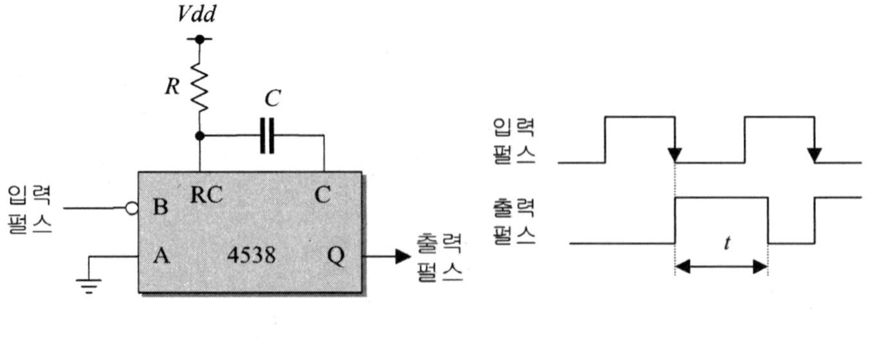

(a) 측정회로 (b) 각 파형들

[그림 2-3-3] CMOS 4538을 이용한 커패시터 측정

따라서 펄스폭을 측정해 커패시터의 용량을 계산하거나 미터기로 직접 표시할 수 있다. 단, 소자의 특성상 R은 최소 $5K$ 이상이어야 한다.

[그림 2-3-4(a)]는 555 타이머에 커패시터를 접속해 펄스를 발생시켜 측정하는 예로서, 출력은 [그림 2-3-4(b)]와 같이 나타난다.

[그림 2-3-4(b)]의 출력펄스 폭($T = t_L + t_H$)을 측정하면 식 (5)에 의해 용량을 계산할 수 있다.

$$C = \frac{1.44}{(R_A + 2R_B) \cdot f} = \frac{1.515}{f}[\mu\text{F}] = 1.515 \cdot T[\mu\text{F}] \tag{5}$$

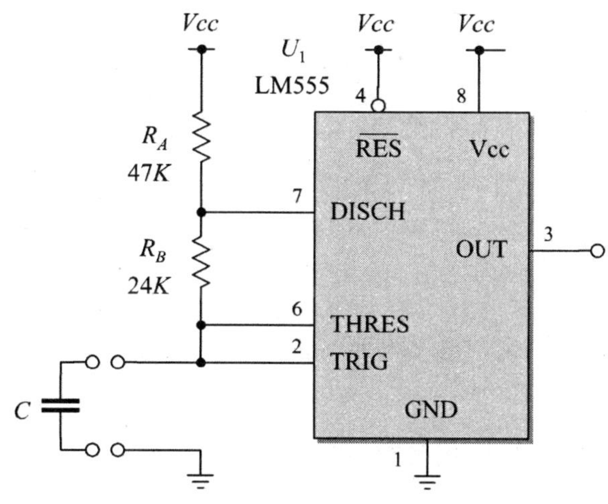

(a) 측정회로

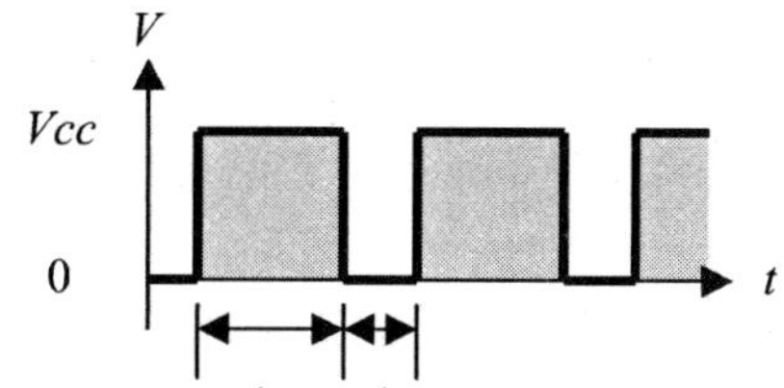

(b) 출력파형

[그림 2-3-4] 555 타이머를 이용한 커패시터 측정

2) 인덕터의 측정

인덕터도 커패시터와 유사한 방법으로 측정이 가능하다.

① 유도성 리액턴스에 의한 측정

[그림 2-3-5]에 유도성 리액턴스를 이용한 인덕터의 측정회로를 나타내었다. 측정할 인덕터와 저항을 직렬로 접속한 후 교류전압을 인가하면 인덕터의 유도성 리액턴스에 의해 분압되는데, 이 전압 비율이 저항과 리액턴스의 비율이다.

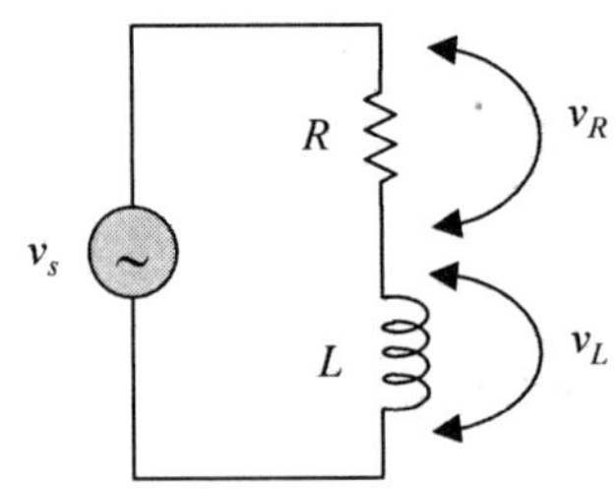

v_R: v_L = R: X_L이고

$X_L = 2\pi f L$이므로

$$\therefore L = \frac{R \cdot v_L}{2\pi f v_R} \quad \cdots\cdots\cdots (1)$$

$$= \frac{R}{2\pi f} \cdot \frac{v_L}{v_R}$$

[그림 2-3-5] 유도성 리액턴스를 이용한 인덕터 측정

② 브리지를 이용한 측정

유도성 리액턴스에 의한 전압을 이용해 인덕터를 측정하는 것보다 더 정밀하게 측정하기 위해 [그림 2-3-6(a)]와 같은 브리지 회로를 이용할 수 있다.

만약 회로가 평형상태로서 Ⓖ의 전류가 0이라면,

$$R_1 \cdot X_{Lx} = R_2 \cdot X_{L1} \quad (2)$$

이므로 인덕터는 식 (3)과 같이 계산된다.

$$L_x = \frac{R_2}{R_1} L_1 \quad (3)$$

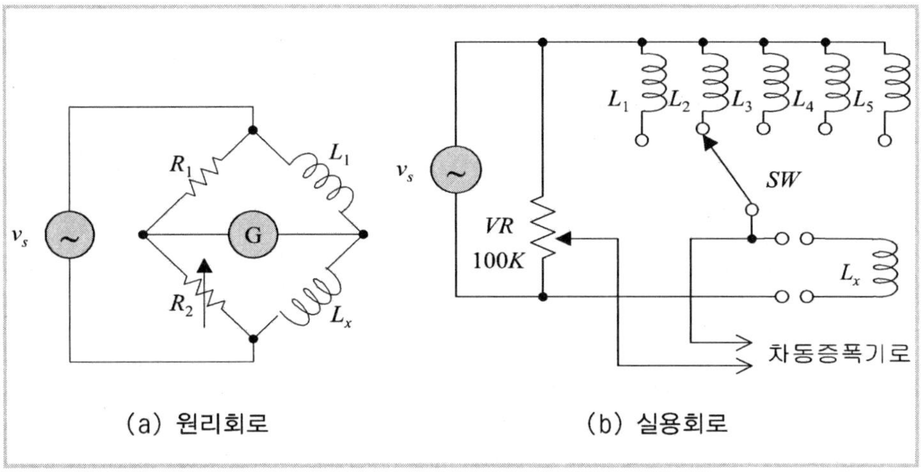

[그림 2-3-6] 리액턴스 브리지를 이용한 인덕터 측정

[그림 2-3-6(a)]는 원리회로로서 커패시터의 경우와 마찬가지로 [그림 2-3-6(b)]와 같은 실용회로를 사용한다.

3) 다이오드의 측정

다이오드와 같은 전류 방향성이 있는 소자를 측정할 때, 특히 멀티테스터로 측정할 때는 테스터 프루브의 극성에 유의할 필요가 있다. 멀티테스터의 저항측정 회로는 [그림 2-3-7(a)]에 나타낸 바와 같이 (−)단자 측에서 전류가 유출되어 (+)단자로 입력된다. 그 이유는 멀티테스터를 [그림 2-3-7(b)]와 같이 전류계로 사용할 경우의 전류흐름을 비교해 생각하면 이해하기 쉽다.

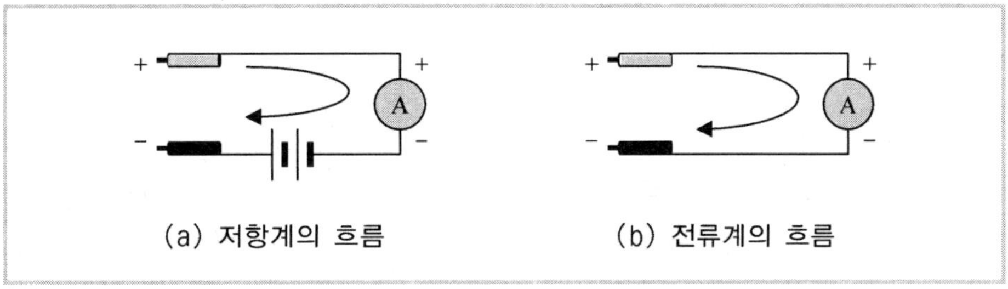

[그림 2-3-7] 멀티테스터 내부의 전류흐름

① 다이오드의 양호/불량 측정

i) 정류용 다이오드

정류용 다이오드는 멀티테스터의 저항계로 측정이 가능한데, 다이오드의 특성상 [그림 2-3-8]에 나타낸 바와 같이 한 방향으로는 전류가 흐르고 반대 방향으로는 전류가 흐르지 않으므로 저항의 크기가 다르게 나타난다.

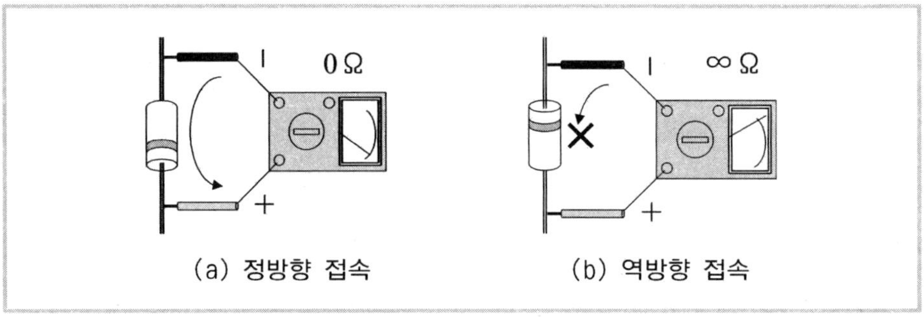

[그림 2-3-8] 멀티테스터를 이용한 다이오드 검사

만약 이상이 있는 다이오드라면 양방향이 모두 큰 저항이 나타나거나(단선) 양방향 모두 작은 저항이 나타난다(합선).

ii) LED

아날로그 멀티테스터의 저항계는 테스터 내부의 전지에 의해 전류가 흐르는 것이며, 특히 작은 저항 레인지는 상당히 큰 전류가 흐르는데, 저항계의 ×10 레인지는 대개 약 10~15mA의 전류가 흐르므로 [그림 2-3-9]와 같이 접속했을 때 LED가 직접 켜져 육안으로 정상 유무를 판정할 수 있다.

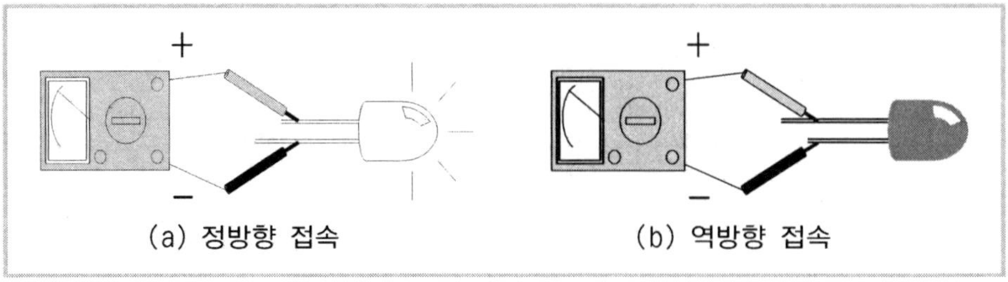

[그림 2-3-9] 멀티테스터를 이용한 LED의 검사

② 다이오드 오프셋 전압측정

다이오드의 오프셋 측정은 정류다이오드나 LED 모두 동일하게 [그림 2-3-10]에 나타낸 것과 같은 간단한 회로를 구성해 측정이 가능하다.

특히 소자를 사용할 회로와 동일한 전류가 흐르도록 저항값이나 인가 전압을 설정하면 가장 정확한 오프셋 전압을 얻을 수 있다.

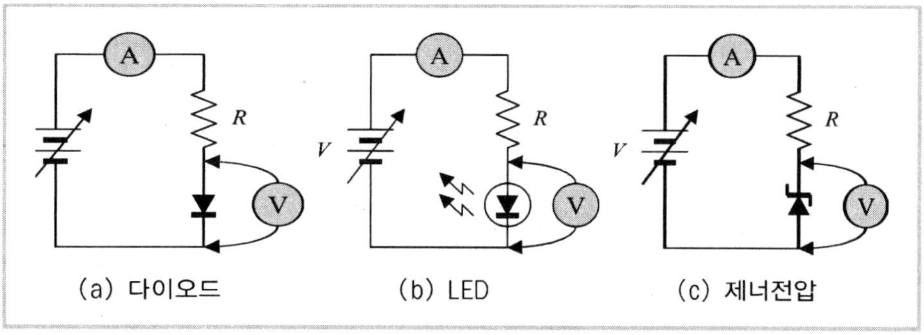

[그림 2-3-10] 각종 다이오드들의 오프셋 전압 측정

③ 제너다이오드 제너전압 측정

제너다이오드는 [그림 2-3-11(c)]와 같이 가변되는 전압을 다이오드의 역방향으로 접속해 전류가 급격히 흐르는 지점을 관측해 측정할 수 있다.

4) BJT의 측정

BJT를 측정하는 것은 소자의 양호/불량을 측정하는 단순한 검사와 BJT의 전압 증폭도 등을 측정하는 특성 검사로 구분할 수 있다.

① 양호/불량 측정

i) 멀티테스터에 의한 측정

BJT는 베이스와 에미터 사이, 베이스와 컬렉터 사이가 다이오드와 동일한 특성을 가지고 있으므로 [그림 2-3-11]과 같이 다이오드 판별법을 적용해 양호 여부를 검사할 수 있다.

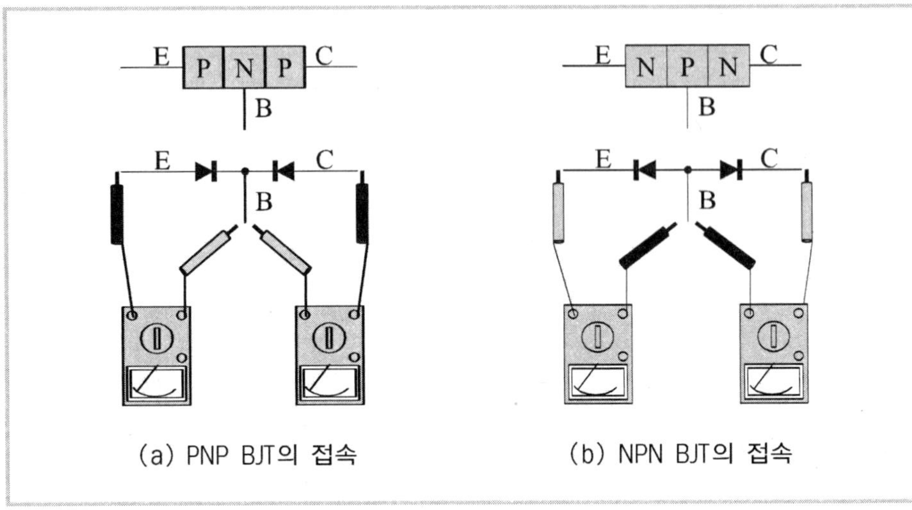

(a) PNP BJT의 접속 (b) NPN BJT의 접속

[그림 2-3-11] BJT의 양호/불량 판별

만약 전류 방향에 관계없이 항상 전류가 흐르거나 항상 흐르지 않으면 BJT가 불량이라 판별할 수 있고, 컬렉터와 에미터 사이에는 방향에 관계없이 항상 전류가 흐르지 않아야 정상이다.

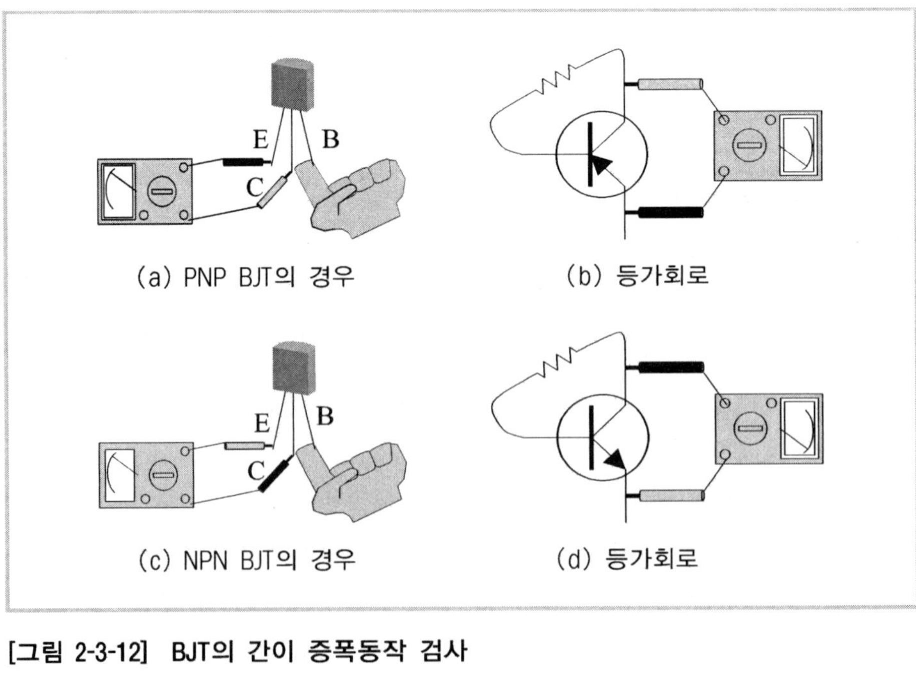

(a) PNP BJT의 경우 (b) 등가회로

(c) NPN BJT의 경우 (d) 등가회로

[그림 2-3-12] BJT의 간이 증폭동작 검사

또한 [그림 2-3-12]에 나타낸 바와 같이 손가락을 이용해 BJT의 증폭동작 여부를 간단히 측정할 수 있는데, BJT의 에미터와 컬렉터 사이에 멀티테스터의 프루브 극성을 알맞게 접속한 후 베이스와 컬렉터 사이에 손가락을 대었다 떼었다 하면 손가락의 미약한 전류가 증폭되어 멀티테스터의 지침이 움직인다.

ii) 전용 회로에 의한 측정

멀티테스터의 기종에 따라서는 [그림 2-3-13(b)]와 같이 소켓에 BJT를 접속하면 BJT의 PNP, NPN 극성과 동작 여부를 간단히 점검할 수 있는 회로가 내장되어 있는데 이 회로를 [그림 2-3-13(a)]에 나타내었다.

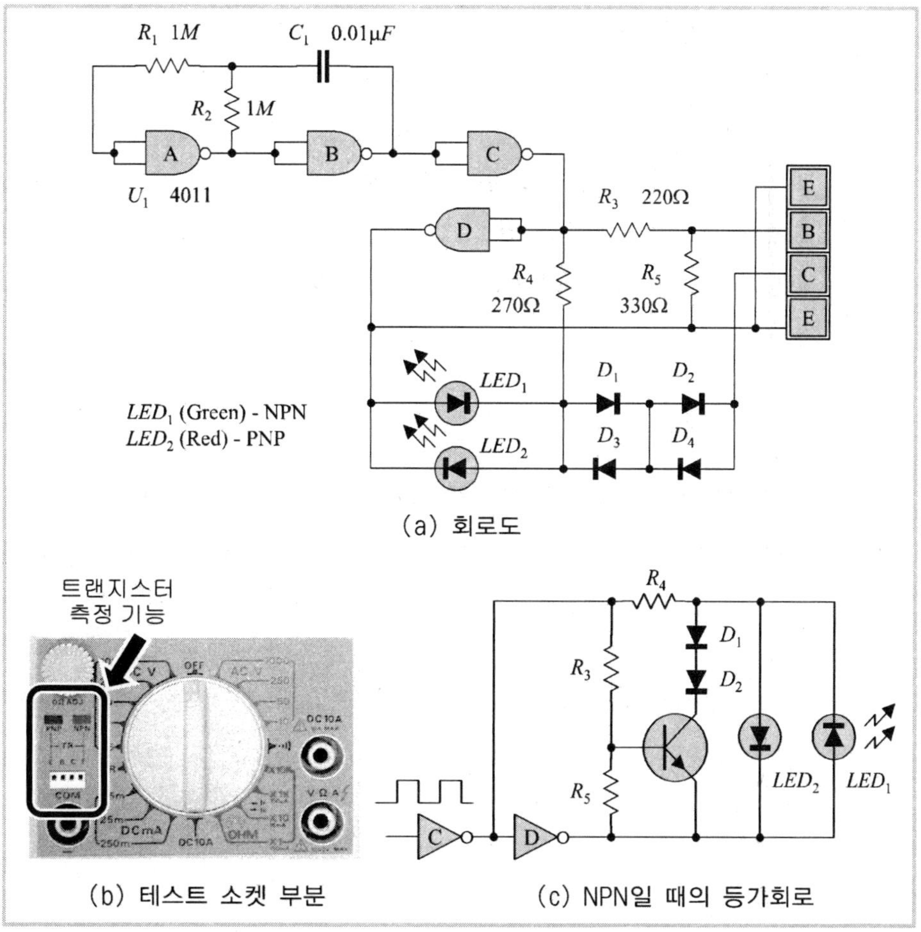

(a) 회로도

(b) 테스트 소켓 부분

(c) NPN일 때의 등가회로

[그림 2-3-13] 멀티테스터의 BJT 간이 검사기

회로의 4011A와 B는 간단한 발진회로를 구성하고 있고 여기서 발생된 구형파 신호는 4011C와 4011D에 의해 각각 반전된 출력을 형성한다. 따라서 트랜지스터가 소켓에 접속되지 않은 경우 펄스가 0일 때와 1일 때 각각 LED_1과 LED_2가 교대로 점멸한다.

만약 소켓에 NPN BJT가 접속되고 이 트랜지스터가 정상적으로 동작한다면 [그림 2-3-13(c)]와 같이 4011C의 출력이 1일 때 동작해 LED_2가 점멸하지 못하도록 하기 때문에 LED_1만이 점멸해 NPN BJT임을 알린다. 마찬가지로 PNP BJT가 접속되고 이 트랜지스터가 정상적으로 동작하면 4011C의 출력이 0일 때 동작해 LED_1이 점멸하지 못하도록 되므로 LED_2만 점멸해 PNP BJT임을 알린다.

또한 만약 트랜지스터가 정상적으로 증폭동작을 하지 않는 경우라면 해당 LED의 점멸 방해를 하지 못하므로 여전히 두 LED들이 점멸하고, 트랜지스터 내부가 합선 된 고장이라면 두 LED 모두 점멸하지 않는다. 회로에서 4개의 다이오드들은 회로 보호용으로서, LED들이 켜지지 않도록 전류를 통과시킬 때 전압을 완전히 제거하면 R_4를 통한 4011의 출력이 과도하게 되어 파손되므로 LED가 켜지지 않을 만큼(다이오드 2개 분)의 전압을 남기고 나머지를 통과시킨다.

② 전류증폭도(β) 측정

i) 멀티테스터에 의한 간이측정

[그림 2-3-14]의 회로는 멀티테스터의 저항측정 기능을 이용해 BJT의 전류증폭도를 측정하는 원리를 나타낸 것으로서 비교적 정확한 측정이 가능하다.

멀티테스터의 저항측정에 사용하는 내부 전지에 의해 발생하는 외부 출력전압 V를 알면 식 (1)에 의해 트랜지스터의 베이스 전류를 설정할 수 있다.

$$I_B = \frac{V - V_{BE}}{R} \tag{1}$$

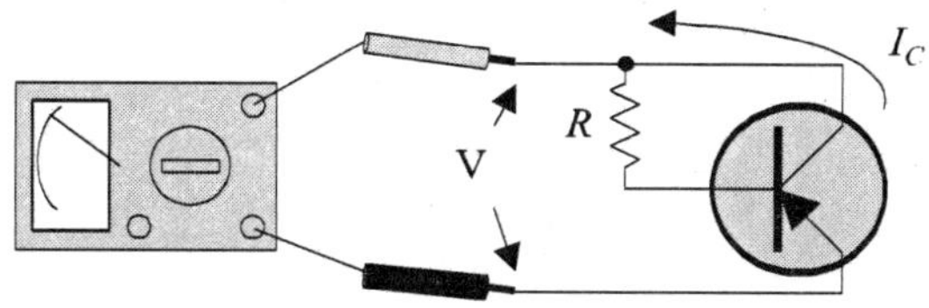

(a) PNP형 측정의 경우

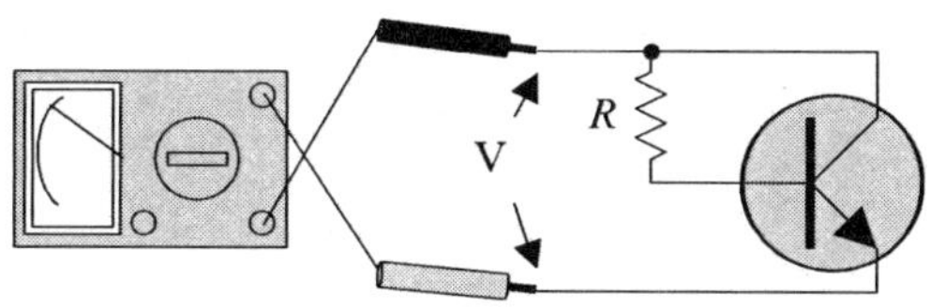

(b) NPN형 측정의 경우

[그림 2-3-14] 멀티테스터에 의한 BJT 전류증폭도 측정

저항값을 결정하고 [그림 2-3-14]와 같이 접속하면 전류가 흐르는데, 이때 멀티테스터의 해당 저항 레인지 유출전류에 해당하는 전류 눈금으로 전류량을 읽으면 트랜지스터의 전류 $(I_C + I_B)$가 된다. 베이스 전류 I_B는 컬렉터 전류 I_C에 비해 극히 작으므로 무시할 수 있어 이 전류가 컬렉터 전류가 되고, 따라서 트랜지스터 전류증폭도는 식 (2)에 의해 계산할 수 있다.

$$\beta = \frac{I_C}{I_B} \tag{2}$$

멀티테스터의 기종에 따라 [그림 2-3-15]와 같이 트랜지스터 전류증폭도를 측정할 수 있는 미터기 눈금과 함께 전용 프루브가 포함된 것도 있다.

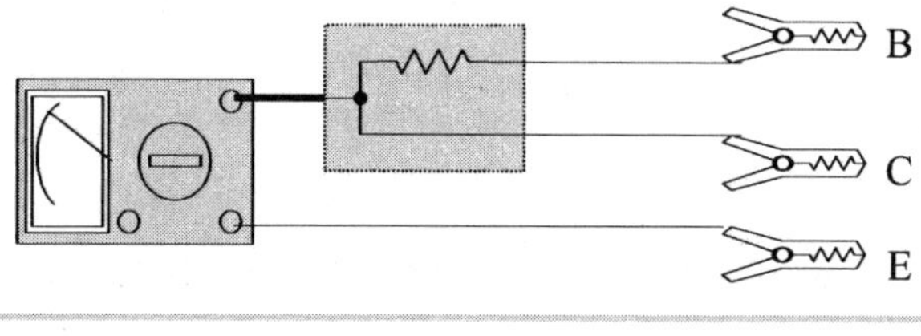

[그림 2-3-15] 트랜지스터 전류증폭도 검사용 프루브

ii) 컬렉터 전류에 의한 전류증폭도 측정

앞서 살펴본 전류증폭도 측정방법은 특정 베이스 전류에 대한 컬렉터 전류의 비율을 구한 것이었다. 그런데 일반적으로 트랜지스터 데이터시트에는 특정 컬렉터 전류에 대한 전류증폭도가 소개되어 있기 때문에 앞서 측정한 값과는 차이가 있다. 이에 따라 특정 컬렉터 전류에 대한 전류증폭도를 측정하기 위한 전용 회로를 [그림 2-3-16]에 나타내었다.

컬렉터 전류를 스위치로 선택하면 이러한 컬렉터 전류가 흐르는 베이스 전류를 계기로 측정하도록 함으로써 트랜지스터 데이터시트의 규격과 일치하는 전류증폭도를 구할 수 있다.

회로의 VR_1을 조정해 5V(PNP에서는 −5V)가 되도록 한 후 트랜지스터를 접속하면 연산증폭기는 트랜지스터의 컬렉터 전압이 연산증폭기 (+)단자와 동일한 5V가 되도록 조절하므로 스위치에 설정한 전류가 컬렉터로 흐르고, 이때의 베이스 전류를 전류계로 읽는다.

전류계 부분을 브리지로 구성한 것은 NPN일 때와 PNP일 때의 전류 방향이 반대이므로 어떠한 경우에도 항상 동일한 방향으로 전류가 흐르도록 한 것이며, C_1과 R_8은 트랜지스터의 발진을 방지하기 위한 것이다.

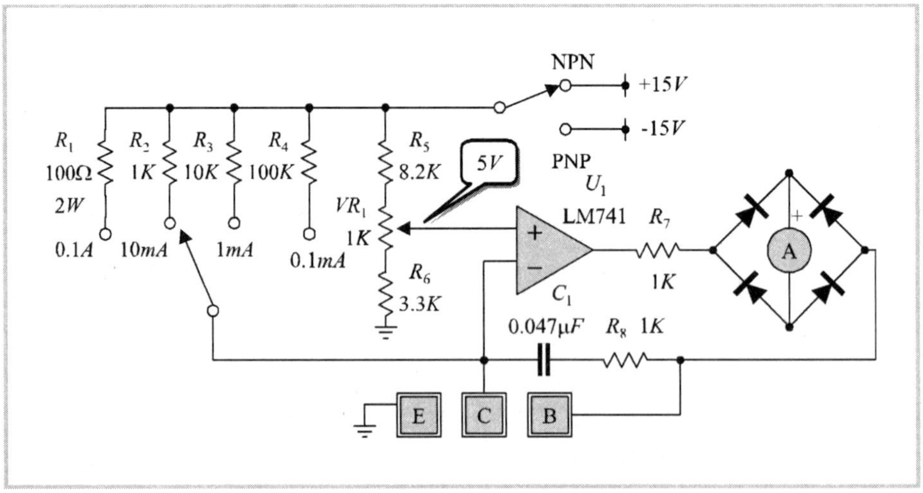

[그림 2-3-16] 특정 컬렉터 전류에 대한 전류증폭도 측정회로

5) 크리스털 측정

크리스털은 비교적 견고한 부품 중 하나이지만 생산 시부터 결함이 있거나 강한 충격 또는 고온이 가해지는 등의 원인에 의해 발진이 발생하지 않는 고장이 발생할 수 있다. 그러나 타 소자들과 달리 크리스털은 멀티테스터나 오실로스코프와 같은 기본 장비로는 측정할 수 없기 때문에 [그림 2-3-17]과 같은 간단한 회로를 구성해 놓으면 건전지에 의해서도 동작 가능하므로 휴대용으로 사용할 수 있어 매우 편리하다.

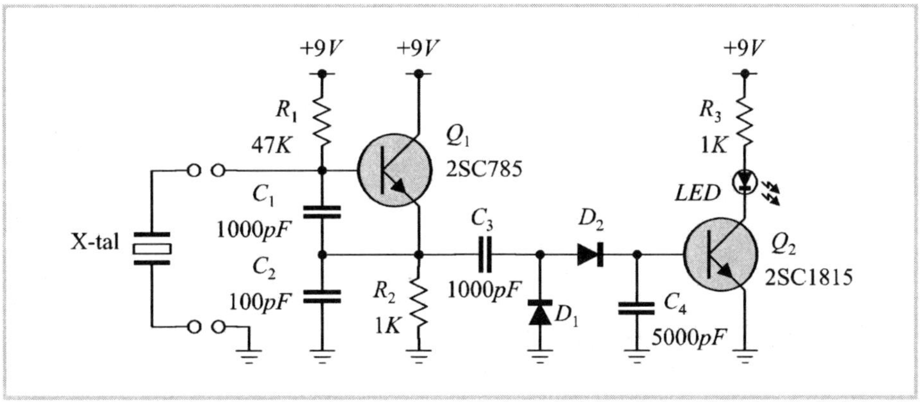

[그림 2-3-17] 크리스털 검사회로

크리스털은 회로의 C_1, C_2, 그리고 Q_1에 의해 비동조 콜피츠 발진회로가 구성되어 크리스털이 정상이면 발진이 일어나고 비정상이면 발진이 일어나지 않는다. 발진이 일어나면 이는 C_3을 통해 출력되어 게르마늄 다이오드 D_1, D_2와 C_4에 의해 포락선 검파되어 Q_2에 전달되므로, 결과적으로 크리스털이 정상일 경우 LED가 점등한다. 사용할 수 있는 크리스털의 종류는 대체로 약 4MHz에서 100MHz 정도까지이다.

6) 전지의 측정

전지를 측정하기 위해서는 전지의 전류가 최대한 흐르지 않도록 한 상태에서 전압만을 측정해야 순수한 내부 전압 및 잔류량을 알 수 있다.

그러나 전압을 측정하기 위해 계기를 접속하면 전류가 흐르는 것은 불가피한 일이므로 과거에는 [그림 2-3-18(a)]와 같이 동일한 새 전지를 역방향으로 부착해 전압차를 측정해 계기로 흐르는 전류를 최소화하였지만 이는 새 전지가 또 하나 필요하다는 단점이 있어 그다지 사용되지 않는다.

이와 같은 전지의 측정에 대해서는 무한 임피던스의 전압계를 사용해야 하며 따라서 [그림 2-3-18(b)]와 같이 연산증폭기가 부착된 전압계가 최적이라 할 수 있다.

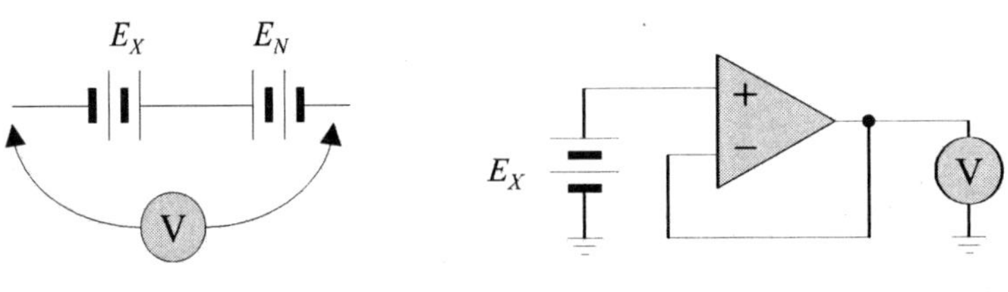

(a) 역방향 전지 이용 (b) 연산증폭기 이용

[그림 2-3-18] 전지전압 측정회로

(2) 기타 전기량 측정

이 절에서는 지금까지 다루어 온 전압, 전류, 저항 및 소자의 측정 이외에 회로의 임피던스 측정 및 비접촉 전류측정 등 특수한 측정에 관해 간단히 살펴본다.

1) 임피던스 측정

회로의 입력 임피던스나 출력 임피던스를 측정하기 위해서는 임피던스 미터 등 특수한 장비를 사용해야 하지만 [그림 2-3-19]와 같은 아주 단순하면서도 비교적 정확한 방법이 있다.

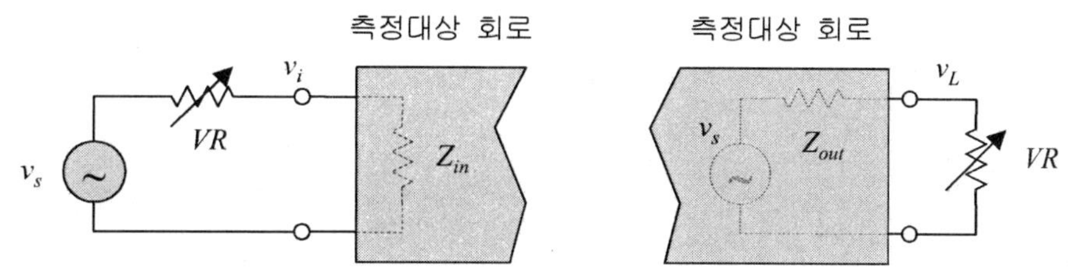

(a) 입력 임피던스의 측정 (b) 출력 임피던스의 측정

[그림 2-3-19] 간이형 임피던스 측정방법

[그림 2-3-19(a)]는 입력 임피던스를 측정하기 위한 접속으로서, 측정대상 회로의 입력에 측정하고자 하는 주파수의 전압을 인가하고 가변저항이나 디케이드 박스를 이용해 VR을 조절해 v_i가 원래의 전압 v_s의 정확히 절반이 되도록 한다. 이러한 상태가 되면 VR을 회로에서 분리해 저항값을 측정하며 이 값이 입력 임피던스이다.

즉 입력 임피던스 Z_{in}과 VR이 정확히 일치할 때 v_i는 입력전압 v_s의 절반으로 분압되는 원리를 이용한 것이다. 동일한 원리로 [그림 2-3-19(b)]는 출력 임피던스를 측정하기 위한 것이며, VR을 부착하지 않은 상태, 즉 무부하 시의 전압을 측정하면 이 전압이 v_s가 되고, 부하저항 VR을 부착한 후 조절해 부하전압 V_L이 원래의 v_s보다 정확히 절반이 되도록 하면 이 저항값이 출력 임피던스이다.

2) 비접촉 전류측정

전류측정은 전압측정과는 달리 계기로 전류가 흐르도록 접속해야 측정할 수 있으므로 측정할 회로의 선로를 끊어야만 한다. 이에 따라 교류의 경우 앞서 소개한 C.T(Current Transformer)를 이용하면 측정할 회로를 끊지 않고 가능하지만, 직류의 경우에는 트랜스포머가 동작하지 않으므로 사용할 수 없다. 특히 측정할 대상이 강전(强電)인 경우 측정장치와 절연의 필요성도 있기 때문에 절연 및 비접촉 측정을 위해 여러 가지 방법이 고안되어 있다.

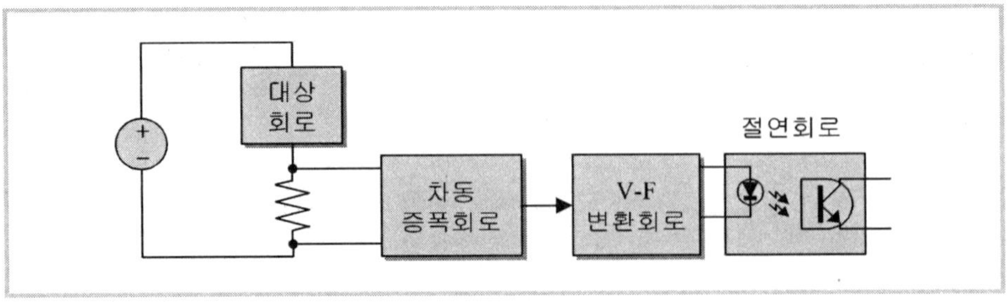

[그림 2-3-20] 측정결과의 절연상태 전달방법

[그림 2-3-20]은 전류를 측정하되 데이터를 수집하는 장치와 전기적으로 절연시키기 위해 측정된 값을 F-V 등의 방법으로 디지털화한 후 옵토 아이솔레이터 등을 이용해 절연 상태에서 데이터를 전달할 수 있다.

그러나 최근 반도체의 발달로 홀 소자가 흔히 사용되므로 이를 이용한 비접촉 전류측정 방법에 관해 살펴본다.

① 개방형 홀 소자 회로 전류측정

도체에 전류가 흐르면 [그림 2-3-21]에 나타낸 바와 같이 도체 주위에 자계가 발생하며 이는 전류에 비례한다. 따라서 그림과 같이 도체 주변의 자계를 측정하면 비접촉으로 전류를 측정할 수 있다.

이 회로는 단지 홀 소자의 출력을 증폭만 하기 때문에 회로가 간단하고 구현이 쉽지만 자계의 세기가 강해지면 홀 소자의 출력이 포화될 가능성이 있고, 이 때문에 거리를 멀리 하는 등으로 감도를 낮추면 약한 전류를 검출하기 어려워지므로 측정범위가 매우 좁다.

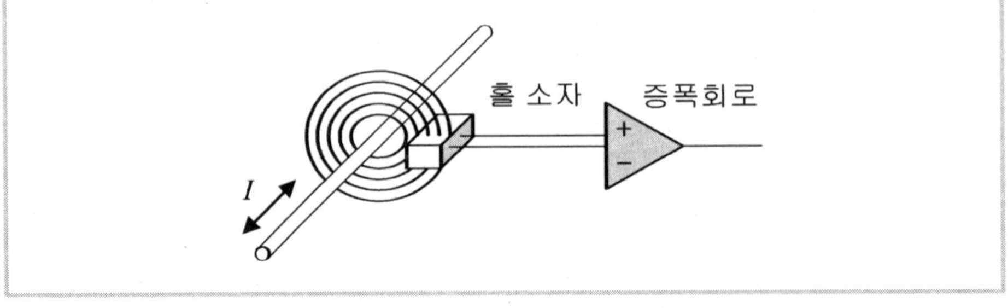

[그림 2-3-21] 개방형 홀 소자 회로에 의한 전류측정

또한 외부 자계에 매우 민감하기 때문에 주변 환경에 따라 측정값에 영향을 미치며 도체와 홀 소자 간의 거리에도 영향을 받는다. 특히 홀 소자의 자계 강도에 대한 전기변환 특성이 직선적이지 못하기 때문에 전류에 대한 검출값에 오차가 상당히 있으므로 간단한 용도에만 사용한다.

② 귀환형 홀 소자 회로 전류측정

앞서 개방형 회로의 많은 문제점들을 보완하기 위해 [그림 2-3-22]와 같은 귀환형 회로를 사용할 수 있다.

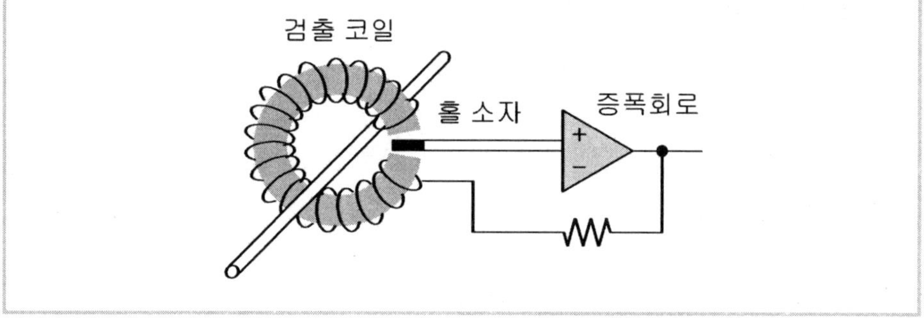

[그림 2-3-22] 귀환형 홀 소자 회로에 의한 전류측정

전류를 측정할 도체 주위에 코일이 감긴 코어를 설치하고 이 코어의 간극에 홀 소자를 삽입한 후 이를 증폭한다. 도체에서 발생하는 자계는 코어에 유도되어 홀 소자로 가해지고 이 신호가 증폭되는데 출력은 다시 코어에 감긴 코일에 인가되어 도체에서 발생하는 자계를 상쇄시키도록 제어해 홀 소자에는 항상 자계가 존재하지 않도록 귀환이 이루어진다. 즉 도체에서 발생하는 자계를 상쇄시키는 전류가 검출결과로서 나타난다.

이 방법은 코어에 의해 자계를 집중시키므로 외부 자계에 대한 영향이 작고, 홀 소자는 항상 자계가 거의 0 상태에서 제어되므로 포화되지 않아 측정범위를 넓게 할 수 있다. 또한 발생하는 자계를 상쇄시키는 원리이므로 홀 소자의 비직선성과 상관없이 발생 자계와 비례하는 측정결과를 얻을 수 있다.

4. 오실로스코프

오실로스코프는 교류 전류의 파형, 주파수, 전압 등을 측정할 때 자주 사용되는 기초 장비 중 하나이다. 여기서는 오실로스코프를 사용하는 데 있어 필요로 하는 기본 지식을 소개하며, 각 오실로스코프마다의 상세한 기능들은 해당 기기의 매뉴얼을 참조하라.

(1) 오실로스코프의 기능

오실로스코프는 측정을 위한 다양한 기능들을 제공하는데, 이들 기능의 목적과 사용법을 이해하기 위해 우리가 처음으로 오실로스코프를 제작한다는 가정 하에 설명을 진행한다.

(1) 오실로스코프의 원리

① 오실로스코프의 용도

직류나 매우 낮은 주파수의 교류의 경우 [그림 2-4-1(a)]와 같이 지시계기를 이용하면 전류의 방향이나 크기를 확인할 수 있다.

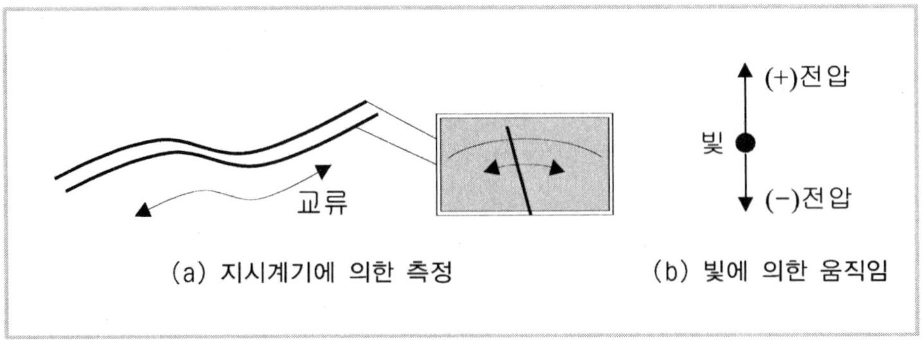

[그림 2-4-1] 교류측정의 방법

그러나 지시계기는 개략적인 흔들림만 알 수 있을 뿐 파형의 정확한 모양은 판별하기 어렵고, 더구나 주파수가 높아지면 지침의 운동속도가 따라가지 못해 평균값이 나타난다. 따라서 교류의 흐름을 관측하기 위해서 [그림 2-4-1(b)]와 같이 운동속도가 매우 빠른 빛을 이용한다는 것이 오실로스코프의 기본 원리이다. 즉 (+)전압일 때는 빛이 위로 움직이고, (−)전압일 때는 아래로 움직이도록 한다면 높은 주파수에서도 이 움직임은 충분히 추종할 수 있다.

그러나 이렇게 되더라도 이번에는 우리 눈이 이 빛을 따라가지 못하므로 높은 주파수의 경우 하나의 직선으로밖에는 나타나지 않고 파형의 모양도 살펴볼 수 없으므로 [그림 2-4-2]와 같이 빛을 우측으로 진행하며 표시한다면 파형이 펼쳐져 나타난다.

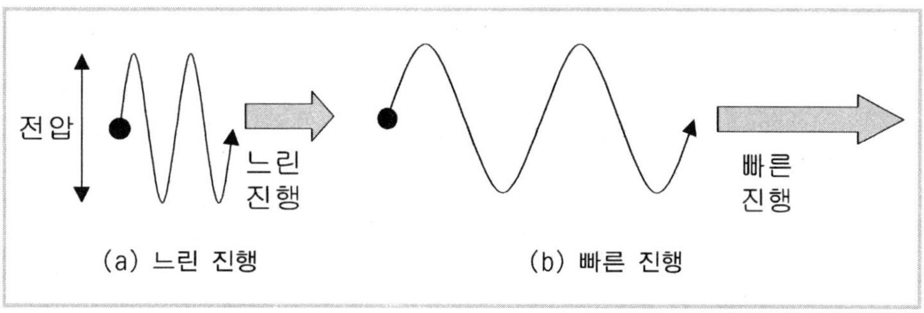

[그림 2-4-2] 오른쪽으로 진행하며 표시하기

오른쪽으로 비교적 천천히 진행하면 [그림 2-4-2(a)]와 같이 파형이 촘촘히 붙어 나타날 것이고, 빠르게 진행한다면 [그림 2-4-2(b)]와 같이 더 넓게 펼쳐 나타날 것이다.

② 빛의 발생 및 제어

오실로스코프에서 어떤 방법으로 빛을 발생하고 제어하는지 그 원리를 간단히 살펴본다. 오실로스코프의 화면을 구성하는 부품을 '브라운관(Brown Tube)' 또는 CRT라 하는데, 이는 전자총과 편향기, 그리고 형광면의 3개 부분으로 구성된다.

i) 전자총

전자총(Electric Gun)은 강한 전자빔(E-beam)을 만들어 내는 곳으로, 전자를 발생시키는 부분의 구조는 [그림 2-4-3]과 같다.

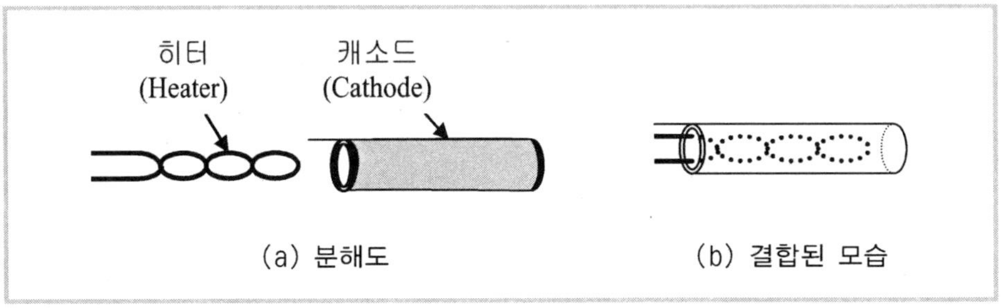

[그림 2-4-3] 전자 발생 부분

히터는 전류가 흐르면 뜨겁게 달궈지는 것으로서, 이를 캐소드(cathode)라는 속이 비어 있는 원통형 금속체에 [그림 2-4-3(b)]와 같이 넣어 조립한다. 이 부분은 진공관과 동일한 원리이므로 [그림 2-4-4(a)]와 같이 진공관 기호를 빌려 표시한다.

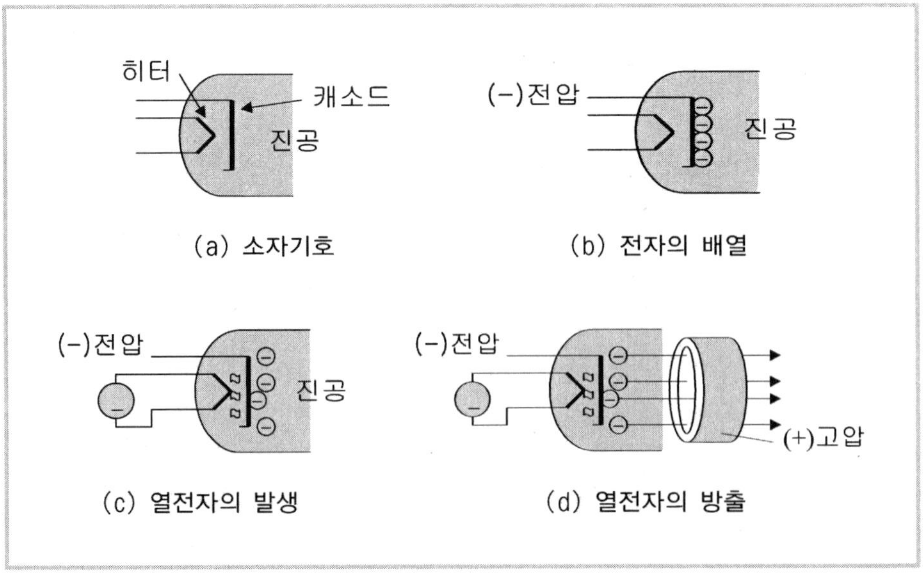

[그림 2-4-4] 전자 발생 부분의 동작

캐소드에 (−)전압이 인가되면 [그림 2-4-4(b)]와 같이 전자들이 캐소드에 배치되지만 캐소드는 진공 중에 떠 있으므로 전류가 흐르지 못한다. [그림 2-4-4(c)]와 같이 히터에 전류가 흘러 캐소드에 열을 가하면 캐소드에 머물러 있는 전자들은 열에너지를 받아 운동을 하는데(마치 팝콘 튀듯이…) 이를 '열전자'라 한다.

이때 [그림 2-4-4(d)]와 같이 캐소드 앞에 (+)극성의 고압을 인가하면 전자들은 이에 끌려 진공 속을 뚫고 빠른 속도로 튀어 나가는데 일부는 고압에 의해 흡수되지만 매우 빠른 속도로 진행하므로 대부분은 강한 속도만 붙은 채로 지나치며, 이를 '전자 가속'이라 하고, 이와 같이 가속된 전자들은 [그림 2-4-5(a)]와 같은 기구들을 거친다.

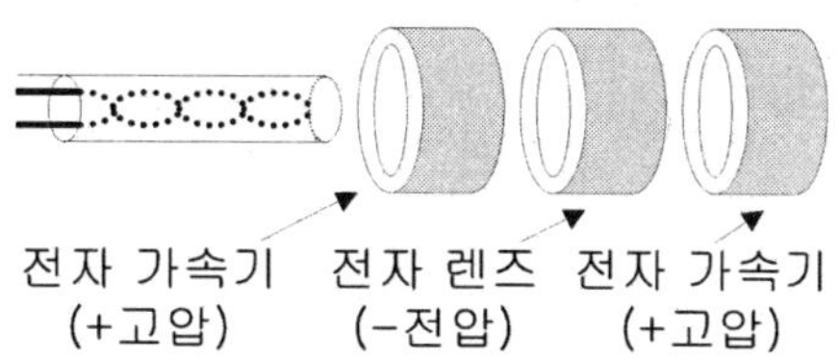

(a) 구조

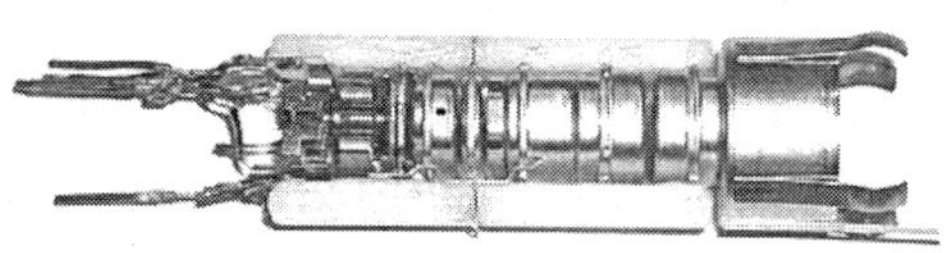

(b) 실물 사진

[그림 2-4-5] 전자총의 구조

열전자가 이 기구들을 통과하면서 변화되는 과정을 [그림 2-4-6]에 나타내었다.

그림에서, 캐소드에서 방출된 전자들은 전자 가속기의 (+)고압에 이끌려 빠른 속도로 가속되고 바로 다음에 있는 (−)전압의 관을 통과한다. 이때 전자들은 이 관의 (−)극성과 서로 밀치는 힘이 작용해 진행 방향이 휘게 되며 형광면에 다다랐을 경우 모든 전자들이 한 곳에 집중된다.

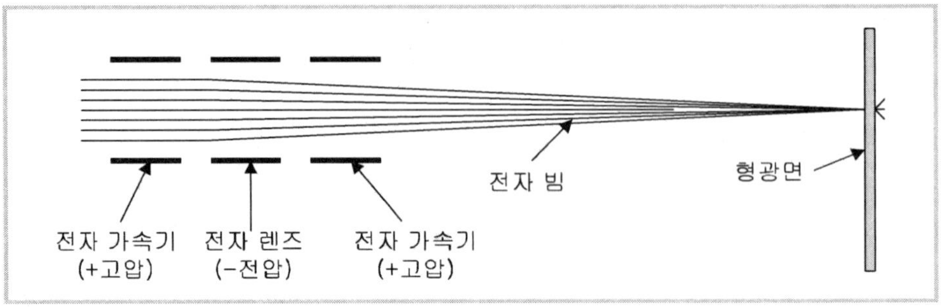

[그림 2-4-6] 전자총의 원리

따라서 마치 전자들이 광학 렌즈에 의해 빛이 모이는 것과 같은 현상이 나타나므로 이를 '전자 렌즈'라 한다. 전자 렌즈를 통과한 전자들은 다시 한 번 가속을 행한 후 형광면에 충돌한다. 형광면은 유리판에 형광물질이 도포된 것으로서 전자가 충돌하면 에너지가 빛으로 변화되어 유리 반대편에 나타난다.

이와 같이 캐소드로부터 전자빔이 방출되므로 이를 '음극선관' 또는 Cathode Ray Tube(CRT)라 하며, '브라운관(Brown Tube)'이란 명칭은 음극선관을 발명한 브라운 박사의 이름에서 유래한 것이다.

ii) **전계편향**(電界偏向)

전자총에서 발생시킨 전자빔을 화면의 여러 위치에 표시하기 위해 상, 하, 좌, 우로 움직이도록 하는 것을 편향(偏向)이라 하며, 이와 같은 과정을 거쳐 화면이 구성된다. 전자빔을 편향하는 방법은 전계편향과 자계편향이 있으며, 각각 그 특징에 따라 용도가 다르다.

전계편향이란 (−)극성의 전자빔과 (+), (−)극성의 전기 사이에서 발생하는 힘을 이용한 것으로서, 전자빔이 지나가는 곳에 전극 판을 설치해 편향이 일어나도록 하는데, 이의 원리를 [그림 2-4-7]에 나타내었다.

[그림 2-4-7(a)]에서, 편향판 사이를 지나는 전자빔은 양쪽의 극판에 인가되는 전압 크기에 따라 편향되는 각도가 결정된다. 따라서 극판에 인가되는 전압을 조절함으로써 전자빔의 진행 방향을 변화시킬 수 있는데, CRT 화면은 2차원 평면이므로 [그림 2-4-7(b)]와 같이 수평편향판과 수직편향판으로 구성한다.

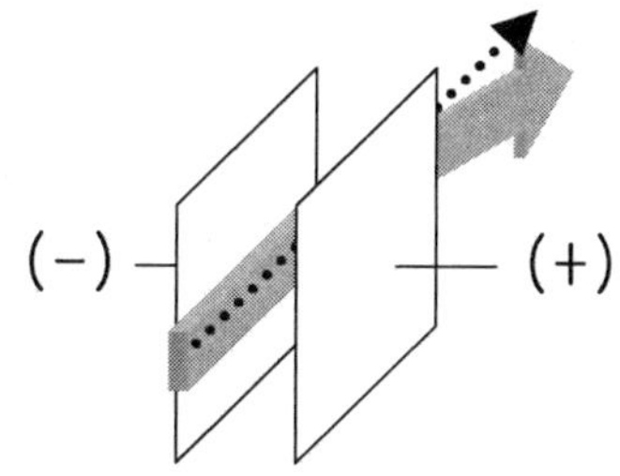

(a) 전계편향의 원리

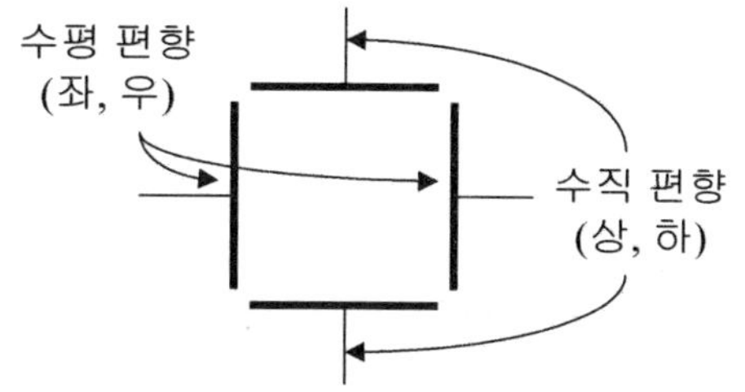

(b) 전계편향판 배치

[그림 2-4-7] 전계편향

전계편향은 다음에 소개할 자계편향에 비해 인덕턴스 성분이 없으므로 고주파에서도 무리 없이 동작할 수 있지만, 편향판에 인가되는 전압의 크기에 비해 전자빔의 편향되는 양이 작다. 이 때문에 화면을 구성하기 충분할 만큼 크게 편향시키려면 편향전압을 크게 하거나 편향거리를 길게 해야 한다.

편향전압을 크게 하는 것은 편향판 구동회로의 구성이 복잡하게 되어 한계가 있으므로, 이와 병행해 편향거리를 길게 하여 편향시간을 오래 부여한다. 전계편향은 이와 같은 특징에 의해 [그림 2-4-8(a)]와 같은 형상의 CRT가 된다.

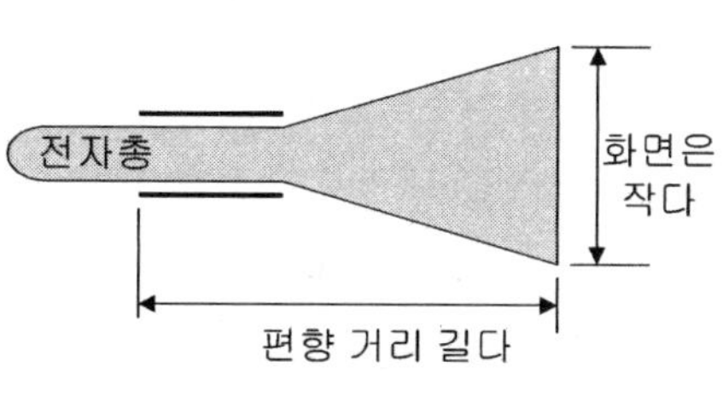

(a) CRT의 형상

(b) 오실로스코프의 CRT

[그림 2-4-8] 전계편향용 CRT

그림에서와 같이 편향거리는 길지만 그에 비해 얻어지는 화면의 크기는 상당히 작으므로, 이러한 CRT를 사용하는 기기는 뒤쪽이 매우 길어져 텔레비전과 같은 용도로는 사용하기 어렵지만 전계편향의 고주파에 대한 장점 때문에 오실로스코프에서 사용되고 있다.

iii) **자계편향**(磁界偏向)

자계편향은 코일에서 발생하는 자계에 전자빔을 통과시켜 편향시키는 것으로서, 이의 원리와 2차원 편향을 위한 코일 배치를 [그림 2-4-9]에 나타내었다.

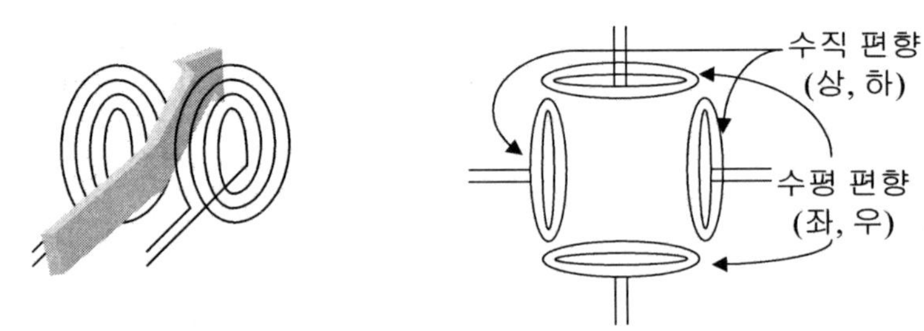

(a) 자계편향의 원리　　(b) 편향코일의 배치

[그림 2-4-9] 자계편향

[그림 2-4-9(b)]와 같이 자계편향은 수평편향코일은 수직으로, 수직편향코일은 수평으로 배열되어 있는 것이 전계편향과 다르다. 즉, 자계가 형성된 지점을 전자빔이 통과하면 플레밍의 법칙에 의해 자계와 전자빔의 방향 이외의 축 방향으로 힘이 발생하므로 코일 배치의 직각 방향으로 편향이 발생한다.

자계편향은 작은 전압에 대해 편향 량이 상당히 크기 때문에 편향거리를 짧게 해도 큰 화면을 얻을 수 있다. 그러나 편향을 위해 코일을 사용하므로 코일의 인덕턴스에 의해 편향 주파수에 제한이 있으며 자계편향을 이용했을 경우의 CRT 형상을 [그림 2-4-10(a)]에 나타내었다.

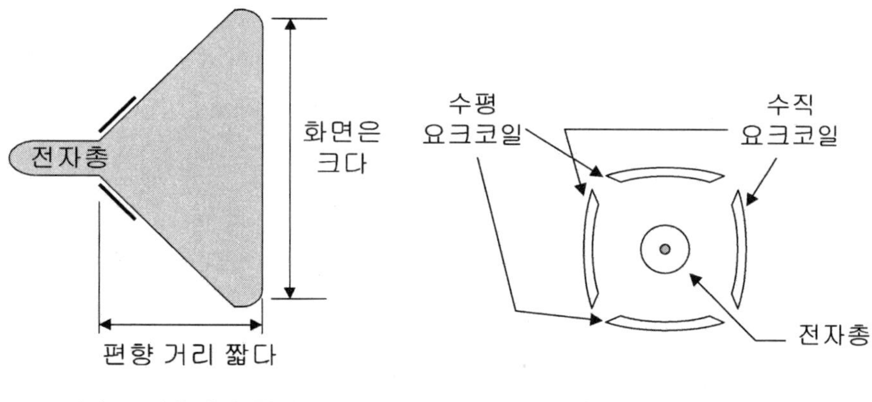

(a) 브라운관의 형태 (b) 코일의 모양

[그림 2-4-10] 자계편향용 CRT와 코일

그림에서와 같이 자계편향은 편향 양이 크므로 편향거리가 짧아 CRT의 길이가 짧아지면서도 얻는 화면은 크며, 이 같은 특징에 의해 현재 텔레비전이나 컴퓨터 모니터용으로 사용되고 있다. 편향코일은 화면의 정면에서 봤을 때 일반적으로 [그림 2-4-10(b)]와 같이 원호 모양이 되므로 이를 가축의 멍에 모양과 유사하다 하여 '요크코일(Yoke Cole)'이라고도 한다. [그림 2-4-11(a)]는 컴퓨터 모니터용 CRT의 사진을 나타낸 것이고, [그림 2-4-11(b)]는 편향코일 부분을 확대해 나타낸 것이다.

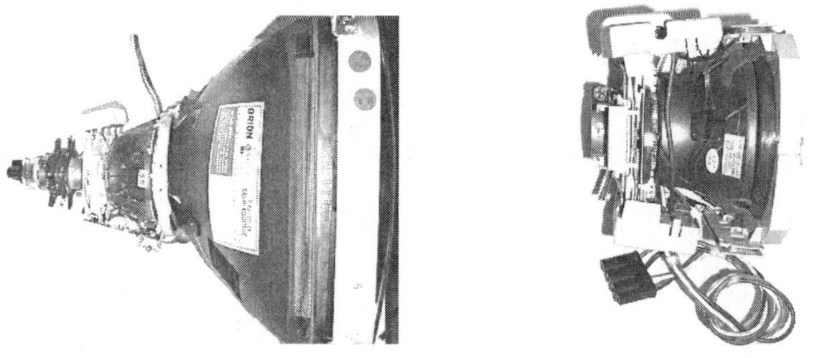

(a) 컴퓨터 모니터 CRT (b) 편향코일 유닛

[그림 2-4-11] 컴퓨터 모니터용 CRT 사진

③ 화면의 구성

오실로스코프의 화면은 이상과 같은 기본 원리에 의해 [그림 2-4-12(a)]와 같이 3개의 축으로 나타낼 수 있는데, 파형을 펼쳐 보이기 위해 오른쪽으로 진행하는 시간 축(x축)과 전압의 크기를 나타내는 전압 축(y축), 그리고 화면의 밝기를 나타내는 축(z축)이다.

여기서 z축은 그다지 중요할 것 같지 않지만 실제로 오실로스코프의 동작 때 매우 중요한 기능을 담당하는데 이에 관한 것은 설명이 진행되며 소개될 것이다.

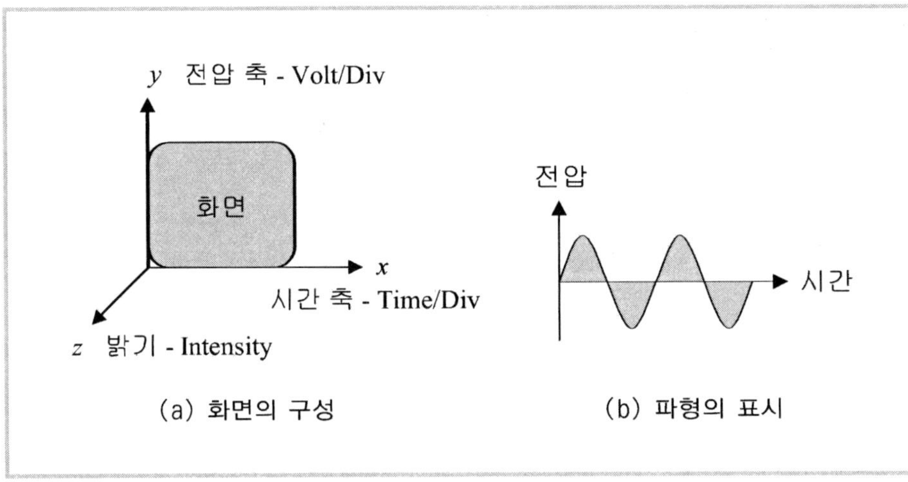

[그림 2-4-12] 오실로스코프의 화면 구성

이러한 3개 축에 관한 것을 사용자가 조절할 수 있도록 [그림 2-4-13]과 같은 단자들이 마련되어 있는데, 시간 축을 조절하는 단자를 Time/Div(Time per Division), 전압 축을 조절하는 단자를 Volt/Div(Volt per Division)이라 하고 밝기를 조절하는 단자를 Intensity라 한다.

우리가 보는 오실로스코프의 화면은 [그림 2-4-12(b)]와 같이 수평이 시간 축, 수직이 전압 축으로 구성된 2차원 평면이다.

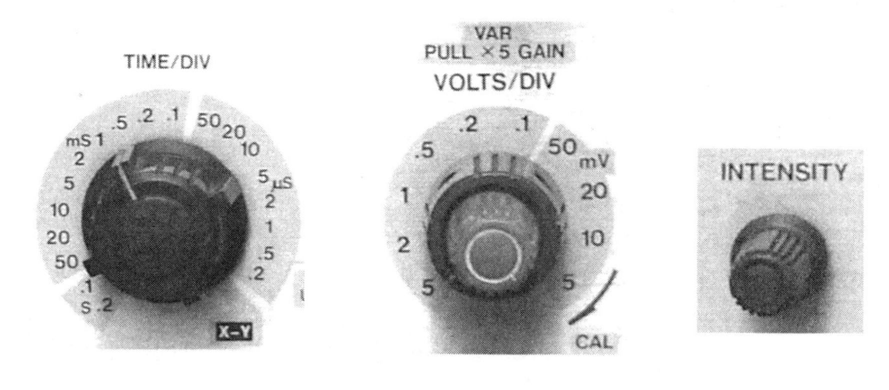

(a) X축 조절용 (b) Y축 조절용 (c) Z축 조절용

[그림 2-4-13] 각 축의 조절단자들

오실로스코프 화면의 점은 [그림 2-4-14]에 나타낸 바와 같이 왼쪽에서 오른쪽으로 진행하며 파형을 그리는데 이를 소인(掃引, sweep)이라 하며, 여러 개의 소인으로 화면을 구성하는 것을 주사(走査, scanning)라 한다. 점이 오른쪽 끝에 다다르면 다음 화면을 구성하기 위해 왼쪽으로 빠르게 되돌아오는 것을 귀선(歸線, fly-back)이라 하는데, 왼쪽으로 돌아올 때는 화면에 돌아오는 자국이 남지 않아야 하므로 귀선 중에는 자동으로 $z=0$ 으로서 화면을 어둡게 한다.

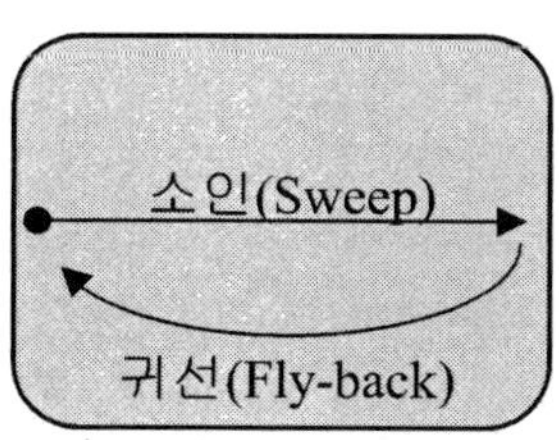

[그림 2-4-14] 화면을 구성하는 선

(2) 트리거 기능

트리거 기능은 오실로스코프 화면을 구성하는 매우 중요한 요소 중 하나로서 이는 화면에 정지된 파형을 나타나게 한다.

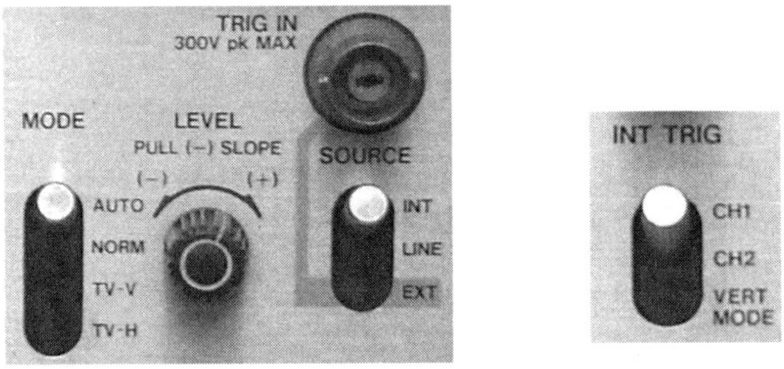

[그림 2-4-15] 트리거 관련 조절단자들

① 트리거 기능의 필요성

앞서 살펴본 바와 같이 화면을 구성하기 위해 무조건 소인과 귀선을 반복할 경우 [그림 2-4-16(a)]와 같이 한 개의 소인이 완료되고 귀선하면 마지막 그렸던 수직 축부터 계속 화면을 그려 나가기 때문에 그림들이 겹쳐 [그림 2-4-16(b)]와 같이 어지러운 파형이 표시된다.

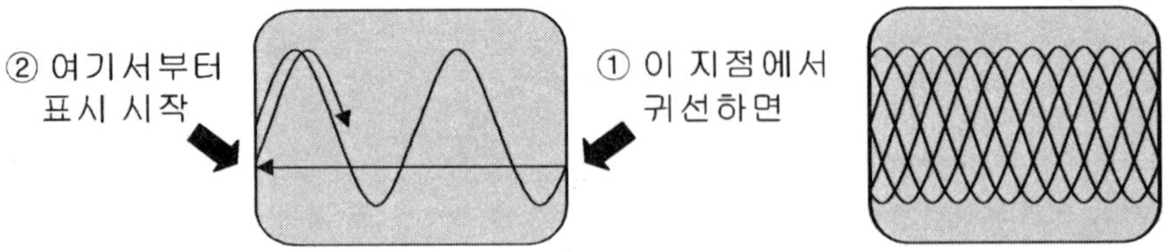

(a) 소인과 귀선의 반복　　(b) 결과 화면

[그림 2-4-16] 소인과 귀선의 반복결과

따라서 화면의 그림이 아무렇게나 나타나지 않고 특정 위치에서만 겹치도록 해 깨끗한 한 개의 파형만을 관측할 수 있도록 해 주는 중심원리가 트리거 기능이다.

② 트리거 신호와 레벨(Trigger Level)

트리거 신호란 소인이 아무 때나 시작되는 것이 아니라 [그림 2-4-17(a)]와 같이 특정 신호가 입력되었을 때만 시작되도록 한다. 이는 마치 총의 방아쇠를 당기면 그때 비로소 총알이 발사되는 것과 유사하므로 방아쇠라는 의미의 트리거(trigger) 용어를 사용했다.

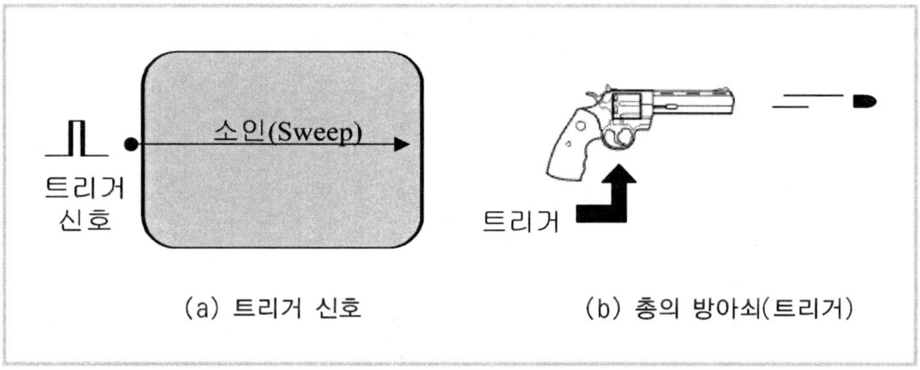

[그림 2-4-17] 트리거의 개념

입력된 파형의 동일한 지점에서 이러한 트리거 신호를 발생시키면 [그림 2-4-18(a)]와 같이 화면 소인도 파형의 동일한 지점에서 시작될 것이므로 정지한 화면이 나타날 수 있다.

입력파형의 동일한 지점을 검출하기 위해 [그림 2-4-18(b)]와 같이 임의의 전압을 설정한 후 이 전압과 입력전압이 교차하는 곳에서 트리거 신호가 발생하도록 하는데, 특히 입력파형이 상승하면서 만나는 곳에서 발생하는 신호를 트리거로 사용하면 [그림 2-4-18(a)]와 같은 정지화면을 얻을 수 있다.

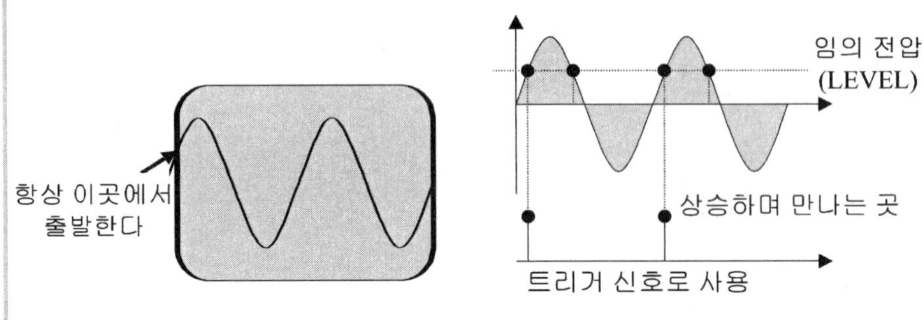

(a) 정지화면의 원리 (b) 트리거 신호의 레벨 선정

[그림 2-4-18] 트리거 신호의 생성

이와 같이 트리거 신호를 생성하기 위해 설정한 임의의 전압을 트리거 레벨(trigger level)이라 하며, 사용자가 이를 조절할 수 있도록 [그림 2-4-19]와 같은 단자가 마련되어 있다. 참고로, 트리거 신호를 생성하는 원리회로를 [그림 2-4-20]에 나타내었으므로 관심 있는 독자는 살펴보라.

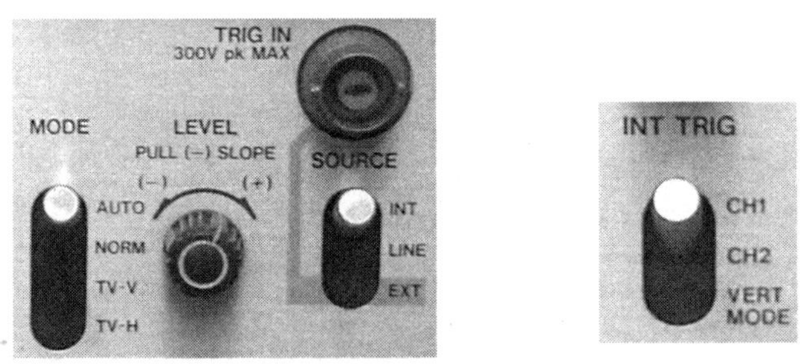

[그림 2-4-19] 트리거 관련 조절단자들

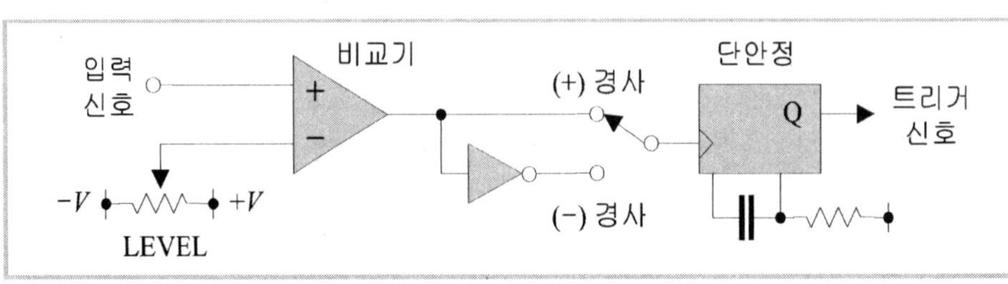

[그림 2-4-20] 트리거 신호의 생성 원리

입력신호는 가변저항에 의해 생성된 트리거 레벨 전압과 비교되고 그 결과를 엣지 트리거형 단안정 멀티바이브레이터(74LS123이나 4538 등)에 입력하면 일정한 펄스폭을 가진 트리거 신호가 발생한다. 이때 멀티바이브레이터에 입력하는 비교파형을 반전시키면 입력파형이 하강하면서 트리거 레벨과 만나는 지점에서 트리거 신호가 발생한다.

③ 트리거 경사(Trigger Slope)

오실로스코프를 사용할 때 입력파형이 하강하는 부분부터 관측해야 할 경우가 자주 있기 때문에 [그림 2-4-21(a)]와 같이 상승하며 트리거가 발생하는 것을 '(+)경사', '(+)slope'이라 하며 [그림 2-4-21(b)]와 같이 하강하며 트리거가 발생하는 것을 '(−)경사', '(−)slope'이라 하여 스위치로 선택할 수 있다. 일반적으로 이 기능은 트리거 레벨 단자를 당기면 (−) 경사로 선택된다(그림 2-4-19).

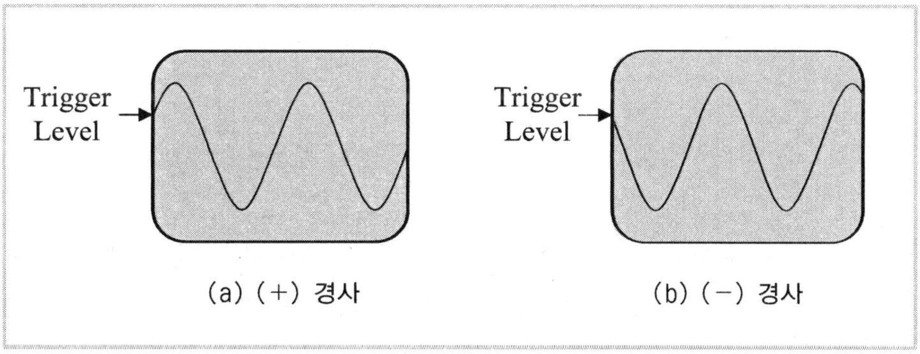

[그림 2-4-21] 트리거 경사의 선택

④ 트리거 모드(Trigger Mode)

일반적인 오실로스코프에서는 [그림 2-4-19]와 같이 트리거 모드가 보통 4가지 정도 준비되어 있는데, 특히 Normal 모드와 Auto 모드는 자주 구분해 사용하는 기능이므로 잘 알아둘 필요가 있다.

i) Normal 모드

Normal 모드는 앞서 설명했던 트리거 방식으로서 트리거 신호는 입력신호와 트리거 레벨이 만나는 지점에서만 발생한다. 따라서 만약 트리거 레벨이 입력신호보다 더 크거나 작게 설정되었을 경우에는 만나는 지점이 없으므로 트리거 신호가 발생하지 않으며, 따라서 화면에는 아무 파형도 나타나지 않는다.

오실로스코프에서 화면에 아무 파형도 나타나지 않는 경우는 파형의 수직 위치가 화면 위나 아래로 벗어난 경우, 화면의 밝기가 너무 어둡게 설정된 경우, 전원을 켜지 않은 경우, 고장 난 경우 등 여러 가지가 있다. 따라서 일반적으로는 다음에 설명할 Auto 모드로 설정해 사용하고 특별한 경우에 이 모드를 사용한다.

ii) Auto 모드

Auto 모드는 앞서 Normal 모드의 문제점인 트리거 레벨이 입력신호보다 벗어난 경우를 보완한 것으로서, 트리거 신호가 일정 시간이 지나도 발생하지 않으면 오실로스코프 내부에서는 자동으로 무작위 트리거 신호가 발생해 비록 흐트러진 파형이라 할지라도 화면이 나타나도록 한 것이다. 따라서 이러한 파형이 나타난 경우 사용자는 트리거 레벨이 벗어났음을 바로 알 수 있다.

Auto 모드는 특히 화면의 기준점 정렬(GND점 조절)에서 꼭 필요한 기능으로서, 다음에 설명할 프루브 입력 선택에서 GND로 했을 때 입력신호가 전혀 전달되지 않으므로 Auto 모드에 의해 화면에 직선이 나타나 기준점을 정렬할 수 있다.

그러나 측정할 파형의 주파수가 매우 낮아 트리거 신호가 발생한 후 다음 트리거 신호까지 긴 시간이 경과하면 오실로스코프 내부 회로에서 자동으로 무작위 트리거 신호를 발생시키기 때문에 정상적인 측정이나 촬영이 어려워지므로 이러한 경우에는 Normal 모드를 사용해야 한다. 즉 무작위 트리거 신호에 의해 화면에 이미 소인이 시작되었는데 그중에 실제 트리거 신호가 발생하면 이는 무시되기 때문에 화면의 동기가 맞지 않아 흐트러진 파형이 나타난다.

iii) TV–V, TV–H 모드

이들 모드는 콤퍼짓(composite) 영상신호를 측정할 때 사용하는 것으로서 이 신호는 여러 가지 신호(화면 신호, 수직 동기, 수평 동기, 컬러 버스트 등)가 복합되어 있어 그중 어느 것을 기준으로 관찰할 것인가를 선택해야 한다. 콤퍼짓 영상신호에 관한 것은 저자의 '멀티미디어 회로'를 참조하라.

TV-V 모드는 수직 동기신호(V.Sync)를 오실로스코프의 트리거 신호로 사용하는 것으로서 오실로스코프 화면에는 텔레비전 화면의 필드가 시작되는 부분의 파형이 나타난다.

TV-H 모드는 수평 동기신호(H.Sync)를 트리거 신호로 사용하는 것으로서 오실로스코프 화면에는 텔레비전 화면의 한 라인이 시작되는 부분의 파형이 나타난다.

(3) 2상(二象) 기능

일반적인 오실로스코프는 한 대의 계기에서 여러 개의 파형을 동시에 관측할 수 있도록 구성되어 있는데, 여러 개 파형을 동시에 관측하기 위해 하나의 브라운관에 여러 개의 전자총을 부착하는 것(2개 파형이라면 'dual beam' 또는 '2요소'라 한다)이 있는가 하면 한 개의 전자총으로 여러 개의 파형을 동시에 표시하도록 한 것(2개 파형이라면 'dual channel', '2현상' 또는 '2상'이라 한다)이 있다.

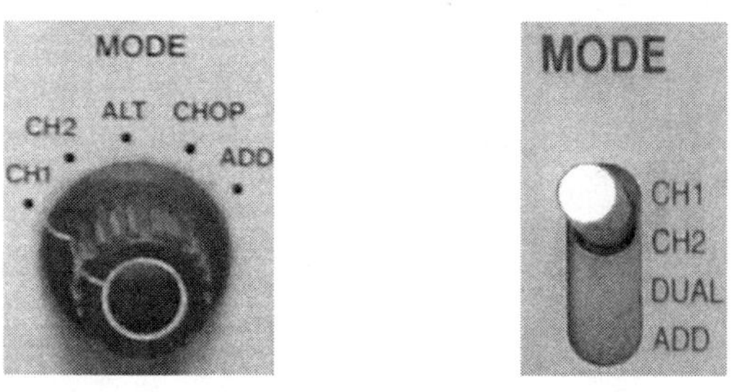

[그림 2-4-22] 2상 기능 관련 단자들

이들 중 후자의 것은 일반적인 브라운관을 이용해 여러 개의 파형을 표시할 수 있으므로 더 저렴하고 간단해 보급형 오실로스코프는 대부분이 형식으로 되어 있으며 이를 '다상(多象) 오실로스코프'라 한다. 여기서는 2상을 기준으로 설명하며 3상, 4상의 경우도 기본 원리는 동일하다.

한 개의 전자총으로는 한 순간에 한 개의 점만을 표시할 수 있으므로 여러 파형을 표시하기 위해서는 특수한 기법을 사용한다.

① Alternate 모드

이 모드는 2개 채널을 표시하기 위해 [그림 2-4-23(a)]와 같이 한 채널씩 번갈아 표시하되 빠른 속도로 실행하면 우리 눈에는 동시에 나타난 것으로 보이는 방식이다. 단, 채널 전환 시 $z=0$으로 한다. 이 모드는 저주파를 관찰하면 파형들이 각자 깜박이면서 나타나므로 사용할 수 없어 고주파 측정에서 사용한다.

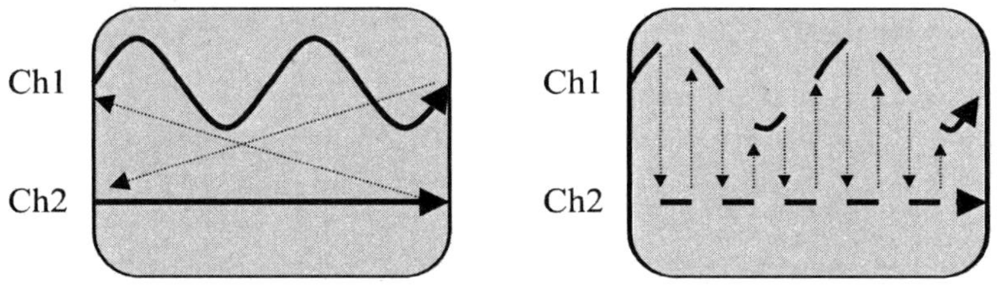

(a) Alternate 모드 (b) Chopping 모드

[그림 2-4-23] 2개 채널 표시의 원리

② Chopping 모드

이 모드는 [그림 2-4-23(b)]에 나타낸 바와 같이 2개 채널 사이를 빠른 속도로 오가며 파형을 그리는데, 파형을 채 썰듯이 자르므로 'chopping'이라 한다. 이 또한 양 채널을 오갈 때 $z=0$으로 한다. 이 모드는 고주파의 특정 주파수에서 파형들이 잘려 표시되므로 저주파에서 사용한다.

③ Dual 모드

이 모드는 측정 주파수가 일정 이하이면 chopping 모드로, 일정 이상이면 alternate 모드로 자동 전환되도록 한 것이다.

④ Add 모드

이 모드는 [그림 2-4-24(a)]와 같은 파형들이 있다면 [그림 2-4-24(b)]와 같이 양 채널의 파형이 덧셈되어 나타나므로 두 정현파를 이용한 AM 변조를 가상적으로 실현해 볼 수 있다.

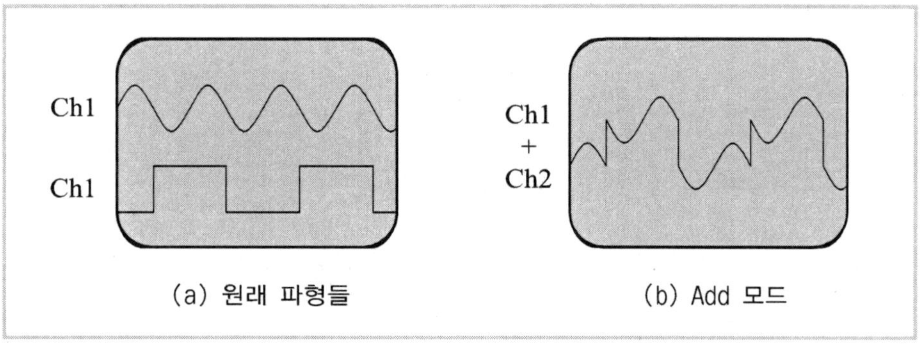

[그림 2-4-24] Add 모드의 동작 예

이 모드는 특히 [그림 2-4-25(a)]와 같이 디지털 측정 때 두 파형의 위상차 측정에 매우 편리한데, Ch2는 반전(Invert) 기능이 있어 이를 이용해 채널 간 뺄셈이 가능하기 때문에 [그림 2-4-25(b)]와 같이 더 확실한 차이를 관측할 수 있다.

⑤ 트리거 소스(Trigger source)

앞서 설명한 바와 같이 트리거 신호는 입력된 신호와 트리거 레벨을 비교해 만나는 지점에서 발생시키는데, 2상 오실로스코프에서는 어떤 입력신호를 선택할 것인가를 조절할 수 있다. 이 기능은 각 오실로스코프마다 약간씩 차이가 있지만 기본 기능은 거의 유사하다. [그림 2-4-26]의 (a)와 (b)는 한 기종에 있는 기능이고, [그림 2-4-26(c)]는 다른 기종에 있는 기능의 예이다.

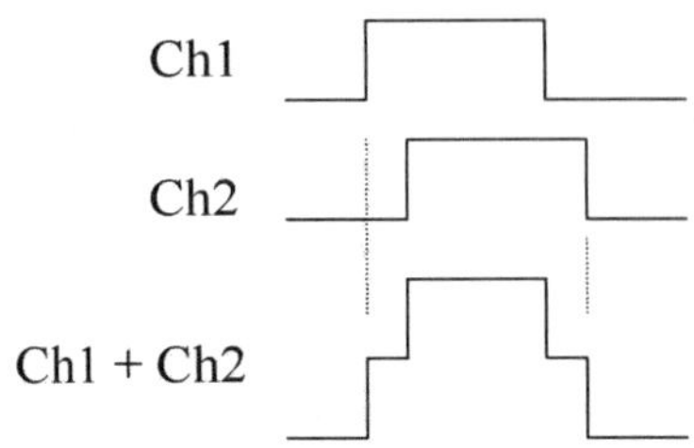

(a) Ch1 + Ch2

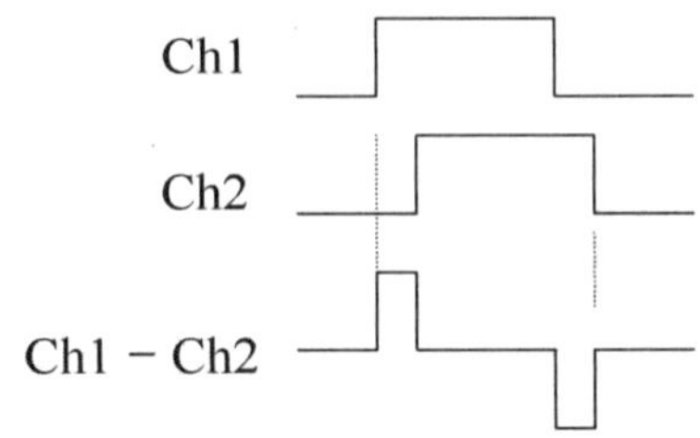

(b) Ch1 + (-Ch2)

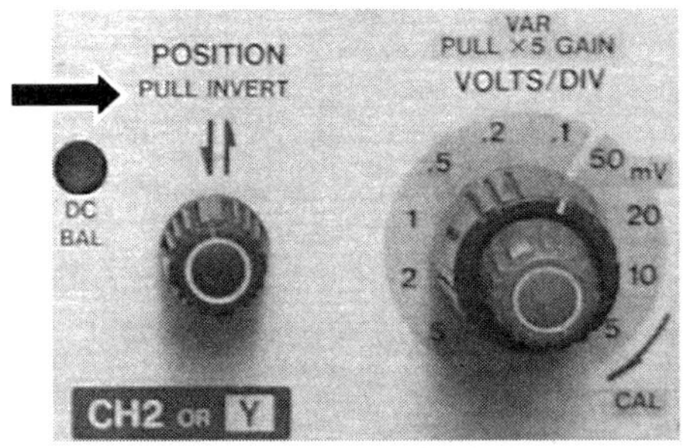

(c) Ch2의 반전 기능

[그림 2-4-25] 덧셈과 뺄셈 동작의 예

(a) 트리거 소스-1

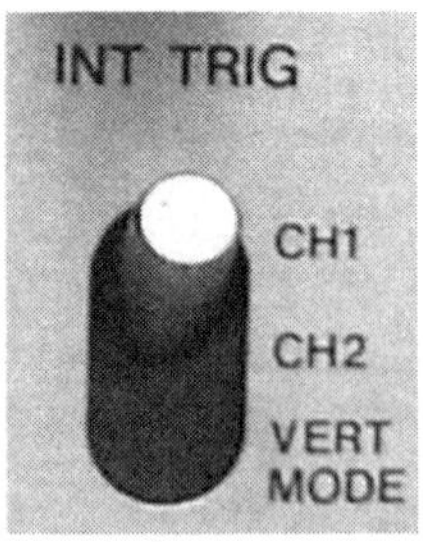

(b) 트리거 소스-2

(c) 다른 기종의 예

[그림 2-4-26] 트리거 소스 기능 단자의 예

[그림 2-4-26]의 (a), (b) 기종은 우선 [그림 2-4-26(a)]의 소스 스위치에서 '내부(INTernal)'와 '라인(LINE)', 그리고 '외부(ETernal)' 중에서 선택하고, 이 중 내부를 선택했을 경우 [그림 2-4-26(b)]의 내부 소스 3가지 중에서 한 가지를 선택하도록 되어 있다. 이에 비해 [그림 2-4-26(c)]의 기종은 하나의 소스 스위치에서 내부의 Ch1, 내부의 Ch2, 라인, 외부를 선택하도록 되어 있다.

i) 내부(INTernal) 소스

'내부'란 측정을 위해 오실로스코프에 입력되는 파형, 즉 Ch1과 Ch2에 입력되는 파형 중에 선택하는 것을 의미한다. 즉 두 파형을 비교 관찰할 때 어느 것을 기준으로 할 것인지를 선택하는 것이다.

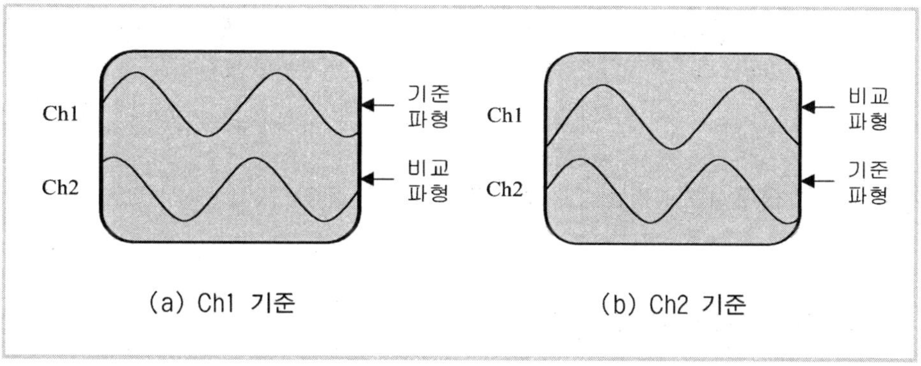

[그림 2-4-27] 트리거 소스 선택의 예

ii) 라인(LINE) 소스

라인 소스는 트리거 기준신호를 오실로스코프에 입력되는 전원으로부터 얻어낸다. 따라서 현재 관측하고 있는 파형이 전원에 근거한 신호일 경우, 예를 들어 리플파형 등의 측정에 매우 편리하다.

iii) 외부(EXTernal) 소스

측정할 대상에서 기준 신호가 발생하고 있다면 이를 트리거 입력단자에 인가하고 외부 소스를 선택하면 이를 기준으로 파형을 표시한다.

iv) 수직(VERTical) 소스

이는 오실로스코프가 Alternate 모드로 동작 시 트리거 소스 또한 Ch1과 Ch2로 교대 선택, 즉 각 채널마다 각자의 트리거로 동작하도록 한다. 따라서 정상적으로는 [그림 2-4-28(a)]와 같은 파형이라도 이 소스를 선택하면 [그림 2-4-28(b)]와 같이 각 파형의 트리거 레벨에서 각자 표시되어 위상차가 나타나지 않으므로 위상차는 측정할 수 없고, 각 파형의 주파수나 모양을 관측, 비교할 때만 사용한다.

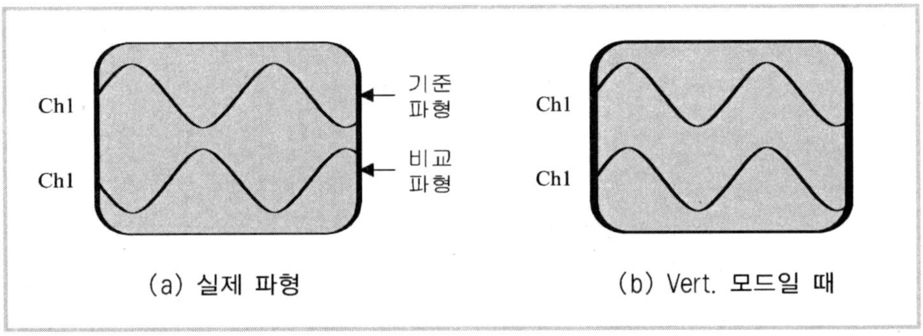

[그림 2-4-28] 일반 소스와 VERT. 소스의 차이

(4) 기타 기능

① 화면 촬영 도구

오실로스코프에서 표시되는 파형을 촬영하기 위한 보조도구로서 스코프 전용 카메라가 있는데, [그림 2-4-29(a)]와 같이 오실로스코프의 화면 위와 아래에 카메라를 끼울 수 있는 레일이 설치되어 있다. 이 레일에 카메라를 설치하면 오실로스코프의 화면을 완전히 밀폐시켜 외부 빛을 차단하므로 화면파형만을 촬영할 수 있으며, 촬영결과를 바로 확인할 수 있도록 폴라로이드 즉석 사진으로 출력된다.

그런데, 이와 같이 모든 빛을 차단하면 [그림 2-4-29(c)]와 같이 단순히 파형 모양만이 촬영되므로 전압이나 시간 축을 전혀 확인할 수 없으므로 [그림 2-4-29(b)]와 같은 조명단자(scale illumination) 기능이 설치되어 있어 이를 조절하면 [그림 2-4-29(d)]와 같이 화면의 아래쪽에서 조명이 켜지며, 적색 야광물질로 구성된 화면의 기준선들이 파형과 함께 희미하게 촬영된다.

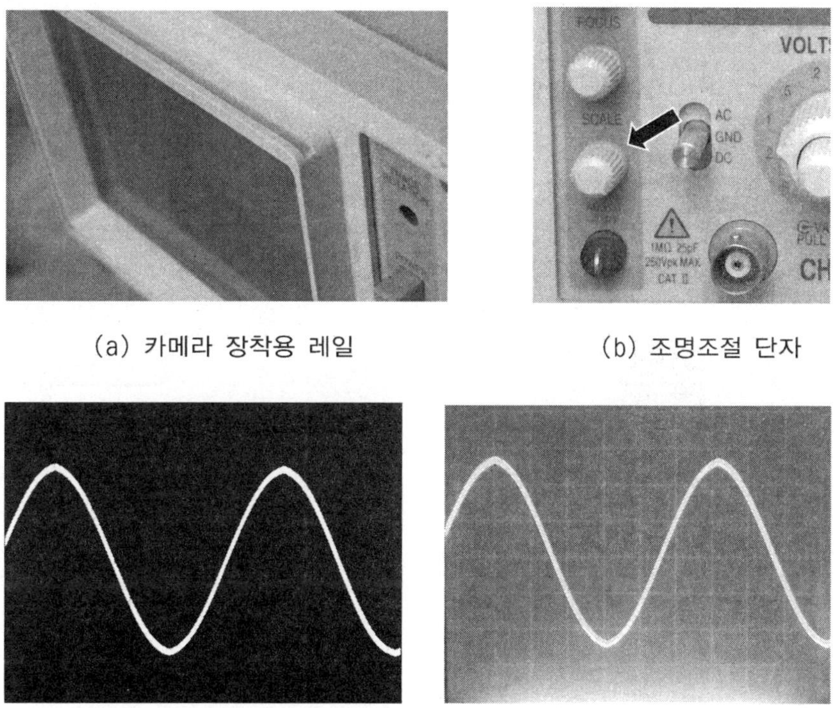

(a) 카메라 장착용 레일 (b) 조명조절 단자

(c) 조명 없이 촬영했을 때 (d) 조명을 켠 후 촬영했을 때

[그림 2-4-29] 오실로스코프 화면 촬영 보조도구

최근에는 디지털 카메라가 많이 보급되어 있으므로 카메라 장착 레일은 거의 사용하지 않고 있으며, 또한 디지털 오실로스코프의 경우 화면을 바로 프린트하거나 컴퓨터로 전송할 수 있다.

② 입력 커플링(coupling)

오실로스코프에 입력되는 신호는 직류와 교류가 섞여있는 맥류일 경우가 있고, 또는 순수한 교류일 경우도 있다. 이에 따라 신호의 직류 성분을 제거하고 표시할 것인지, 아니면 있는 그대로 표시할 것인지를 선택하는 기능을 입력 커플링이라 하며 [그림 2-4-30(a)]와 같은 스위치로 구성되어 있다.

평소에는 직류(DC)모드에서 측정해 파형의 모든 것을 표시하도록 하나, 교류만을 관찰해야 할 경우(이러한 사용 예는 이후의 '오실로스코프에 의한 측정'에서 소개한다) AC를 선택하면 [그림 2-4-30(b)]와 같이 직류성분은 제거되고 교류만이 표시된다. 또한 GND는 입력신호에 관계없이 0점을 나타내므로 기준선 정렬 시 사용하는 기능이다.

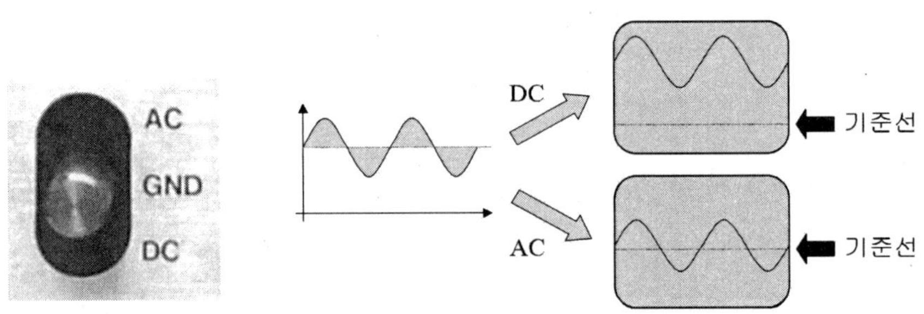

(a) 선택 스위치 (b) 기능

[그림 2-4-30] 입력 커플링

③ 부분 확대

오실로스코프의 전압 축과 시간 축은 각각 확대 기능이 있는데 이들은 서로 역할이 다르다. 전압 축 확대는 일반적으로 VOLT/DIV 단자의 가운데 단자를 당기면 5배 정도 크게 되는 것으로서 이는 현재 측정하고 있는 전압을 5배 크게 관측할 수 있다.

예를 들어 현재 5mV로 설정되어 있는 상태에서 이 단자를 당기면 이의 5배 정밀도인 1mV 단위로 파형의 크기가 커지며 따라서 측정량도 1/5을 하면 된다. 이에 비해 시간 축의 확대는 '부분 확대'라 하여 수평축이 전체적으로 커지기도 하지만 이를 정확히 관측하기 위해 화면에는 수평축의 일부분만이 표시된다.

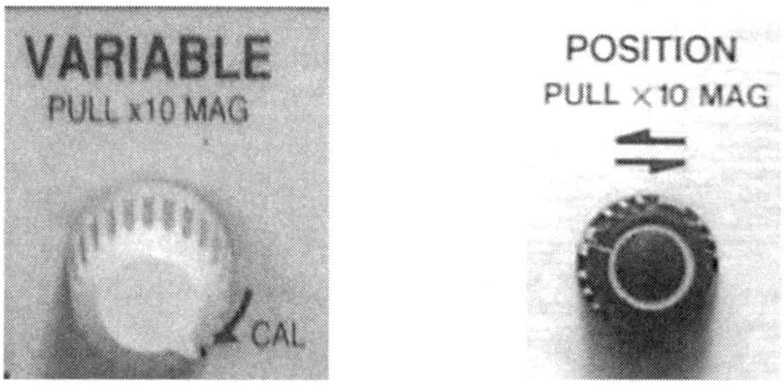

[그림 2-4-31] 수평 부분 확대단자들의 예

이러한 조절단자는 [그림 2-4-31]에 나타낸 바와 같이 일반적으로 수평 위치 조절단자를 당기거나 또는 수평 가변단자를 당기면 이루어진다.

이들 단자를 당기면 [그림 2-4-32]에 나타낸 바와 같이 X축 파형이 10배로 확대되고 그중 일부가 화면에 나타나며, 수평축 위치 조절단자를 돌리면 관찰 위치가 이동되어 해당 부분이 화면에 나타난다. 즉 파형의 일부분을 마치 돋보기로 크게 관찰하는 것과 같다.

[그림 2-4-32]에 나타낸 파형은 정현파와 이를 반파 정류한 결과를 겹쳐 관측하고 있는 것으로서, 부분 확대 기능을 이용하면 [그림 2-4-32(b)]와 같이 일부분을 크게 확대해 자세히 관찰할 수 있다.

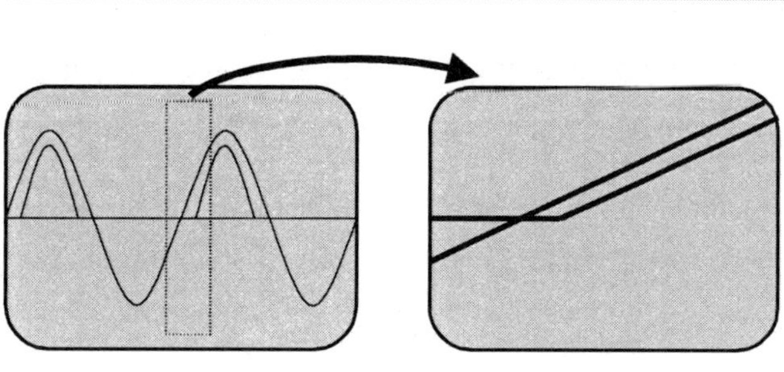

(a) 원래의 파형　　(b) 확대 후 파형

[그림 2-4-32] 부분 확대 관찰의 예

④ X-Y 모드

X-Y 모드(mode)는 [그림 2-4-33(a)]에 나타낸 바와 같이 일반적으로 TIME/DIV 단자의 가장 끝에 위치해 있으며, 이는 오실로스코프의 Ch1이 X축, Ch2가 Y축으로 인가되어 파형을 나타내는 특수 기능으로 사용된다. 이를 활용하는 방법은 여러 가지가 있으며, 이 중 몇 가지를 소개한다.

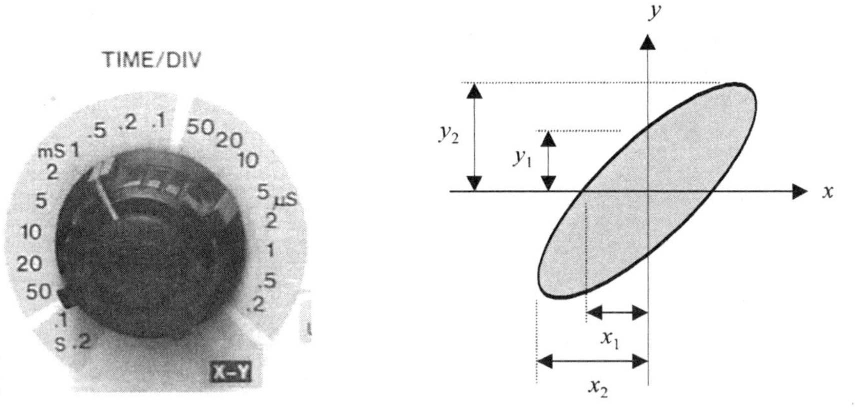

(a) X-Y 단자의 위치 (b) 리사주 도형의 예

[그림 2-4-33] X-Y 모드

i) 리사주(Lissajou) 도형

리사주 도형은 두 정현파 사이의 주파수 및 위상 등의 차이에 의해 나타나는 특유의 도형을 의미하는 것으로서, 위상차가 발생한 경우에는 [그림 2-4-33(b)]와 같은 파형이 나타난다.

이때 그림에 나타낸 파형의 측정값을 판독한 후 다음 식에 의해 두 파형의 위상차를 구할 수 있다.

$$\theta = \sin^{-1}\left(\frac{x_1}{x_2}\right) = \sin^{-1}\left(\frac{y_1}{y_2}\right) \tag{1}$$

리사주 파형의 여러 예를 [그림 2-4-34]에 나타내었다.

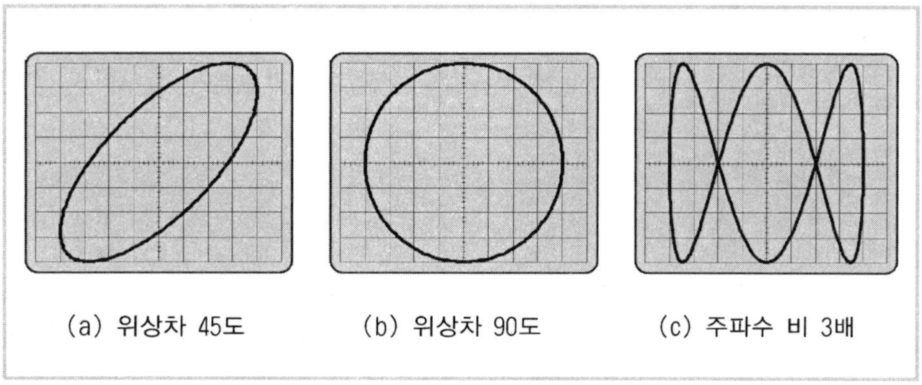

[그림 2-4-34] 여러 가지 리사주 파형의 예

ii) 디지털 특성 관찰

X-Y 모드를 이용하면 디지털 게이트의 특성을 관찰할 때 유용하게 사용할 수 있다.

예를 들어 [그림 2-4-35(a)]와 같이 정현파를 디지털 게이트 입력과 오실로스코프의 X축에 입력하고 디지털 게이트 출력을 오실로스코프 Y축에 입력하면 [그림 2-4-35(b)]와 같은 출력특성을 관찰할 수 있다. 또한 슈미트 트리거 게이트인 경우 [그림 2-4-35(c)]와 같은 히스테리시스 곡선을 관찰할 수 있다.

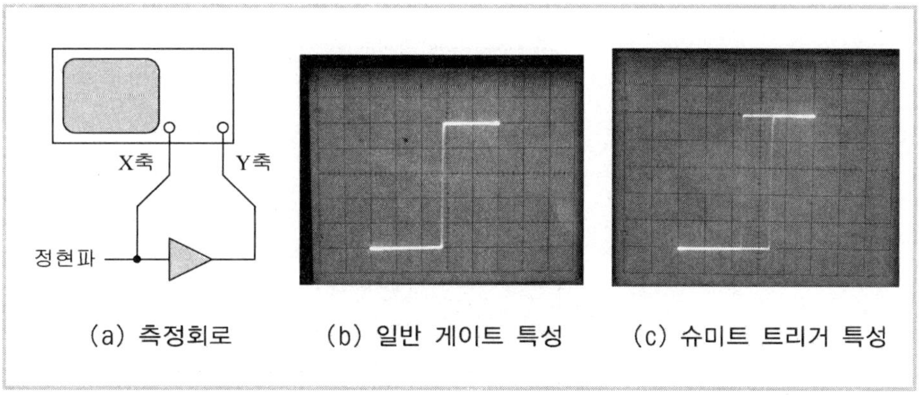

[그림 2-4-35] 디지털 게이트 출력특성의 측정 예

iii) 비선형 소자 특성 관찰

다이오드나 트랜지스터와 같이 전압-전류 특성이 비선형인 경우 이러한 특성곡선을 X-Y 모드를 이용해 쉽게 관찰할 수 있는데, 여러 소자들에 관한 내용은 이후의 반도체 소자 특성곡선의 측정에서 소개하고, 여기서는 간단히 다이오드의 경우만 소개한다.

다이오드의 전압-전류 특성을 관찰하기 위해 [그림 2-4-36(a)]와 같은 회로를 구성하면 오실로스코프의 X축 입력에는 다이오드에 인가되는 전압이 검출되고, Y축 입력에는 다이오드를 통과한 전류에 비례하는 전압이 검출되어 오실로스코프 화면에는 [그림 2-4-36(b)]와 같은 다이오드의 고유한 전압-전류 특성을 관찰할 수 있다.

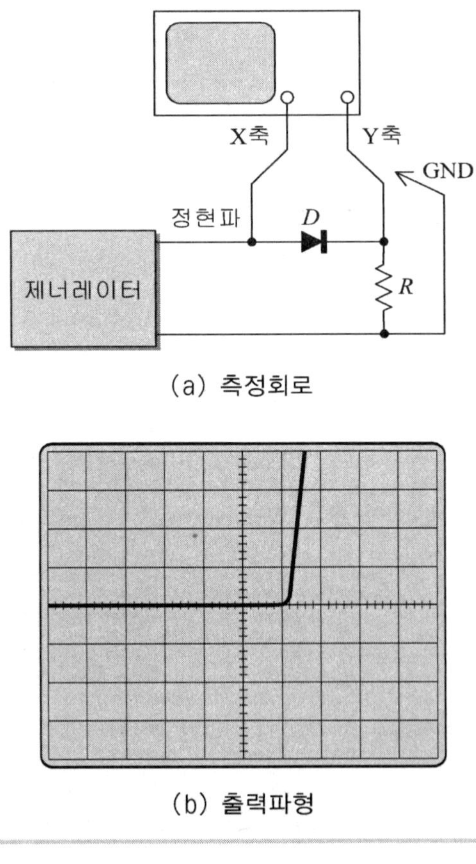

[그림 2-4-36] 다이오드 전압-전류 특성의 측정

⑤ Trace rotation

오실로스코프의 화면에 나타나는 빛은 전자총에서 발사되는 전자빔에 의한 것이므로 주변의 자계나 전계에 쉽게 영향을 받는다. 이는 상당히 예민하기 때문에 지구 자장 등의 영향에 의해서도 전자빔의 경로가 변화하는데, 단순히 오실로스코프의 방향을 다르게 해도 [그림 2-4-37(a)]와 같이 기준점이 기울어져 나타난다.

따라서 이러한 화면의 회전을 보정하기 위해 [그림 2-4-37(b)]와 같은 trace rotation 기능이 있는데, 이는 자주 사용하는 기능이 아니므로 오실로스코프 앞면에 단자가 직접 설치되어 있지 않고 그림과 같이 구멍 내부에 드라이버로 회전시킬 수 있도록 되어 있다. 오실로스코프를 항상 들고 다니는 A/S 요원 등은 이 단자에 손잡이를 끼워 수시로 조정할 수 있도록 사용한다.

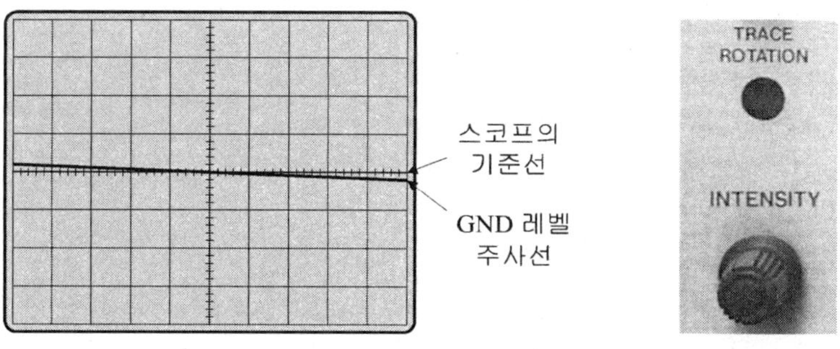

(a) 지구 자장 영향에 의한 화면 (b) 보정단자

[그림 2-4-37] Trace rotation 기능

⑥ 오실로스코프 뒷면

오실로스코프의 뒷면에는 [그림 2-4-38(a)]에 나타낸 바와 같은 그다지 자주 사용하진 않지만 필요할 때 매우 요긴하게 사용되는 단자들이 있다.

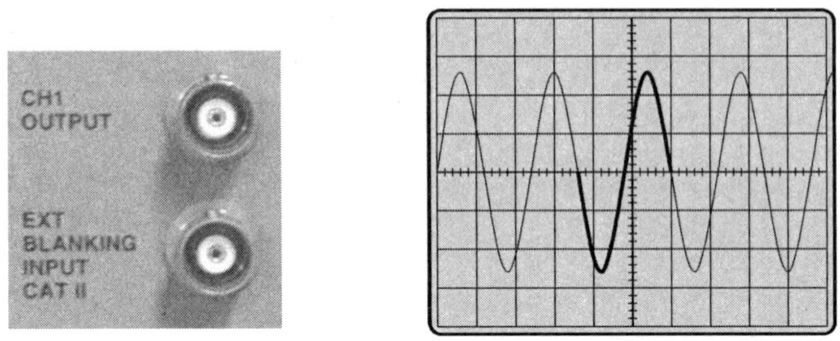

(a) 뒷면 단자들 (b) 특정 부분의 강조

[그림 2-4-38] 오실로스코프 뒷면 단자

i) EXT Blank-In

외부 밝기 조절(EXTernal Blanking) 입력은 오실로스코프 외부로부터 z 축 신호를 입력할 수 있는 기능으로서, 이 단자에 전압을 인가하면 현재 화면의 밝기보다 더 밝게 하거나 더 어둡게 조절할 수 있다.

따라서 이 단자에 펄스신호를 인가한 상태에서 화면을 살펴보면 [그림 2-4-38(b)]와 같이 특정 부분을 더 밝게 강조할 수 있으며, 예를 들어 어떤 펄스 기간 동안의 신호만이 유효한 의미를 가지는 경우 이와 같이 사용하면 전체 파형 중 유효한 부분만을 특별히 강조해 표현할 수 있다.

또한 이 단자의 기능을 이용하면 비록 선명하지는 않지만 오실로스코프 화면에서 작은 텔레비전 화면이나 컴퓨터 모니터 화면이 나타나도록 할 수 있다.

ii) Ch1 out

Ch1 out 단자는 여러 대의 오실로스코프를 동원해 Ch1을 기준으로 여러 지점의 파형을 동시에 비교할 때 유용한 것으로서, 만약 이 단자가 없는 경우 [그림 2-4-39(a)]와 같이 프루브를 접속해야 한다. 이와 같이 한 지점에 프루브를 여러 개 접속하는 것은 실제로 매우 힘든 일이며, 더구나 이러한 기준점을 다른 곳으로 이동시킬 경우 이 프루브들을 모두 풀어 이동시켜야만 한다.

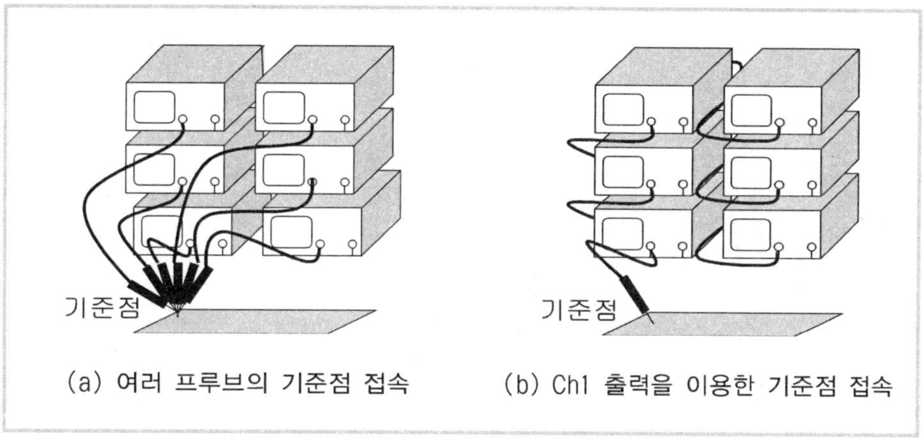

[그림 2-4-39] 여러 대의 오실로스코프 접속방법

이에 비해 [그림 2-4-39(b)]와 같이 Ch1 출력을 이용해 직렬접속하면 회로에 접속하기도 쉬울 뿐 아니라 기준점을 이동시킬 경우 매우 편리하다.

(2) 오실로스코프에 의한 측정

지금까지는 오실로스코프의 사용법에 관해 주로 살펴보았으며, 이 절에서는 오실로스코프를 이용해 측정하는 방법에 대해 살펴본다.

오실로스코프의 화면은 [그림 2-4-40]에 나타낸 바와 같이 격자무늬가 새겨진 것으로서 수평은 시간 축을, 수직은 전압 축을 나타낸다.

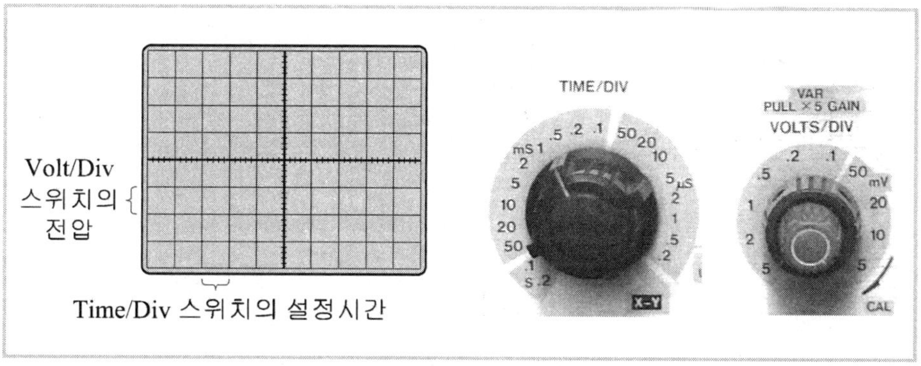

[그림 2-4-40] 오실로스코프 화면의 눈금값

수평 방향으로의 격자와 격자 사이 간격은 오실로스코프의 Time/Div 스위치 설정값에 대응하는 시간으로서, 예를 들어 현재 이 스위치가 1mS로 설정되어 있다면 화면의 격자 한 칸은 1mS이다.

마찬가지로 수직축의 격자 한 칸은 Volt/Div 스위치의 설정값에 대응하는 전압이다.

(1) 전압측정

오실로스코프는 기본적으로 전압과 주기만을 측정할 수 있다. 즉 전류는 직접측정이 불가능하기 때문에 전압으로 변환해 간접측정해야 한다. 또한 교류의 경우에는 peak값과 peak-to-peak값을 측정할 수 있고 평균값이나 실효값은 계산에 의해 간접적으로 구해야 한다.

① 전압측정

오실로스코프를 이용해 전압을 측정할 때 [그림 2-4-41]과 같은 상태라면 화면의 정현파 크기는 중앙점부터 꼭지점까지는 3칸이고 한 칸 당 2V로 설정되어 있으므로 측정값은 $6\,V_p$이다. 또는 꼭지점부터 꼭지점까지 6칸이므로 $12\,V_{pp}$이다.

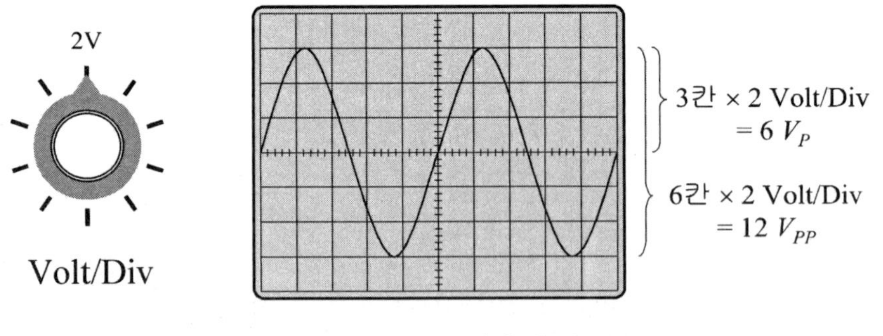

(a) 스위치 설정　　(b) 측정 화면

[그림 2-4-41] 전압측정의 예

② 실효값 측정

오실로스코프는 peak값이나 peak-to-peak값만을 측정할 수 있으므로 실효값은 이 값들을 이용해 계산해야 한다. 그러나 동일한 peak값이나 peak-to-peak값이라 할지라도 파형의 모양에 따라 실효값이 다르게 나타나므로 대표적인 몇 가지 파형에 관해서만 살펴본다.

i) 정현파(Sinusoidal)

정현파의 경우에는 잘 알려진 바와 같이 실효값은 다음과 같이 구할 수 있다.

$$V_{rms} = V_p / \sqrt{2} \tag{1}$$

또는,

$$V_{rms} = V_{pp} / 2\sqrt{2} \tag{2}$$

ii) 구형파(Pulse)

구형파의 실효값은 peak값과 동일하다. 따라서 $V_{rms} = V_p$ 이다.

iii) 삼각파(Triangle), 톱니파(Ramp)

삼각파와 톱니파의 실효값은 다음 식에 의해 구할 수 있다.

$$V_{rms} = V_p / \sqrt{3} \tag{3}$$

③ 전압비율 측정

증폭기의 증폭도 등과 같이 전압의 상대적인 비율을 측정할 때는 Volt/Div 단자 가운데 있는 단자(Volt Var.)를 돌려 [그림 2-4-42(a)]와 같이 입력전압 파형을 눈금에 맞도록 강제로 줄인 후 [그림 2-4-42(b)]와 같이 출력을 측정하면 쉽게 비율을(그림의 경우 증폭도는 3배) 알 수 있다. 단, Volt Var. 단자가 풀려 있는 경우 파형의 크기가 임의로 조절되어 있는 상태이므로 절대전압은 측정할 수 없으므로 유의하라.

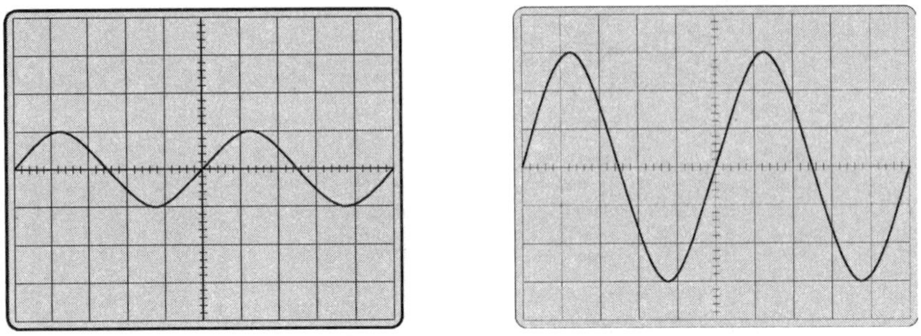

(a) 크기를 맞춘 입력파형　　　(b) 그때의 출력파형

[그림 2-4-42] 전압 증폭도 측정의 예

(2) 주기 및 주파수 측정

오실로스코프는 기본적으로 주기를 측정하는 기기이므로 주파수는 주기를 측정한 후 계산에 의해 구한다.

① 주기 및 주파수 측정

오실로스코프가 [그림 2-4-43(a)]와 같이 설정되어 있을 때 [그림 2-4-43(b)] 화면파형의 한 주기는 5칸에 걸쳐 있으므로 다음과 같이 주기가 구해진다.

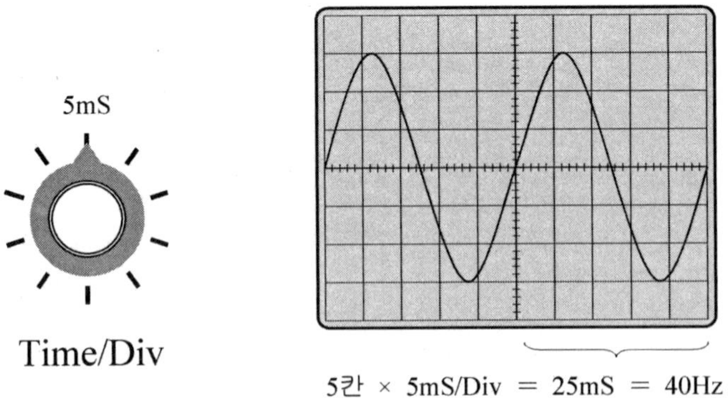

(a) 스위치 설정　　　(b) 측정화면

[그림 2-4-43] 주기 및 주파수 측정의 예

$$5칸 \times 5mS/Div = 25mS$$

이때 주파수는 주기의 역수이므로 다음과 같이 계산할 수 있다.

$$f = \frac{1}{T} = \frac{1}{25mS} = 40Hz$$

② 맥류의 측정

맥류는 전원회로의 리플파형이나 증폭기의 바이어스 된 신호와 같이 직류와 교류성분이 섞여 있으므로 입력 커플링 기능을 활용해야 한다. 또한 직류에 비해 교류의 크기가 작을 경우 트리거 레벨을 잡기 어려우나, 만약 교류가 상용전원에 근거하는 경우(예를 들어 정류회로의 리플 등) 트리거 소스를 LINE으로 설정하면 편리하다.

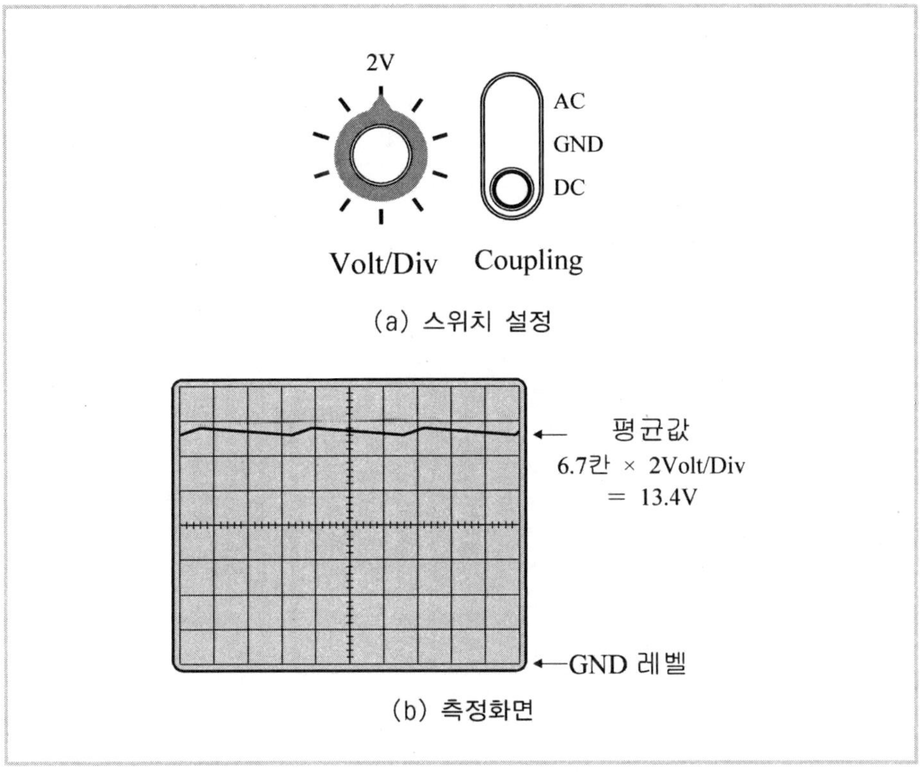

[그림 2-4-44] 맥류측정을 위한 직류 커플링

i) 직류 커플링 시

전원회로의 리플파형을 직류 커플링으로 측정한 경우 [그림 2-4-44]와 같은 화면을 얻을 수 있다.

이 화면에서 직류성분의 평균값을 구할 수 있지만 교류를 더 정확히 측정하기 위해 전압배율을 크게 하면 교류는 물론 직류도 함께 커지므로 화면을 벗어나 측정할 수 없으므로 직류를 제거하고 교류만을 관찰할 수 있는 교류 커플링을 사용해야 한다.

ii) 교류 커플링 시

[그림 2-4-45]는 교류 커플링으로 전환한 경우의 측정화면을 나타낸 것으로서 화면에 직류성분이 사라지고 교류만 나타나므로 전압배율을 크게 해도 파형 전체가 이동하는 것이 아니라 단지 크기만 커진다. 따라서 교류성분 파형의 모양이나 크기를 더 정확히 측정할 수 있다.

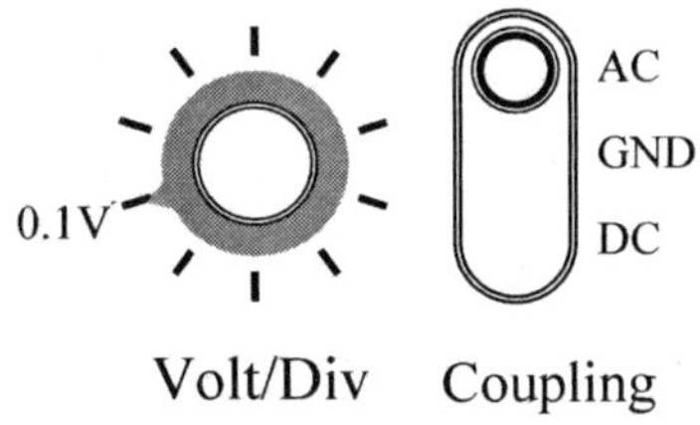

(a) 스위치 설정

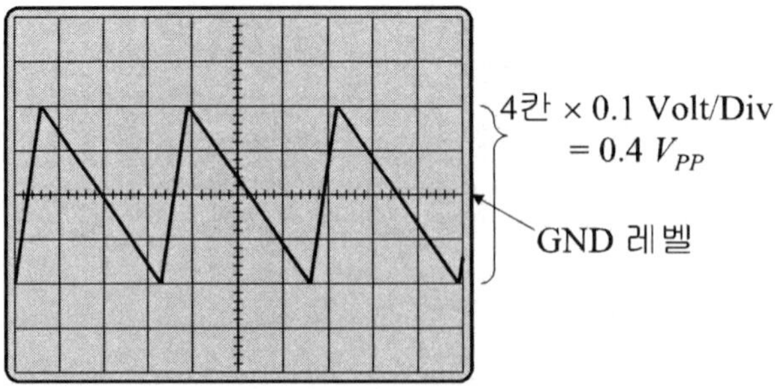

(b) 측정화면

[그림 2-4-45] 맥류측정을 위한 교류 커플링

(3) 위상차 측정

주파수가 동일한 두 파형의 위상차를 측정하는 것은 앞서 소개한 리사주 도형을 이용할 수 있지만 정현파 파형을 이용해 직접측정이 가능하다.

① 비율을 이용한 위상차 측정

[그림 2-4-46(a)]는 파형의 비율을 이용한 위상차 측정의 예로서, 정현파 한 주기는 오실로스코프 화면의 작은 눈금으로 28칸에 걸쳐 있고 이는 360도에 해당된다.

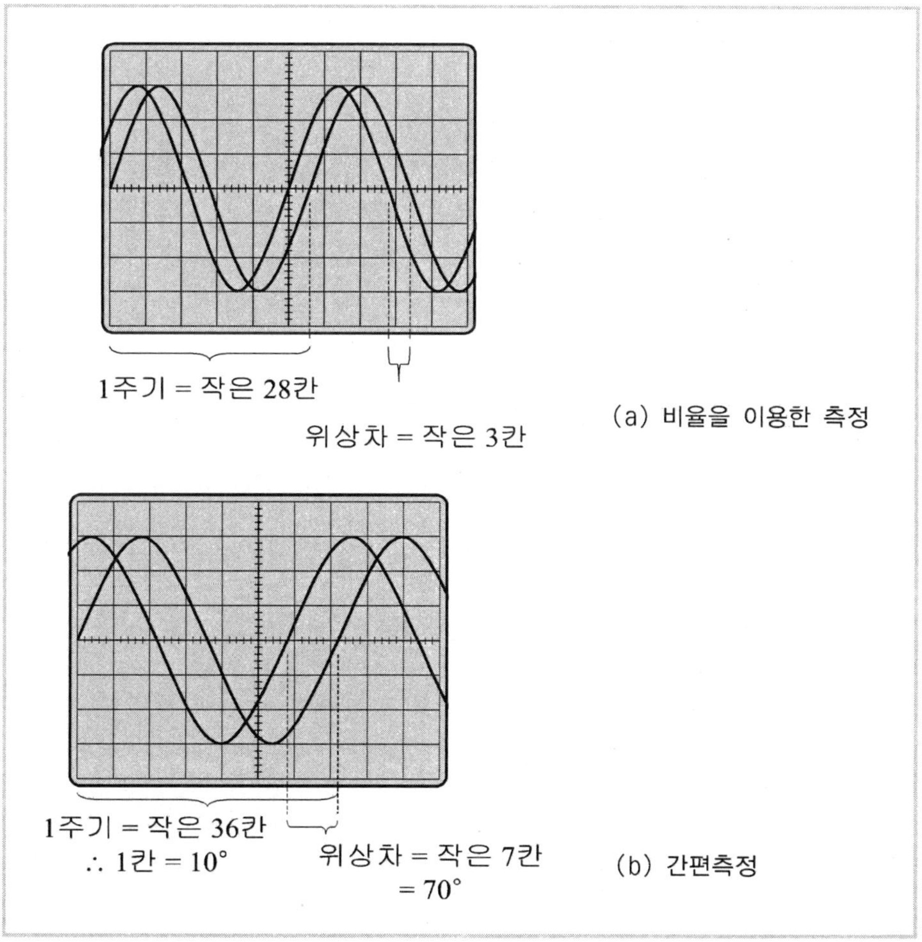

[그림 2-4-46] 두 파형의 위상차 측정 예

이에 비해 두 파형의 위상차는 작은 눈금 3칸이므로 다음과 같은 비례식에 의해 위상각을 구할 수 있다.

$$28\text{칸} : 3\text{칸} = 360^\circ : \theta$$

$$\therefore \theta = \frac{3 \times 360^\circ}{28} = 38.6^\circ$$

② 간편한 측정법

앞서 소개한 방법은 비례식을 이용해 구할 수 있지만, 오실로스코프에 있는 Sweep Var. 기능을 이용하면 계산 없이 바로 위상차를 구할 수 있다. Sweep Var. 단자를 풀면 오실로스코프의 시간 축을 임의로 조절할 수 있으므로 이를 이용해 [그림 2-4-46(b)]와 같이 파형의 한 주기가 작은 눈금으로 36칸을 차지하도록 설정한다.

이와 같이 조정된 상태에서는 작은 눈금 1칸은 10도의 각도에 해당되므로 위상차는 계산 없이 눈금 수만 세면 측정할 수 있다. 또는 더 정밀한 측정을 위해 반주기를 작은 눈금 36칸으로 조절하면 1칸은 5도에 해당된다.

(4) 반도체 소자 특성곡선 측정

반도체 소자들은 대부분 비선형 특성을 가지고 있는데, 오실로스코프의 X-Y 기능을 이용하면 이러한 특성을 직접 그래프로 관찰할 수 있다.

① 정류 다이오드의 특성

[그림 2-4-47(a)]는 정류 다이오드의 전압-전류 특성을 관찰하기 위한 회로로서, 오실로스코프의 X축에는 다이오드에 인가되는 정현파를 입력하고 Y축에는 다이오드를 통과하는 전류량을 저항을 이용해 전압으로 변환한 후 입력하면 [그림 2-4-47(b)]와 같은 전형적인 다이오드 특성곡선을 관찰할 수 있다.

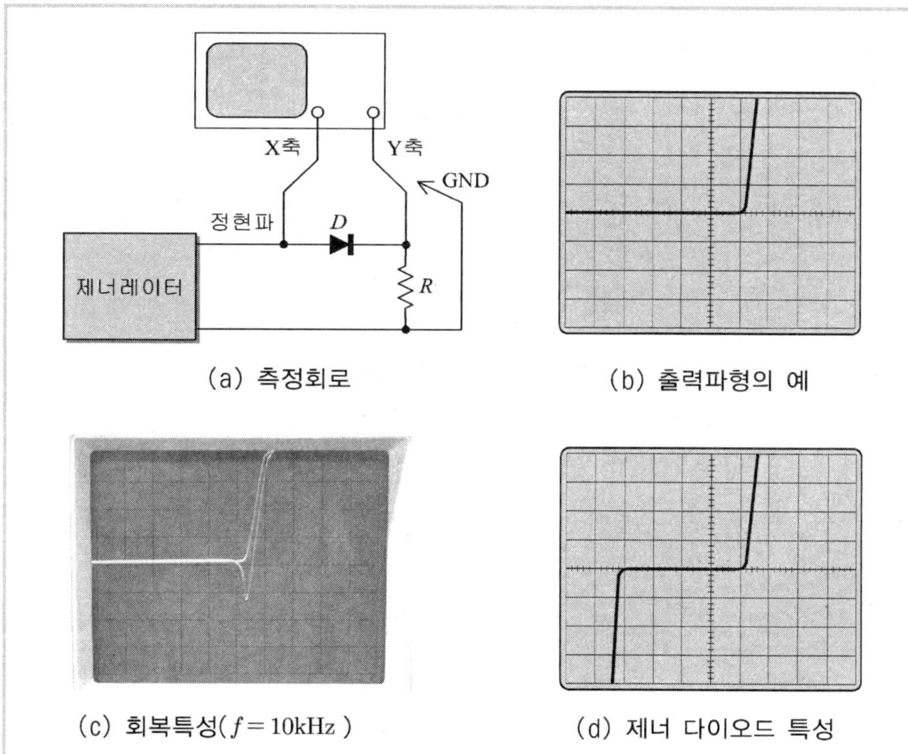

[그림 2-4-47] 다이오드 특성곡선의 측정

[그림 2-4-47(b)]는 X축 해상도를 0.5V/Div로 한 것으로서 다이오드의 전류 기립점이 약 0.6V인 실리콘 다이오드의 경우이다. 만약 정현파 신호의 크기를 상당히 크게 하고 주파수를 높게 설정하면 [그림 2-4-47(c)]와 같은 다이오드의 회복특성을 관찰할 수 있고, 다이오드를 제너 다이오드로 교체하면 [그림 2-4-47(d)]와 같은 제너 전압 특성을 관찰할 수 있다.

② BJT의 특성

BJT의 B-E 특성은 앞서 다이오드의 경우와 동일하게 측정이 가능하고, C-E 특성곡선은 [그림 2-4-48(a)] 회로에 의해 측정이 가능하다.

회로에서 *VR*은 트랜지스터 B-E 간 바이어스를 조절하기 위한 것으로서, 특정 바이어스 상태에서 에미터 전류의 전압 변환값을 오실로스코프의 Y축에 입력하면 [그림 2-4-48(b)]와 같은 C-E 특성곡선이 얻어진다.

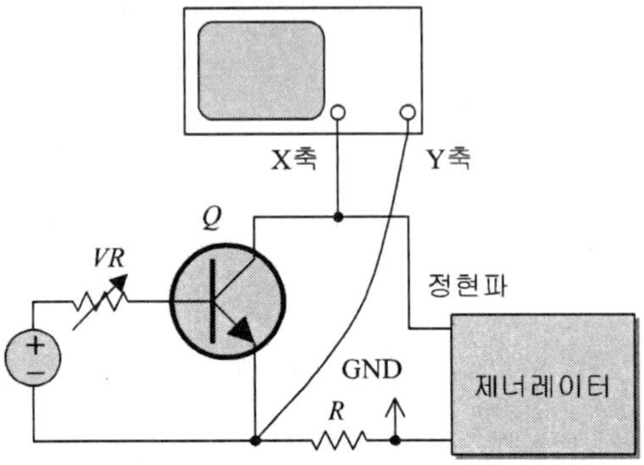

(a) 측정회로

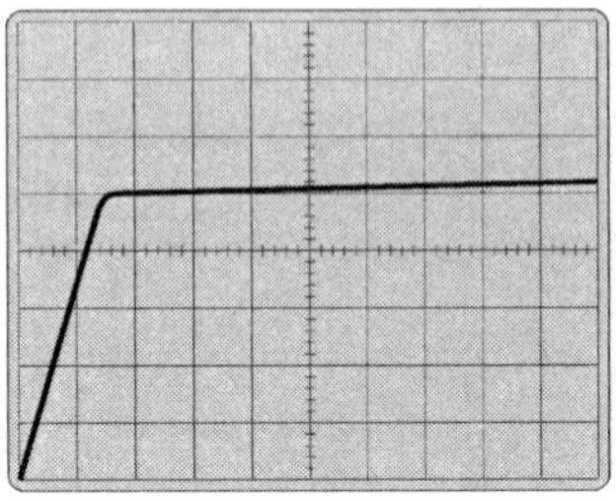
(b) 측정파형의 예

[그림 2-4-48] BJT의 C-E 특성곡선의 측정

위 회로에서 R에 의해 검출되는 에미터 전류에는 중첩의 정리에 의해 베이스 전류가 포함되지 않으므로 컬렉터 전류와 동일하다. 여러 베이스 바이어스 상태에서의 C-E 특성곡선들을 측정해 이들을 겹치면 교과서에 소개된 포화영역(Saturation), 활성영역(Active), 차단영역(Cut-off)을 뚜렷이 확인할 수 있다.

(5) 측정파형의 인쇄 및 보관

오실로스코프에 의해 관찰한 파형을 보고서나 논문 등에 포함시킬 때, 또는 기록 보관을 위해서는 사진이나 인쇄 또는 컴퓨터 파일 등의 방법을 이용해야 한다.

① 카메라에 의한 촬영

i) 셔터 속도

카메라에 의한 촬영은 과거에는 필름을 이용하거나 즉석 사진(폴라로이드)을 이용해 사진의 형태로 파형을 얻어냈다. 이러한 방법은 생각처럼 간단치는 않은데 즉석 사진을 포함한 필름 카메라들은 '셔터 속도'라는 개념이 존재하며 이를 자동 조절하는 자동카메라를 이용하면 대부분의 오실로스코프 화면은 촬영되지 않는다. 그 이유는 오실로스코프 화면은 가만히 정지해 있는 '장면'이나 '풍경'이 아니라 소인과 귀선에 의해 만들어진 '동적인 화면'이기 때문이다. 즉 오실로스코프 화면이 육안으로 봤을 때는 가만히 정지해 있는 것으로 보이지만 사실은 끊임없이 움직이는 작은 점이다.

자동카메라는 주변 환경의 밝기를 이용해 셔터 속도를 자동으로 결정하기 때문에 이 셔터 속도보다 빠른 오실로스코프 화면은 셔터가 열려 있는 동안 필름에 영상을 모두 새겨 넣을 수 있지만 셔터 속도보다 느린 오실로스코프 화면은 셔터가 열려 있는 동안의 움직임만이 필름에 기록되기 때문에 파형의 일부만이 기록된다.

따라서 완전한 파형의 촬영을 위해서는 카메라의 셔터 속도보다 오실로스코프 소인 속도가 더 빨라야 하지만 이는 앞뒤가 바뀐 말이고, 사실은 오실로스코프 소인 속도보다 카메라의 셔터 속도가 더 느려야 한다. 즉 셔터 속도를 수동 조절할 수 있는 카메라를 사용해야 정상적인 촬영이 가능하다.

ii) 조도 조절 및 흔들림 방지

앞서 살펴본 바와 같이 일반 카메라를 이용해 오실로스코프 화면을 촬영하려면 소인 속도보다 느린 셔터 속도로 설정해야 하는데, 이 경우 또 다른 문제점이 발생한다. 느린 셔터 속도, 즉 장시간 필름을 노출시킴에 따라 오실로스코프 화면 주위의 환경은 과다노출이 발생해 화면의 형상보다 주변의 형상들이 지나치게 밝게 나타나 정상적인 촬영이 이루어지지 않는다. 이에 따라 오실로스코프 주위 환경은 모두 어둡게 처리해야 하며, 특히 긴 셔터 시간 때문에 카메라에 흔들림이 발생할 경우 사진 또한 모든 영상이 겹쳐 나타나므로 삼각대에 고정시켜 촬영해야 한다.

iii) 디지털 카메라

최근에는 디지털 카메라가 널리 보급되어 매우 편리하게 사용되고 있다. 디지털 카메라는 주로 CCD를 이용하기 때문에 소형으로 제작 가능하고 촬영 시 실제 셔터를 사용하는 것이 아니라 전자적으로 CCD 감도를 제어하는 것이므로 오실로스코프 화면을 촬영하는데 있어서 큰 문제가 없다.

즉 일반 필름 카메라 같이 일정 시간 동안만 화상을 잡는 것이 아니라 촬영하는 동안(상당한 장시간) 발생하는 화상을 컴퓨터로 처리하는 것이므로 오실로스코프의 소인시간과는 거의 무관하게 영상을 잡아낸다. 단지 손의 흔들림에만 유의하면 되므로 삼각대에 고정해 촬영하거나 촬영 중 가급적 흔들리지 않도록 손을 잘 고정시키기만 하면 되며, 휴대폰에 내장된 디지털 카메라 정도로도 충분히 촬영이 가능하다.

② 프린터 내장 오실로스코프

오실로스코프의 기종에 따라서는 소형 프린터를 내장한 것도 있는데, 일반적으로 감열용지에 의한 열전사식 프린터가 내장되어 있다. 이러한 오실로스코프는 가격이 매우 비싸므로 그다지 사용되지는 않으며, 감열용지는 주변의 열이나 압력에 의해 쉽게 훼손되므로 복사나 스캔을 통해 별도로 보관하지 않으면 안 된다.

③ 전송기능의 이용

오실로스코프의 기종에 따라서는 통신 기능을 내장한 것도 있는데, RS-232C나 USB, GPIB 등 그 규격은 다양하나 기본 목표는 파형의 전송이다. 이 규격을 이용해 프린터나 플로터로 데이터를 전송하면 곧바로 인쇄가 가능하기도 하고, 컴퓨터에서 수신하면 그림 파일이나 디지털 데이터 파일의 형태로 보관이 가능하다. [그림 2-4-49]는 이 책의 모델로 사용했던 오실로스코프에 내장된 통신 인터페이스의 예이다.

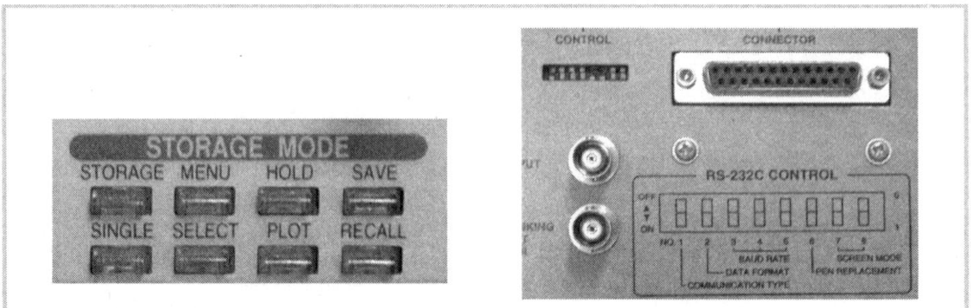

[그림 2-4-49] 오실로스코프 통신기능의 예

5. 측정 보조기기

측정 보조기기는 앞서 여러 가지 측정기기로 회로나 소자를 측정하기 위한 전압을 생성하거나 신호를 생성하는 것으로서 직접 측정에 사용하지는 않지만 측정에 필요로 하는 환경을 제공하는 필수적인 기기이다.

(1) 함수 발생기

함수 발생기는 측정에 있어 필요로 하는 기준 신호나 실험용 신호를 발생하는 기기로서 그 기능에 따라 대략적으로 오디오 신호 발생기와 함수 발생기로 구분하고 있지만 사실상 이 구분은 그다지 명확치는 않다.

(1) 오디오 신호 발생기

오디오 신호 발생기(Audio generator)는 발생시킬 수 있는 주파수 대역이 일반적으로 약 10Hz부터 1MHz 정도 사이이며, 파형은 구형파와 정현파 정도의 간단한 것이다. 또한 부가 기능도 출력신호의 크기를 조절하는 attenuation(amplitude라고도 한다) 단자와 오프셋(offset) 기능 정도가 전부이기 때문에 전반적으로 매우 단순하고 주파수가 비교적 낮아 주로 오디오용 증폭기 신호를 발생시키기 적합하다 하여 오디오 신호 발생기라 한 것 같다.

[그림 2-5-1(a)]에 오디오 신호 발생기의 예를 나타내었다.

오디오 증폭기용으로 제작했다면 상한 주파수가 1MHz나 되는 것은 지나치게 높은 것이 아닌가 생각되지만, 실제 오디오 증폭기는 고조파 성능이나 자체 기생발진 억제능력 등을 실험하기 위해 수백 kHz 정도까지 필요하다.

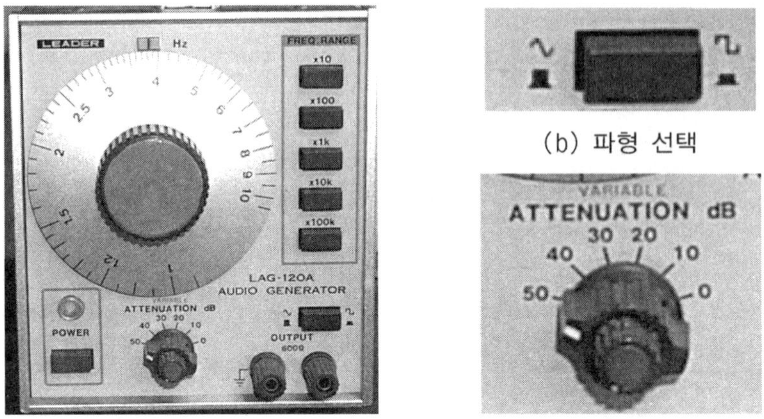

(a) 전체 외관

(b) 파형 선택

(c) 파형 크기

[그림 2-5-1] 오디오 신호 발생기의 예

① 주파수의 설정

오디오 신호 발생기의 주파수 선택은 [그림 2-5-1(a)]에 나타낸 바와 같이 발생범위 설정 스위치와 주파수 선택 다이얼을 조절해 이루어진다.

② 출력파형 선택

오디오 신호 발생기는 일반적으로 [그림 2-5-1(b)]와 같이 정현파와 구형파 2개 파형이 출력되는 단순한 형태로 되어 있다.

③ 출력 크기 조절

발생시킬 신호의 크기는 [그림 2-5-1(c)]와 같이 스위치에 의해 크기범위를 선택하고, 가운데 위치한 가변저항에 의해 미세조절 할 수 있다. 이 신호 발생기는 감쇄비(attenuation)로서 표현하고 있다.

(2) 함수 발생기

함수 발생기(Function generator)는 일반적으로 오디오 신호 발생기에 비해 발생 주파수 대역이 더 높고 파형도 정현파, 구형파 이외에 삼각파가 추가되었으며, 또한 이들 파형들의 듀티 비를 조절해 톱니파나 PWM 파 등 각종 함수의 파형을 발생시킬 수 있다. 또한 출력의 종류도 TTL 전압출력과 일반출력을 발생하고 이 이외에 여러 가지 부가기능이 추가되어 오디오 신호 발생기에 비해 한층 복잡하고 다양한 기능을 가지고 있다. [그림 2-5-2]에 이러한 함수 발생기의 예를 나타내었다.

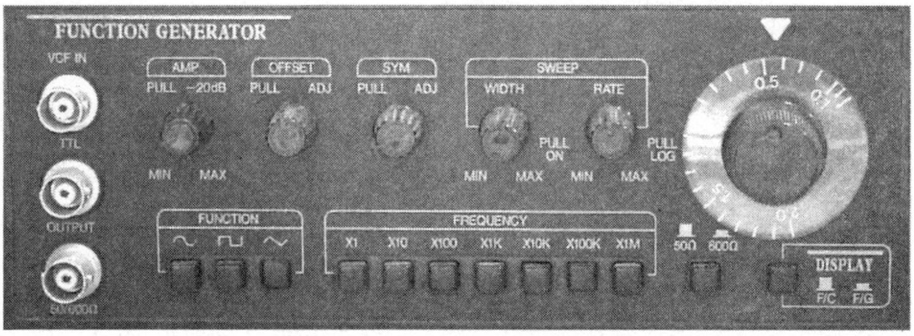

[그림 2-5-2] 함수 발생기의 예

① 주파수의 설정

발생시킬 주파수 설정은 앞서 오디오 신호 발생기와 마찬가지로 [그림 2-5-3(a)]와 같은 주파수 범위 스위치에 의해 범위를 선택한 후 [그림 2-5-3(b)]의 다이얼을 돌려 원하는 주파수를 설정한다. 발생 주파수의 범위는 기기마다 차이가 있다.

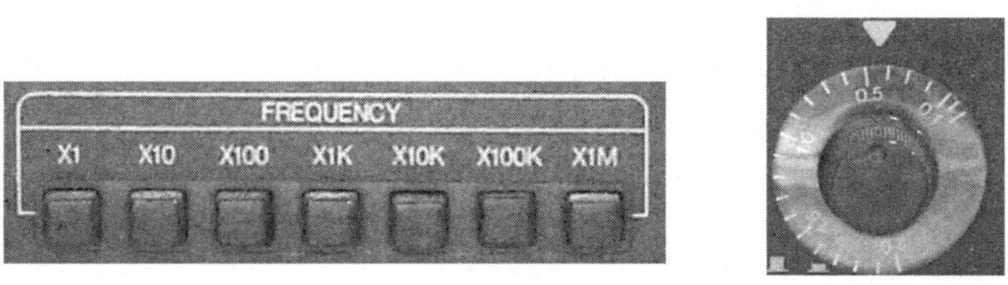

(a) 주파수 범위 선택 스위치 (b) 주파수 설정 다이얼

[그림 2-5-3] 함수 발생기의 주파수 설정 단자들

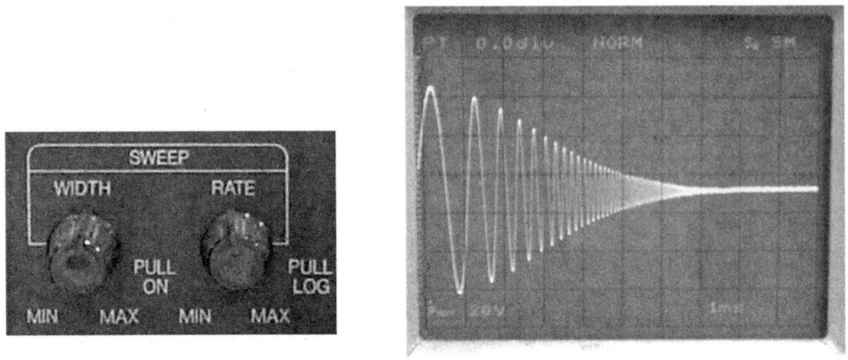

(a) 스윕조절 단자들 (b) 스윕을 이용한 필터 특성측정의 예

[그림 2-5-4] 스윕 기능의 예

일반적인 함수 발생기는 [그림 2-5-4]에 나타낸 바와 같은 스윕(sweep) 기능이 내장되어 있는데, 이는 앞서 설정한 주파수보다 더 낮은 주파수로부터 설정 주파수까지 연속으로 자동 가변시키는 기능으로서 마치 점차 소리가 높아지는 소방차 사이렌과 유사한 기능이라 할 수 있다.

그림에 나타낸 2개의 단자 중 'WIDTH'는 주파수를 얼마나 낮은 곳에서부터 출발시킬 것인지를 설정하는 것으로서, 폭이 넓어지면 더 낮은 주파수부터 현재 설정 주파수까지 변화한다.

'RATE'는 낮은 주파수로부터 현재 설정 주파수까지 스윕을 얼마나 자주 할 것인지를 설정하는 것으로서, 이 비율을 높게 하면 스윕을 빠르게 진행한다.

이 기능은 필터와 같이 주파수에 관련된 회로의 특성을 측정할 때 낮은 주파수로부터 설정 주파수까지 주기적으로 반복해 발생시키고 이에 대한 회로의 반응을 오실로스코프로 관찰하면 [그림 2-5-4(b)]와 같은 주파수 응답 특성을 관찰할 수 있다.

기종에 따라서는 스윕할 전압을 외부에서 입력해 이 전압에 의해 주파수가 발생하는 일종의 VCO(Voltage Controlled Oscillator) 기능이 부가된 것도 있다.

② 출력파형 선택

함수 발생기의 출력파형 조절은 오디오 신호 발생기의 경우보다 상당히 복잡하고 다양한 기능을 가지고 있다. 파형 선택은 [그림 2-5-5(a)]에 나타낸 바와 같이 오디오 신호 발생기에 비해 삼각파가 추가되었지만 이들은 [그림 2-5-5(b)]의 기능들과 복합되어 매우 복잡한 파형을 생성할 수 있다.

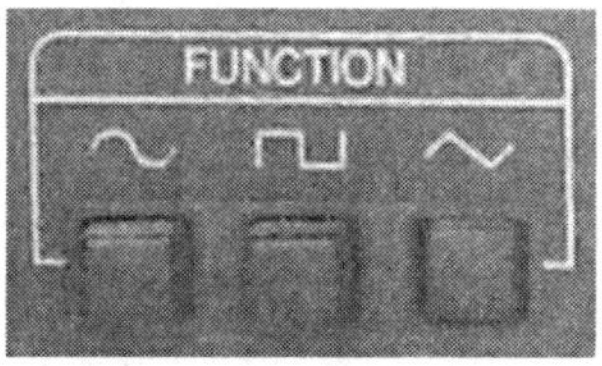

(a) 파형 선택 스위치

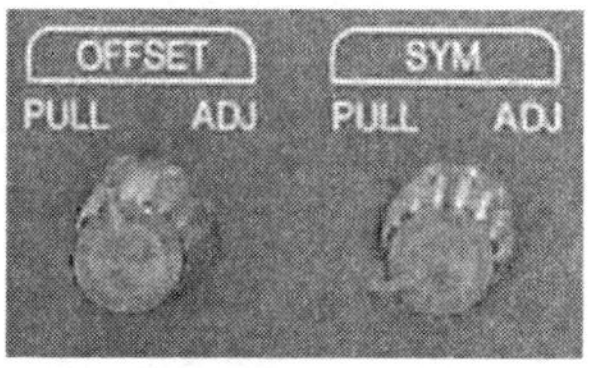

(b) 파형조절 단자들

[그림 2-5-5] 출력파형 조절용 단자들의 예

OFFSET 단자는 평소에 눌러 놓으면 작동하지 않아 출력파형들은 0V를 기점으로 (+)와 (−)를 오가는 진정한 교류가 나타난다. 그러나 OFFSET 단자를 당겨서 작동시키면 0V 기준점이 이동해 [그림 2-5-6]과 같이 일종의 바이어스가 걸린 출력이 발생한다. 참고로, 오디오 신호 발생기를 이용해 디지털 실험용 파형을 생성하려면 이와 같은 OFFSET 기능이 없으므로 0V를 중심으로 한 구형파가 발생하므로 클리핑 회로 등을 추가해 파형의 하한선이 0V가 되도록 변환해야 한다.

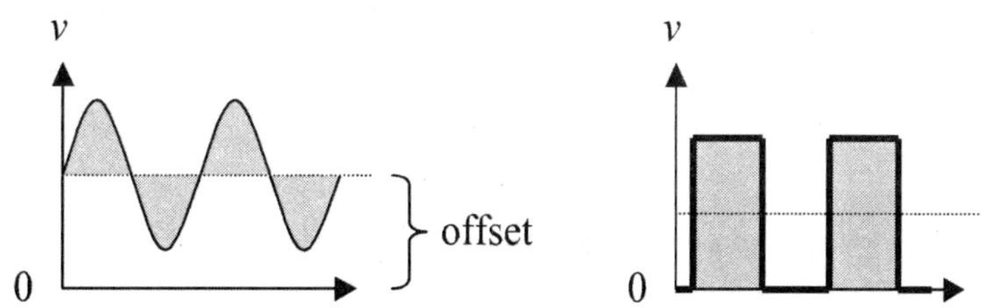

[그림 2-5-6] OFFSET을 추가한 파형의 예

SYM 단자는 'Symmetric'의 약자로서 파형의 대칭성을 조절하는 것인데, 정현파의 경우 [그림 2-5-7]의 (a), (b)와 같이 일그러진 파형을 생성할 수 있다. 이는 수학적 의미로는 cosine 함수에 sine의 고조파가 섞여 있는 함수이다.

구형파의 경우에는 [그림 2-5-7]의 (c), (d)와 같이 듀티(duty)가 변화되는 함수를 변화시킬 수 있으며, 삼각파의 경우에는 [그림 2-5-7]의 (e), (f)와 같이 삼각파 균형을 조절해 톱니파 함수 파형 등을 생성할 수 있다.

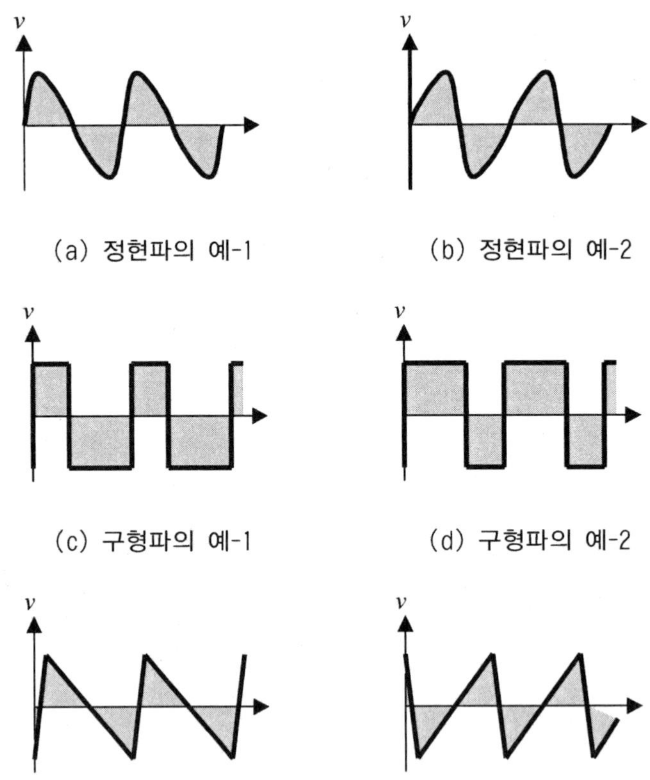

(a) 정현파의 예-1 (b) 정현파의 예-2

(c) 구형파의 예-1 (d) 구형파의 예-2

(e) 삼각파의 예-1 (f) 삼각파의 예-2

[그림 2-5-7] SYM 단자에 의한 파형의 예

(a) 출력단자들

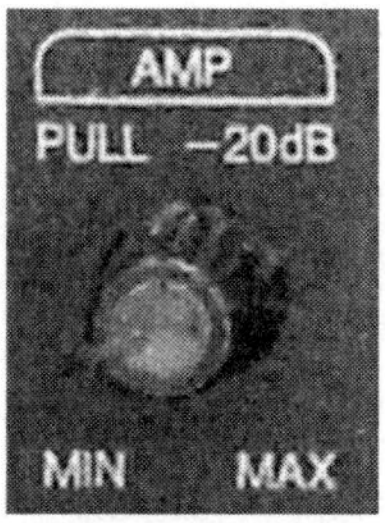

(b) 크기조절 단자

(c) 임피던스 조절 스위치

[그림 2-5-8] 출력 조절을 위한 단자들

③ 출력 크기 조절

함수 발생기의 출력은 일반적으로 [그림 2-5-8(a)]에 나타낸 바와 같이 TTL과 일반 OUTPUT이 있다. TTL은 파형과 크기 조절에 상관없이 항상 TTL 레벨의 구형파 출력이 발생하고, OUTPUT은 파형과 크기 조절 및 offset 등에 의해 설정된 출력이 발생한다.

크기 조절은 오디오 신호 발생기와 마찬가지로 조절하는데, [그림 2-5-8(b)]에 나타낸 기종은 'Attenuation'이라는 용어 대신 'Amplitude'라는 용어를 사용했다. 그리고 이 스위치를 당기면 크기가 −20dB 감소해 미세한 크기의 출력을 조절할 수 있다. 또한 [그림 2-5-8(c)]와 같은 임피던스 스위치가 장착되어 있어 필요에 따라 OUTPUT 단자의 출력 임피던스를 조절할 수 있다. 오디오 신호 발생기에서는 대부분 600Ω으로 고정되어 있다.

(2) 직류 전원공급장치

직류 전원공급장치(DC Power Supply)는 측정 및 실험에 필요로 하는 전원을 공급하는 장치로서 실험 중 잘못된 상황이 발생하여 과전류가 흐를 경우 이를 차단하는 안전장치 등이 내장되어 있다. 직류 전원공급장치의 예를 [그림 2-5-9]에 나타내었다.

[그림 2-5-9] 직류 전원공급장치의 예

① 전압설정

전압설정 단자는 필요로 하는 전압을 설정하는 단자로서 일반적으로 [그림 2-5-10(a)]와 같이 Volt 단자(Coarse라고도 한다)와 Fine 단자로 구성되어 있다. Volt 단자는 전압을 큰 단위로 설정하는 것으로서, 원하는 전압 근처까지 이 단자로 전압을 조절한다. Fine 단자는 미세한 전압을 조절하는 것으로서 앞서 Volt에 의해 조절된 전압에 대해 미세한 조절을 가한다.

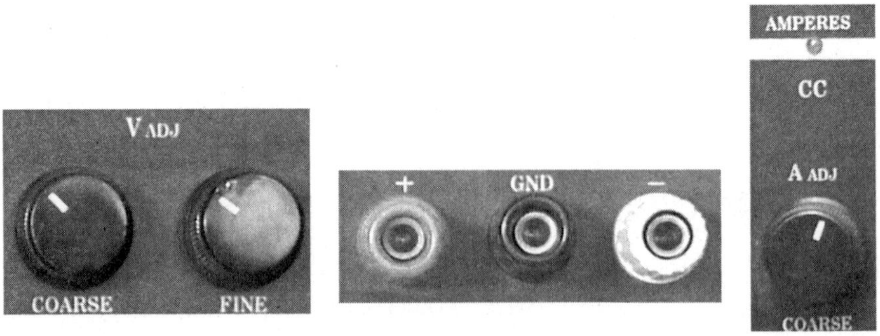

(a) 전압조절 단자들 (b) 전압출력 단자 (c) 전류설정 단자

[그림 2-5-10] 직류 전원공급장치의 조절단자들

전압출력은 일반적으로 [그림 2-5-10(b)]에 나타낸 바와 같이 3개의 단자로 이루어져 있는데, (+)와 (−)는 전원출력의 극성을 의미하고, (GND)는 샤시 접지를 의미한다. 따라서 (+) 전원이 필요한 경우 (−)단자와 (GND) 단자를 연결해 사용하고, (−) 전원이 필요한 경우에는 (+)단자와 (GND) 단자를 연결해 사용한다. 만약 (GND) 단자와 아무것도 접속하지 않으면 이 전원은 독립전원과 같이 사용된다.

② 전류설정

전류설정 단자(Current)는 이를 설정하면 이만큼의 전류가 흐르는 것이 아니라 설정해 놓은 전류 이상의 전류가 흐르면 자동으로 전원출력을 차단하는 안전장치이다. 여기서 '차단'이란 전압이 전혀 출력되지 않는 것을 의미하는 것이 아니라 설정한 전류만큼만 흐르는 전압으로 강제로 줄인다는 것이다. 따라서 차단 상태가 되면 전압을 증가시켜도 더 이상 증가하지 않는다.

출력이 차단되면 이를 알리는 램프(그림 2-5-10(c)의 'CC(Current Cut)')가 작동해 사용자는 이에 적절한 조치를 취할 수 있으며, 만약 회로에서 필요로 하는 전류에 아직 미치지 않았는데 전류가 차단되면 전류설정 단자를 더 높여 사용한다. 따라서 어떤 회로의 상태를 확실하게 모르는 경우에는 일단 전류를 최소로 설정한 후 실험을 시작하고, 진행하면서 점차로 높여간다.

③ 2채널 동작

일반적으로 직류 전원장치는 2채널의 전원장치를 가지고 있기 때문에 이를 이용해 서로 다른 2개 전압이나 또는 연산증폭기에서 사용하는 극성이 다른 양 전원을 쉽게 얻을 수 있다.

[그림 2-5-11(a)]에는 연산증폭기용 양 전원을 얻기 위한 접속의 예로서 왼쪽 채널에서는 +12V를, 오른쪽 채널에서는 −12V를 얻고 있으며, 이들의 기준점을 명확히 하기 위해 (GND) 단자는 점선으로 표시한 곳 중 한 곳만 접속하면 된다.

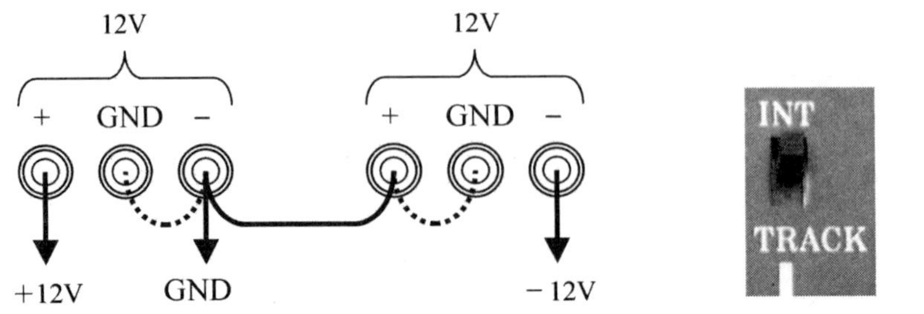

(a) 회로 접속의 예

(b) Track 스위치

[그림 2-5-11] 2채널 동작 및 전압조절 스위치

단, 양 전원 전압을 회로에 인가할 때는 한 채널씩 조절하면 조절 중에는 양쪽의 전압이 서로 달라지므로 회로의 중점이 무너져 회로가 파손되는 경우가 있다.

따라서 이러한 양 전원을 사용할 때는 회로와의 접속을 끊고 전압을 조절한 후 전원공급장치 전원을 끄고 회로와 연결한 후 다시 전원을 켜면 양 전원은 회로에 동시에 투입되므로 앞서와 같은 중점이 무너지는 상황이 발생하지 않는다.

또한 전원공급장치에 따라서는 [그림 2-5-11(b)]에 나타낸 바와 같은 Track 기능이 제공되기도 하는데, 이 기능을 켜 놓으면 양 채널 중 한쪽 채널을 조절하면 나머지 채널도 함께 동일한 전압으로 설정되므로 ±12V와 같이 양쪽 전압이 극성만 다를 뿐 동일한 전압인 경우 매우 편리하게 사용할 수 있다.

6. 센 서

각종 장치를 제어하기 위해서는 전기량 이외에 온도, 광량, 자기량 등의 물리량을 측정해야 하는 경우도 많은데, 예를 들어 에어컨이나 커피 자동판매기 등에서는 온도의 검출이 필요하고, 카메라 등에서는 광량의 검출이 필요하다.

따라서 이 장에서는 물리량 검출을 위한 소자인 센서에 관해 살펴본다. 또한 센서 소자의 출력은 일반적으로 전압이나 전류 형태로 나타나는데 (가끔 저항이나 커패시턴스 또는 인덕턴스의 변화로서 나타나기도 하지만, 이는 전압이나 전류로 쉽게 변환 가능하다), 출력신호가 매우 미약해 잡음에 쉽게 오염될 수 있으므로 이를 방지하면서 다음 단에 접속된 회로에서 처리할 수 있을 만큼 충분한 크기로 증폭하기 위한 노턴 증폭회로에 관해 간단히 살펴본다.

(1) 센서의 종류 및 특징

(1) 센서와 트랜스듀서

각종 환경요소를 검출하기 위한 기기는 센서(sensor)와 트랜스듀서(transducer)가 있는데, 센서는 환경요소를 전기적 신호로 변환하는 기기이고 트랜스듀서는 환경요소를 전기뿐만 아니라 힘이나 길이 등 물리적 결과로 변화시키는 기기를 모두 포함한다.

즉, 센서는 트랜스듀서 중 일부에 해당되는데, [그림 2-6-1(b)]는 트랜스듀서의 예로서, 가습기 등에서 종종 사용하는 습도 트랜스듀서를 나타낸 것이다.

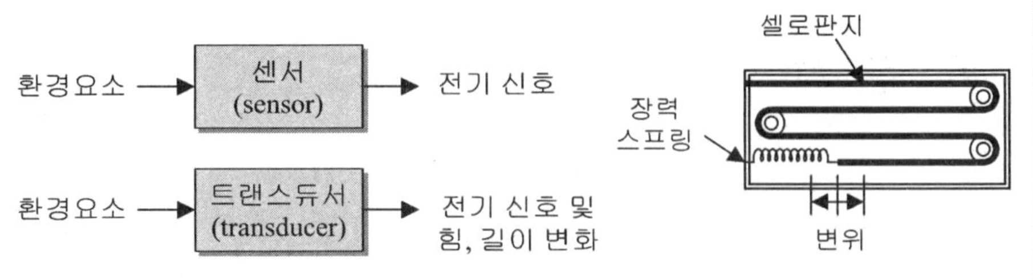

(a) 센서와 트랜스듀서의 개념 (b) 습도 트랜스듀서의 예

[그림 2-6-1] 센서와 트랜스듀서

셀로판지는 공기 중의 습도에 의해 늘어나고 줄어드는 성질이 있는데, [그림 2-6-1(b)]와 같이 길이가 긴 셀로판지의 늘어나고 줄어드는 양(변위)을 이용해 스위치를 on/off 시킬 수 있다.

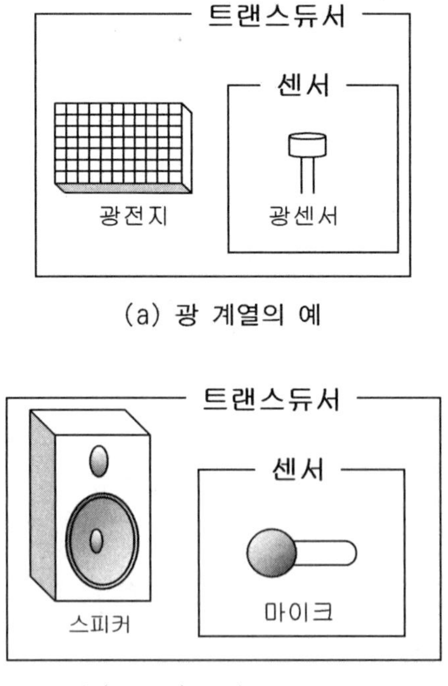

(a) 광 계열의 예

(b) 소리(진동) 계열의 예

[그림 2-6-2] 전기적 의미의 센서와 트랜스듀서의 범위

전기 분야에 국한해서의 센서라는 의미는 단지 검출을 위한 기기, 트랜스듀서는 다른 형태의 에너지로 변환하는 기기의 의미로 사용되기도 하는데, 예를 들어 [그림 2-6-2]에 나타낸 바와 같이 빛의 유무를 검출해 전기신호로 나타내는 기기는 센서이면서 트랜스듀서이고, 빛 에너지를 전기에너지로 전환하는 광전지 등은 트랜스듀서로 분류한다. 또한 소리신호를 전기신호로 변환하는 마이크는 센서이면서 트랜스듀서이지만 전기신호를 소리신호로 변환하는 스피커는 트랜스듀서이다.

각종 물리량을 검출하는 센서 중 3대 기본 센서가 있는데, 빛을 검출하는 광센서, 온도를 검출하는 온도 센서, 그리고 자기(磁氣)를 검출하는 자기 센서를 일컬으며, 이 이외에도 많은 종류의 센서들이 있다.

(2) 광센서

광센서는 빛을 검출해 이에 따른 전기적 변화를 일으키는 소자로서, 전기적 변화는 전압이나 전류, 또는 저항이 변화한다.

① CdS

CdS(황화카드뮴)는 이 소자를 구성하고 있는 물질의 화학 명으로서, 빛을 받으면 저항이 작아지는 성질을 가지고 있으므로 이를 이용해 빛을 검출한다. 소자의 외형은 [그림 2-6-3(a)]와 같으며 중앙의 지그재그 모양에서 빛을 감지해 양 극 사이의 저항이 변화한다.

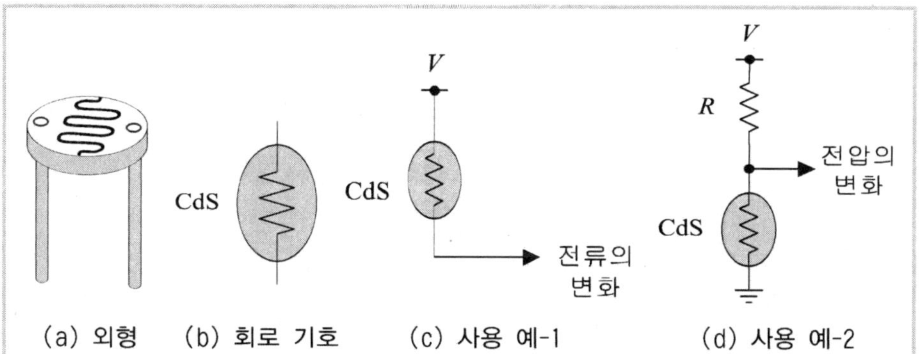

[그림 2-6-3] CdS의 외형과 기호

[그림 2-6-3(c)]는 전류 형태로 출력이 나타나는 회로의 예로서, CdS의 저항값이 변화하면 이에 따라 출력 전류가 변화한다. [그림 2-6-3(d)]는 전압 형태로 출력이 나타나는 예로서, CdS의 저항값이 변화하면 보조저항 R과의 전압배분 비율에 의한 전압이 나타난다.

이들 회로의 출력은 0부터 나타나는 것이 아니라 어느 정도 값부터 나타나기 때문에 이를 감안해 회로를 설계해야 한다. 만약 0을 기준으로 한 값을 얻기 위해서는 [그림 2-6-4]와 같은 회로를 사용한다.

[그림 2-6-4(a)]는 전압출력을 기준 전압과 비교해 그 차를 검출하는 것으로서, 전압차는 차동증폭기에 의해 가능하다. 이 회로는 일반적으로 [그림 2-6-4(b)]와 같이 브리지 형태로 표현한다. 회로에서 R_1, R_3은 휘트스톤 브리지의 보조저항들과 유사한 역할을 하는데, 센서 저항값이 변화할 때 발생하는 전압출력의 변화량을 고려해 값을 결정한다.

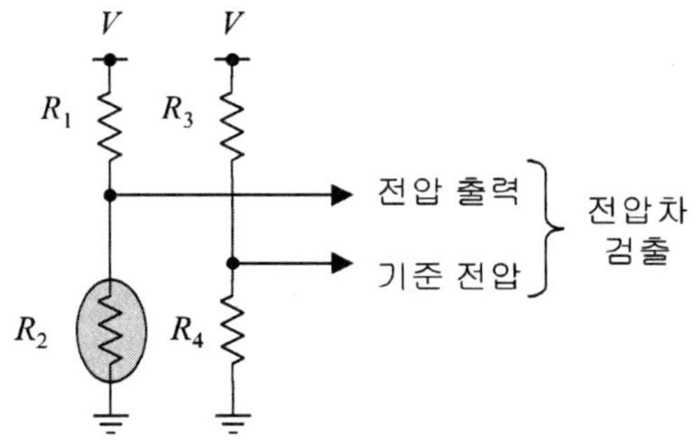

(a) 회로의 기본 원리

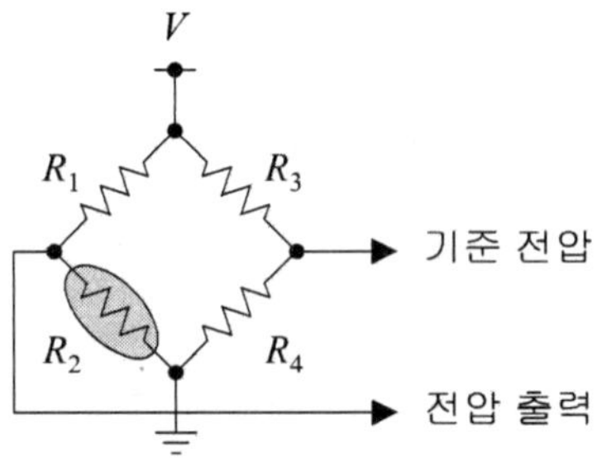

(b) 다시 그린 회로

[그림 2-6-4] 0점 기준 검출회로 예

CdS 소자는 빛의 변화에 대한 반응속도가 느린 반면 가격이 저렴하고 견고하며 사용법이 쉬워 가전제품이나 기타 다양한 용도에 걸쳐 널리 사용되고 있으며 그 예는 다음과 같다.

i) 텔레비전의 'Magic Eye' 기능

텔레비전이나 컴퓨터 모니터에 종종 Magic Eye라는 기능이 있는데, 이는 실내의 밝기가 밝아지면 텔레비전의 화면이 자동으로 밝아지고, 실내가 어두워지면 텔레비전의 화면이 자동으로 어두워져 실내 밝기에 따라 적절한 화면 밝기가 유지되는 회로이다.

이러한 기능의 원리회로는 [그림 2-6-5(a)]와 같이 텔레비전의 화면 밝기를 조절하는 가변저항 VR과 연동해 CdS 소자가 접속되어 있으며, 만약 실내 밝기가 밝아지면 CdS의 저항값이 작아져 가변저항으로 유입되는 전류량이 증가해 밝기조절 전압출력이 증가하므로 텔레비전의 화면이 밝아진다.

실내가 어두워질 경우에는 이와 반대의 동작에 의해 텔레비전의 화면이 어두워진다.

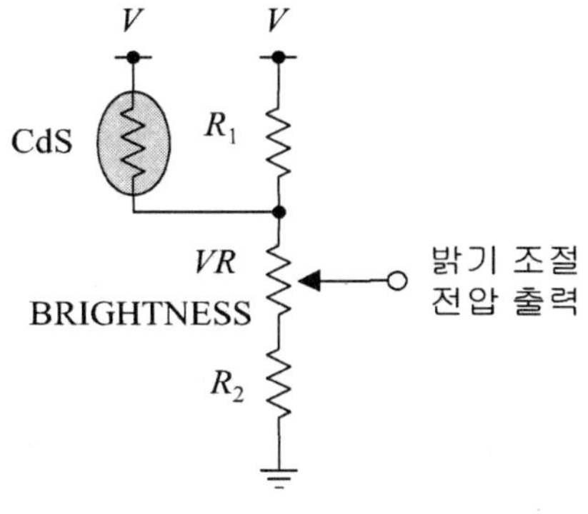

(a) 원리회로도

(b) CdS 센서 부분의 사진

[그림 2-6-5] CdS를 이용한 Magic Eye 기능의 예

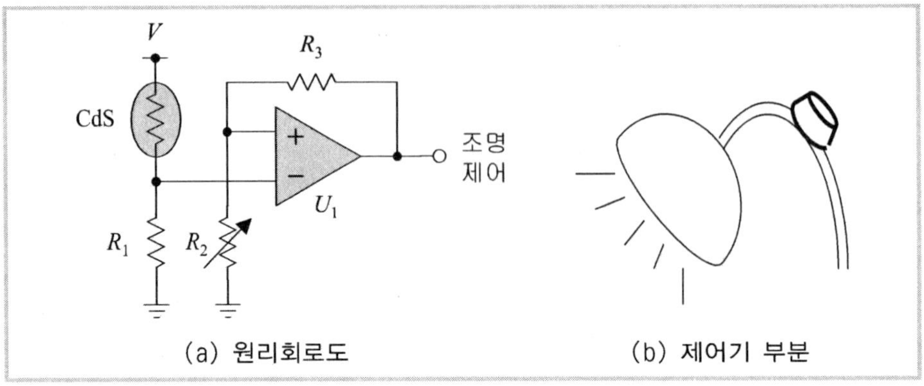

[그림 2-6-6] CdS를 이용한 가로등 자동점멸장치의 예

ii) 가로등 자동점멸장치

가로등이 저녁이 되면 자동으로 켜지고 아침이 되면 자동으로 꺼지도록 제어하는 장치에도 CdS가 이용되는데, 그 원리회로를 [그림 2-6-6(a)]에 나타내었다.

그림에서, 연산증폭기 U_1과 R_2, R_3에 의한 회로는 히스테리시스 특성을 가지도록 해 외부 밝기가 어느 정도 이하가 되기 전까지는 조명이 켜지지 않고, 일단 조명이 켜지면 외부 밝기가 어느 정도 이상이 되기 전까지는 조명이 꺼지지 않는다. 히스테리시스 특성에 관해서는 연산증폭기에 관한 전문 서적의 히스테리시스 특성을 참조하라.

iii) 조도계(照度計)

실내조명이나 실외 환경의 밝기 등을 측정할 때 사용하는 계기로서 [그림 2-6-7]에 회로 예를 나타내었다.

이 회로는 1.5V 건전지로 동작하는 것으로서 고감도 전류계를 이용해 광량을 표시하고 있다. CdS로부터 검출되는 광량은 트랜지스터에서 증폭되므로 야간에도 사용할 수 있을 정도의 감도를 나타낸다. 빛이 없을 때라도 CdS의 저항값은 무한대가 되지는 않으므로 이때의 출력전압에서 미터기가 0점을 가리킬 수 있도록 저항 R_1과 R_2에서 미리 전압을 인가해 두고 VR_1을 조절해 0점 조절을 한다. VR_2에 의해 최대 광량에서 미터기가 최대 눈금을 가리키도록 조절한다.

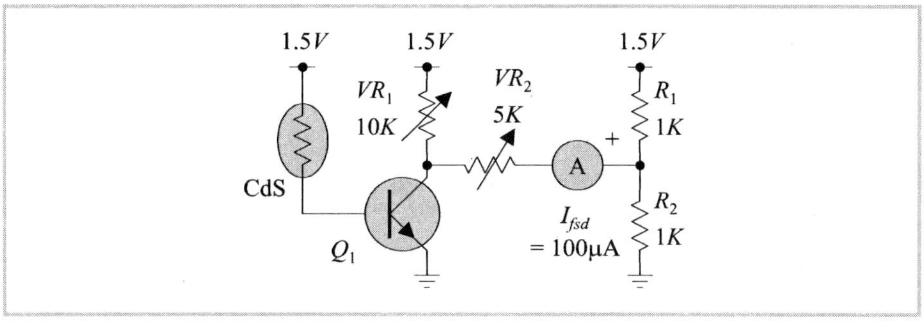

[그림 2-6-7] 조도계 회로의 예

iv) 자동카메라

카메라에 부착되어 피사체의 밝기를 측정해 플래시 사용 여부를 결정하고 카메라 렌즈의 노출을 자동 조절한다.

v) 옵토 아이솔레이터

이는 두 회로 사이가 전기적으로 절연된 상태에서 신호를 전달하는 소자로서 구조는 [그림 2-6-8]과 같으며, 전구에 흐르는 전류를 조절하면 광량이 변하고 CdS에 이에 비례하는 저항값의 변화가 나타난다.

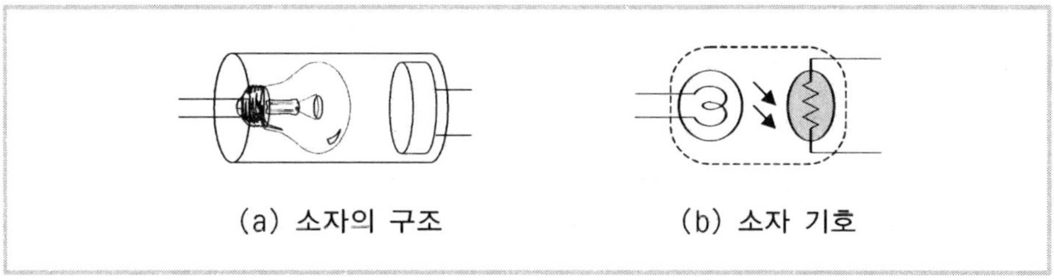

[그림 2-6-8] CdS에 의한 옵토 아이솔레이터

② 포토다이오드

포토다이오드는 다이오드의 접합 지점에 빛이 닿으면 역방향 전류가 증가하는 성질을 이용한 광센서로서, 빛에 대한 반응속도가 빠르고 구조가 간단하기 때문에 대량의 소자를 집적(集積)시켜 사용하기도 한다.

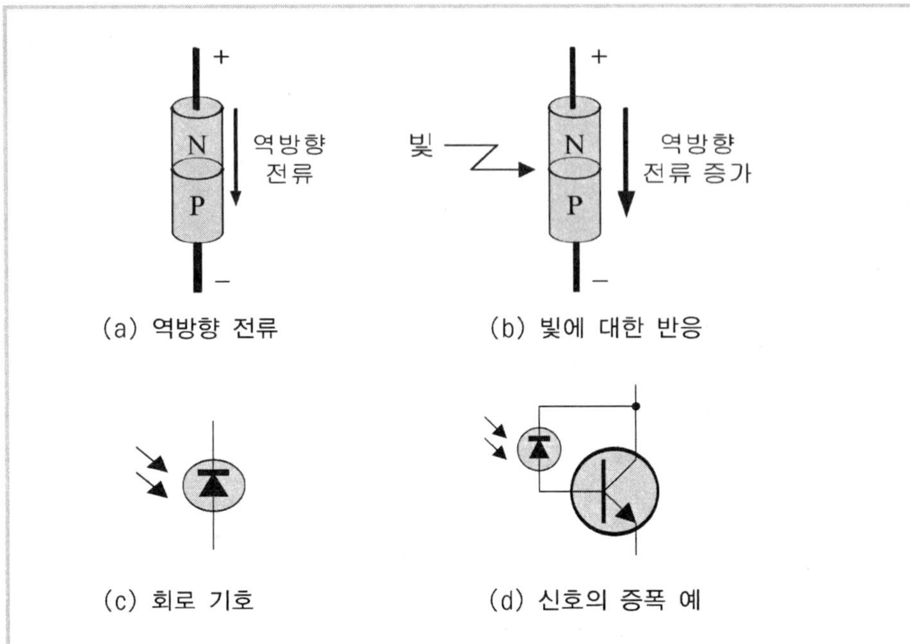

[그림 2-6-9] 포토다이오드의 원리 및 기호

다이오드의 역방향 전류는 크기가 미약하므로 [그림 2-6-9(d)]와 같이 증폭해 사용하기도 한다. 이 소자의 응용 예는 다음과 같다.

i) 팩시밀리/스캐너

소자의 구조가 간단해 IC화가 쉬워 '1차원 CCD' 소자를 구성해 팩시밀리나 컴퓨터 스캐너의 원고 입력용 소자로 사용된다. [그림 2-6-10]에 평판형 스캐너에 내장된 CCD를 나타내었다.

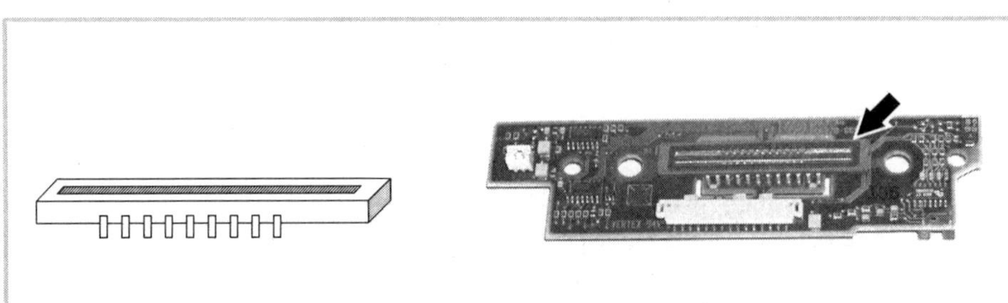

[그림 2-6-10] 스캐너에 사용된 1차원 CCD

ii) 디지털 카메라

팩시밀리/스캐너용 1차원 CCD를 2차원으로 구성해 디지털 카메라의 화상 입력소자의 기본 부품으로 사용된다. [그림 2-6-11]에 나타낸 것은 소형 8미리 비디오카메라에 내장된 렌즈 어셈블리 부분과 CCD 부분의 사진이다.

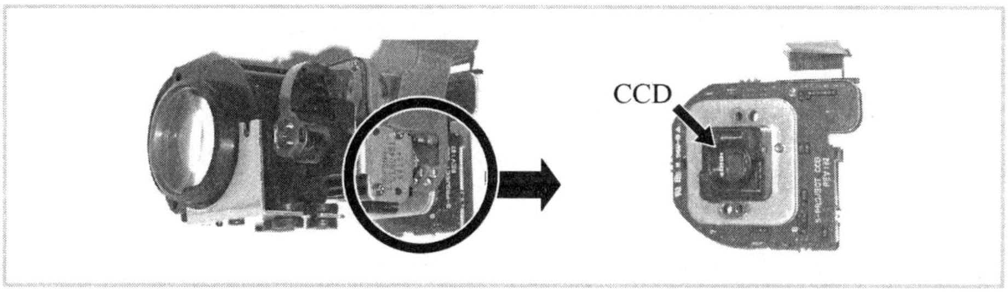

[그림 2-6-11] 카메라에 사용된 2차원 CCD

iii) 광 마우스

컴퓨터용 마우스에 디지털 카메라용 소자를 간소화해 부착하고 닿아 있는 바닥의 형상을 검출하면 마우스의 움직임을 검출할 수 있다.

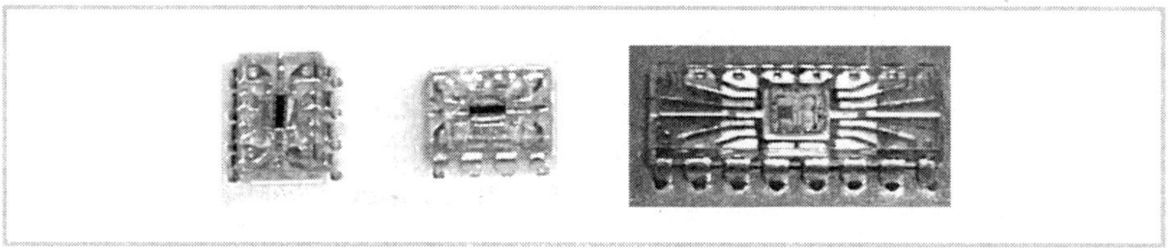

[그림 2-6-12] 광 마우스에 사용되는 센서들

③ 포토트랜지스터

포토트랜지스터는 포토다이오드의 미약한 전류를 증폭해 출력을 발생하는 소자로서 [그림 2-6-13(a)]에 나타낸 바와 같이 트랜지스터의 컬렉터와 베이스 접합부에 빛이 닿으면 포토다이오드와 마찬가지로 역방향 전류가 증가하는데, 이 전류는 트랜지스터의 베이스 전류에 해당하므로 크게 증폭돼 출력으로 나타난다.

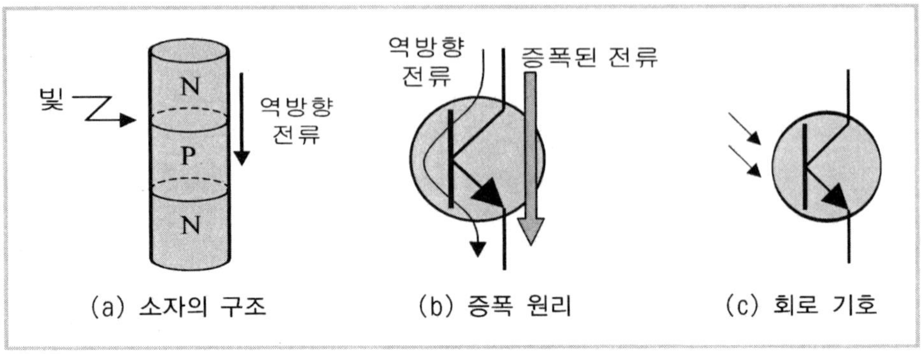

[그림 2-6-13] 포토트랜지스터의 원리 및 기호

포토트랜지스터는 포토다이오드에 비해 감도가 뛰어나고 출력전류가 커 잡음에 강하나 컬렉터와 베이스 접합 부분에서 빛을 검출하고 이 신호가 증폭되기 때문에 밀러 효과에 의한 용량 증가로 인해 반응속도가 포토다이오드에 비해 매우 느려 저속용으로만 사용한다.

이 소자는 일반 트랜지스터와 같이 [그림 2-6-14(a)]와 [그림 2-6-14(b)]의 접지회로를 사용할 수 있으며, 그 특성(출력 위상, 임피던스 등)은 트랜지스터 회로의 경우와 동일하다. 소자의 감도가 지나치게 높으면 [그림 2-6-14(c)]와 같이 베이스 단에 저항을 삽입해 감도를 조절할 수 있고 이 단자에 바이어스 회로를 인가하면 아날로그 검출에 사용할 수 있다. 이 소자는 가시광선보다는 적외선 영역을 검출하면 활용영역이 크게 넓어질 수 있는데 이에 관해서는 다음 항에 별도로 설명한다.

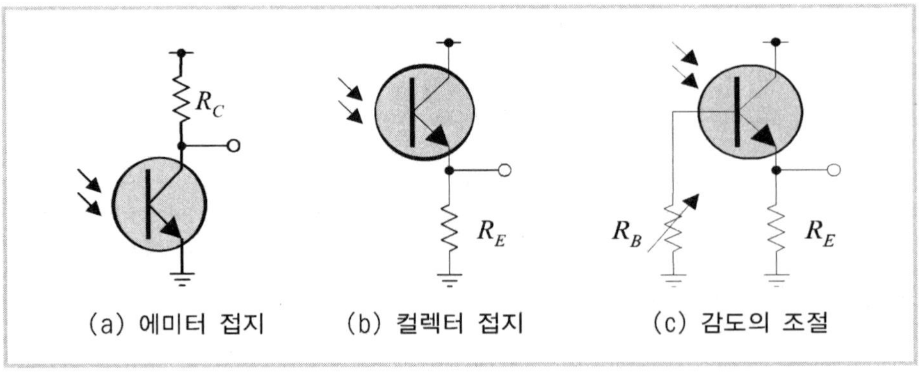

[그림 2-6-14] 소자의 사용방법

i) 옵토 아이솔레이터

앞서 CdS에 의한 옵토 아이솔레이터는 반응속도가 느린데 비해 LED와 포토트랜지스터를 이용하면 훨씬 높은 주파수의 신호를 전달할 수 있다.

(a) 내부 구성 (b) 회로 기호

[그림 2-6-15] 옵토 아이솔레이터

ii) 라이트 펜

컴퓨터 화면에 펜으로 직접 위치를 지시하는 기기인 라이트 펜은 [그림 2-6-16]에 나타낸 바와 같이 펜의 끝 부분에 포토트랜지스터가 장착되어 있고, 화면에 밀착시키면 라이트 펜이 위치한 부분에 CRT의 주사점이 지날 때 신호가 검출돼 화면상의 펜 위치를 알 수 있다.

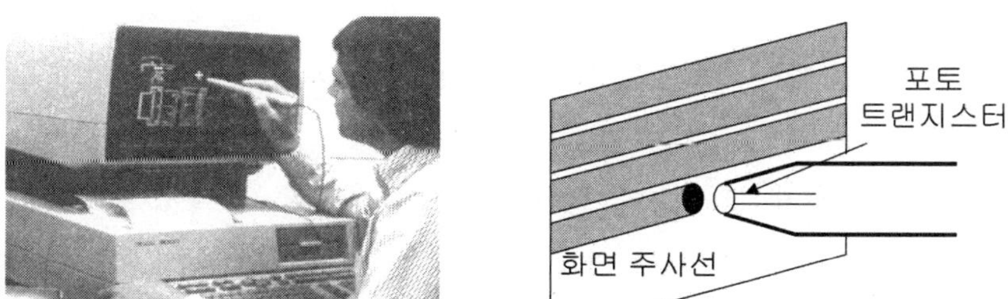

(a) 라이트 펜의 사용 모습 (b) 라이트 펜의 구조

(사진 : Trainor, Krasnewich 저, Computers! McGrewHill)

[그림 2-6-16] 라이트 펜

iii) 연기 감지기

포토트랜지스터의 특이한 사용 예로서 연기를 감지해 화재 상황을 검출하는 기기의 원리를 [그림 2-6-17]에 나타내었다.

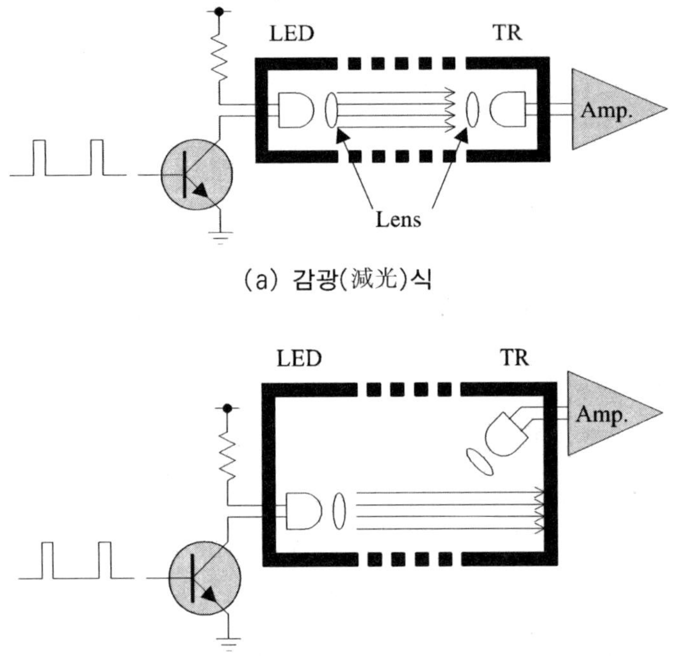

(a) 감광(減光)식

(b) 산란광식

[그림 2-6-17] 포토트랜지스터를 이용한 연기 감지기의 원리

[그림 2-6-17(a)]는 감광(減光)식 감지기의 원리를 나타낸 것으로서, 연기가 없는 상태에서는 LED에 펄스신호를 인가해 발생하는 빛이 반대편의 포토트랜지스터에 도착하기 때문에 연기가 없는 것을 감지할 수 있다. 암실 내에 연기가 들어오면 LED의 빛이 도중에 연기에 의해 산란되어 포토트랜지스터에 도달하는 양이 줄어들며 어느 한계 이상 줄면 이를 화재가 발생한 것으로 판단할 수 있다.

[그림 2-6-17(b)]는 산란광식 감지기의 원리를 나타낸 것으로서, 연기가 없는 상태에서는 빛이 모두 직진해 포토트랜지스터에는 감지되지 않는다.

그러나 암실에 연기가 들어오면 이 빛이 산란되어 다른 각도에 있는 포토트랜지스터에 빛이 감지되며, 이를 이용해 연기 여부를 검출할 수 있다.

LED를 펄스로 구동하는 이유는 빛의 절대량보다는 상대량을 측정하기 위한 것으로서, 이 감지기가 설치된 장소의 조명 등에 의해 암실에 들어온 빛은 무시해야 하므로 펄스가 입력되었을 때 포토트랜지스터에 검출되는 변화량을 감지한다.

또한 변조광의 듀티를 낮춤으로 인해 발광소자의 순간 광출력을 높일 수 있으면서도 수명을 연장할 수 있다.

실제로는 회로의 간단함과 동작의 확실성 때문에 두 가지 방식 중 주로 산란광식을 사용하는데, 특히 실제 화재 시 불에 의한 강한 불빛이 암실에 들어왔을 경우 감광식은 빛의 줄어듦이 불빛에 의해 검출되지 않는 오작동을 할 경우가 있다.

이에 비해 산란광식은 강한 불빛이 들어올 경우 오히려 경보를 울리기 때문에 설령 이것이 오작동인 경우라 할지라도 화재가 발생해도 검출하지 못하는 감광식의 오작동보다는 화재가 발생하지 않았지만 발생했다고 하는 오작동이 더 안전하다.

④ 적외선 센서

적외선 센서는 기본적으로 포토다이오드나 포토트랜지스터의 원리와 동일하지만, 가시광선 영역이 아닌 적외선 영역에서 반응하도록 되어 있다. 특히 적외선 센서의 반응 영역을 자연광에 없는 영역으로 제작하면 일반 공간 중에서도 일반광의 유무에 상관없이 검출할 수 있어 활용영역이 크게 넓어진다.

ⅰ) 리모컨

가전제품 등에 사용하는 리모컨은 대부분 적외선을 사용하는데, 리모컨의 단추를 누르면 앞부분에 내장된 적외선 LED(그림 2-6-18(a))에서 디지털 코드화된 적외선이 발사되며, 이를 수신부의 적외선 센서(그림 2-6-18(b))에서 수신한다.

(a) 적외선 발신부　　　(b) 적외선 수신부

[그림 2-6-18] 리모컨 발신기와 수신기

ii) 통과형 센서

적외선 발신부와 수신부를 [그림 2-6-19]의 예와 같이 배치하고 이 사이의 광선을 물체가 차단하면 통과 여부를 검출할 수 있는데, [그림 2-6-19(a)]는 버스의 승하차 계단에 설치된 센서의 예로서, 계단에 사람이 서 있으면 적외선이 차단되어 이를 검출해 운전석에 알려 멀리 떨어져 있는 운전자가 이 상황을 알 수 있다.

[그림 2-6-19(b)]는 볼링장에 설치된 적외선 센서의 예로서, 레인에 사람이 올라서면 이를 검출해 사용자의 모습이 화면에 나타나도록 제어하고 게임이 시작됨을 주 컴퓨터에 알려 볼링 핀의 점수 계산 등을 시작한다.

[그림 2-6-19(c)]는 화장실에서 흔히 볼 수 있는 온풍에 의한 손 건조기인데, 손을 기기 내에 넣으면 적외선이 차단되어 기기를 자동으로 켜고, 손이 제거되면 일정 시간 후 자동으로 꺼진다.

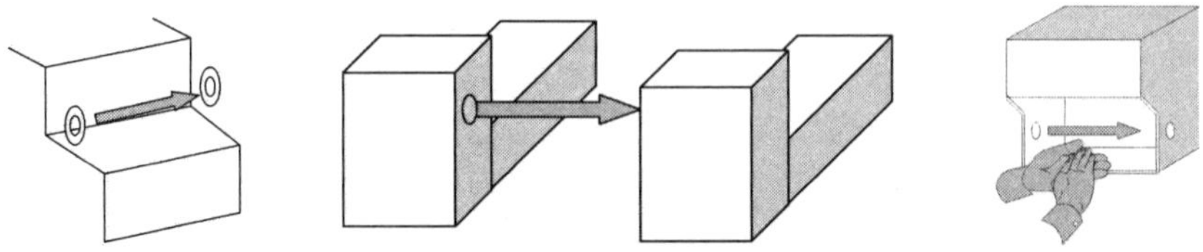

(a) 버스 계단 센서　(b) 볼링장의 레인 센서　　(c) 손 건조기

[그림 2-6-19] 통과 센서의 예

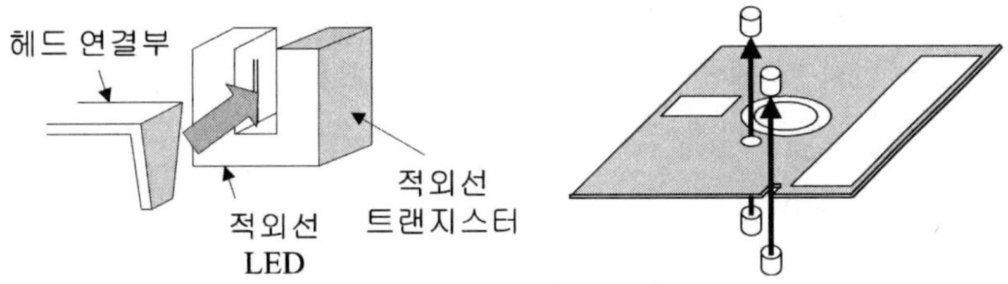

(a) 헤드 끝점 검출 (b) 기타 센서

[그림 2-6-20] 플로피 디스크 드라이브의 각종 센서들

컴퓨터의 플로피 디스크 드라이브나 CD 드라이브 등에도 많은 센서가 사용되며, [그림 2-6-20(a)]는 헤드가 끝까지 진행됨을 검출하는 센서로서 적외선 차단에 의해 위치를 알아낼 수 있는데, 이와 같은 용도로 사용하는 부품을 Opto-Interruptor라 한다. 또한, [그림 2-6-20(b)]와 같이 플로피 디스크의 쓰기 금지 탭(Write protector)을 확인할 때, 디스크의 0점 위치(Index hole)를 확인할 때도 각각 사용된다.

iii) 반사형 센서

적외선을 물체에 쪼이면 이는 광선이므로 반사하는데, 이를 검출해 물체의 유무를 알 수 있다. [그림 2-6-21(a)]는 자동문의 예로서, 위에 설치된 기기에서 적외선을 쪼이고 사람이 문 앞에 서면 반사되는 적외선이 강해지므로 자동으로 문을 연다. 같은 방법으로 남자 화장실에 설치된 자동 물 개폐기는 변기 앞에 사람이 서면 반사되는 적외선이 강해지므로 수도 밸브를 자동으로 연다.

(a) 자동문 (b) 화장실 자동 수도 밸브

[그림 2-6-21] 반사형 센서의 사용 예

ⅳ) 적외선 검출 센서

적외선 센서의 감도를 좋게 하면 적외선 발사 없이 생물체에서 방사되는 적외선을 직접 검출할 수 있다.

[그림 2-6-22] 적외선 검출 센서

그러나 단순히 적외선의 수준만을 검출하면 여름철 등 온도가 높을 때도 적외선이 존재하므로 일정 시간 내에 적외선 양이 크게 변화하는 것을 검출하면 적외선을 발사하는 생물체가 이동하는 것을 검출할 수 있으므로 움직임이 있을 때 조명 등을 켤 수 있다. 예를 들어 현관의 자동 점멸 조명이나 아파트 계단이나 복도 등에서 사용하는 자동 점멸 조명은 기기 앞에서 적외선을 방사하는 생명체의 이동이 검출되면 자동으로 조명을 켠다.

또한 초전 센서(파이로 센서라고도 한다)라는 적외선 센서 종류는 생물체에서 발생되는 특유의 적외선 파장을 검출할 수 있으며, 최근의 자동 점멸 전등 제어는 대부분 이를 이용한다. 이 소자에 관해서는 온도 센서 절에서 다시 설명한다.

ⅴ) 적외선 카메라

적외선 센서들을 IC에 집적해 적외선 카메라를 구성할 수 있는데, 아파트 등에 설치된 비디오폰이 대표적인 예이다. 이는 조명이 없는 야간에도 방문자를 식별할 수 있도록 카메라 주위에 배치된 적외선 LED들이 조명으로서 켜진다.

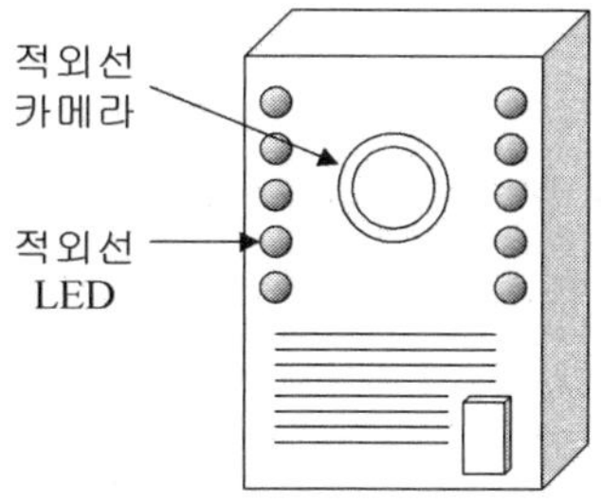

※ 참고 실험
비디오폰 카메라 앞에서 리모컨을 눌러 화면을 보면, 리모컨의 적외선 불빛을 확인할 수 있다. 또한, 비디오폰으로 앞집 비디오폰이 켜져 있을 때를 보면 비디오폰의 적외선이 얼마나 강하게 방사되는지 확인할 수 있다.

[그림 2-6-23] 적외선 비디오 폰

(3) 온도 센서

온도 센서는 온도에 따른 전기신호를 발생하는 소자로서 출력 종류에 따라 다음과 같은 부류가 있다.

- 열도전형 : 온도 변화에 따라 저항이 변화
- 열기전력형 : 온도 변화에 따른 전압이 생성
- 감열스위치형 : 일정 온도가 되면 스위치 동작

또한 온도를 검출하는 방법에 따라 매우 많은 종류가 있는데, 그중 우리 주위에서 흔히 볼 수 있는 몇 종류를 살펴본다.

① 서미스터

서미스터(thermistor)는 대표적인 열도전형 소자로서 온도변화에 따라 저항값이 변화한다. 이 소자는 가격이 저렴하고 비교적 정확하며 저항과 같이 취급할 수 있기 때문에 사용이 간편해 다양한 용도에 사용되고 있다. 예를 들어 에어컨의 온도를 검출해 제어하고, PC의 내부온도를 검출해 냉각 팬을 가동시키며, 커피 자판기의 물 온도 검출, 오디오 앰프의 온도에 따른 회로의 제어 등에 사용된다.

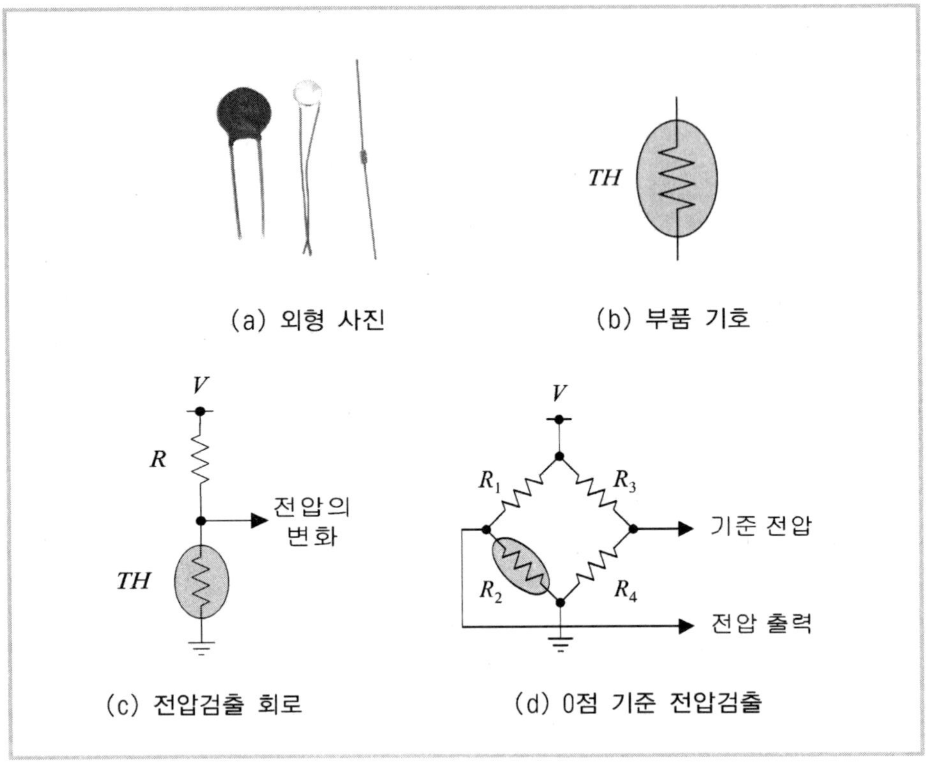

[그림 2-6-24] 서미스터

[그림 2-6-25]는 IBM-PC용 전원공급장치에 사용된 서미스터의 예로서, 온도의 높고 낮음에 따라 냉각팬을 제어하는데 [그림 2-6-25(b)]에 그 회로를 나타내었다.

[그림 2-6-25(b)]에서, 주변 온도가 높지 않을 때는 서미스터 TH의 저항은 크며, 따라서 저항 R_1과 배분되는 전압이 크다. 이 전압이 0.6V를 넘으면 트랜지스터 Q_1이 동작하고, 만약 이 트랜지스터가 완전히 포화된다면 [그림 2-6-25(c)]와 같이 나타낼 수 있으며, 따라서 R_2, R_3 저항에 의해 트랜지스터 Q_2의 베이스에는 다음과 같은 전압이 인가된다.

$$V_{B,COOL} = \frac{R_2}{R_2 + R_3} \cdot 12\text{V} = \frac{1.5\text{k}\Omega}{1.5\text{k}\Omega + 680\Omega} \cdot 12\text{V} = 8.26\text{V}$$

따라서 냉각 팬에 공급되는 전압은,

$$V_{FAN,COOL} = V_{B,COOL} - V_{BE} = 8.26\text{V} - 0.6\text{V} = 7.7\text{V}$$

즉, 본래의 냉각 팬 전압인 12V의 64%의 전압이 공급되어 천천히 회전한다.

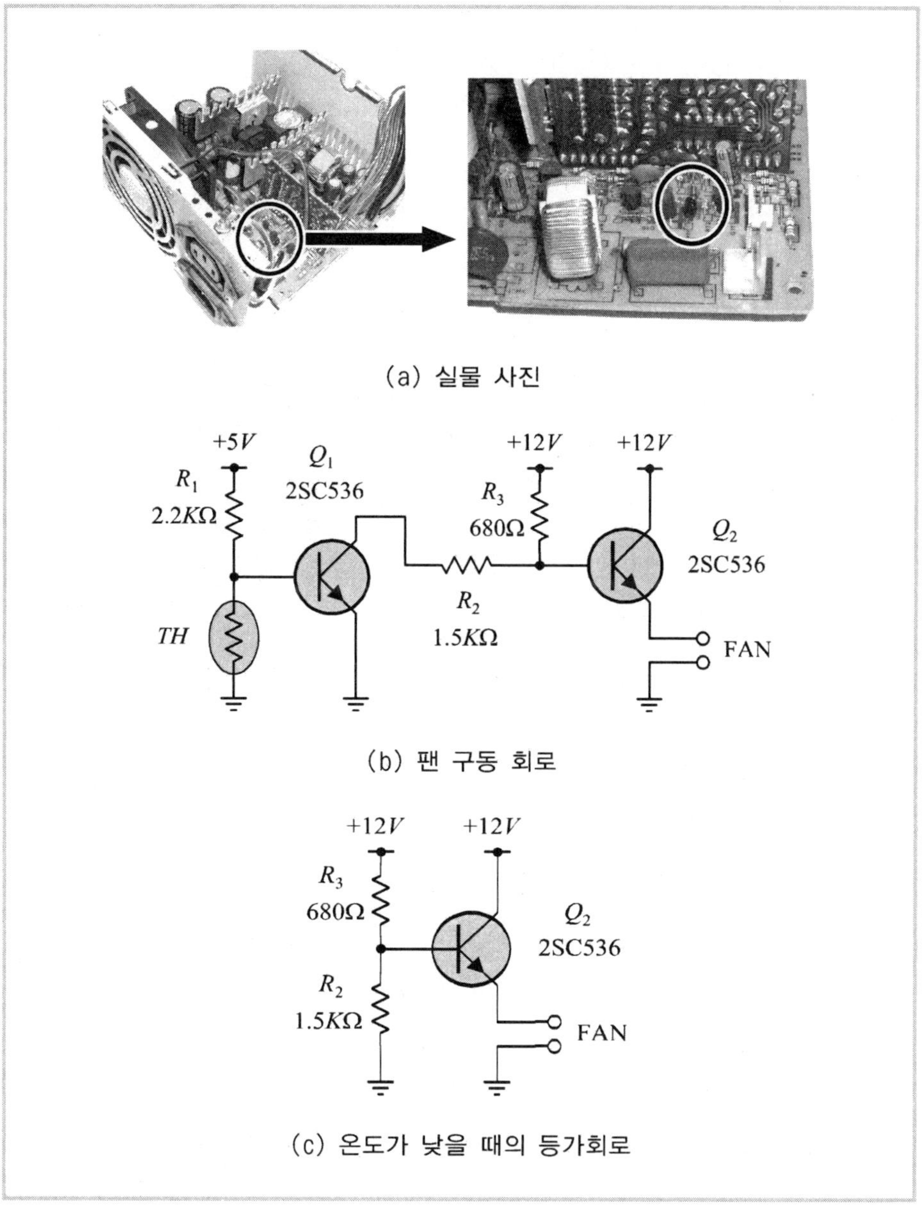

(a) 실물 사진

(b) 팬 구동 회로

(c) 온도가 낮을 때의 등가회로

[그림 2-6-25] IBM-PC의 전원공급장치에 사용된 서미스터의 예

만약 주변 온도가 높아지면 서미스터의 저항이 작아지며, 저항 R_1과 배분되는 전압이 작아진다. 이 전압이 0.6V보다 작으면 트랜지스터 Q_1의 동작이 중단되고, 따라서 2번째 트랜지스터 Q_2의 베이스에는 +12V가 모두 인가되어 냉각 팬에는 +11.4V가 공급되기 때문에 정상적인 회전을 한다.

서미스터를 이용하는 다른 예를 [그림 2-6-26]에 나타내었다. [그림 2-6-26(a)]는 컴퓨터 CPU 주변의 온도를 검출해 냉각 팬의 속도를 조절하고 시스템 과열을 검출하기 위한 센서를 나타낸 것이고, [그림 2-6-26(b)]는 오디오 회로의 증폭단 온도에 따른 회로의 바이어스를 조절해 BJT의 열폭주 현상을 방지하기 위한 센서를 나타낸 것이다.

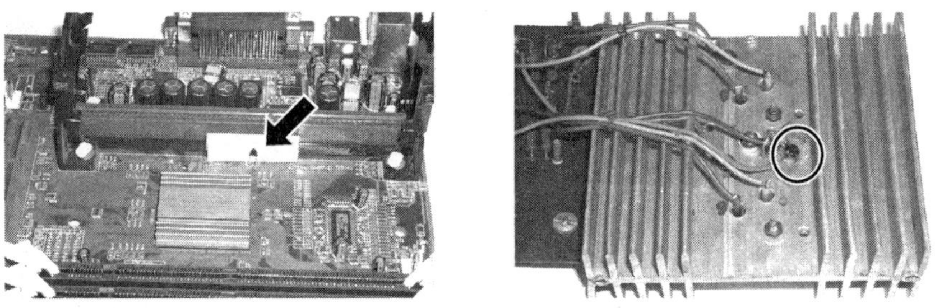

(a) 컴퓨터 보드 온도검출 부분 (b) 오디오 앰프 온도검출 부분

[그림 2-6-26] 서미스터의 다른 응용 예

② 열전대

열전대란 열전효과를 이용해 온도 변화에 따른 전압출력이 나타나는 소자로서, 레이저 프린터나 복사기의 가열 롤러 온도 검출, 전자제어식 석유난로의 온도검출 및 점화검출 등에 자주 사용된다.

열전효과란 전열기에 전기를 인가하면 열이 발생하는 원리와 반대의 현상으로서, 열전소자에 열을 가하면 이에 해당하는 전기가 발생하며, 이를 '열(熱)에 의한 전기(電氣)'라는 뜻으로 '열전(熱電)'이라 한다. [그림 2-6-27(c)]는 레이저 프린터 가열 롤러의 온도를 검출하는 열전소자로서,

강한 열에 견디는 솜과 같은 재질 내에 소자가 끼워져 있고 이 부분(그림의 원 표시 부분)이 가열 롤러에 밀착된다.

전자제어식 석유난로는 버너 위로 열전소자가 지나가 빨갛게 달궈진 상태로 온도검출과 점화상태를 검출한다.

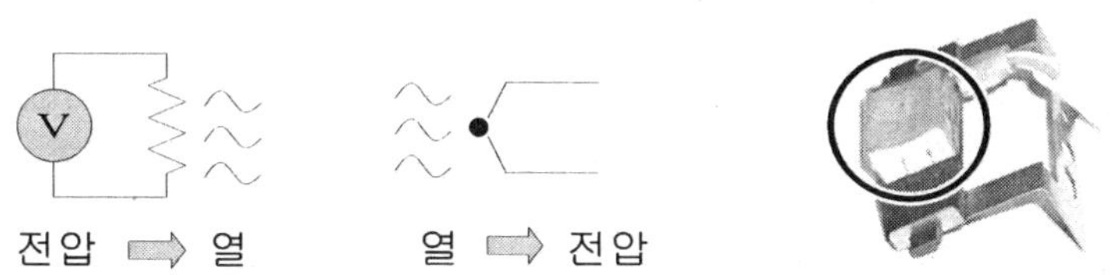

(a) 전열기 (b) 열전효과 (c) 레이저 프린터의 열전소자

[그림 2-6-27] 열전효과의 개념

열전대의 특이한 사용 예로서 가스레인지의 안전장치를 들 수 있는데, 가스버너 부분을 살펴보면 [그림 2-6-28(a)]와 같이 원뿔형의 틀에 열전소자가 끼워져 있어 버너에 불이 붙어 있으면 열전소자에서 전기가 발생해 가스밸브에 부착된 [그림 2-6-28]의 (b), (c)와 같은 가스 차단기로 전달된다.

(a) 가스버너의 열전소자

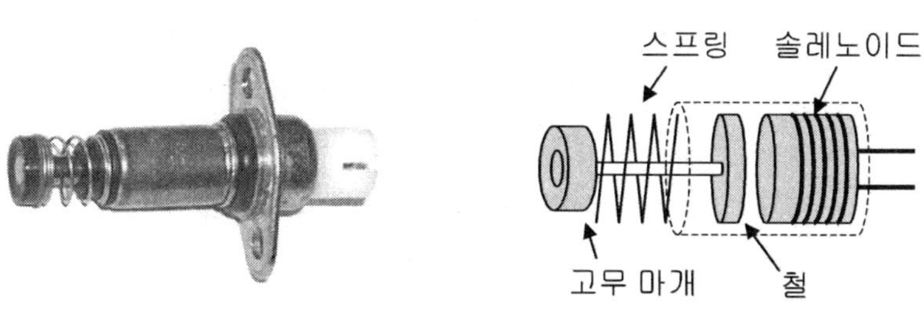

(b) 가스 차단기의 외형 (c) 가스 차단기의 구조

[그림 2-6-28] 가스레인지에서의 열전소자 응용 예

차단기 내에는 솔레노이드가 내장되어 열전소자로부터 공급된 전기에 의해 밸브를 당겨 가스가 계속 공급된다. 만약 국물이 넘치거나 어떤 요인에 의해 가스불이 꺼지면 열전대의 전기 발생이 중단되고 따라서 가스를 차단시킨다.

③ 초전 센서

초전 센서란 일명 파이로 센서(Pyro-electric Sensor)라 하며 적외선 센서의 일종인데, 일반 적외선 센서와는 달리 적외선에 의해 자체 기전력이 발생한다. 그러나 이 전류는 매우 미약하므로 [그림 2-6-29]와 같이 센서 내부에 FET로 구성된 증폭기가 함께 조립된다.

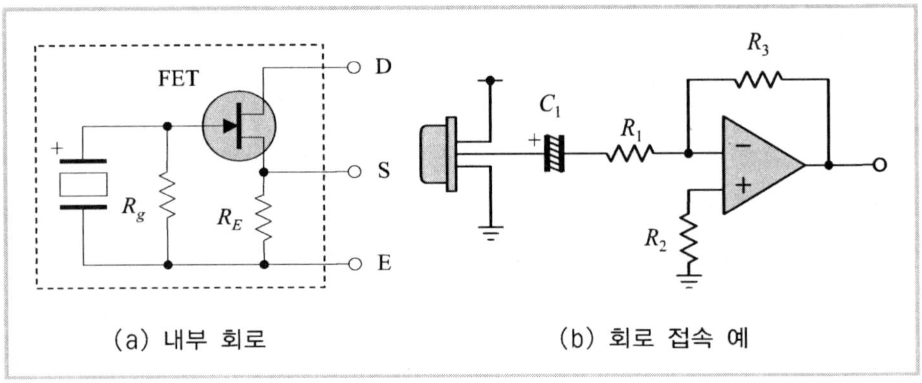

[그림 2-6-29] 초전 센서의 구조 및 접속 회로

이 소자는 물체의 온도를 비접촉으로 측정하거나 적외선을 감지하는 등 다양한 용도에 사용되는데, [그림 2-6-30(a)]와 같이 귀 속에 넣는 체온계나 현관의 자동 점멸 전등용 소자로 사용된다.

또한 이 소자를 대량으로 집적시키면 적외선 카메라로 사용이 가능한데, 앞서 적외선 센서에 의한 카메라에 비해 초전 센서는 별도의 적외선을 방사할 필요가 없어 온도를 감지할 수 있는 적외선 카메라가 될 수 있다. 이러한 카메라는 공항의 입국 관리소에서 입국자들의 체온을 원거리에서 측정해 전염병 감염자 등을 찾아내거나, 건물 외부에서 건물의 온도 분포 등을 측정하는 등에 유용하게 사용되고 있다.

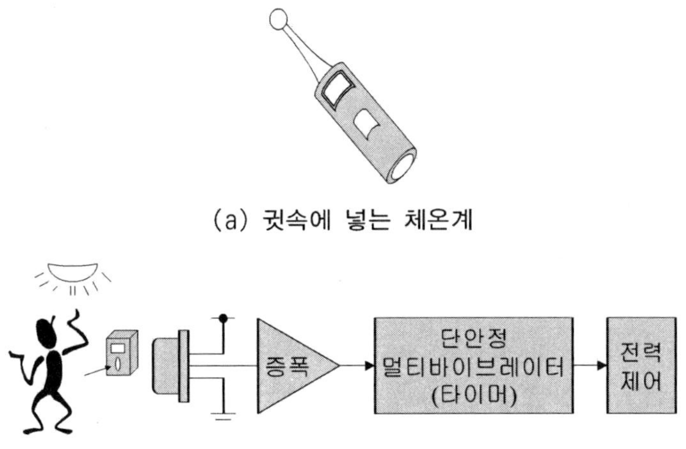

(a) 귓속에 넣는 체온계

(b) 자동 점멸 전등

[그림 2-6-30] 초전 센서의 응용 예

④ 바이메탈

바이메탈은 열을 감지해 특정 온도가 되면 켜지거나 꺼지는 스위치 출력형이다. 이는 구조가 간단하고 견고해 주로 전기제품에 많이 사용되는데, 예를 들어 형광등 점등 전구(스타트 전구), 전기밥통 온도제어, 전기다리미 제어, 냉장고 제어, 열대어 어항 히터 제어, 크리스마스트리 점멸 등 다양한 용도에 사용된다.

바이메탈의 구조는 [그림 2-6-31(a)]와 같이 두 가지 종류의 금속을 붙여 만들기 때문에 '2개'라는 뜻의 'bi'와 '금속'의 'metal'을 합성해 바이메탈(bimetal)이라 한다.

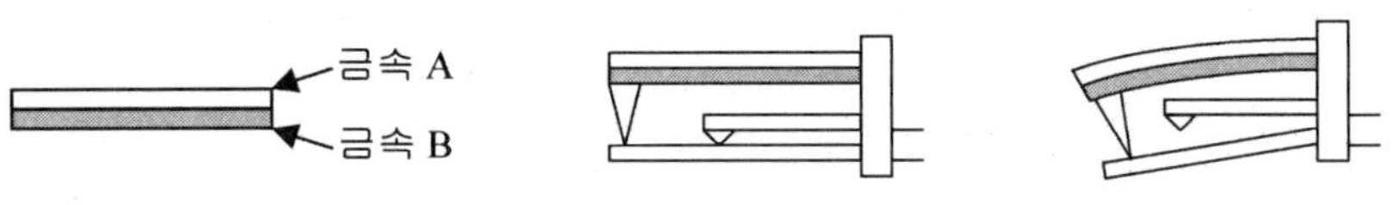

(a) 구조 (b) 바이메탈 스위치 (c) 가열 시 변화

[그림 2-6-31] 바이메탈의 구조와 원리

[그림 2-6-31(b)]는 이와 같은 바이메탈을 이용한 스위치로서, 이에 열이 가해지면 바이메탈의 두 금속은 서로 열 팽창량이 달라 만약 금속 A의 팽창이 더 크면 [그림 2-6-31(c)]와 같이 휘어 스위치가 off된다.

[그림 2-6-32]는 바이메탈이 내장된 전구에 의한 자동점멸 크리스마스트리의 예로서, 전체적인 회로의 구성은 [그림 2-6-32(a)]와 같이 저전압 전구가 직렬로 접속되고 이 중 한 개의 전구에 바이메탈이 내장되어 있다. 따라서 바이메탈 전구가 on/off되면 직렬로 접속된 모든 전구가 동시에 on/off되는 결과가 나타난다.

바이메탈 전구의 동작 원리를 [그림 2-6-32]의 (b), (c), (d)에 나타내었다.

[그림 2-6-32(b)]는 전구가 냉각되고 전기가 인가된 직후를 나타낸 것으로서, 바이메탈 전극은 붙어 있어 [그림 2-6-32(c)]와 같이 전구가 on 된다. 일정 시간이 지나면 바이메탈은 필라멘트의 열에 의해 휘어져 [그림 2-6-32(d)]와 같이 off되며, 바이메탈은 다시 서서히 냉각되어 [그림 2-6-32(b)]의 상태로 되돌아온다.

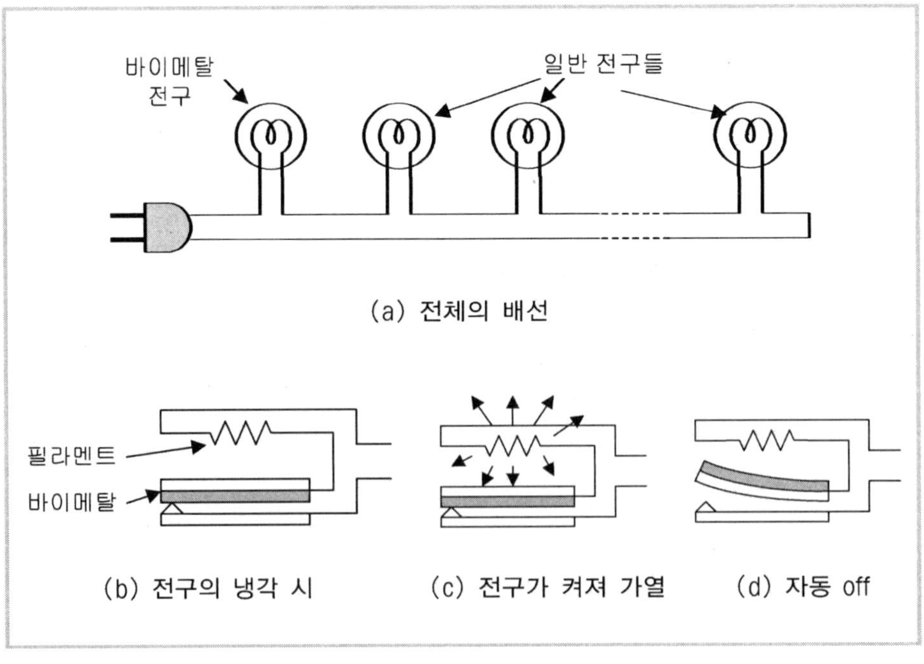

[그림 2-6-32] 크리스마스트리의 자동점멸 원리

⑤ 열전변환소자

열전변환소자란 반도체 확산저항에 의한 발열체와 이의 온도를 검출하는 트랜지스터 감온(感溫)소자가 하나의 소자에 꾸며진 반도체 소자로서, 전류나 전압을 열로 변환한 후 이의 온도를 측정하는 방법으로 신호를 전달하는 일종의 절연소자라 할 수 있다.

즉 포토커플러는 전기신호를 빛으로 변환 후 전달하지만 이 소자는 열로 변환 후 전달한다. 따라서 포토커플러에 비해 전력소모가 크다는 단점이 있지만, [그림 2-6-33]과 같이 오히려 발열량을 측정함에 의해 파형에 관계없이 진정한 실효값을 정확히 측정할 수 있고, 특히 RF 신호의 전력을 측정하는 경우 주파수 한계에 의해 직접측정이 어려운 경우에도 쉽게 실효값을 측정할 수 있다.

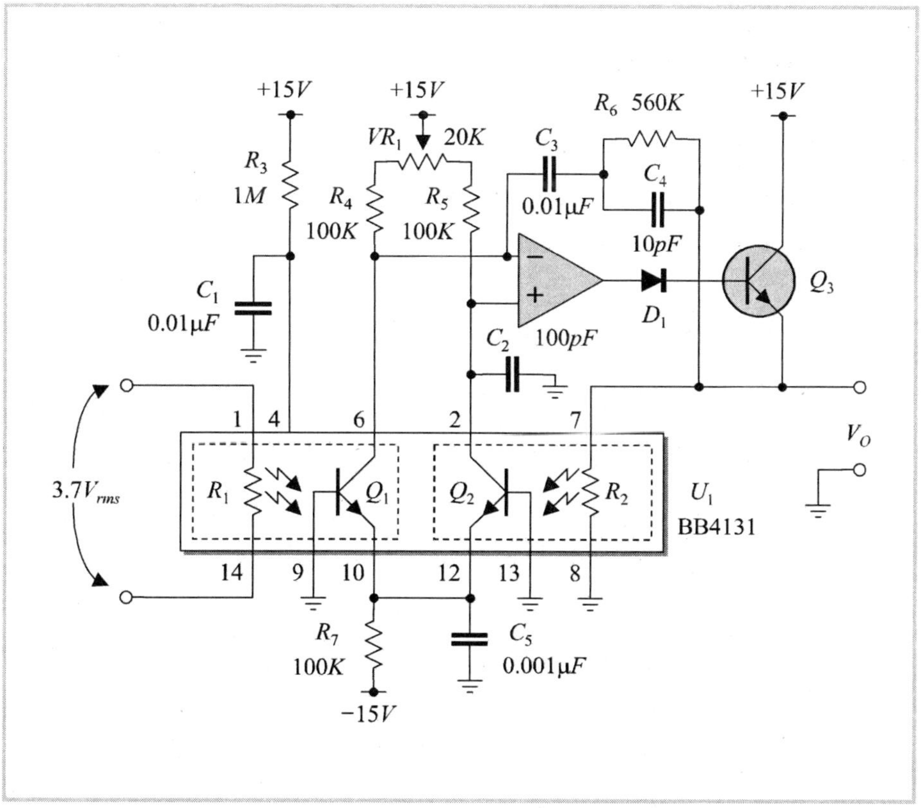

[그림 2-6-33] 실효값-직류 변환회로

회로에서 U_1이 열전변환소자로서 발열체와 감열소자가 각각 2세트 내장되어 있다. 소자의 R_1에 교류 입력이 인가되면 열이 발생하고 이를 Q_1이 검출해 연산증폭기의 (−)단으로 입력된다. 이때 Q_1이 동작하면 연산증폭기로는 (−)전압이 인가되므로 연산증폭기 출력은 (+)가 되며 이를 Q_3로 전류증폭해 발열체 R_2를 동작시키고, 이는 Q_2에서 검출되어 연산증폭기의 (+)입력단에 인가된다. 이러한 귀환동작은 연산증폭기의 (+)단과 (−)단이 동일하도록 하며, 결과적으로 R_1에서 발열되는 열량과 동일한 것을 R_2에서 발열하도록 해 입력된 교류와 동일한 열을 발생시키는 직류전압이 출력된다. 즉 이것이 실효값이다.

이 회로는 발열체의 특성에 의해 이론적으로 주파수에 제한이 없으며, 입력신호에서 실제로 발생하는 열을 검출해 실효값을 구하기 때문에 파형 모양에 상관이 없는 특징이 있다.

(4) 자기 센서

자기 센서는 자속(磁束)을 검출하는 센서로서, 자기스위치, 홀 소자, 자기저항 소자가 대표적이다. 이 중 특히 홀 소자는 IC화가 가능하기 때문에 많은 용도에 사용되고 있다.

① 자기(磁器)스위치

자기스위치는 [그림 2-6-34(b)]에 나타낸 바와 같이 유리관 내부에 철로 구성된 금속 리드가 내장되어 있고, 평상시에는 탄성에 의해 서로 떨어져 있다. 그러나 주위에 영구자석 등 자계가 형성되면 금속 리드가 자화되어 [그림 2-6-34(c)]와 같이 서로 붙어 전류가 흐른다.

이러한 자기스위치는 비교적 소형으로 제작할 수 있고 사용법이 간단하므로 다양한 용도에 사용되며 그 예를 [그림 2-6-35]에 나타내었다.

[그림 2-6-35(a)]는 폴더형 휴대폰의 폴더 검출에 사용한 예로서, [그림 2-6-35(b)]와 같이 덮개 부분에 작은 영구자석이 내장되어 덮개를 닫으면 자기스위치가 on되어 이를 검출한다.

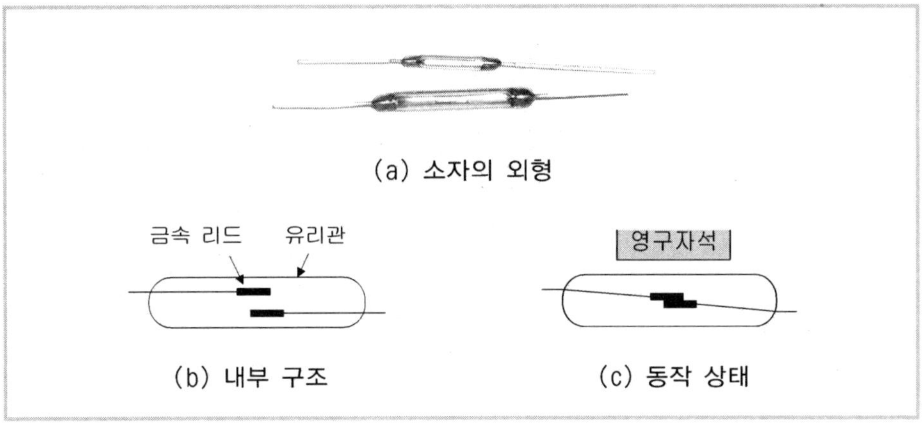

[그림 2-6-34] 자기스위치의 구조 및 원리

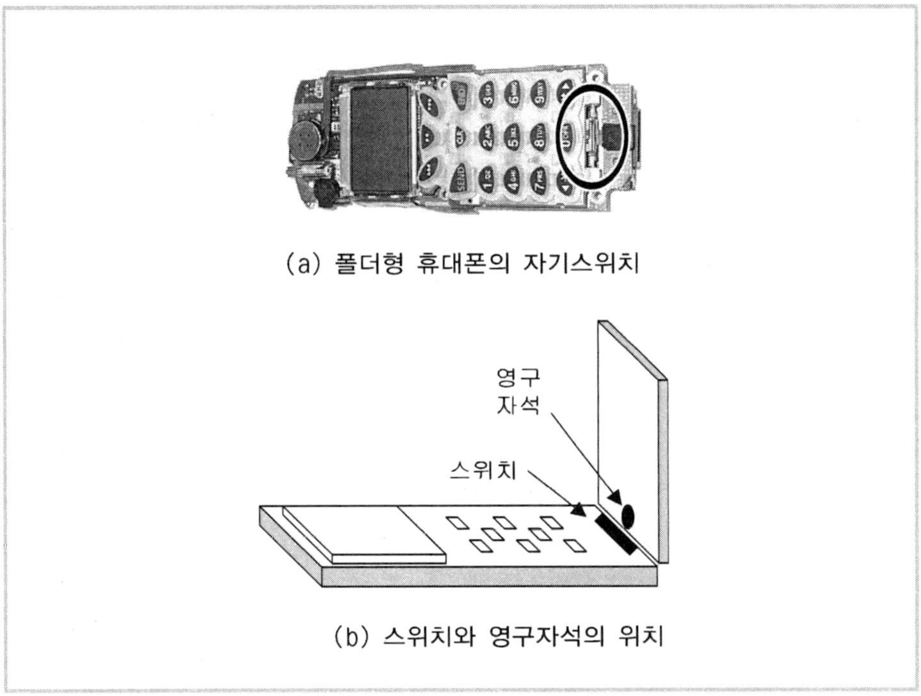

[그림 2-6-35] 자기스위치를 휴대폰에 활용한 예

또한, [그림 2-6-36]에 나타낸 바와 같이 문이나 창문의 열림을 검출하는 방범용으로도 자주 사용되는데, 이는 [그림 2-6-36(b)]와 같이 문 쪽에는 영구자석을, 문틀에는 자기스위치를 이용해 이를 검출한다.

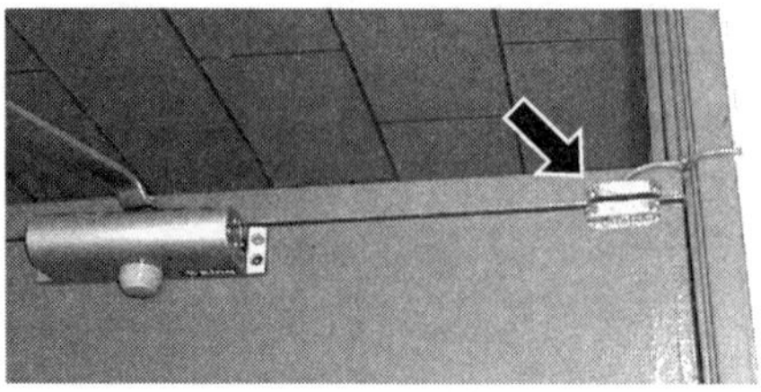

(a) 문 열림 검출 부분

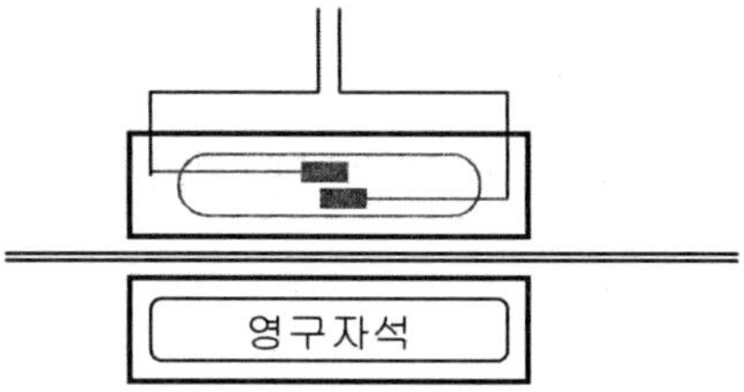

(b) 검출 원리

[그림 2-6-36] 자기스위치를 방범용으로 활용한 예

② 홀(hall) 소자

홀 소자는 자속의 세기에 따라 전류의 흐름이 변화하는 소자로서 일반 트랜지스터와 같이 대량생산에 유리하고 IC화가 가능하며 마이크로프로세서 등과 같은 디지털 회로와의 전기 접속이 용이해 많은 곳에 사용되는 소자이다. 이 소자의 기본형은 [그림 2-6-37(a)]에 나타낸 바와 같이 4개의 전극을 가지며, 이들 출력은 [그림 2-6-37(c)]와 같은 등가회로로 나타낼 수 있다.

[그림 2-6-37(c)]의 등가회로에서, 홀 소자 주위에 자계가 인가되면 그 극성에 따라 내부 저항들이 변화하므로 a, b점에 전압을 인가하면 c, d점의 전압이 변화한다.

[그림 2-6-38]에 홀 소자를 응용한 예를 나타내었다.

[그림 2-6-38(a)]는 홀 소자를 이용한 자석 극성 검출회로로서 자석 극성에 따른 홀 소자의 차동출력을 이용해 2개 LED를 구동하는 원리이다.

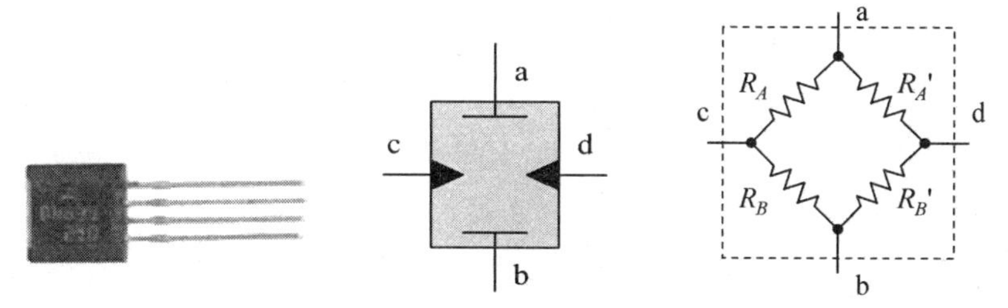

(a) 소자의 외형 (b) 회로 기호 (c) 등가회로

[그림 2-6-37] 홀 소자의 외형 및 등가회로

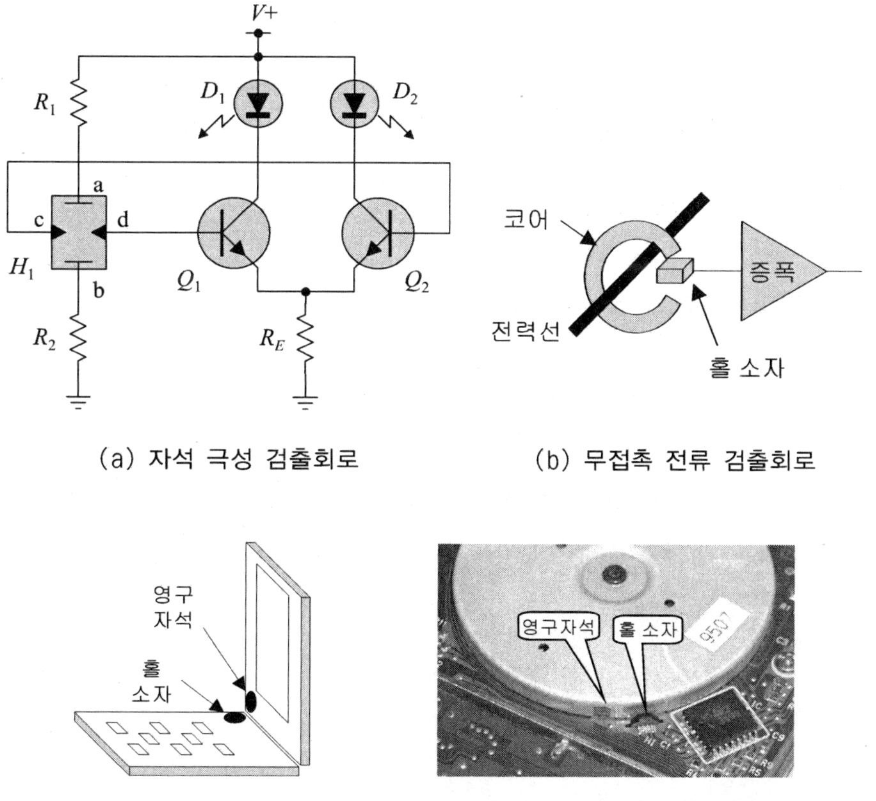

(a) 자석 극성 검출회로 (b) 무접촉 전류 검출회로

(c) 휴대폰 폴더 검출 (d) 디스크 드라이브 회전위치 검출

[그림 2-6-38] 홀 소자의 응용 예

[그림 2-6-38(b)]는 무접촉 전류 검출회로로서 전선에 흐르는 전류에 의한 자력을 검출해 전류를 검출할 수 있다.

[그림 2-6-38(c)]는 폴더형 휴대폰의 폴더 검출회로로서, 홀 소자는 앞서 설명한 자기스위치에 비해 소형이고 쉽게 제작이 가능해 현재의 휴대폰은 이 방식을 더 많이 사용한다.

[그림 2-6-38(d)]는 컴퓨터용 플로피 디스크나 하드 디스크 드라이브의 회전 위치를 검출하는 예로서, 회전판에 소형 영구자석이 부착되어 있고, 이 자석의 움직임을 홀 소자가 감지한다.

참고로, 슬라이드형 휴대폰의 슬라이드 원리와 검출스위치를 [그림 2-6-39]에 나타내었다.

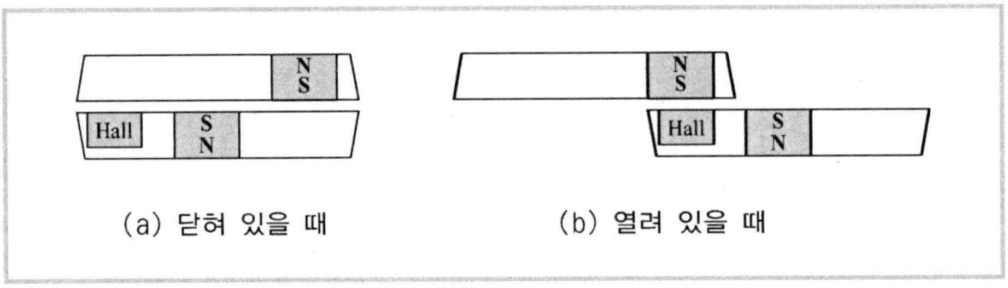

[그림 2-6-39] 슬라이드형 휴대폰의 개폐원리

[그림 2-6-39(a)]는 슬라이드가 닫혀 있는 경우로서, 내부의 자석은 동일한 극성에 의해 서로 밀쳐 슬라이드가 열리지 않는다. 슬라이드를 밀면 [그림 2-6-39(b)]와 같이 자석의 위치를 지나가며, 이때는 다시 자석의 밀치는 힘에 의해 슬라이드가 닫히지 않으면서 동시에 홀 소자에 의해 열렸음을 감지한다.

③ 자기저항 소자

자기저항 소자(Magnetic Resistor)는 자속에 대해 저항값이 변화하는 출력이 나타나며, 이 소자는 세부적으로 많은 종류가 있는데, 원리만 다를 뿐 기본적으로는 저항과 유사한 개념으로 사용한다.

(5) 기타 센서

이상에서 간단히 소개한 기본 센서 이외에도 압력 센서, 습도 센서, 가스 센서, 위치 센서, 초음파 센서 등 수많은 센서가 있으며 더 자세한 사항은 센서 관련 전문서적을 참조하라. 참고로, 이들 센서에 대한 응용 예를 간단히 소개한다.

- 압력 센서 : 체중계, 저울, 전자식 건반 악기의 건반 압력 등
- 가스 센서 : 음주측정기, 가스 누설 검출기 등
- 초음파 센서 : 자동차 경보장치, 의료용 초음파 촬영장치 등

(2) 노턴 증폭기(Norton-Amp.)

이전에 소개한 연산증폭기는 전압 증폭이나 아날로그 연산에 주로 사용하는 소자로서, 전압 입력에 대한 연산을 행한다. 그러나 전압 입력이 아닌 전류 입력형 증폭기도 종종 유용하게 사용되며, 특히 센서 신호의 증폭에 유용하다.

(1) 노턴 증폭기의 용도

센서를 사용하는 기기에서 센서 소자는 검출할 대상체가 있는 위치에 배치되어야 하고, 이에 비해 전자회로 부분은 별도의 기판에 모여서 배치되기 때문에 일반적으로 센서 소자는 전자회로 부분과 거리가 떨어져 있다.

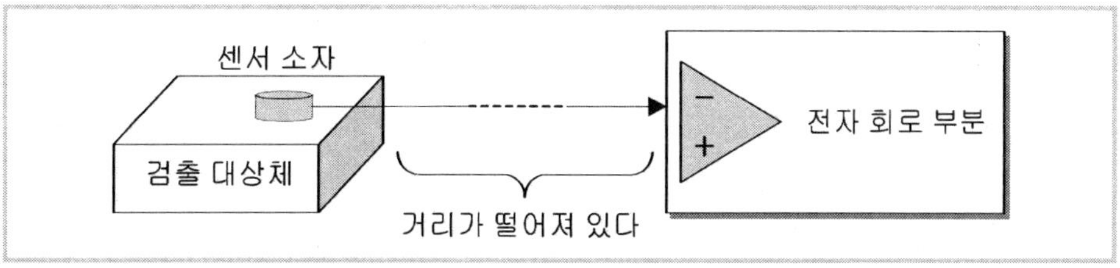

[그림 2-6-40] 센서와 전자회로의 배치 예

센서 소자로부터 전송되는 미약한 신호를 증폭하기 위해 연산증폭기를 사용해야 하는데, 일반 연산증폭기는 앞서 살펴본 바와 같이 입력 임피던스가 거의 무한대이기 때문에 [그림 2-6-41]과 같이 센서와 접속된 라인에 잡음이 유기되면 이는 전압배분 관계에 따라 그대로 연산증폭기로 전달되어 나쁜 영향을 미친다.

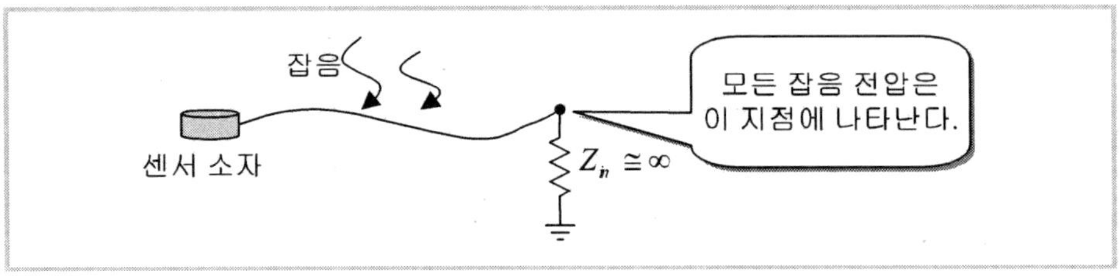

[그림 2-6-41] 잡음신호의 전달

특히, 센서가 배치되는 검출 대상에는 일반적으로 강한 전류나 고압이 흐르는 기기가 많기 때문에 더욱 잡음의 유입이 심하고, 센서에서 출력되는 신호가 미약할 경우에는 증폭기에서 큰 증폭을 하는데, 이때 잡음 또한 크게 증폭되며 연산증폭기 자체에서 발생하는 잡음도 문제가 된다.

센서 소자와의 거리가 짧고 잡음 유입이 없다는 조건 하에서는 앞서 연산증폭기의 설명에서와 같이 증폭기의 입력 임피던스는 클수록 좋지만, 지금과 같이 소자의 거리가 멀고 잡음 유입이 우려되는 경우에는 입력 임피던스가 작을수록 전압 분압의 원리에 의해 잡음은 작아진다.

(2) 노턴 증폭기의 정의

노턴 증폭기(Norton Amplifier)는 지금까지 다루어 온 전압 입력형 연산증폭기와는 달리 전류 입력형 연산증폭기이다. 즉, [그림 2-6-42]에 나타낸 바와 같이 이 증폭기의 입력단은 전류가 유입되며 이들 전류 차에 의해 출력 전류가 나타난다.

이와 같은 형식의 전류 입력형 연산증폭기를 특히 '노턴 증폭기(Norton Amplifier)'라 부르며, 일반 연산증폭기와 구분하기 위해 [그림 2-6-42(b)]와 같이 입력단자 부분에 전류 표시를 해 놓기도 한다.

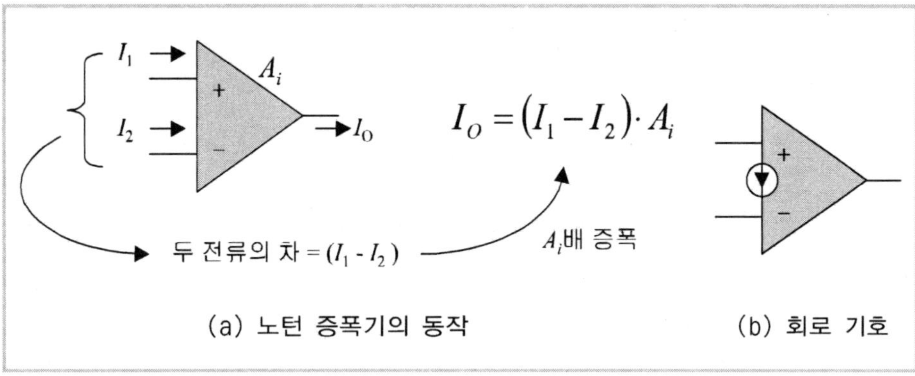

[그림 2-6-42] 노턴 증폭기의 정의

① 노턴 증폭기의 조건

노턴 증폭기는 입력단자로 전류가 유입되는 형식이므로 앞서 일반 연산증폭기와는 달리 입력 임피던스가 거의 0에 가깝다.

출력 임피던스는 전류 출력이므로 임피던스는 매우 크게 되어 있다. (이상적인 전류원의 임피던스는 무한대로 정의되며, 이에 관한 이유는 회로이론이나 전자회로 관련서적 참조) 단, 품종에 따라 출력이 전압 형태로 구성된 것도 있다.

전류 증폭도는 무한대에 가깝다.

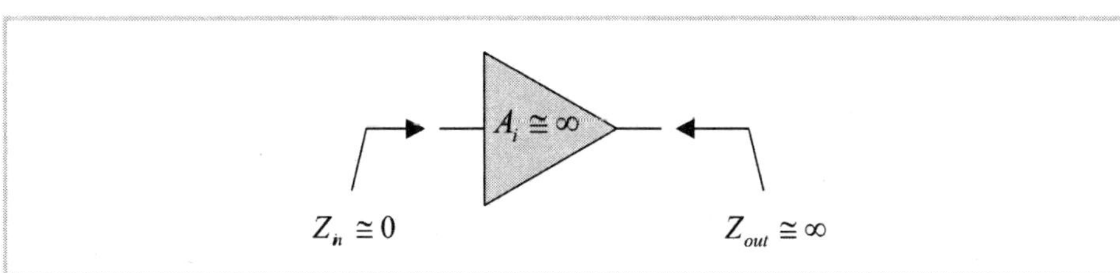

[그림 2-6-43] 노턴 증폭기의 조건들

② 노턴 증폭기의 특징

노턴 증폭기는 일반 증폭회로에서는 그다지 사용하지 않지만, 다음과 같은 특징이 있어 센서 신호 증폭이나 오디오 증폭에 유용하게 사용된다.

- 입력 임피던스가 작으므로 잡음에 강하다.
- 회로가 전류로 동작하므로 회로 자체의 잡음 발생이 작다.
- 전압 입력형에 비해 동작 속도가 빠르다. 즉 동급 품종일 경우 더 고속 동작을 한다.
- 정확한 설계를 하면 회로가 간단해진다.
- 편전원(偏電源)으로 동작하기 편리하다.

이러한 특징 중에서 특히 잡음에 강하고 잡음 발생이 작은 특성 때문에 증폭기와 거리가 떨어져 설치된 센서 신호의 증폭에 유용하다. 일반 연산증폭기에 비해 노턴 증폭기는 입력 임피던스가 거의 0이고, 전류 입력에 의해서 동작하기 때문에, 전류 성분이 없는 잡음은 정상신호에 영향을 미치지 못한다.

③ 노턴 증폭기 소자의 예

노턴 증폭기 소자 중 가장 많이 사용되는 National Semiconductor의 LM2900, LM3900 핀 배치를 [그림 2-6-44]에 나타내었다.

이 소자에는 4개의 증폭기가 내장되어 있으며 핀 배치는 일반 연산증폭기와 다르고, 특히 동작 전원이 $V+$ 와 GND 로서 편전원으로 구성되어 있다.

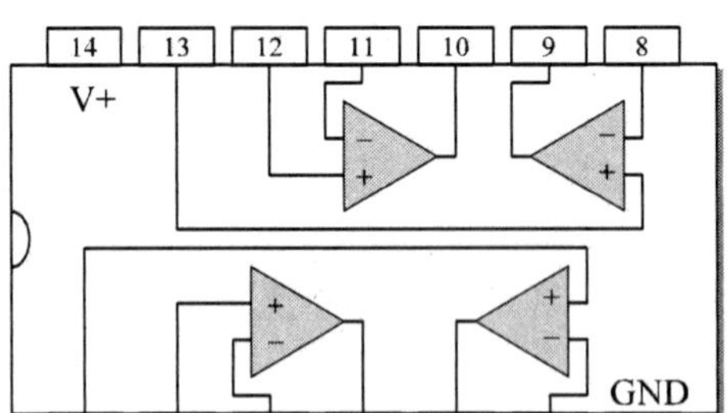

[그림 2-6-44] 노턴 증폭기 소자의 예

(3) 노턴 증폭기 회로

① 반전증폭기

노턴 증폭기 회로는 일반 증폭회로에 그다지 많이 사용되지 않고 센서 신호의 초기 증폭단에 주로 사용하므로 반전증폭기 한 가지만 살펴보기로 한다. 노턴 증폭기를 이용한 반전증폭기의 예를 [그림 2-6-45]에 나타내었다.

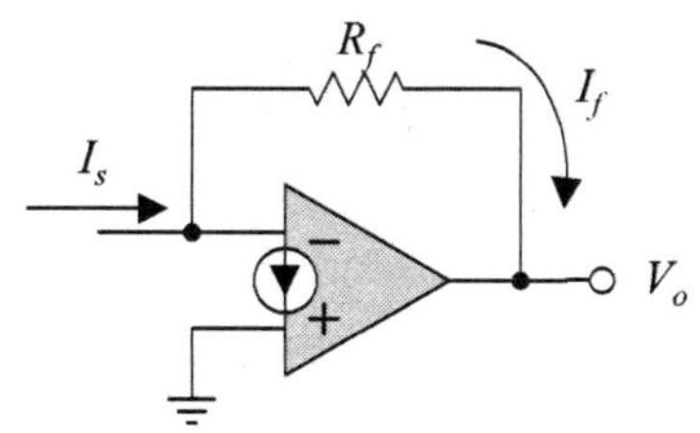

[그림 2-6-45] 노턴 반전증폭기의 예

그림에서, 입력신호로 주어지는 전류 I_s 는 약간만 노턴 증폭기의 입력단자로 유입되어도 크게 증폭되어 부귀환이 일어나므로, 항상 (+)입력단자와 동일하도록 유지된다. 따라서 입력 전류 I_s 는 모두 I_f 로 흐르므로 귀환저항 R_f 양단에서 다음 식을 얻을 수 있다.

$$I_s = I_f = -\frac{V_o}{R_f} \tag{1}$$

식 (1)을 출력 전압 V_o 에 대해 정리하면 다음과 같다.

$$V_o = -I_s \cdot R_f \tag{2}$$

즉, 출력전압은 입력전류에 비례해 나타난다.

이와 같은 노턴 비반전증폭기를 센서 소자와 접속한 예를 [그림 2-6-46]에 나타내었다.

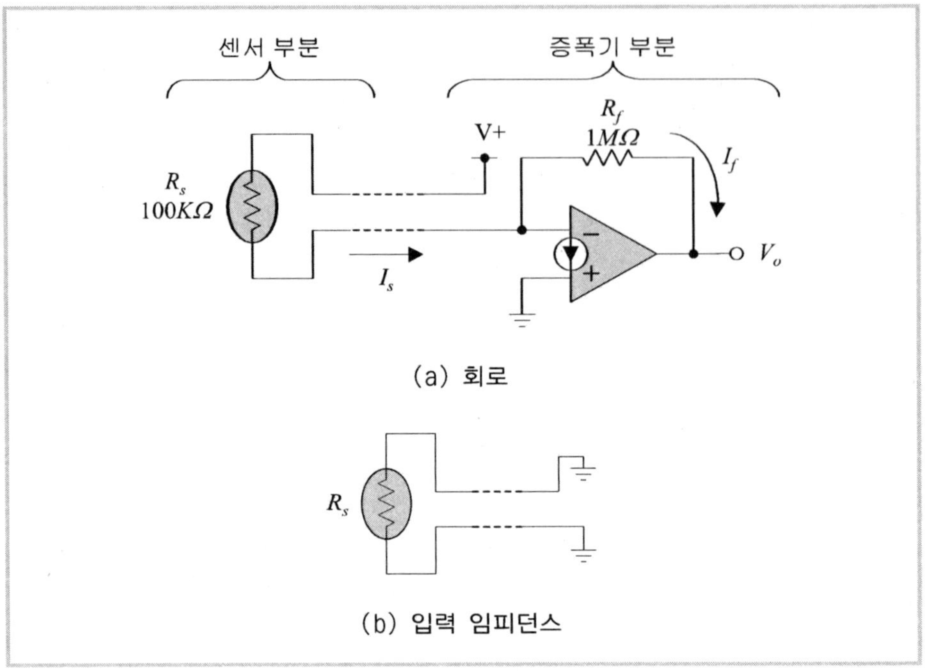

[그림 2-6-46] 노턴 증폭기를 센서와 결합한 예

[그림 2-6-46(a)]에서, 센서 부분의 소자는 온도 변화에 대한 저항 변화가 나타나는 서미스터(Thermistor)나 광량에 대한 저항 변화가 나타나는 CdS 소자 등이며, 센서 소자로부터 흐르는 전류는 $I_s = V/R_s$ 이므로 출력 전압은 다음과 같이 나타난다.

$$V_o = -\frac{R_f}{R_s} \cdot V \qquad (3)$$

[그림 2-6-46(b)]는 센서로부터 전송되는 신호의 교류 등가회로로서, 센서 위쪽은 전원에 접속되어 있어 접지와 동일하고, 센서 아래쪽은 노턴 증폭기의 입력단자로 접속되어 있으므로 접지와 동일해 전송 라인에 의한 잡음은 유도되지 않는다.

② 전압 입력형과의 비교

노턴 증폭기의 효과를 확인하기 위해 전압형 연산증폭기 회로와 비교해 본다. [그림 2-6-47(a)]는 앞서 [그림 2-6-46]에 나타낸 회로와 동일한 효과를 나타내는 연산증폭기 회로로서 센서 변화에 대한 출력전압은 완전히 동일하다.

그러나 증폭기의 입력 임피던스는 크게 다른데, [그림 2-6-47(b)]에 나타낸 바와 같이 센서의 위쪽은 전원 부분과 접속되어 있으므로 접지로 간주되지만, 센서의 아래쪽 부분은 연산증폭기의 입력단자와 부귀환 저항으로 접속되어 있어 임피던스는 부귀환 저항값(회로의 경우 1MΩ)으로 되므로 전송 라인에 유입되었던 잡음은 회로에 큰 영향을 미친다.

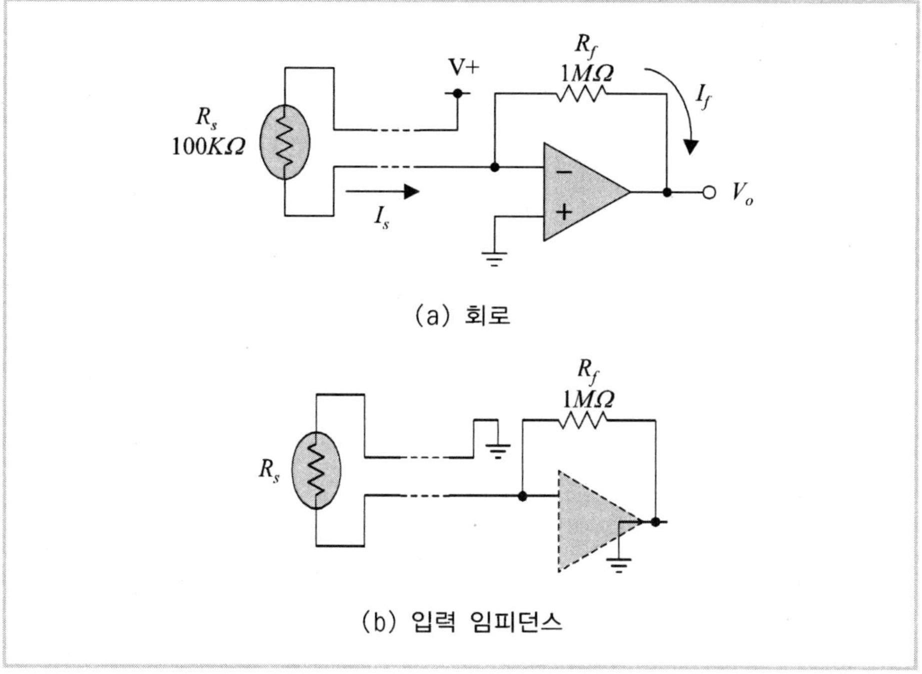

[그림 2-6-47] 연산증폭기에 의한 동일 효과 회로

앞서 반전증폭기의 설명에서 연산증폭기의 (−)단은 가상접지로서 임피던스가 0과 같다고 했지만, 이러한 결과는 입력된 전압을 연산증폭기의 출력에서 처리하기 때문에 나타난 결과이다. 즉 입력에 잡음이 유입되면 가상접지화되기 위해 연산증폭기가 반응하고, 그 결과로서 회로의 겉보기 임피던스가 0과 같이 되는 것이다.

결론적으로 말해서 연산증폭기가 잡음신호에 반응한다. 이에 비해 노턴 증폭기는 잡음신호 자체가 증폭기 입력단에 휘말려 들어가 사라지는데, 잡음은 전류 성분이 없으므로 증폭기는 이에 반응하지 않는다.

이상에서 살펴본 바와 같이 동일한 효과를 나타내는 회로라 할지라도 센서로부터 거리가 떨어진 곳에 신호를 전송할 경우에는 노턴 증폭기가 절대적으로 유리함을 알 수 있다.

3

디지털 측정

1. 아날로그/디지털 변환　2. 카운터/타이머
3. 디지털 측정 관련 회로

이 장에서는 아날로그 요소를 입력받고 처리하기 위한 아날로그/디지털 변환 기술, 디지털적인 요소의 측정에 필요한 카운터/타이머, 마이크로컨트롤러에 내장된 카운터/타이머 기능에 대해 다룬다.

1. 아날로그/디지털 변환

디지털 측정의 첫 시작점을 구성하는 것은 센서 인터페이스이다. 예를 들어, [그림 3-1-1]과 같이 자동차의 자동시동장치를 연계해 측정장치를 구성할 경우 자동차의 엔진 온도, 타이어 공기압, 기름의 양 등을 검출하고 이를 사용자에게 전달해 원거리에서 차량의 상태를 파악해 이에 관한 조치를 취할 수 있다.

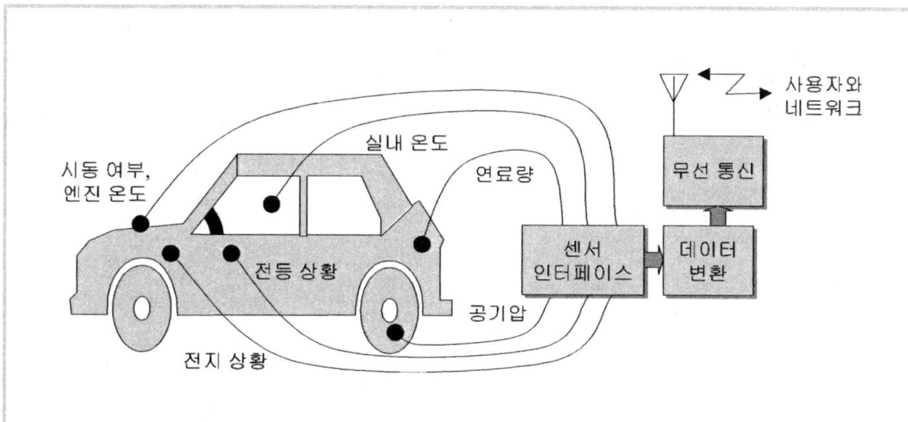

[그림 3-1-1] 센서 인터페이스의 예

또한, 가정에서 사용하는 가전제품과 연계하면 전등이나 가전제품의 ON/OFF 상황은 물론 집안의 현재 온도를 검출해 보일러를 자동으로 켜기도 하고, 습도를 검출해 에어컨이나 가습기 등을 제어할 수 있다.

여러 가지 환경 요소, 예를 들어 온도나 습도, 밝기, 압력 등을 검출하는 센서를 디지털 컴퓨터와 연계시키기 위해서는 [그림 3-1-2]에 나타낸 바와 같이 센서의 미약한 아날로그 신호를 충분한 크기로 증폭한 후 이를 디지털 신호로 변환해야 한다.

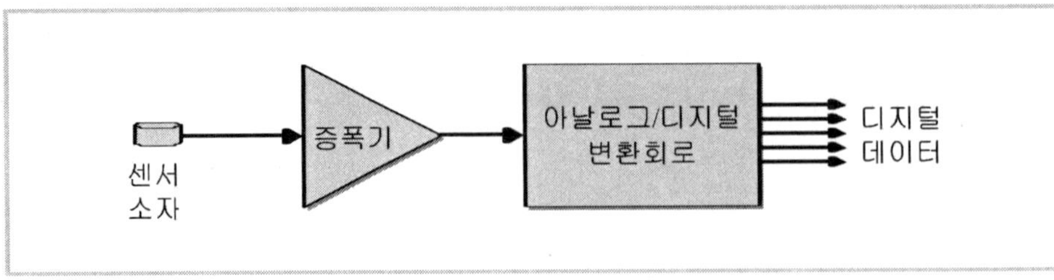

[그림 3-1-2] 센서 인터페이스의 계통도

아날로그/디지털 변환회로는 센서에서 발생한 아날로그 검출 전압을 컴퓨터나 기타 디지털 회로에서 사용할 수 있도록 디지털 신호로 변환하는 회로이다.

아날로그/디지털 변환회로(A/D Converter)는 [그림 3-1-3(a)]와 같이 아날로그 신호가 입력되면 그에 해당하는 디지털 신호를 출력하는데, 이와는 반대로 [그림 3-1-3(b)]와 같이 디지털 신호가 입력되면 이에 해당하는 아날로그 신호를 출력하는 회로를 디지털/아날로그 변환회로(D/A Converter)라 한다.

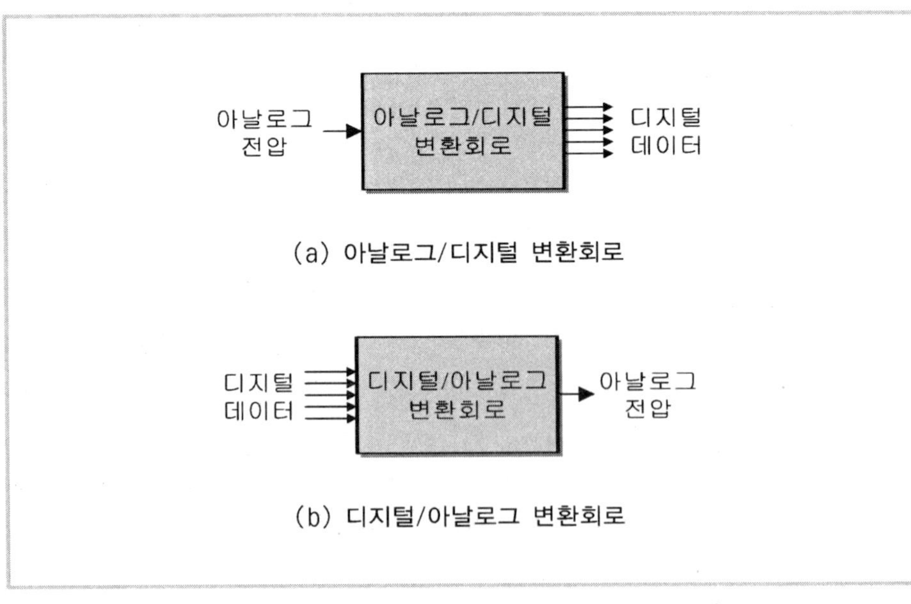

[그림 3-1-3] 아날로그와 디지털 사이의 신호 변환 개념

이와 같은 아날로그와 디지털 사이의 신호 변환은 매우 중요한 것으로서 측정 분야뿐만 아니라 [그림 3-1-4]에 나타낸 바와 같은 멀티미디어 분야나 자동제어 분야, 유비쿼터스 분야 등 광범위한 곳에서 다양하게 사용되고 있다.

[그림 3-1-4]에 나타낸 바와 같이 대표적 아날로그 신호인 소리와 영상 신호를 전송하거나 처리하기 위해 아날로그 신호를 디지털로 변환하며, 이러한 신호를 전송 받은 수신 측은 원래의 아날로그 신호인 소리와 영상으로 복원하기 위해 디지털에서 아날로그로 변환한다.

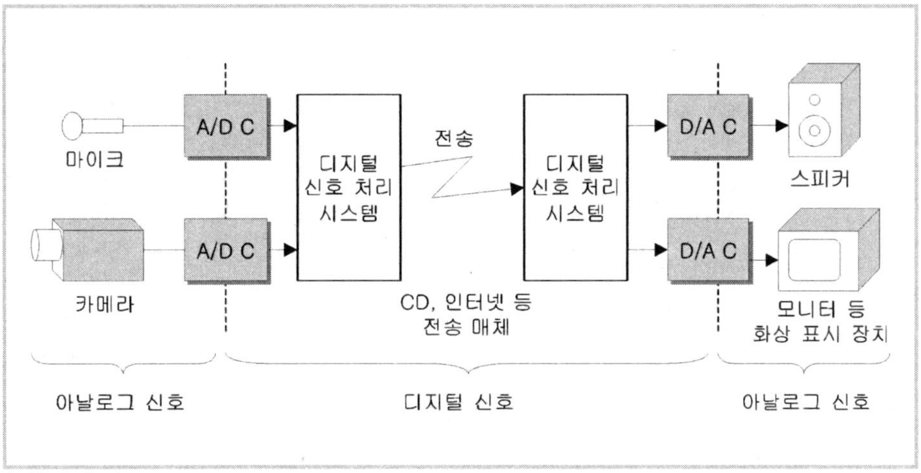

[그림 3-1-4] 멀티미디어에서의 신호 변환 예

디지털/아날로그 변환회로는 이 책에서 필요로 하는 PWM형과 레더형만을 다루고, 아날로그/디지털 변환회로도 적분형과 Ramp형, 그리고 축차비교형만을 다룰 것이므로 이 이외의 변환회로들은 저자의 멀티미디어 회로나 컴퓨터 주변 회로를 참조하라.

디지털/아날로그 변환회로를 구성하기 위해서는 비교기와 아날로그/디지털 변환회로에 관한 지식이 필요하므로 이들에 관해 살펴본다.

(1) 비교기(Comparator)

전압 비교기(이후로는 약해서 '비교기'라 한다)는 2개 전압을 비교해 어느 전압이 크고 작은가를 판별하는 것으로서, 연산증폭기의 두 입력단자 간 차전압에 대한 출력의 급격한 반응을 이용한 것이다. 이는 일반 연산증폭기를 사용해도 비슷한 효과를 얻을 수 있지만 전압비교 시 필요로 하는 기능들을 모아 전용으로 설계한 회로가 비교기이다.

(1) 비교기의 동작

비교기는 [그림 3-1-5(a)]에 나타낸 바와 같이 연산증폭기의 입력단자에 귀환회로 없이 2가지 전압을 인가해 그 크기를 비교하는 데 사용하는 회로이다.

[그림 3-1-5(b)]에 나타낸 바와 같이 처음에 입력전압 V_1 이 V_2 보다 약간이라도 크다면 이 차이는 거의 무한대로 증폭되므로 출력전압은 전원전압의 최대가 출력되며, 점선 이후와 같이 V_1 이 V_2 보다 작아지면 이때는 (−)방향으로 무한대 증폭되므로 출력전압은 전원전압의 최하가 출력된다. 즉, 두 입력전압 중 어느 것이 큰가를 판별해 그 값이 0 또는 1의 디지털 값으로 나타난다.

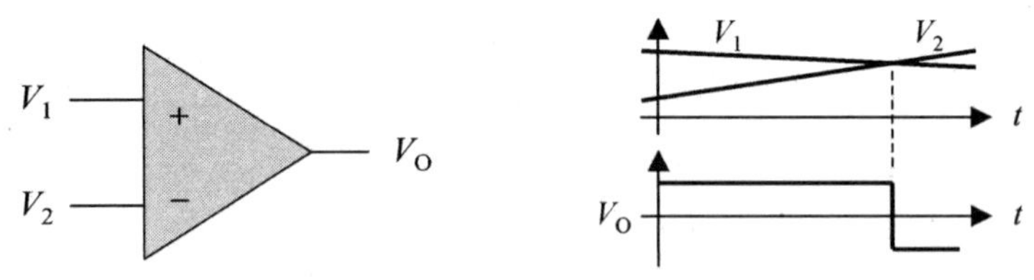

(a) 연산증폭기의 비교기 동작　　(b) 출력전압

[그림 3-1-5] 비교기의 동작

(2) 비교기의 조건

비교기는 2가지 전압 중의 높고 낮음을 판별해 디지털 출력을 나타내기 때문에 연산증폭기 회로와는 다른 조건이 필요하다.

① 높은 슬루-레이트(slew-rate)

일반 연산증폭기는 본래 아날로그 신호 처리용 소자이기 때문에 연속적인 전압에 대한 동작을 하도록 되어 있다. 그런데, 출력에 디지털 신호가 나타나면 [그림 3-1-6(a)]와 같이 한 상태에서 다른 상태로 변화할 때 아날로그적으로 변화해 약간의 시간이 소요되며, 이 순간은 0도 1도 아닌 불특정 상태가 잠시 존재한다.

이에 비해 비교기는 한 상태에서 다른 상태로 빠른 시간에 천이되도록 회로가 구성되어 있는데, 이때 전압이 일정 시간 동안 몇 V나 상승할 수 있는지의 기울기를 슬루-레이트라 하며, 단위는 일반적으로 V/μS를 사용한다. 즉, 비교기의 경우 슬루-레이트가 지극히 높도록 설계되어 있는데, 이는 소자의 동작 속도와는 다른 개념이므로 이러한 원리에 대한 상세한 내용은 전문 서적을(포화 상태 및 발진방지 커패시터) 참조하라. 비교기를 연산증폭기로 사용하면 이 같은 특징 때문에 발진이 일어나기 쉽고 정상적인 증폭이 되지 않으므로 사용할 수 없으며 디지털 동작을 하는 응용회로(구형파 발진회로 등)에서 사용한다.

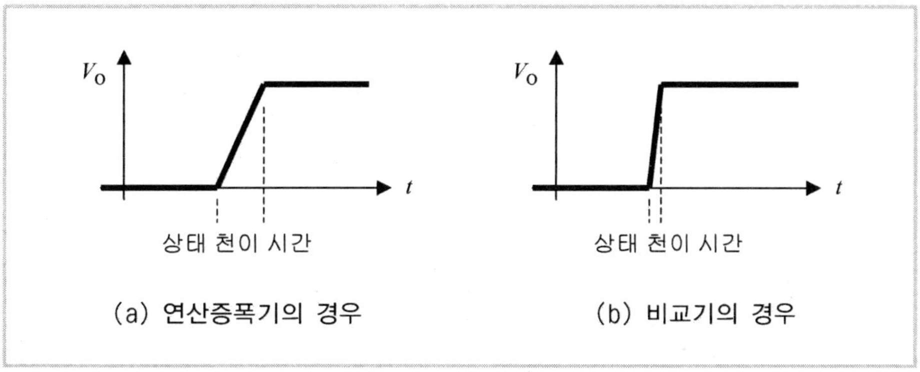

[그림 3-1-6] 슬루-레이트 조건

② 오픈-컬렉터(Open-Collector) 출력

연산증폭기를 비교기로 사용할 때, 출력전압은 소자의 동작전압인 $+V$가 'High' 상태, $-V$가 'Low' 상태로 나타나므로, 디지털 회로와 인터페이스할 때는 전압변환이 필요하다. 예를 들어, 연산증폭기는 ±12V를 사용하고, 이 출력을 +5V의 TTL 회로에 입력시키려면 +12V 출력을 +5V로, −12V 출력을 0V로 변환해야 한다.

이에 비해 비교기는 디지털 회로와 접속이 용이하도록 오픈-컬렉터 형식의 출력을 사용하는데, 이의 개념을 [그림 3-1-7]에 나타내었다.

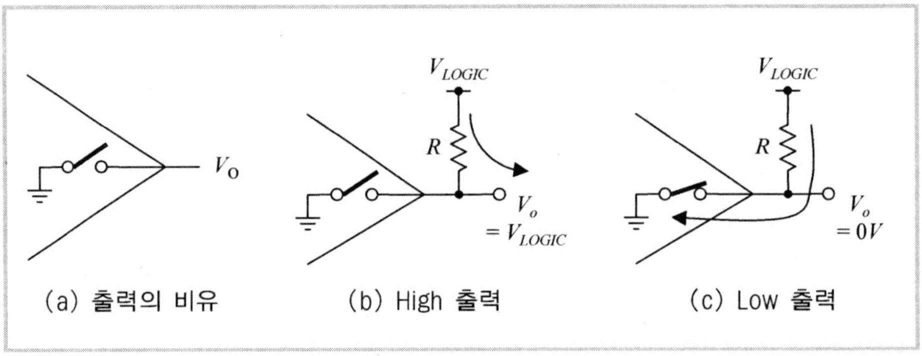

[그림 3-1-7] 비교기의 오픈-컬렉터 출력회로

오픈-컬렉터(또는 소자에 따라 오픈-드레인(Open-Drain)이라고도 한다) 출력은 [그림 3-1-7(a)]에 나타낸 스위치와 같은 역할을 하는데, 스위치가 떨어지면 'High' 출력이지만 외부로 전류가 공급되지는 않는다(이 상태를 'float 상태'라 한다).

이와 같은 출력단에 [그림 3-1-7(b)]와 같이 외부에 저항을 부착하고 디지털 전압을 인가하면, 스위치가 떨어졌을 경우 저항에 의해 디지털 출력전압이 나타난다. 반대로 스위치가 붙으면 [그림 3-1-7(c)]와 같이 0V가 나타나므로 출력은 디지털 전압이나 0V가 되어 디지털 회로와의 접속이 매우 용이해진다.

(2) 디지털/아날로그 변환

우리가 다룰 내용은 아날로그/디지털 변환이지만 이 회로 내에는 디지털/아날로그 변환회로가 이용되기 때문에 이에 대한 이해가 필요하다.

(1) PWM형

PWM(Pulse-Width Modulation)형은 디지털 신호에 해당되는 PWM 파를 생성하고 이를 아날로그 신호로 변환하는 것으로서, [그림 3-1-8(a)]에 그 예를 나타내었다.

[그림 3-1-8(a)]에서 3개 파형들을 비교하면 주파수는 동일하지만 'High'와 'Low' 기간의 비율이 다르며, 이와 같은 방법으로 디지털 값을 표현하는 것을 펄스 폭 변조(PWM)라 한다. 디지털 신호를 발생하는 회로에서 이와 같은 PWM 신호로 출력하고, 이를 적분해 아날로그 전압을 얻을 수 있는데, [그림 3-1-8(a)]의 3가지 PWM 파형을 적분했을 때의 에너지 평균치를 [그림 3-1-8(b)]에 나타내었다.

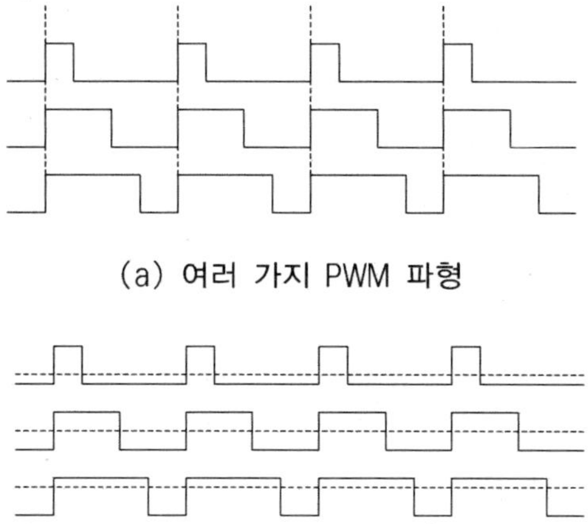

(a) 여러 가지 PWM 파형

(b) PWM 파의 평균치

[그림 3-1-8] PWM 파형

PWM형 디지털/아날로그 변환은 적분회로만 있으면 되므로 장치가 간단하고, 파형의 주파수가 일정하기 때문에 적분회로의 설계가 용이하며, 특히 PWM파는 마이크로프로세서에 의해 쉽게 생성할 수 있다.

이 방식의 사용 예로는 전력 제어(전등 밝기 조절, 전열기 조절, 스위칭 전원장치 등) 분야, 마이크로프로세서가 내장된(즉, 버튼식 기능 조절형) 컴퓨터 모니터의 화면 밝기(☼), 화면 대비(◓) 조절, 색상 조절 등 다양한 분야에 널리 사용되고 있다.

이 절에서는 PWM파의 구성원리를 이해하기 위해 우선 아날로그식 PWM 발생 원리를 살펴본다.

① 아날로그식

아날로그식 PWM 발생의 기본 원리는 [그림 3-1-9(a)]와 같이 삼각파나 톱니파와 기준전압을 비교기로 비교하는 것이다. [그림 3-1-9(b)]와 같이 기준전압이 설정되면 이에 따른 PWM 출력은 'H' 기간이 짧고 'L' 기간이 긴 파형이 되고, [그림 3-1-9(c)]와 같이 설정되면 PWM 출력은 'H' 기간이 길고 'L' 기간이 짧은 것이 된다. 따라서 기준전압을 변경하면 이에 따른 PWM 파를 얻을 수 있다.

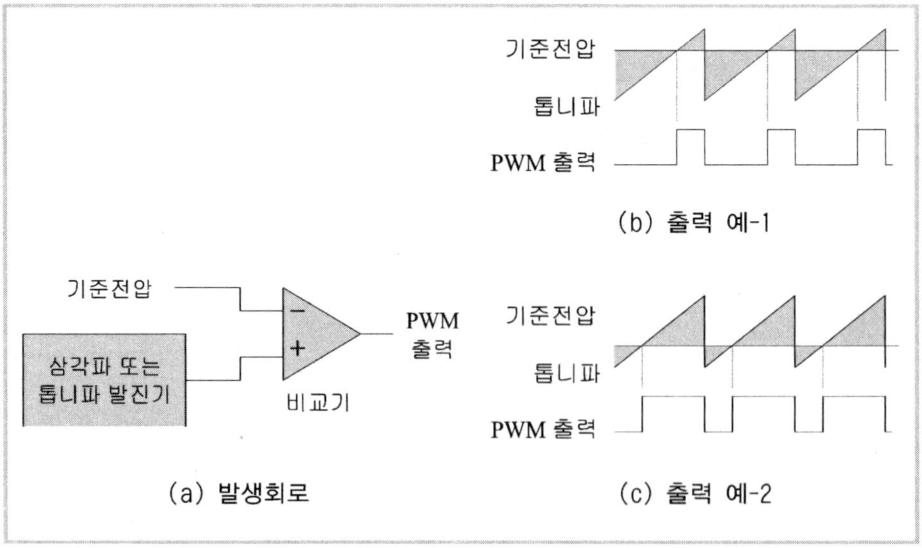

[그림 3-1-9] 아날로그식 PWM 발생 원리

아날로그 방식은 회로가 간단한 장점이 있지만 잡음 유입에 따른 기준 전압이나 삼각파의 왜곡이 출력에 영향을 미치는 단점이 있다.

② 디지털식

디지털식 PWM 발생의 기본 원리는 앞서 아날로그식 발생기와 동일하며, 단지 [그림 3-1-10]과 같이 모든 회로를 디지털로 교체한 것이다. 여기서 카운터에 관한 것은 이후에 자세히 다룰 것이며, 비교기는 74LS85나 4063과 같은 디지털 비교기를 사용해 카운터 값과 설정값을 비교해 그 결과를 출력한다.

이에 따라 각 디지털 값들을 그래프로 나타내면 [그림 3-1-10(b)]와 같이 아날로그식 PWM 발생회로와 동일한 동작을 한다. 디지털 방식은 아날로그 방식에 비해 회로는 복잡하지만 잡음에 강하고 집적회로로 구성하기 용이하며, 특히 마이크로프로세서와의 접속이 쉬우므로 컴퓨터에 의한 제어가 가능하다는 장점이 있다.

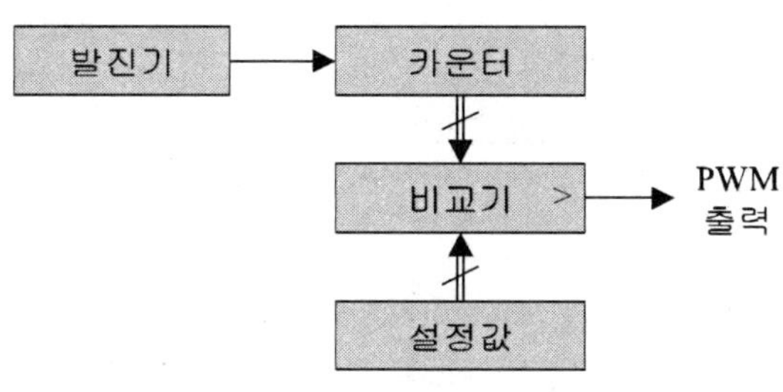

(a) 발생회로

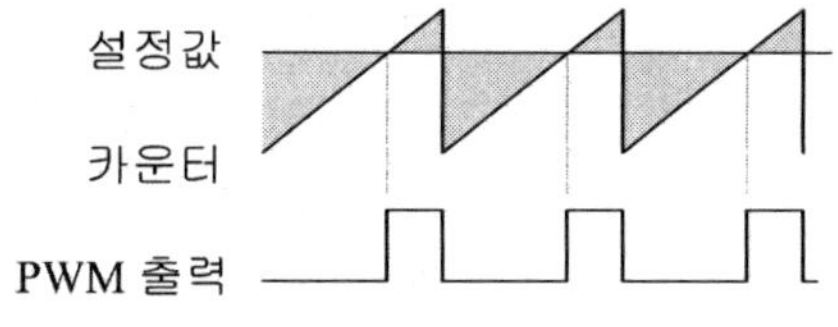

(b) 출력 예

[그림 3-1-10] 디지털식 PWM 발생 원리

③ 마이크로프로세서 이용

PWM파는 디지털로 구성된 것이므로 마이크로프로세서의 소프트웨어에 의해 발생 가능하며, [그림 3-1-11]에 순서도를 나타내었다.

만약 아날로그 출력전압을 256단계로 출력하려면 PWM파 한 주기를 256개 카운트 시간으로 정하기 위해 8비트 카운트 변수를 사용하며, 이는 타이머 인터럽트에 의해 계속 증가하고 최대값을 넘어서면 0으로 되돌아 오기 때문에 [그림 3-1-11(b)]와 같이 톱니파의 값이 생성된다.

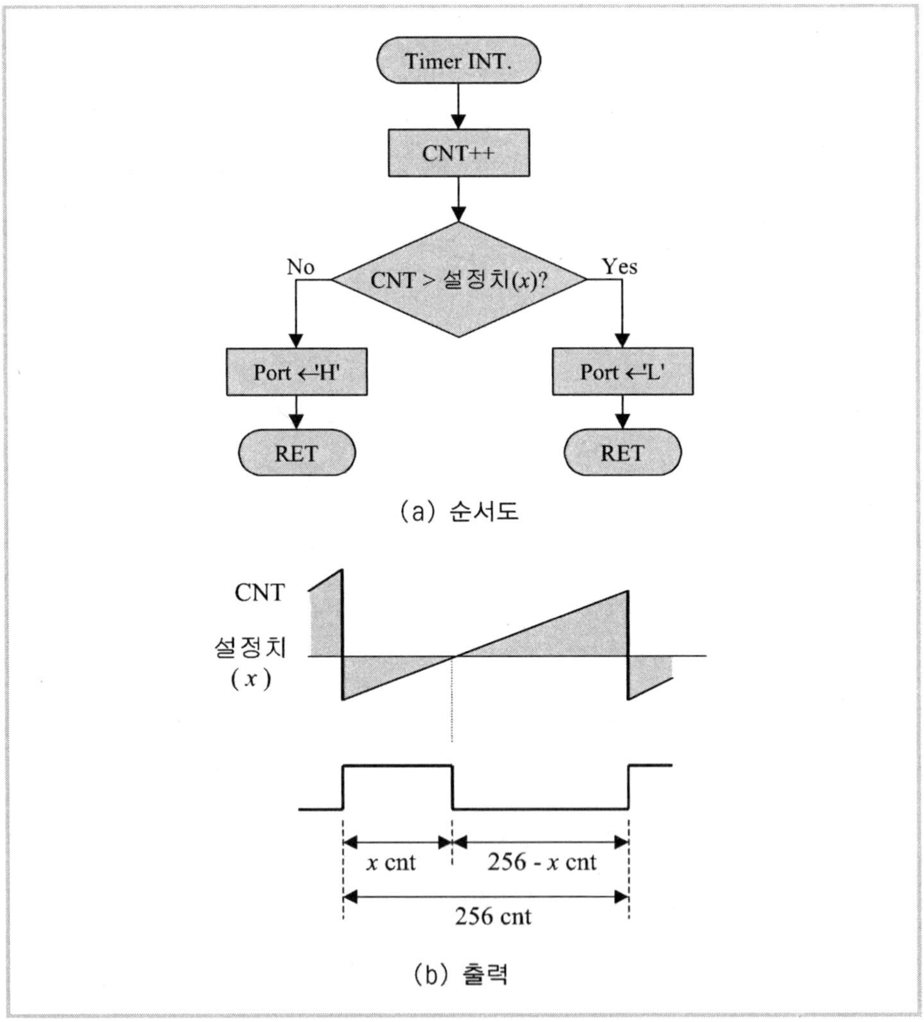

[그림 3-1-11] 마이크로프로세서에 의한 PWM파 생성 원리

이를 설정치와 비교해 값이 클 때와 작을 때 각각 출력포트에 값을 출력하면 설정치에 비례하는 PWM파가 생성된다. 이는 특별한 하드웨어 없이 단지 마이크로프로세서만으로도 PWM 파를 생성할 수 있지만, 소프트웨어에 의해 실행되기 때문에 출력 주파수에 한계가 있어 적분 시정수를 크게 해야 리플이 발생하지 않으며, 따라서 반응속도가 매우 느려지는 단점이 있어 컴퓨터 모니터의 화면 밝기 제어 등 반응속도에 고속을 요하지 않는 용도에서 사용한다.

(2) Ladder형

일반적인 디지털/아날로그 변환기는 대부분 PWM형과 같이 적분회로를 이용하기 때문에 고속의 응답 특성이 요구되는 시스템에는 적합하지 않다. 따라서 출력 주파수가 높은 경우는 적분회로를 사용하지 않는 디지털/아날로그 변환이 필요하며, 가장 많이 사용되는 것 중 하나가 저항 ladder 회로이다. 이는 아날로그 출력을 생성할 때 적분회로 없이 단지 저항들의 조합으로 생성하기 때문에 이론적으로 응답 주파수는 제한이 없다.

ladder 회로는 발생하는 출력 형태에 따라 전류 모드와 전압 모드가 있으며, 제품화되어 있는 ladder 회로는 대부분 전류 모드를 사용하고 있는데, 일단 이해하기 쉬운 전압 모드부터 설명한다.

① 전압 모드 ladder 회로

[그림 3-1-12]에 전압 모드 4비트 ladder 회로를 나타내었다.

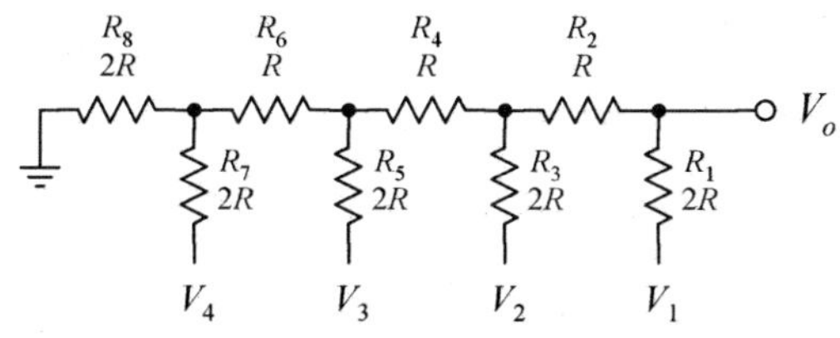

[그림 3-1-12] 전압 모드 4비트 ladder 회로

[그림 3-1-12] 회로에서, 각 저항은 R과 $2R$ 즉, $R=1\text{k}\Omega$이라면 $2R=2\text{k}\Omega$인 2배수의 저항들이 사다리(ladder) 모양으로 결선되어 있다. R_1, R_3, R_5, R_7의 V_1, V_2, V_3, V_4에 0V와 +5V 같은 2가지 상태 디지털 전압이 인가되며, 디지털 값에 해당하는 아날로그 전압이 V_o에 나타난다.

이 회로의 동작을 살펴보기 위해 회로를 해석해 식을 구성해 본다.

각 전압원 $V_1 \sim V_4$의 변화에 대해 V_o가 어떤 반응을 일으키는지 살펴보기 위해 중첩의 정리를 이용해 각 전압원에 대한 V_o를 구해 합성한다.

i) V_1에 의한 효과

V_1이 V_o에 미치는 효과를 살펴보기 위해 V_1 이외의 전압원을 모두 접지로 놓으면 회로는 [그림 3-1-13(a)]와 같은 등가회로로 표현된다(∵중첩의 정리).

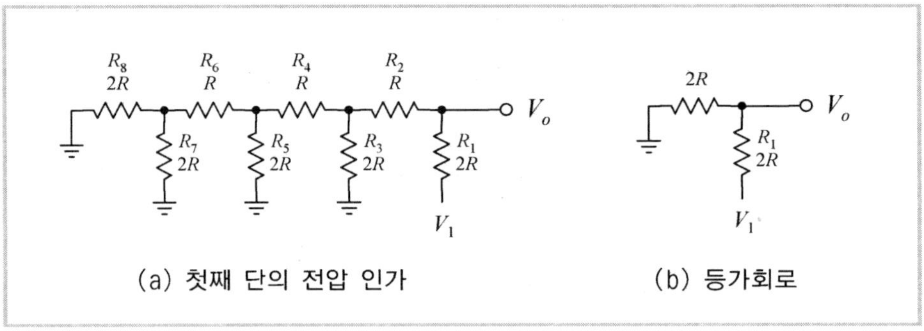

[그림 3-1-13] 첫째 단의 해석

[그림 3-1-13(a)]의 회로에서, R_8과 R_7은 병렬이므로 합성하면 $2R \parallel 2R = R$이 되고, 이는 다시 R_6과 직렬이므로 $R+R=2R$, 이는 다시 R_5와 병렬이므로 $2R \parallel 2R = R$, 이는 다시 R_4와 직렬이므로 …… 이 과정을 거쳐 [그림 3-1-13(b)]와 같은 최종적인 등가회로를 얻을 수 있으며, 따라서 다음과 같은 식을 얻는다.

$$V_{1o} = \frac{1}{2} \cdot V_1 \tag{1}$$

ii) V_2에 의한 효과

V_2가 V_o에 미치는 효과를 살펴보기 위해 V_2 이외의 전압원을 모두 접지로 놓으면 회로는 [그림 3-1-14(a)]와 같은 등가회로로 표현된다(∵중첩의 정리).

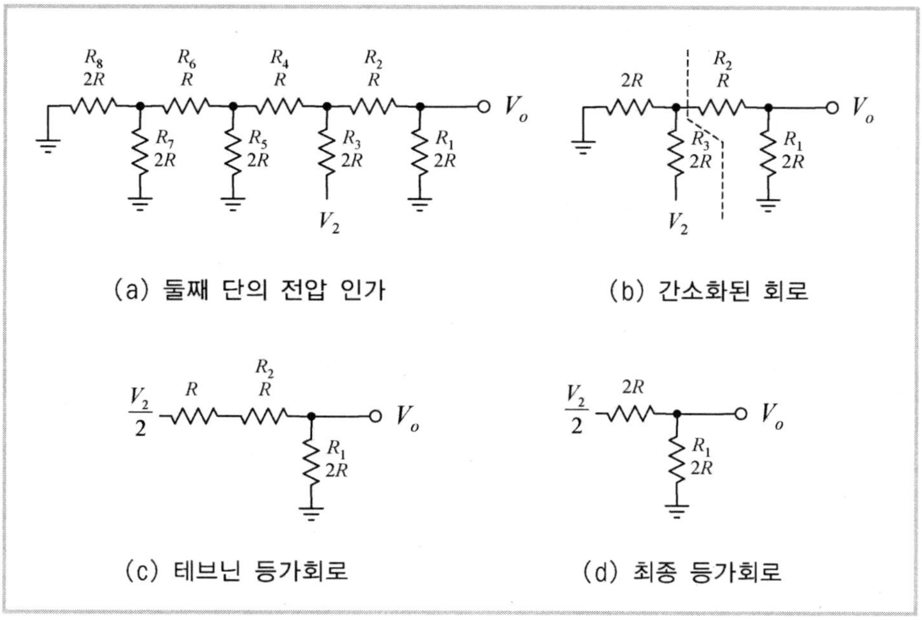

[그림 3-1-14] 둘째 단의 해석

[그림 3-1-14(a)] 회로의 $R_4 \sim R_8$ 부분을 합성하면 [그림 3-1-14(b)]와 같이 간소화되며, 점선의 왼쪽 부분을 테브닌 등가회로로 간소화하면 [그림 3-1-14(c)]와 같이 되어 최종적으로 [그림 3-1-14(d)]의 등가회로를 얻는다. 따라서 결과 식은 다음과 같다.

$$V_{2o} = \frac{1}{4} \cdot V_2 \tag{2}$$

iii) V_3에 의한 영향

V_3도 앞서와 동일한 방법으로 간소화하면 [그림 3-1-15(b)]와 같은 등가회로를 얻을 수 있다.

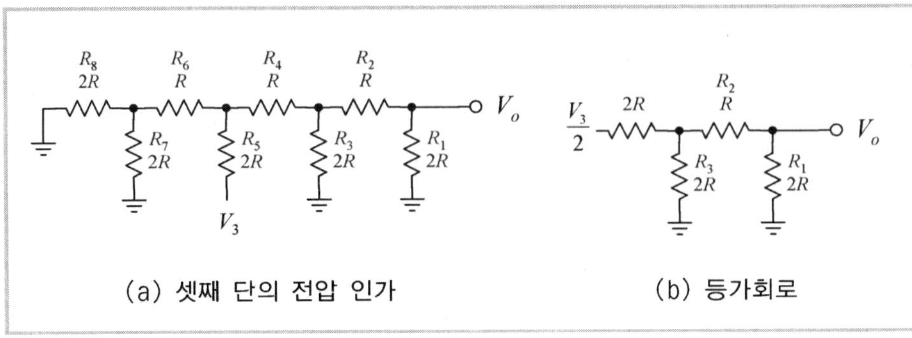

[그림 3-1-15] 셋째 단의 해석

따라서 결과 식은 다음과 같다.

$$V_{3o} = \frac{1}{8} \cdot V_3 \tag{3}$$

iv) V_4에 의한 영향

V_4도 동일한 방법으로 중첩의 정리와 테브닌 등가회로를 적용하면 다음과 같은 식을 얻을 수 있다.

$$V_{4o} = \frac{1}{16} \cdot V_4 \tag{4}$$

v) 전체 식

이상에서 계산한 전압들에 의해 발생하는 출력전압은 모두 중첩의 정리에 의해 중첩되므로 식 (1)~(4)를 종합하면 다음과 같다.

$$V_o = \frac{1}{2} \cdot V_1 + \frac{1}{4} \cdot V_2 + \frac{1}{8} \cdot V_3 + \frac{1}{16} \cdot V_4 \tag{5}$$

예를 들어 디지털 전압이 8V라면, V_1의 변화는 V_o에 대해 4V의 변화를 일으키고, V_2의 변화는 2V, V_3의 변화는 1V, V_4의 변화는 0.5V의 변화를 일으키며, 따라서, $V_1 \sim V_4$까지의 조합에 의해 〈표 3-1-1〉과 같은 여러 가지 전압을 얻을 수 있는데, 디지털 전압 8V가 0.5V 단위로 제어됨을 알 수 있다.

<표 3-1-1> 4비트 ladder에 의한 전압의 조합

디지털 입력				계 산 식	아날로그 출력[V]
V_1	V_2	V_3	V_4		
0	0	0	0	0 + 0 + 0 + 0	0
0	0	0	1	0 + 0 + 0 + 0.5	0.5
0	0	1	0	0 + 0 + 1 + 0	1
0	0	1	1	0 + 0 + 1 + 0.5	1.5
0	1	0	0	0 + 2 + 0 + 0	2
0	1	0	1	0 + 2 + 0 + 0.5	2.5
0	1	1	0	0 + 2 + 1 + 0	3
0	1	1	1	0 + 2 + 1 + 0.5	3.5
1	0	0	0	4 + 0 + 0 + 0	4
1	0	0	1	4 + 0 + 0 + 0.5	4.5
1	0	1	0	4 + 0 + 1 + 0	5
1	0	1	1	4 + 0 + 1 + 0.5	5.5
1	1	0	0	4 + 2 + 0 + 0	6
1	1	0	1	4 + 2 + 0 + 0.5	6.5
1	1	1	0	4 + 2 + 1 + 0	7
1	1	1	1	4 + 2 + 1 + 0.5	7.5

이와 마찬가지로 8비트, 12비트, 16비트의 ladder 회로를 구성하면 다음과 같은 단위로 전압을 제어할 수 있다.

8비트 : (디지털 전압) / 256
12비트 : (디지털 전압) / 4096
16비트 : (디지털 전압) / 65536

즉 비트 수가 높을수록 더 정밀한 전압이 출력된다. [그림 3-1-16]에 8비트와 12비트로 확장한 ladder 회로를 나타내었다.

※ 일반 저항을 사용한 경우 8비트 이상의 회로는 정상동작하지 않는다. 8비트 회로를 구성한다면, R_1 저항의 오차에 의해 발생하는 전압 오차가 V_7, V_8에 의해 제어되는 전압범위보다 크기 때문이다.

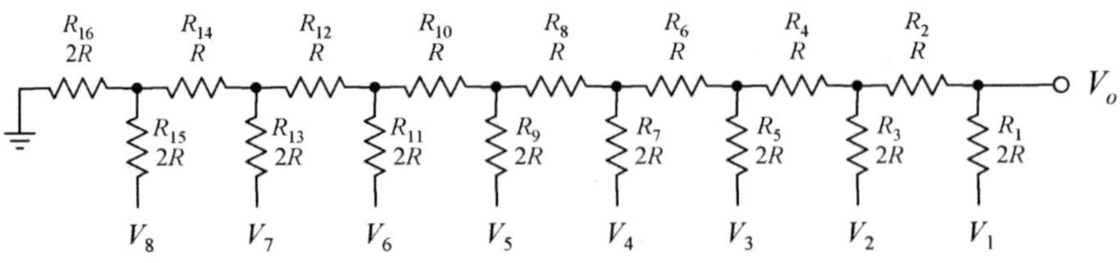

(a) 8비트 ladder 회로

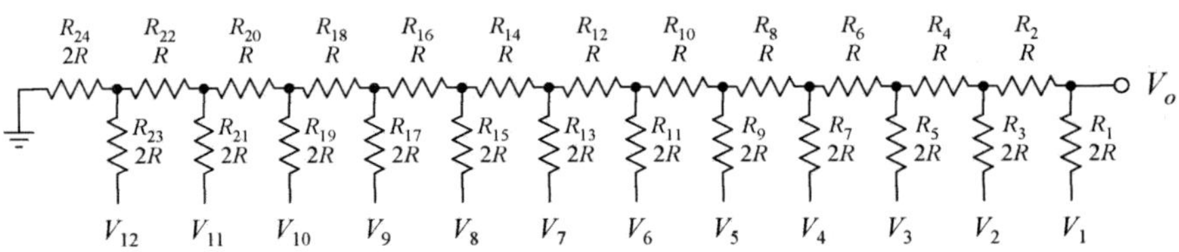

(b) 12비트 ladder 회로

[그림 3-1-16] 확장된 ladder 회로의 예

② 전류 모드 ladder 회로

상품으로 개발된 디지털/아날로그 변환기는 전압 모드보다 전류 출력이 나타나는 전류 모드로 구성되어 있는데, 그 이유는 다음과 같다.

디지털/아날로그 변환기를 이용해 아날로그 출력을 얻으면 이는 일반적으로 연산증폭기를 거쳐 한 번 증폭을 하거나 버퍼링을 하는데, 이때 전압 모드 출력이라면 [그림 3-1-17(a)]와 같은 회로를 사용해야 한다.

즉, 전압 출력을 R_i에 의해 다시 전류로 변환하여 연산증폭기에 사용하므로, 처음부터 변환기에서 전류 출력이 나타난다면 [그림 3-1-17(b)]와 같이 회로를 구성해 저항 소자 하나를 줄일 수 있어 이에 따른 저항에 의한 잡음도 감소하며, 변환기 출력이 전류로 나타나므로 전압 출력형에 비해 잡음에 더 강한 특성을 얻을 수 있다.

특히 회로를 IC로 제작할 때 저항 소자를 사용하는 것보다 트랜지스터에 의한 전류 미러 회로를 이용해 정수배 전류를 얻어내는 것이 더 쉽고 오차도 거의 없기 때문에 IC화된 소자는 대부분 전류 모드이다.

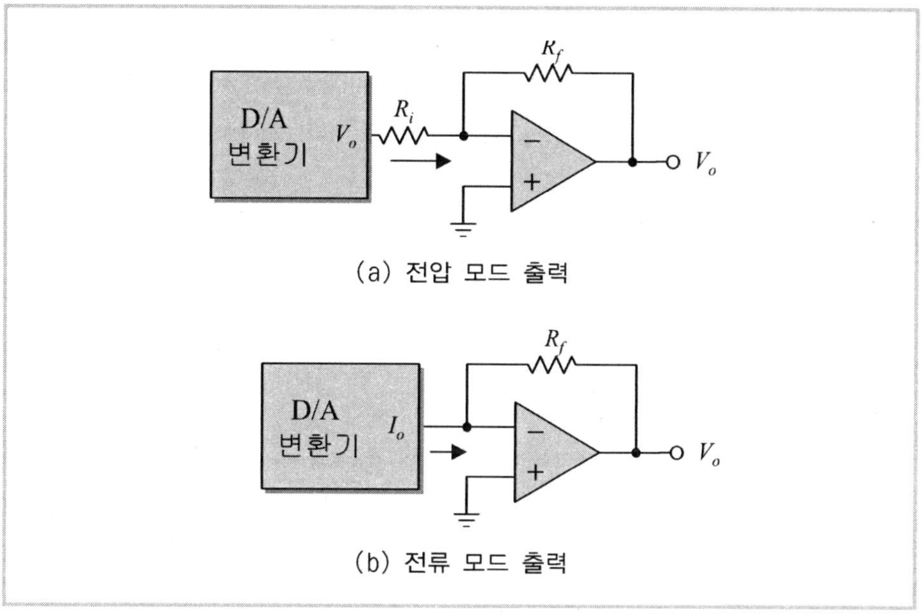

[그림 3-1-17] 변환기의 출력 종류에 따른 회로

[그림 3-1-18]에 전류 모드 4비트 ladder 회로를 나타내었다. 그림에서 스위치는 아날로그 스위치를 의미하고, 회로 상단의 ladder 회로는 앞서 설명한 ladder 회로와 동일한 형태이며, 외부 디지털 입력은 아날로그 스위치 $D_0 \sim D_3$을 제어한다.

단, 회로의 해석을 위해 출력 전류 I_o를 공급받는 부하는 0Ω으로 가정하여 전류 공급에 지장이 없는 것으로 한다.

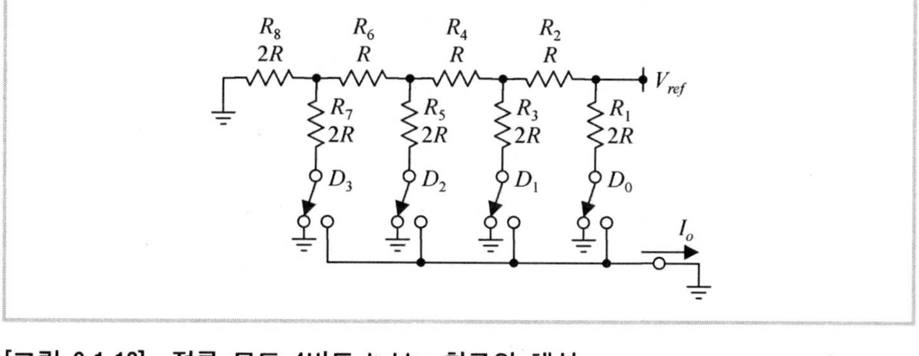

[그림 3-1-18] 전류 모드 4비트 ladder 회로의 해석

i) D_0 스위치 전류

D_0 스위치에 의한 전류는 [그림 3-1-19]와 같이 V_{ref}에 의해 R_2와 D_0 스위치 양쪽으로 전류가 흐르는데, 두 전류 모두 동일하므로 식 (6)을 얻을 수 있다.

$$I_{D0} = I_{R2} = \frac{1}{2} \cdot \frac{V_{ref}}{R} \tag{6}$$

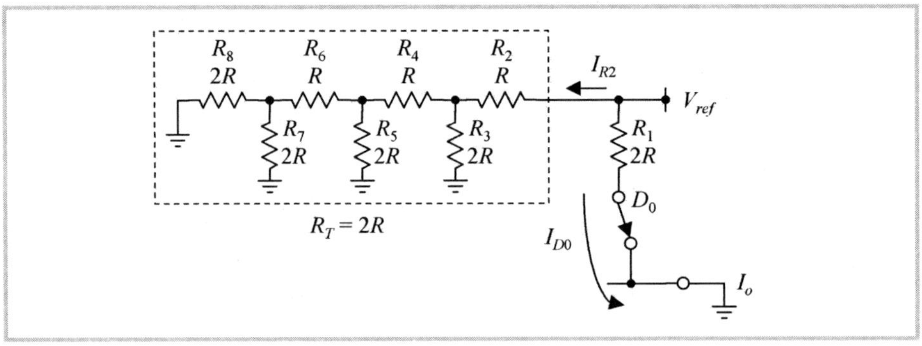

[그림 3-1-19] D_0 스위치에 의한 전류

ii) D_1 스위치 전류

D_1 스위치에 의한 전류는 식 (6)의 전류 I_{R2}가 [그림 3-1-20]과 같이 R_2와 D_1 스위치 양쪽으로 동일하게 분리된 것이므로 식 (7)을 얻을 수 있다.

$$I_{D1} = I_{R4} = \frac{1}{2} \cdot I_{R2} = \frac{1}{4} \cdot \frac{V_{ref}}{R} \tag{7}$$

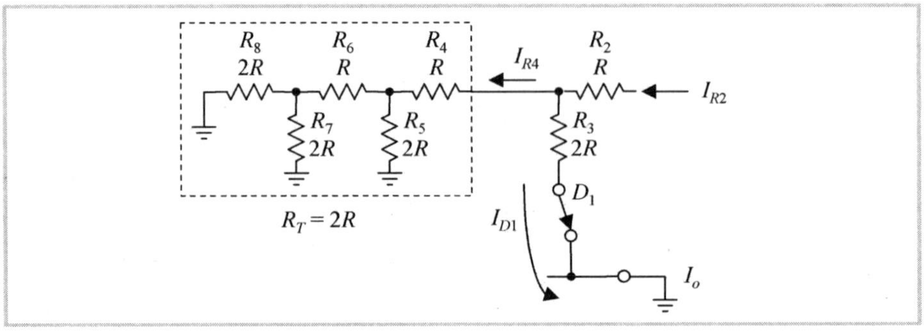

[그림 3-1-20] D_1 스위치에 의한 전류

iii) D_2, D_3 스위치 전류

D_2 스위치에 의한 전류는 식 (7)의 전류 I_{R4}가 [그림 3-1-21(a)]와 같이 R_6과 D_2 스위치 양쪽으로 동일하게 분리된 것이므로 식 (8)을 얻을 수 있다. 같은 방법으로, D_3 스위치에 의한 전류는 식 (8)의 전류 I_{R6}이 [그림 3-1-21(b)]와 같이 R_8과 D_3 스위치 양쪽으로 동일하게 분리된 것이므로 식 (9)를 얻을 수 있다.

$$I_{D2} = I_{R6} = \frac{1}{2} \cdot I_{R4} = \frac{1}{8} \cdot \frac{V_{ref}}{R} \tag{8}$$

$$I_{D3} = I_{R8} = \frac{1}{2} \cdot I_{R6} = \frac{1}{16} \cdot \frac{V_{ref}}{R} \tag{9}$$

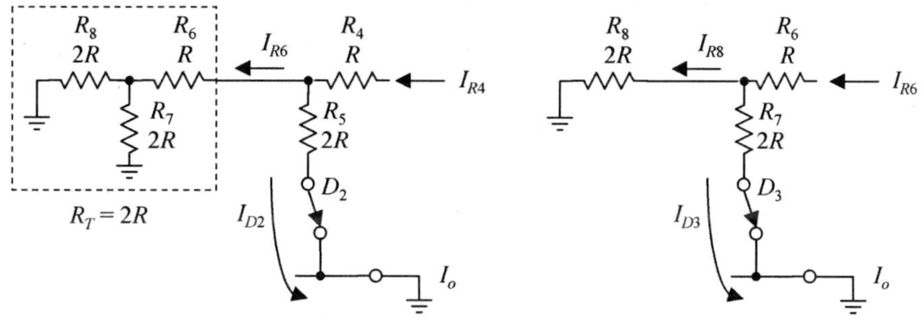

(a) D_2 스위치에 의한 전류　　(b) D_3 스위치에 의한 전류

[그림 3-1-21] D_2, D_3 스위치에 의한 전류

iv) 전체 식

앞서 구한 식 (6), (7), (8), (9)는 모두 합쳐져 출력 I_o에 나타나므로, 출력 전류식은 다음과 같다.

$$I_o = \left(\frac{1}{2} \cdot D_0 + \frac{1}{4} \cdot D_1 + \frac{1}{8} \cdot D_2 + \frac{1}{16} \cdot D_3\right) \cdot \frac{V_{ref}}{R} \tag{10}$$

여기서, $D_0 \sim D_3$은 1이나 0 값을 가진다.

식 (10)의 V_{ref}/R을 전류 I_{ref}로 치환하면 다음과 같다.

$$I_o = \frac{I_{ref}}{2} \cdot D_0 + \frac{I_{ref}}{4} \cdot D_1 + \frac{I_{ref}}{8} \cdot D_2 + \frac{I_{ref}}{16} \cdot D_3 \tag{11}$$

예를 들어, I_{ref}=8mA일 때, D_0의 변화는 I_o에 4mA가 흐르도록 하고, D_1은 2mA, D_2는 1mA, D_3은 0.5mA가 흐르도록 한다. 따라서 $D_0 \sim D_3$의 조합에 의해 〈표 3-1-2〉와 같은 전류출력이 나타나므로 기준전류가 8mA일 때 0.5mA 단위로 제어됨을 알 수 있다. 이러한 전류 모드 ladder 회로도 전압 모드와 마찬가지로 8비트, 12비트, 16비트 등으로 확장해 더 정밀한 제어를 할 수 있다.

<표 3-1-2> 4비트 ladder에 의한 전류의 조합

디지털 입력				계산 식	아날로그 출력[mA]
D_0	D_1	D_2	D_3		
0	0	0	0	0 + 0 + 0 + 0	0
0	0	0	1	0 + 0 + 0 + 0.5	0.5
0	0	1	0	0 + 0 + 1 + 0	1
0	0	1	1	0 + 0 + 1 + 0.5	1.5
0	1	0	0	0 + 2 + 0 + 0	2
0	1	0	1	0 + 2 + 0 + 0.5	2.5
0	1	1	0	0 + 2 + 1 + 0	3
0	1	1	1	0 + 2 + 1 + 0.5	3.5
1	0	0	0	4 + 0 + 0 + 0	4
1	0	0	1	4 + 0 + 0 + 0.5	4.5
1	0	1	0	4 + 0 + 1 + 0	5
1	0	1	1	4 + 0 + 1 + 0.5	5.5
1	1	0	0	4 + 2 + 0 + 0	6
1	1	0	1	4 + 2 + 0 + 0.5	6.5
1	1	1	0	4 + 2 + 1 + 0	7
1	1	1	1	4 + 2 + 1 + 0.5	7.5

③ D/A 변환용 IC의 예

ⅰ) 만능 ladder 회로

[그림 3-1-22(a)]에 전압 모드, 전류 모드 양쪽에 만능으로 사용할 수 있는 ladder 회로를 나타내었다.

SOL(Start of Ladder)은 ladder의 시작 부분, EOL(End of Ladder)은 ladder의 끝 부분을 나타내며, 외부단자 R은 직렬 확장용 단자, $D_0 \sim D_3$은 스위치 제어 신호 입력단자이다.

이 회로를 이용해 [그림 3-1-22(b)]와 같은 전류 모드, [그림 3-1-22(c)]와 같은 전압 모드를 구성할 수 있고, [그림 3-1-22]의 (d), (e)와 같이 직렬로 연결해 비트를 확장시킬 수도 있다.

ⅱ) DAC0800

National Semiconductor사의 DAC0800은 8비트 전류 모드의 D/A 변환소자로서 앞서 소개한 8비트 ladder 회로(전류 미러형)와 아날로그 스위치의 결합으로 구성되어 있으며, 이를 이용한 회로의 예를 [그림 3-1-23]에 나타내었다.

이 소자는 일반 마이크로프로세서의 데이터 버스 명명법과는 달리 B1이 최상위 비트, B8이 최하위 비트로 표시되어 있어 주의가 필요하다. 회로에서 R_1과 V_{ref}에 의해 형성되는 전류가 기준 전류로서, 이 전류를 256등분해 제어하고, 출력은 R_3의 저항에 의해 증폭하는데, 회로에서는 동일한 값을 사용하고 있으므로 출력전압 V_o는 V_{ref}가 256등분 되어 나타난다.

만약 V_{ref}에 오디오 신호를 입력하면 256등분 제어되는 전자 볼륨이 구성된다.

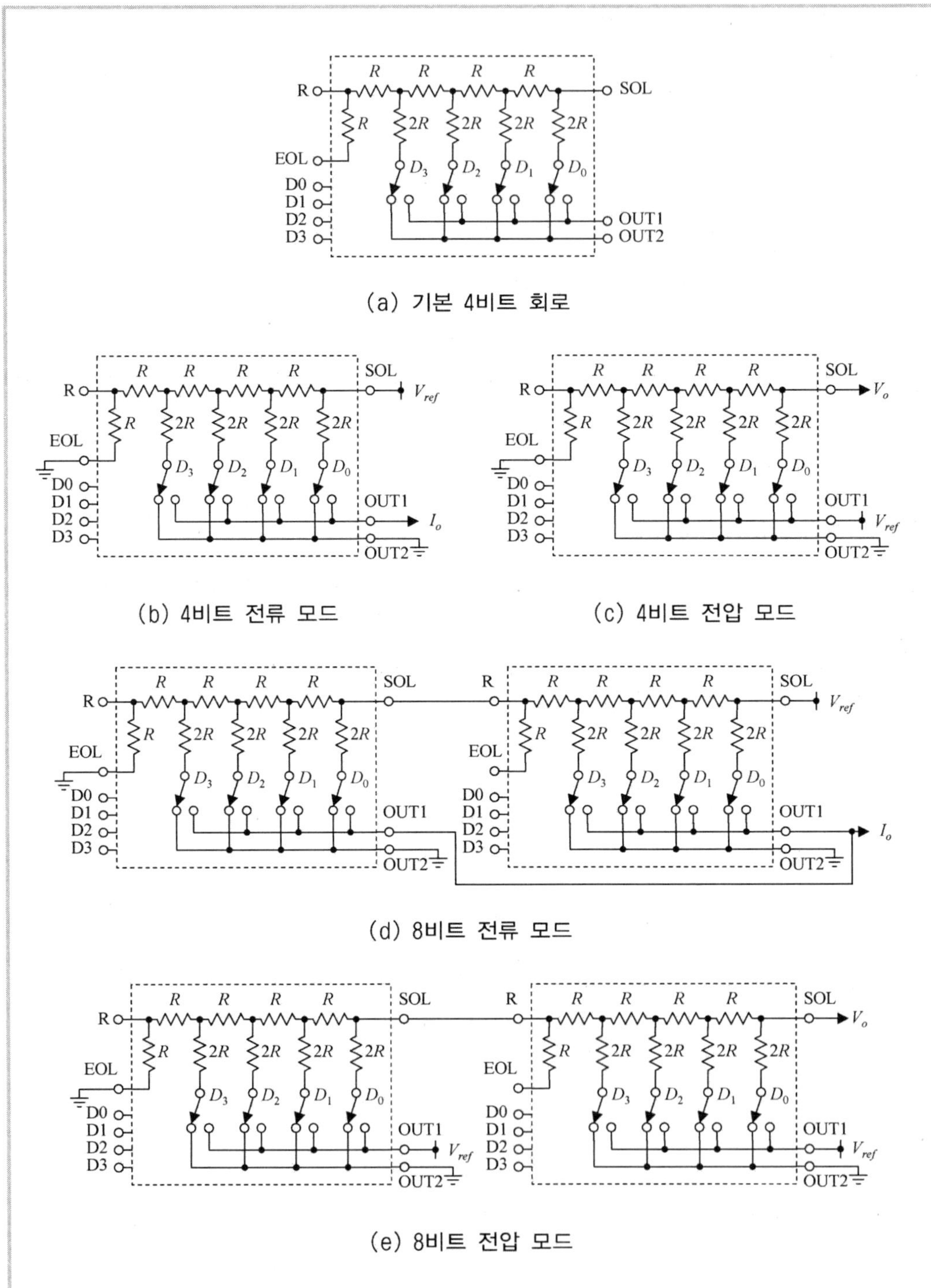

(a) 기본 4비트 회로

(b) 4비트 전류 모드

(c) 4비트 전압 모드

(d) 8비트 전류 모드

(e) 8비트 전압 모드

[그림 3-1-22] 만능 ladder 회로

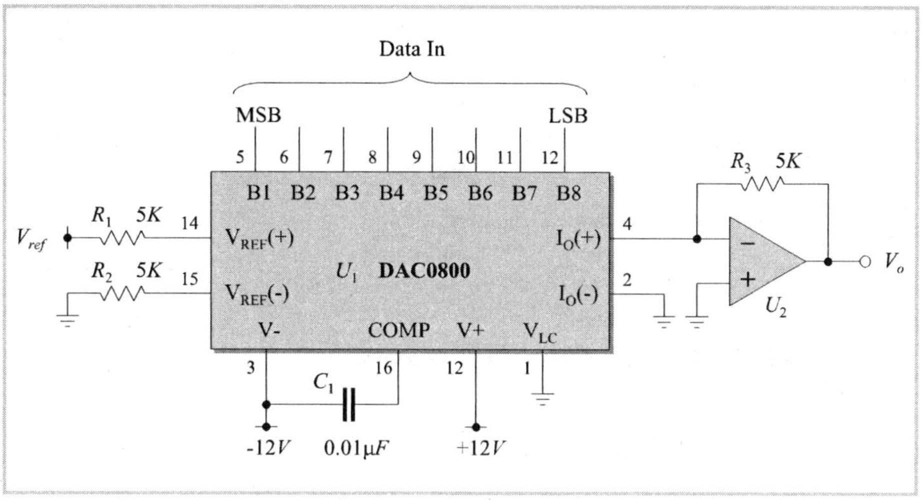

[그림 3-1-23] DAC0800을 이용한 D/A 변환회로 예

(3) 아날로그/디지털 변환

(1) 적분형 변환

적분형 아날로그/디지털 변환기는 커패시터의 적분을 이용한 것으로서, 신호를 변환하는 데 시간이 다소 소요되지만 구조가 간단하고 가격이 저렴하여 그다지 고속 변환이 필요하지 않은 곳, 예를 들어 디지털 테스터나 각종 기기의 온도 검출 등에 사용된다. 이러한 적분형에는 단일 경사형과 2중 경사형의 2가지가 있다.

① 단일 경사형

단일 경사형(Single-Slope Converter)은 여러 가지 단점이 많아 단순한 용도 이외에는 그다지 많이 쓰이지 않는 방식이지만, 다음에 설명할 2중 경사형의 기본 원리가 되므로 그 원리를 간단히 살펴본다.

단일 경사형의 중심 원리는 [그림 3-1-24(a)]에 나타낸 커패시터에 의한 적분이다.

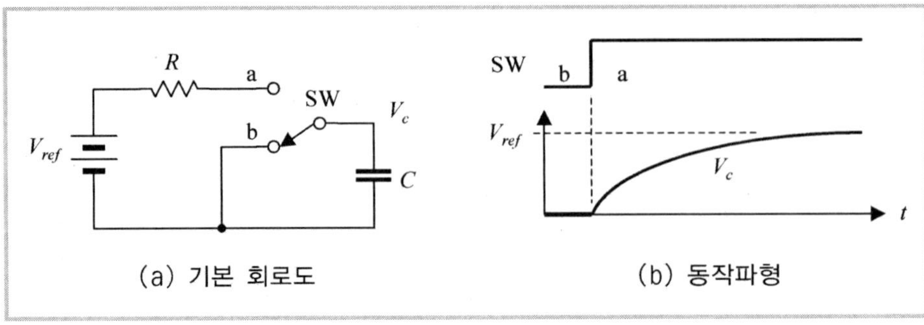

[그림 3-1-24] 커패시터에 의한 적분회로

[그림 3-1-24(b)]는 [그림 3-1-24(a)]에 의해 발생되는 적분파형을 나타낸 것으로서, 스위치 SW는 평소에 b 위치에 있으므로 커패시터는 충전이 되어 있지 않다. 스위치가 a로 전환되면 저항을 통해 커패시터로 전류가 흘러드는데, 커패시터 전압이 차츰 높아지면서 충전 속도는 점차 완화돼 [그림 3-1-24(b)]와 같은 곡선을 그리면서 충전된다.

[그림 3-1-25]에 이와 같은 적분파형을 이용해 아날로그 신호를 디지털 값으로 변환하는 기본 원리를 나타내었다.

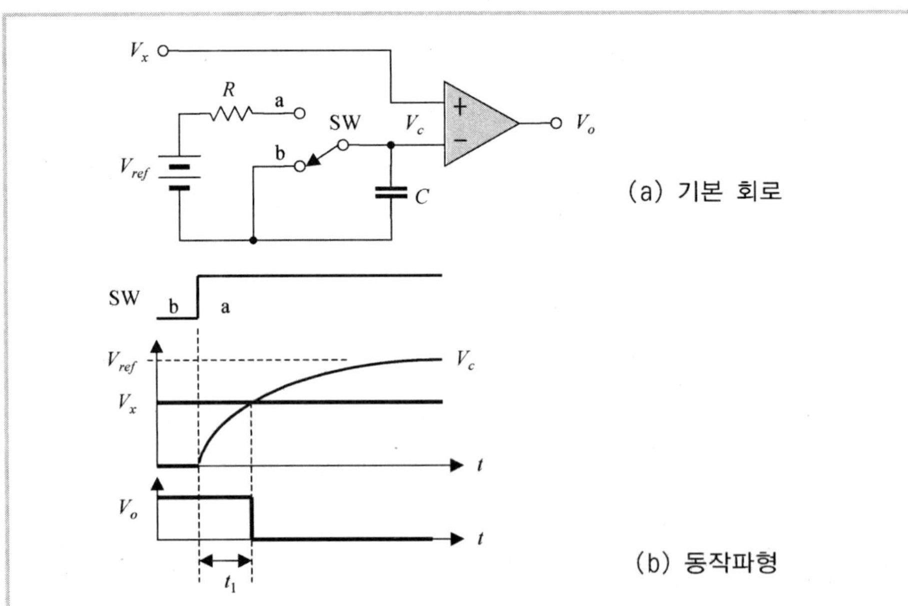

[그림 3-1-25] 적분을 이용한 아날로그/디지털 변환의 원리

[그림 3-1-25(a)]에서, 적분회로에 의해 발생된 전압 V_c는 변환하려는 미지전압 V_x와 비교기에서 비교되어 그 결과가 V_o로 나타난다. [그림 3-1-25(b)]는 이 회로에 의해 발생하는 파형들을 나타낸 것으로서, 비교기 출력 V_o는 스위치가 전환된 시점부터 t_1 시간 후에 low로 내려가는데, 미지전압 V_x가 클수록 t_1은 길어진다.

따라서 이 시간을 디지털 카운터로 카운트하면 미지전압 t_1에 해당하는 디지털 값을 얻을 수 있으며 이러한 회로를 [그림 3-1-26(a)]에 나타내었다.

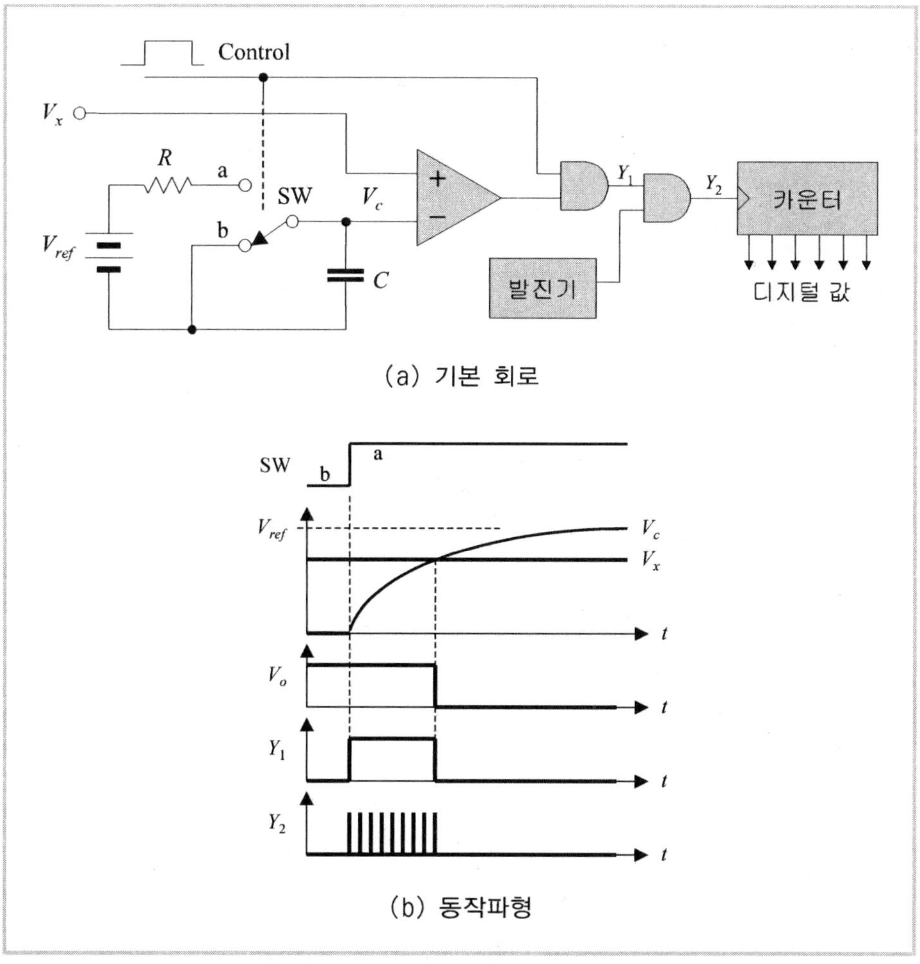

[그림 3-1-26] 적분을 이용한 아날로그/디지털 변환회로

[그림 3-1-26(b)]는 [그림 3-1-26(a)] 회로의 각 부에서 발생하는 파형을 나타낸 것으로서, 최종적으로 미지전압 V_x에 해당하는 디지털 값이 카운터에 남는다. 그런데 이 회로의 적분파형은 곡선을 이루고 있어 디지털 값은 미지전압 V_x에 완전히 비례하지 않으므로, [그림 3-1-27]과 같이 연산증폭기 적분회로를 이용해 완전한 직선파형을 생성해 입력전압에 비례하는 디지털 값을 얻을 수 있다.

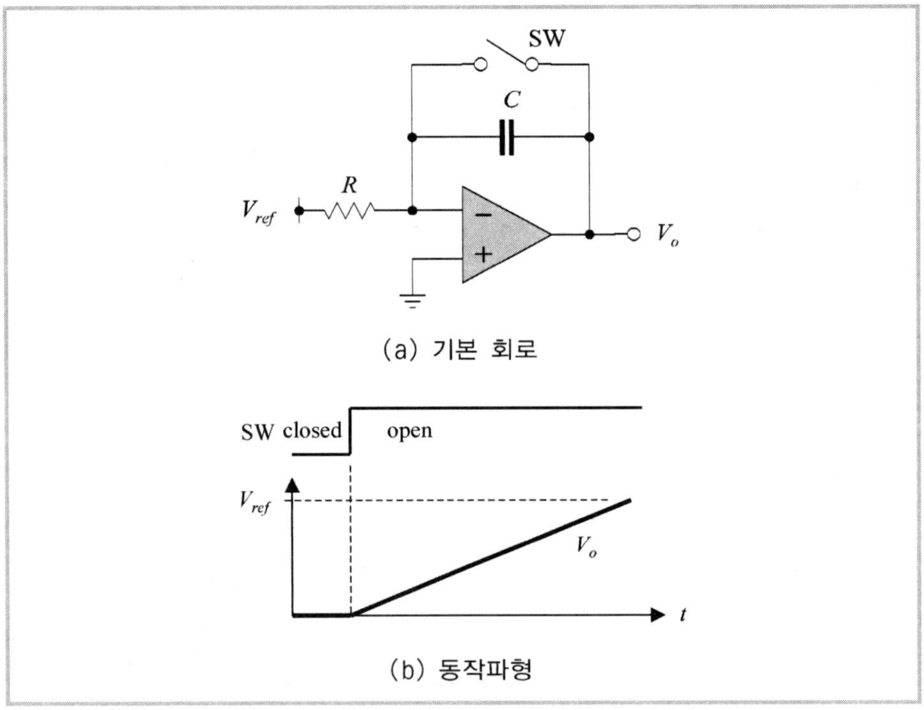

[그림 3-1-27] 연산증폭기에 의한 적분회로

이상에서 살펴본 단일 경사형은 다음과 같은 단점을 가지고 있다.

ⅰ) 적분회로의 R, C값 변화에 민감하다.

적분회로에 사용되는 R과 C, 특히 C는 온도 변화에 상당히 민감하며, 이들 소자값이 변화하면 적분 시정수가 변화해 곡선의 기울기가 달라진다. 따라서 [그림 3-1-28(a)]와 같이 동일한 시간에 대해 상승전압이 달라져 오차의 원인이 된다.

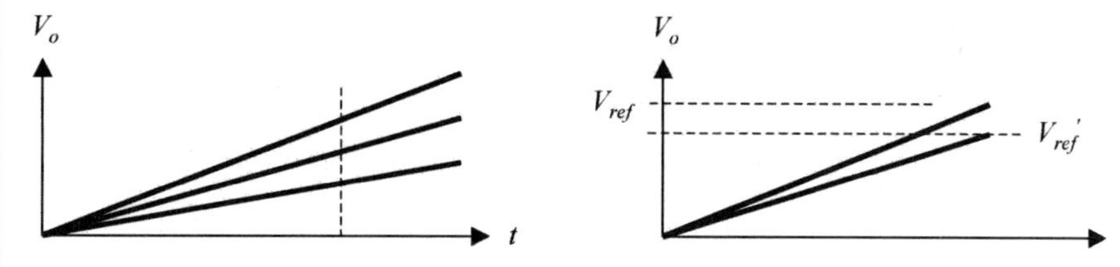

(a) R, C값의 변화에 의한 영향 (b) V_{ref} 변화에 의한 영향

[그림 3-1-28] 회로 요소들에 의한 영향

ii) 적분회로의 기준전압 (V_{ref}) 변화에 대해 민감하다.

적분회로의 기준전압이 변화하면 이에 따른 적분전압이 [그림 3-1-28(b)]의 예와 같이 변화하고, 따라서 변환값에 영향을 미친다. 그러나 정전압 회로를 이용하면 이 문제는 쉽게 해결할 수 있다.

iii) 발진기 주파수의 변화에 대해 민감하다.

어떠한 요인, 즉 온도 변화 등에 의해 발진기 주파수가 변화한다면, [그림 3-1-29]와 같이 동일한 시간 동안에 카운트되는 숫자가 달라진다.

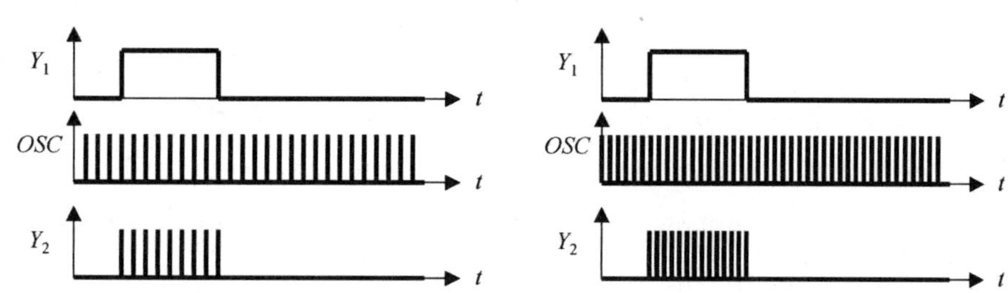

(a) 주파수가 낮을 때 (b) 주파수가 높을 때

[그림 3-1-29] 주파수 변화에 의한 영향

iv) 비교기 양측 입력이 모두 존재하므로 비교기의 특성에 민감하다.

비교기는 이상적으로 (+)와 (−) 두 입력 간의 입력 임피던스가 무한대이어야 하나, 실제로는 그렇지 못하므로 [그림 3-1-30(a)]와 같이 각 단자 간에 영향을 미친다. 따라서 각 단자의 비교전압 간에 간섭이 발생해 정확한 비교가 어려워진다.

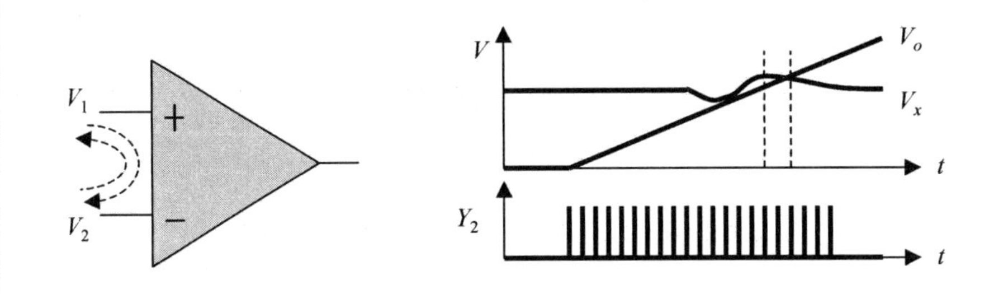

(a) 비교기에 의한 영향 (b) 입력전압 잡음에 의한 영향

[그림 3-1-30] 전압비교 과정 중의 오류

v) 입력전압은 직접 비교기로 입력되므로 잡음에 민감하다.

비교기의 입력 임피던스는 매우 크기 때문에 이 입력단에 잡음이 유입되면 유출될 경로가 없어 입력에 그대로 영향을 미친다. 이 때문에 [그림 3-1-30(b)]의 예와 같이 카운트 수에 직접적으로 영향을 미친다.

이상에서 살펴본 바와 같이 단일 경사형은 회로 및 원리는 간단하지만 많은 단점이 있어 정밀한 측정의 용도로는 적합지 않으며, 컴퓨터의 조이스틱 위치 검출 등과 같은 단순한 용도로 사용한다.

[그림 3-1-31]은 8비트 애플 컴퓨터와 IBM-PC의 조이스틱 검출에 사용했던 A/D 변환회로로서 단일 경사형을 4회로 내장한 NE558 타이머 IC를 사용하고 있으며, 마이크로프로세서에서 트리거 신호를 입력하면 내부의 Q_1에 의해 외부 커패시터 C_2가 방전된다. 그 후 VR_1, R_1 및 C_2에 의한 적분전압이 내부 비교기에서 비교되어 내부 전압 VR보다 높아지면 출력이 발생한다. 소프트웨어에서는 트리거 신호 입력 후 출력이 발생할 때까지의 시간을 측정해 이를 디지털 값으로 사용한다.

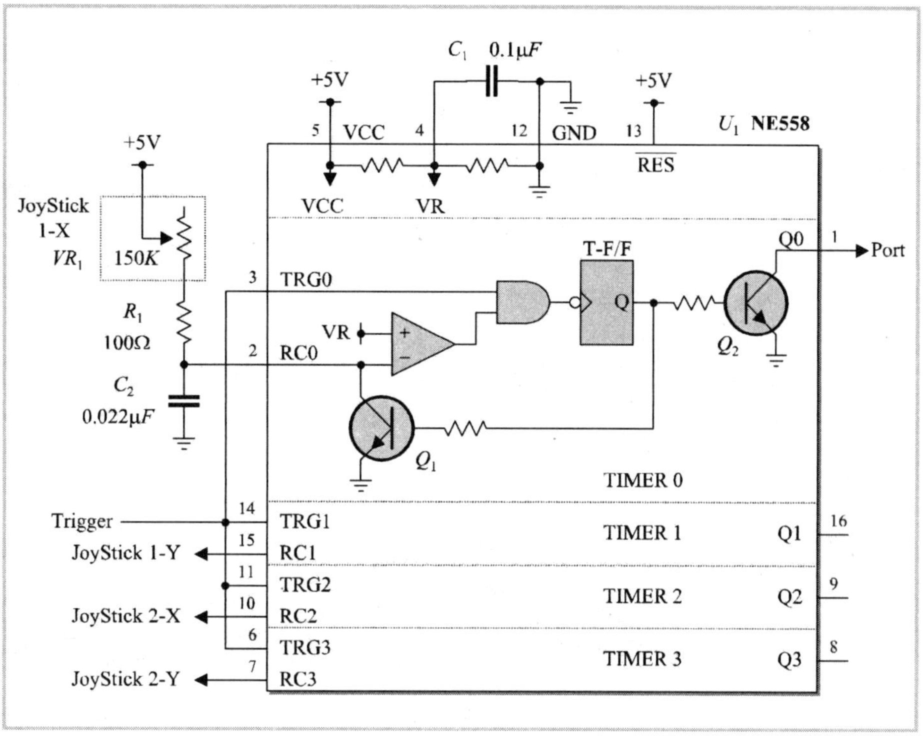

[그림 3-1-31] 단일 경사형 변환기에 의한 조이스틱 검출

② 2중 경사형

2중 경사형(Dual-Slope Converter)은 단일 경사 방식의 여러 단점들을 보완한 것으로서 변환 정확도가 매우 높아 비교적 저속의 변환 속도로 충분한 경우(디지털 테스터나 온도 검출 등)에 많이 사용하는 방식이다.

[그림 3-1-32]에 2중 경사형의 기본 블록도를 나타내었다. 그림에서 알 수 있듯이 2중 경사형의 구성 부품은 단일 경사형에서와 그다지 큰 차이는 없지만 동작 원리는 크게 다른데, 이를 [그림 3-1-33]에 나타내었다.

회로에서 입력 스위치 SW를 미지 전압 V_x 쪽으로 전환해 t_1 부터 t_2 까지 '일정 시간 동안 V_x 로 충전'시키는데, '일정 시간'은 회로 내의 발진기에 의해 정해진 시간이다. 이와 같이 충전하면 V_x 의 크기에 따라 t_2 시점에서의 충전전압이 달라지는데, 여기서 스위치를 $V_{ref}(-)$ 로 전환해 이 전압으로 '일정 기울기 방전'을 시킨다.

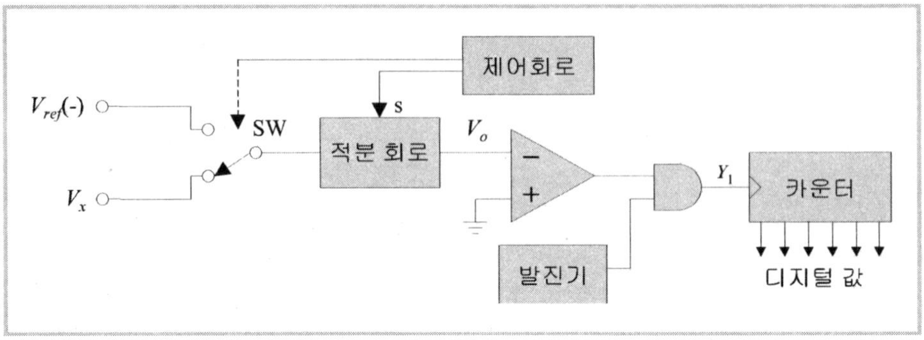

[그림 3-1-32] 2중 경사형의 블록도

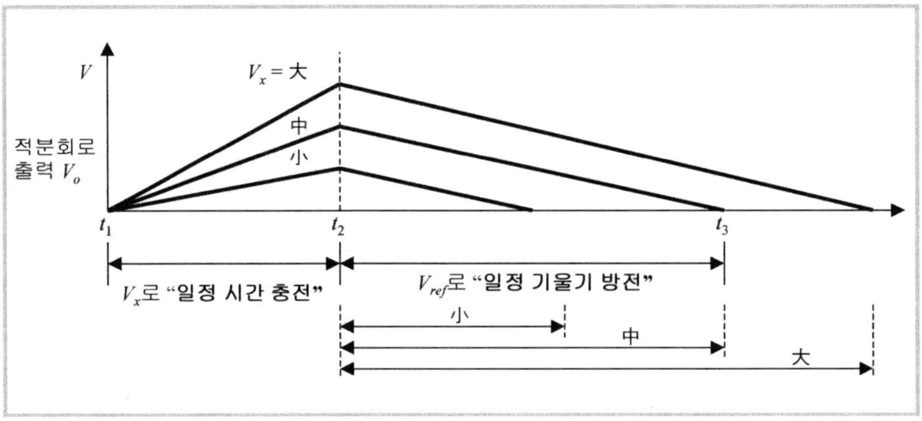

[그림 3-1-33] 2중 경사형의 원리

미지전압 V_x에 의해 다르게 충전됐던 전압은 동일한 기울기로 방전되므로 0V까지 방전할 때 시간차가 발생하며, 이를 카운터로 세면 디지털 값이 된다. 이와 같이 충전 시의 기울기와 방전 시의 기울기를 서로 다르게 해 디지털 값을 얻기 때문에 '2중 경사'의 명칭이 붙었다. 2중 경사형은 단일 경사형에서 나타난 문제들이 거의 모두 해소된다.

i) 적분회로 R과 C값의 변화

만약, C가 작아졌다면 [그림 3-1-34(a)]와 같이 원래 충전돼야 할 기울기보다 빨리 충전되지만, 방전 역시 빨리 되기 때문에 0V에 도착하는 시간 t_3은 동일하다.

ii) 발진기의 주파수 변화

만약, 발진 주파수가 높아졌다면 [그림 3-1-34(b)]와 같이 원래 충전시킬 시간 t_2 보다 빠른 t_2' 에서 충전이 종료되고, 방전 시에는 원래의 $t_2 \sim t_3$ 보다 짧아지지만, 높아진 주파수로 카운트하므로 카운트 수는 같다.

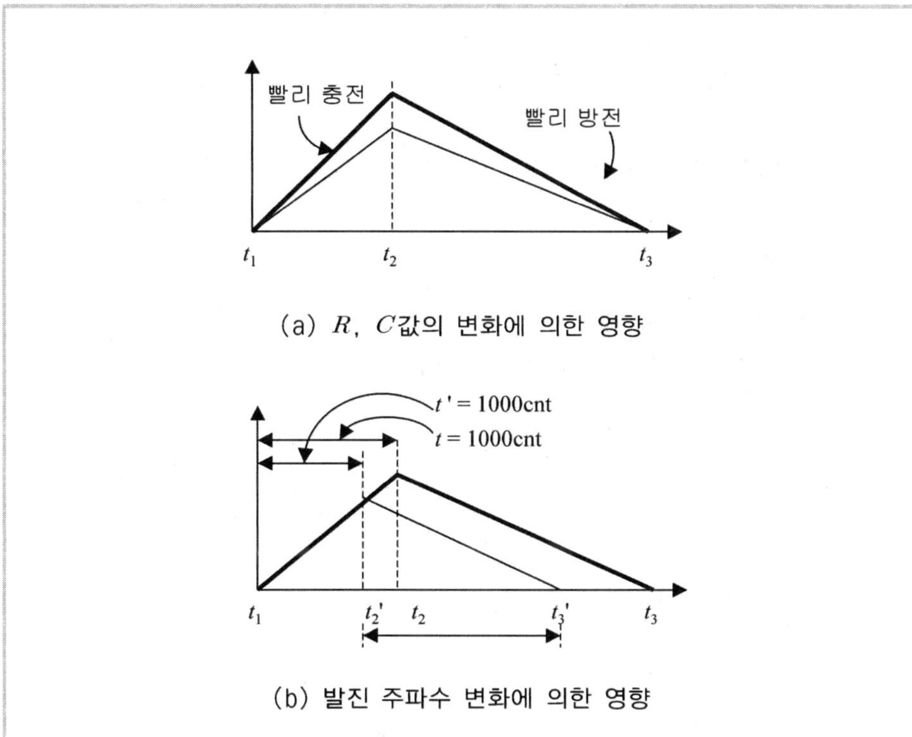

[그림 3-1-34] 회로 각 요소에 대한 영향

iii) 비교기 특성

비교기는 [그림 3-1-35(a)]와 같이 한쪽이 접지 되어 0V와 비교하므로 (+), (−) 양 단자 간 간섭이 없다.

iv) 입력전압의 잡음

입력이 직접 비교기로 인가되지 않고 적분회로를 거치므로 [그림 3-1-35(b)]와 같이 잡음도 적분되어 거의 사라진다.

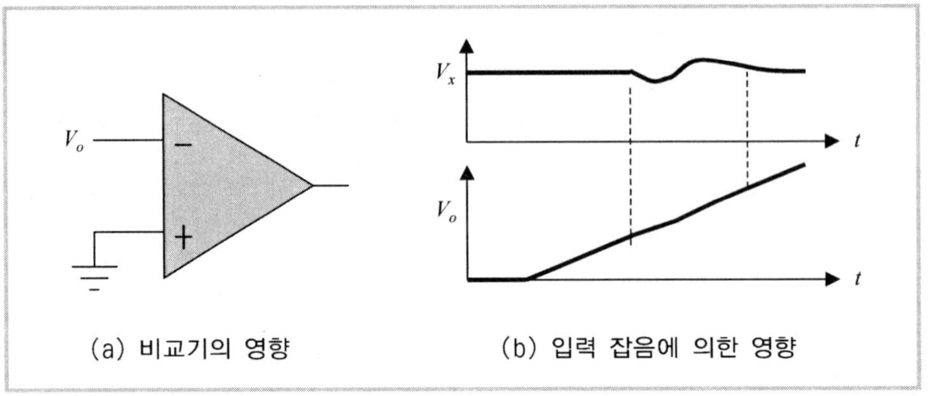

[그림 3-1-35] 전압비교에서의 영향

이상과 같이 2중 경사형은 매우 안정된 동작을 하기 때문에 변환시간이 특별한 문제가 되지 않는 경우 주로 사용되는 방법으로서, [그림 3-1-36]에 IC화된 소자의 예를 나타내었다.

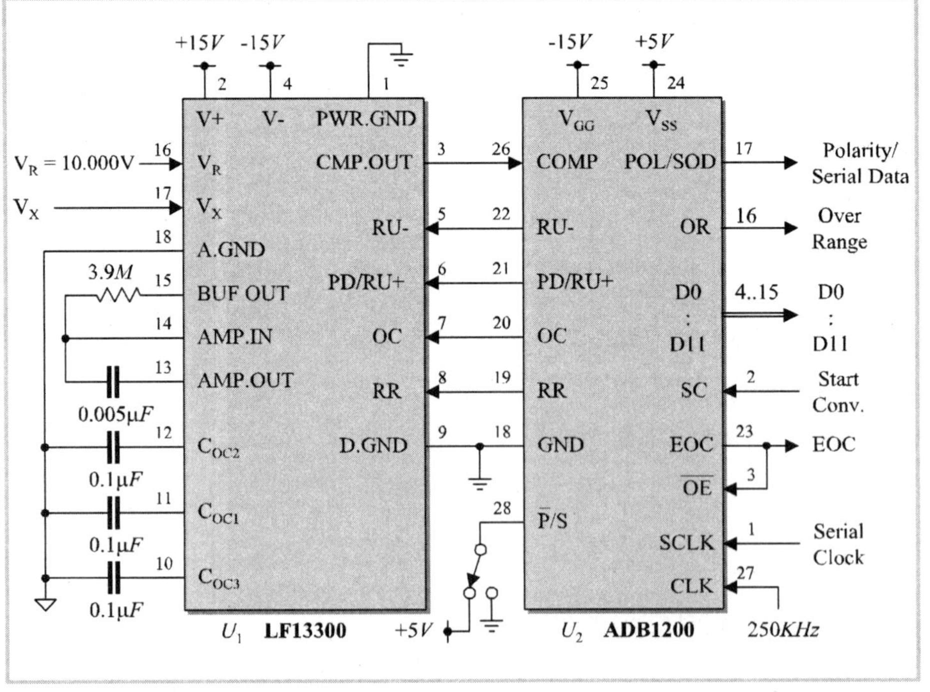

[그림 3-1-36] 2중 경사형 A/D 변환회로의 예

회로의 2개 소자들은 National Semiconductor의 것들로서 LF13300은 적분회로, 아날로그 스위치, 비교기 등을 내장한 아날로그 회로 블록이고, ADB1200은 아날로그 블록을 2중 경사로 제어하기 위한 제어회로, 카운터 등을 내장한 제어블록이다. 특히 ADB1200은 12비트, 즉 아날로그 전압을 4096단계로 변환하고 그 결과를 외부 설정에 의해 병렬출력 또는 직렬출력 중 하나로 선택할 수 있다.

회로의 LF13300 입력 중 V_x는 2중 경사의 초기에 '일정 시간 충전'을 위한 미지전압 입력이고, V_R은 2중 경사의 후기에 '일정 기울기 방전'을 위한 기준전압이다. ADB1200의 $\overline{\mathrm{P}}$/S 단자에 접속된 스위치는 변환결과를 병렬로 출력할 것인지, 또는 직렬로 출력할 것인지를 선택하는 것이며, 직렬인 경우 POL/SOD 단자를 통해 직렬 데이터가 출력된다.

[그림 3-1-37]에는 아날로그 블록과 제어블록, 발진회로와 더불어 디스플레이 회로까지를 모두 한 소자에 포함시킨 디지털 멀티미터용 소자의 예를 나타낸 것으로서, 입력은 −2.0V～+2.0V 사이의 값을 검출해 '±1.999' 단위까지 표시할 수 있다.

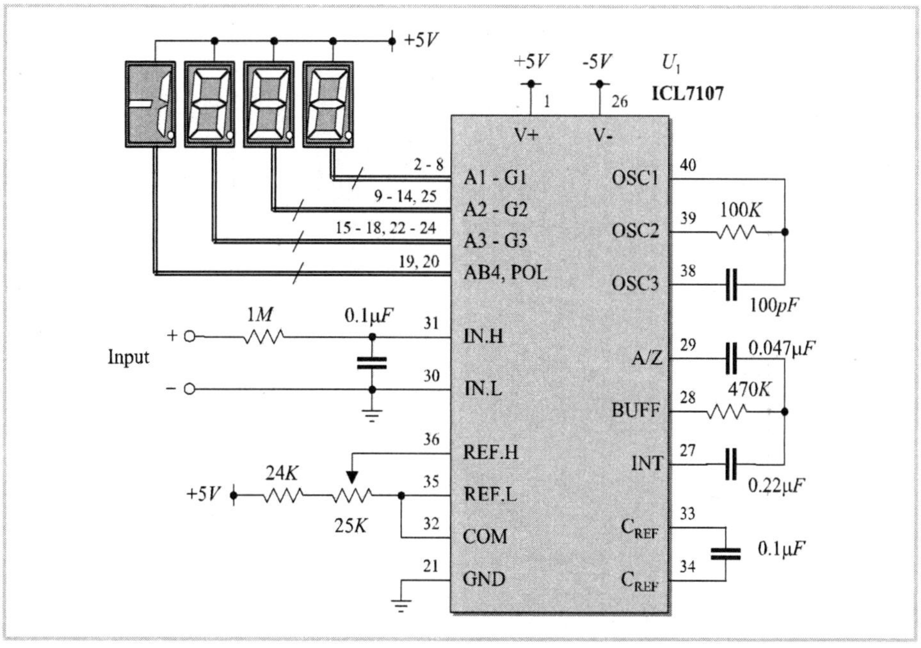

[그림 3-1-37] 2중 경사형 디지털 계기회로의 예

만약 더 큰 범위의 전압을 측정하려면 입력단에 분압회로를 형성하고 표시부의 소수점 표시를 이동시켜 가능하며, 이러한 분압회로를 여러 단 구성해 스위치로 측정범위를 선택할 수 있다. 이는 회로를 변경하면 전류계를 구성할 수 있고, 또한 소자의 기준전압(REF들)을 이용해 저항계도 쉽게 구성할 수 있다.

(2) 램프(ramp)형

Ramp형은 D/A 변환기를 이용한 것으로서 [그림 3-1-38]에 블록도를 나타내었다. 그림에서, 발진기에서 발생한 클록은 AND 게이트를 지나 카운터에 입력되어 값이 증가하며, D/A 변환기에서는 카운터 값에 해당하는 아날로그 전압이 나타나므로 [그림 3-1-38(b)]와 같이 카운트가 증가함에 따라 톱니파(ramp파) 모양으로 전압이 증가해 미지 전압 V_x 보다 커지면 비교기에 의해 카운트가 중지되고 이때의 카운트 값이 디지털 변환값이 된다.

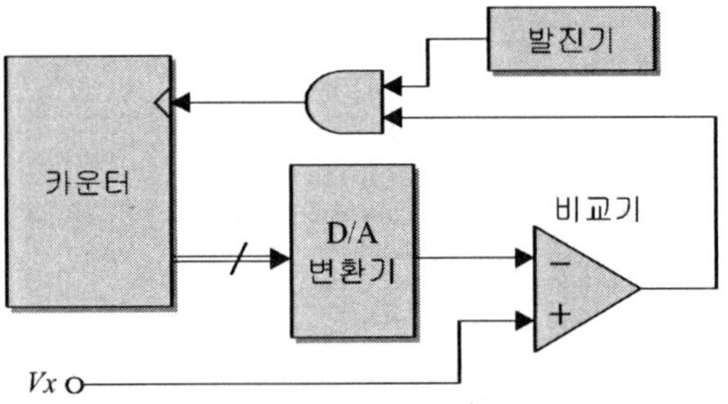

(a) 블록도

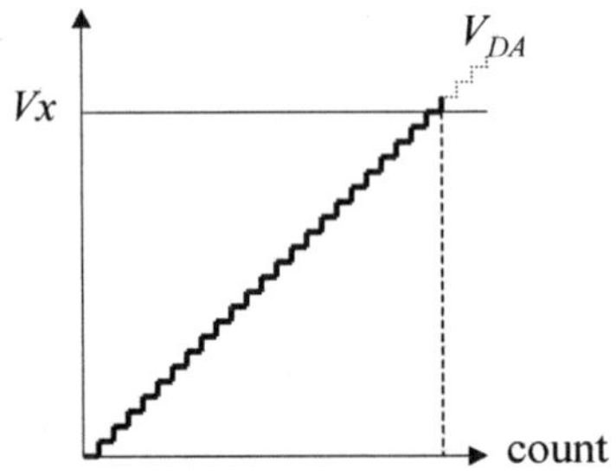

(b) 동작파형

[그림 3-1-38] Ramp형 A/D 변환회로

이 변환방법은 하드웨어적인 방법뿐만 아니라 [그림 3-1-39(a)]에 나타낸 바와 같이 마이크로프로세서와 연결해 소프트웨어로도 사용 가능하며, 이때 D/A 변환기는 PWM형이나 ladder형 모두 사용 가능하다. 이 회로를 이용해 소프트웨어로 A/D 변환을 행하는 플로차트를 [그림 3-1-39(b)]에 나타내었다.

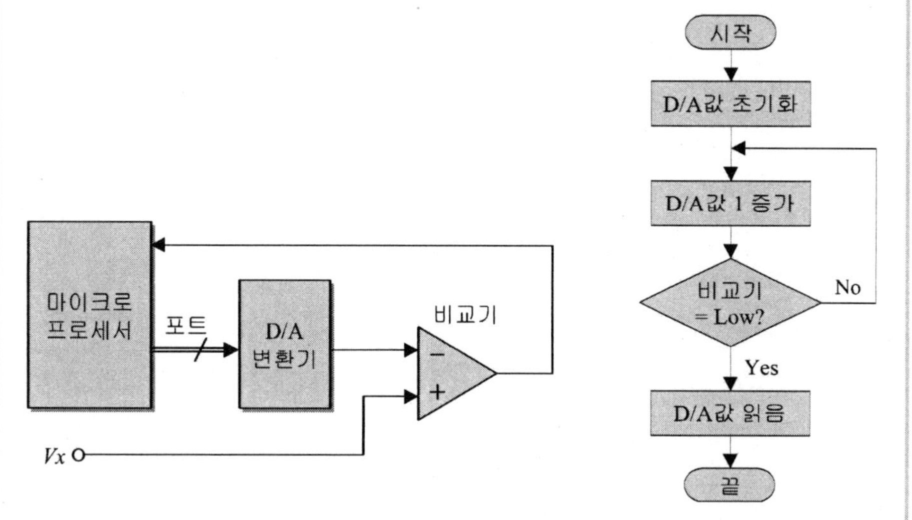

(a) 블록도 (b) 플로차트

[그림 3-1-39] 마이크로프로세서에 의한 Ramp형 A/D 변환

Ramp형 A/D 변환기는 하드웨어로 구성하거나 마이크로프로세서와 PWM D/A 변환기를 이용해 구성하는 방법은 하드웨어가 간단하기 때문에 자주 사용되지만, 마이크로프로세서와 ladder회로를 이용하는 경우에는 동일한 하드웨어를 이용해 다음에 설명하는 축차비교형을 사용해 훨씬 빠른 속도로 변환한다.

(3) 축차(軸差)비교형

앞서 소개한 아날로그/디지털 변환기들은 변환하는 시간이 비교적 많이 걸리므로 빠른 변환속도를 요구하는 시스템, 예를 들어 음향 변환, 화상 변환 등에서는 사용할 수 없는 제한점이 있다.

축차비교형(Successive Approximation Converter) 변환기는 지금까지 소개한 방법에 비해 변환속도가 매우 빠르고 회로도 비교적 간단하기 때문에 가장 많이 사용되고 있는 변환방법이다. 특히, 축차비교형은 마이크로프로세서와 ladder 회로를 접속한 ramp형 변환회로의 동일한 하드웨어에서 사용하면 매우 빠른 변환속도를 얻을 수 있다. 축차비교형은 순수 하드웨어만으로도 구성이 가능하지만, 변환 원리를 이해하기 위해 소프트웨어적인 방법을 먼저 설명한다.

① 소프트웨어 방법

소프트웨어 방법을 사용하기 위해 필요한 회로는 [그림 3-1-40(a)]에 나타낸 바와 같이 ramp형과 동일하며, 여기에 축차비교형을 구현하는 플로차트는 [그림 3-1-40(b)]와 같다.

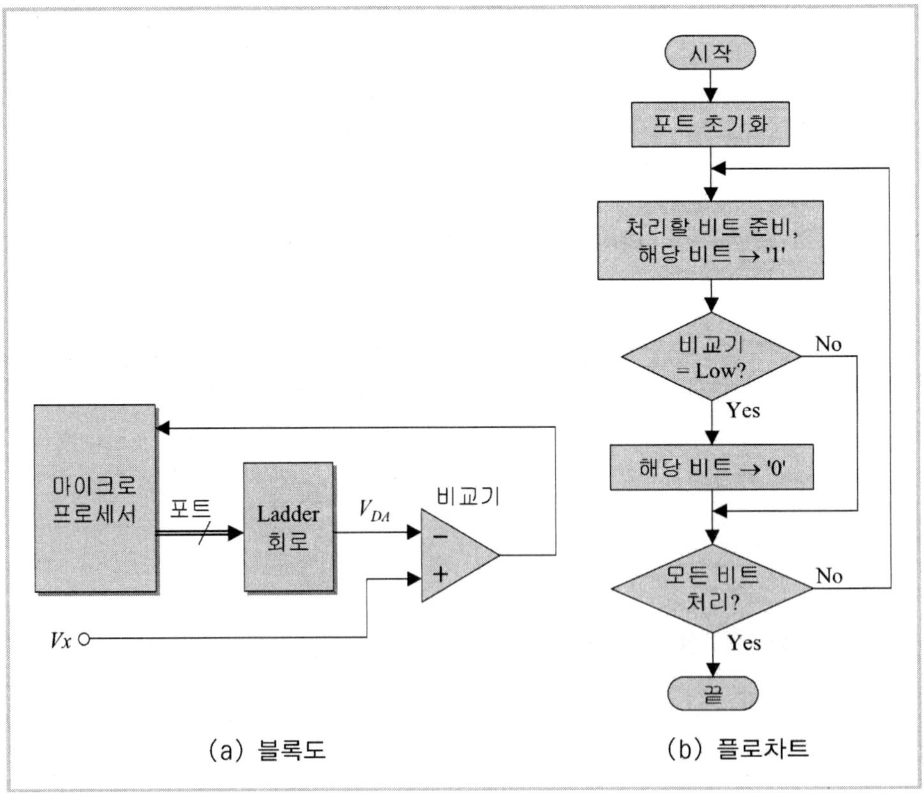

[그림 3-1-40] 마이크로프로세서에 의한 축차비교형 A/D 변환

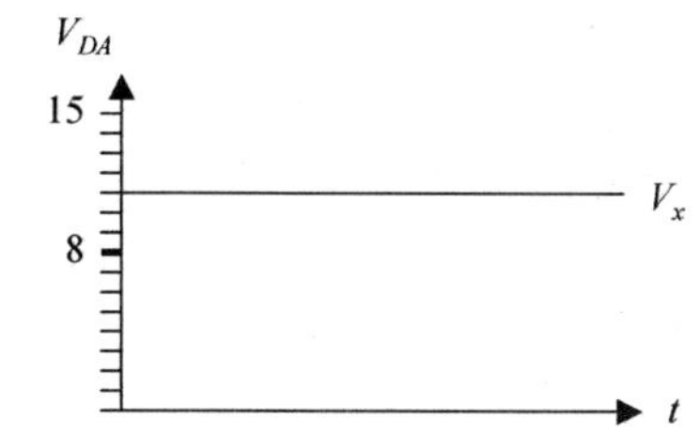

[그림 3-1-41] 임의의 전압설정 예

설명을 간단히 하기 위해 회로는 4비트로 구성되어 있고, 미지의 입력 전압 V_x가 [그림 3-1-41]과 같이 인가되어 있으며, 그림의 세로축은 ladder 회로에 입력되는 디지털 숫자에 의한 전압이라 하자. 다음에 설명하는 과정을 위 플로차트와 비교하며 검토해 보라.

① ladder 회로의 최상위 비트인 B_3을 1로 설정하면 그림과 같이 절반 전압 상태가 되어 ladder 출력 V_{DA}가 미지전압 V_x를 넘어서지 않았으므로, B_3은 1로서 그대로 둔다.

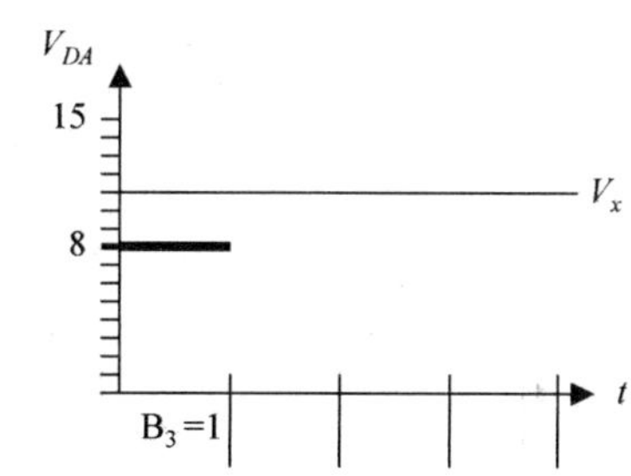

② 다음 비트인 B_2를 1로 설정하면 그림과 같이 1/4 전압이 가산된 상태가 되어 V_{DA}는 V_x를 넘어서기 때문에 다시 B_2를 0으로 한다.

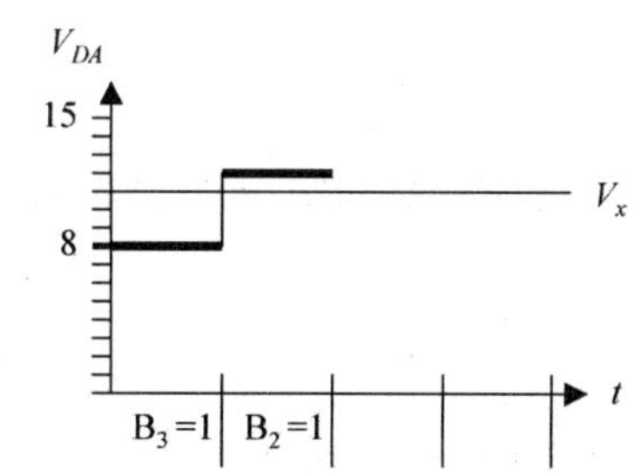

③ 계속해서 다음 비트인 B_1을 1로 설정하면 그림과 같이 1/8 전압이 가산되며, V_{DA}가 V_x를 넘어서지 않으므로 B_1은 1로 둔다.

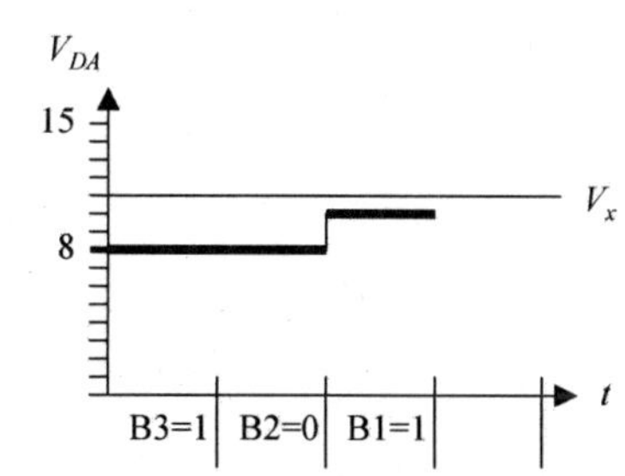

④ 마지막 비트인 B_0을 1로 설정하면 그림과 같이 1/16 전압이 가산되며 V_{DA}가 V_x를 넘어서지 않으므로(같으므로) B_0은 1로 둔다.

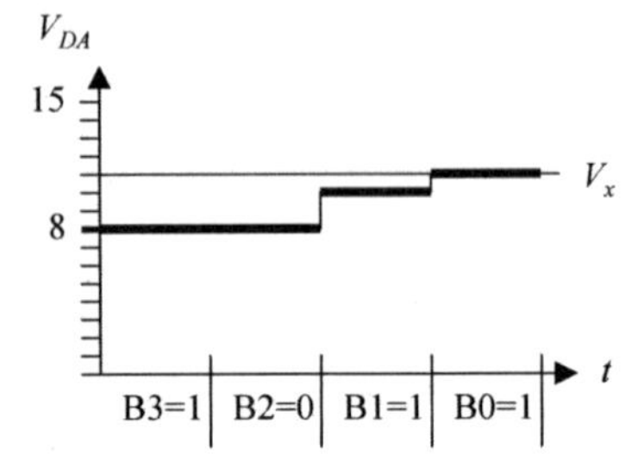

이상의 결과를 종합하면, 디지털 값은 '1011' 즉, 10진수 11의 값을 구할 수 있다. 이와 같이 ladder 회로의 값을 조절하면서 최종값을 찾아내는데, 위의 나열된 순서에 의해 값을 찾아내던 과정을 살펴보면 [그림 3-1-42]와 같다.

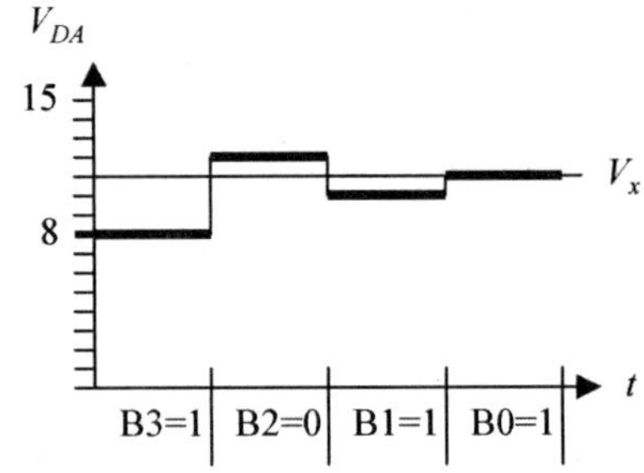

[그림 3-1-42] 축차비교 과정

즉, ladder 전압 V_{DA}는 목표 전압 축 V_x를 향해 그 차를 좁히는 방향으로 진행함을 알 수 있으며, 이러한 '전압 축(軸)과의 차(差)를 비교(比較)'한다는 의미로 축차비교형이라는 명칭이 붙었다. 영문 명칭인 'successive approximation'은 '연속적 근사치 추적'이라는 뜻이다.

이상에서 살펴본 축차비교형의 경우, 아날로그 전압을 4비트 데이터로 변환할 때 걸리는 시간은 '4비트 클록'이 소요되며, 8비트로 변환하면 '8비트 클록'이 소요된다. 이러한 변환 소요시간을 동일한 하드웨어를 사용하는 ramp형 변환기와 비교해 본다.

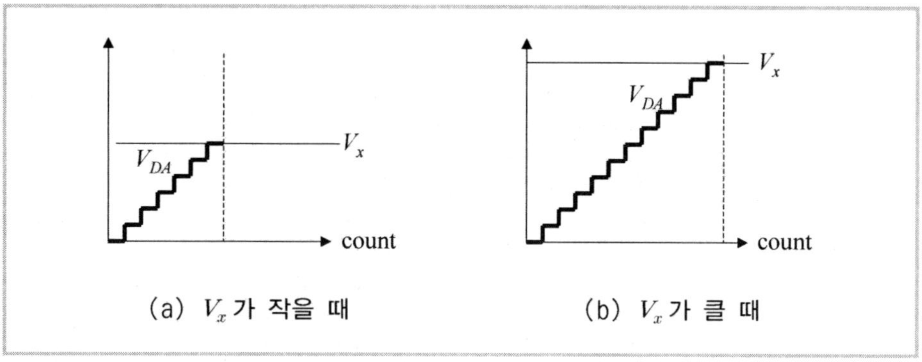

[그림 3-1-43] Ramp형 변환기의 변환시간

Ramp형은 [그림 3-1-43(a)]와 같이 미지전압 V_x가 비교적 작은 경우에는 변환이 빨리(그림의 경우 7클록) 완료되지만, [그림 3-1-43(b)]와 같이 V_x가 큰 경우에는 변환시간이 많이(그림의 경우 11클록) 소요된다.

즉, 앞서 예를 들었던 4비트 축차비교형의 경우, 어떠한 V_x값에 대해서도 4클록만에 모든 변환이 완료되지만 Ramp형은 최소 1클록부터 최대 16클록(평균 8클록)이 소요된다. 8비트로 변환할 경우에는 이 차이가 더욱 심해져 축차비교형은 8클록에 완료되지만, ramp형은 평균 128클록에 완료된다.

※ "클록 속도를 빠르게 하면 되지 않는가?"라는 의문이 있을 수 있는데, 사용되는 각 부품들은 최대 동작 속도가 정해져 있기 때문에, 축차비교형과 ramp형을 동일한 최대 속도로 동작시키면 축차비교형이 당연히 빠르다.

② 하드웨어 방법

[그림 3-1-44]는 축차비교형 4비트 아날로그/디지털 변환기를 간략히 나타낸 회로이다.

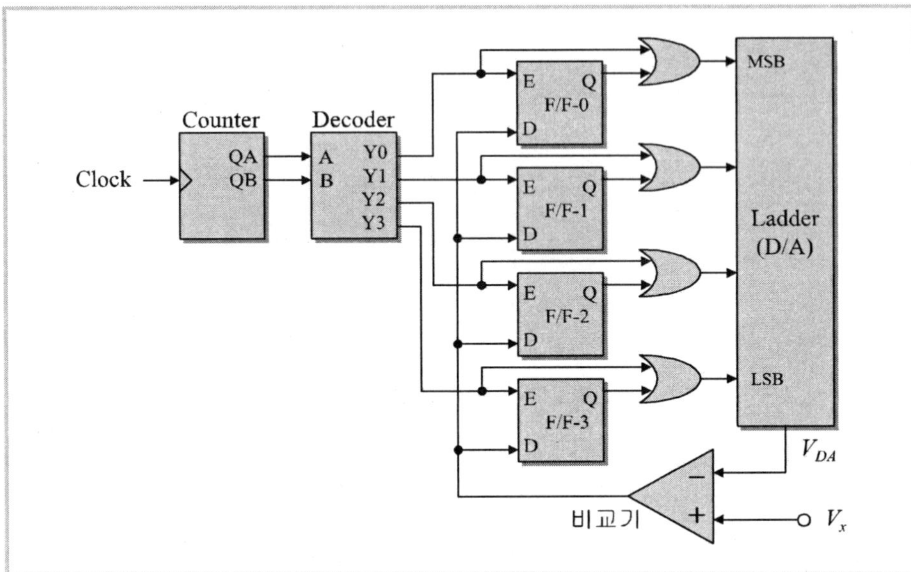

[그림 3-1-44] 하드웨어에 의한 축차비교 로직 블록도

회로의 동작 원리는 소프트웨어 방법에서와 동일하므로 한 단계만 설명한다.

① 카운터와 모든 플립플롭은 0으로 초기화되어 있다.
② 카운터 값이 0이므로 decoder의 Y0출력이 1이고, 따라서 F/F-0은 enable 상태, ladder의 최상위 비트는 1이다.
③ Ladder 출력 V_{DA}와 V_x와의 비교결과가 F/F-0의 data로 입력된다. 즉, V_{DA}보다 V_x가 크면 1을 저장하고, 작으면 0을 저장한다.
④ Clock이 입력되어 카운터는 1 증가한다. Decoder는 Y0출력이 0으로 되어 F/F-0은 disable 상태이지만, ladder의 최상위 비트는 F/F-0의 출력이 인가된다.
⑤ 카운트가 하나 증가된 상태에서 ②번 과정으로 돌아가 반복한다.

이와 같은 축차비교형 변환회로 중 ladder 회로와 비교기를 제외한 나머지 회로를 '축차비교 로직'이라 하며, 이 회로가 하나의 IC에 내장된 CMOS IC 4559를 이용한 축차비교형 아날로그/디지털 변환회로를 [그림 3-1-45]에 나타내었다.

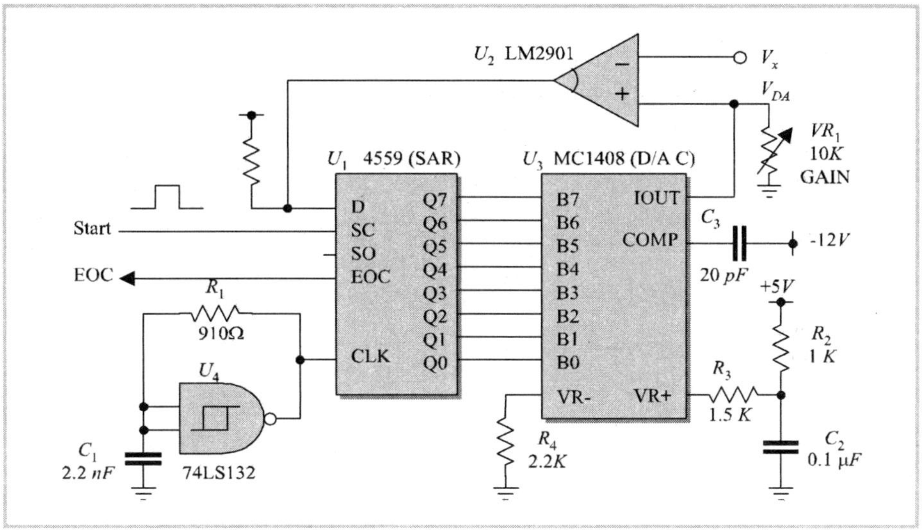

[그림 3-1-45] 축차비교 로직 IC를 이용한 아날로그/디지털 변환회로

[그림 3-1-45] 회로의 U_1은 SAR(Successive Approximation Register)이라는 축차비교 로직으로서 SO(Serial Out)에서 직렬 데이터를 얻을 수 있고 $Q_0 \sim Q_7$을 직접 읽어 병렬 데이터를 얻을 수도 있다.

EOC(End of Conversion)는 변환이 완료됐음을 알리는 신호이다. U_2는 비교기, U_3는 ladder가 내장된 디지털/아날로그 변환기이며, VR_1에 의해 디지털 변환할 신호의 스케일을 조절할 수 있다. U_4는 R_1, C_1과 함께 발진기를 구성해 SAR 구동에 필요한 클록신호를 생성한다.

IC화되어 있는 일반적인 아날로그/디지털 변환기는 내부에 축차비교 로직과 디지털/아날로그 변환기를 모두 내장하고 있으며, [그림 3-1-46]은 대표적인 A/D 변환기의 내부 블록도이다.

③ 축차비교형 IC의 예

[그림 3-1-47]은 IC화된 축차비교형 아날로그/디지털 변환회로 ADC0804의 구조 및 접속 예를 나타낸 것으로서, 축차비교 레지스터 SAR과 ladder 회로 등이 내장되어 있으며, 특히 CPU와의 접속이 용이하도록 구성되어 있다.

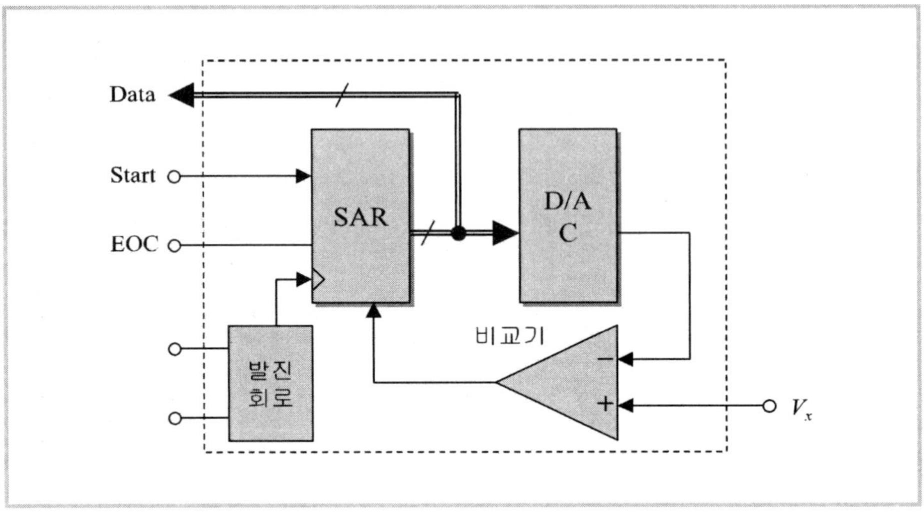

[그림 3-1-46] IC화된 축차비교형 아날로그/디지털 변환기

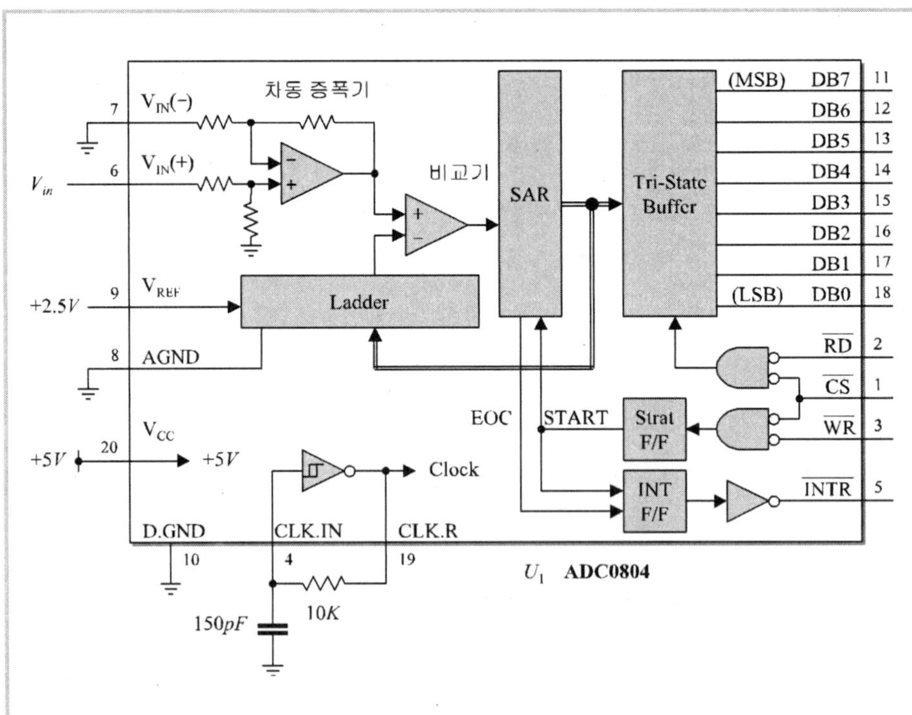

[그림 3-1-47] 축차비교형 아날로그/디지털 변환기 ADC0804

(4) 마이크로컨트롤러 응용

아날로그/디지털 변환회로는 독립적인 회로보다는 마이크로프로세서와 결합해 사용하면 그 효과가 매우 크기 때문에 마이크로컨트롤러에 내장된 경우가 많으며 그중 전압 비교기만을 내장한 것과 아날로그/디지털 변환기를 내장 한 몇 종류를 간단히 살펴본다. 참고로, 이 책에서 '마이크로프로세서'라 표현한 것은 마이크로프로세서 및 주변 소자를 포함하는 용어로 사용했고, '마이크로컨트롤러'라 표현한 것은 하나의 소자로 구성된 마이크로-컴퓨터를 지칭하는 용어로 사용했다.

① 아날로그 회로가 없는 것

인텔의 i8051과 같은 마이크로컨트롤러는 아날로그/디지털 변환회로나 아날로그 비교기 등을 내장하고 있지 않으므로, 별도의 소자를 이용해 아날로그 처리를 해야 하는 경우에는 [그림 3-1-48]과 유사한 방법으로 회로를 추가한다.

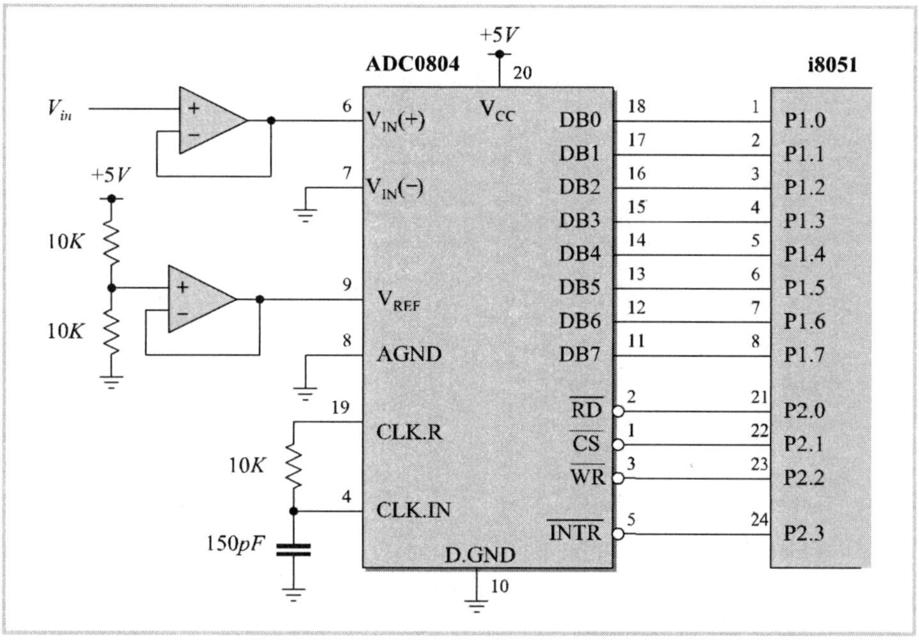

[그림 3-1-48] 마이크로컨트롤러에 변환회로를 확장 한 예

아날로그/디지털 변환회로를 내장하고 있지 않은 다른 소자들도 이와 거의 유사하며, 만약 마이크로프로세서에 접속을 할 경우에는 [그림 3-1-49]와 같이 어드레스 버스를 디코드해 접속하고 데이터는 데이터 버스를 통해 직접 제어할 수 있다.

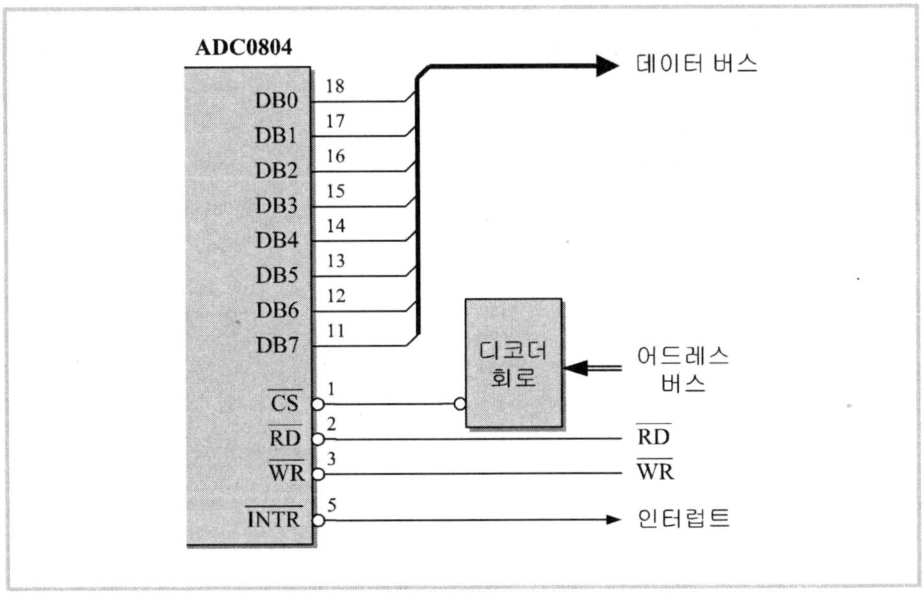

[그림 3-1-49] 마이크로프로세서와의 접속 예

② 전압 비교기 내장형

마이크로컨트롤러 중 AVR계열의 ATmega162나 8051계열의 AT89C2051, AT89C4051 등은 전압 비교기를 내장하고 있으며 개략도를 [그림 3-1-50]에 나타내었다.

[그림 3-1-50(a)]의 ATmega162는 포트-B의 2개 포트 핀과 겸용으로 아날로그 입력을 검출하며, 비교결과는 인터럽트로 보고하거나 비교기 결과 레지스터를 통해 판독할 수 있다. [그림 3-1-50(b)]의 AT89C2051도 마찬가지로 포트-1의 2개 핀을 겸용으로 사용하며, 비교결과는 포트-3의 6번 비트로 입력된다.

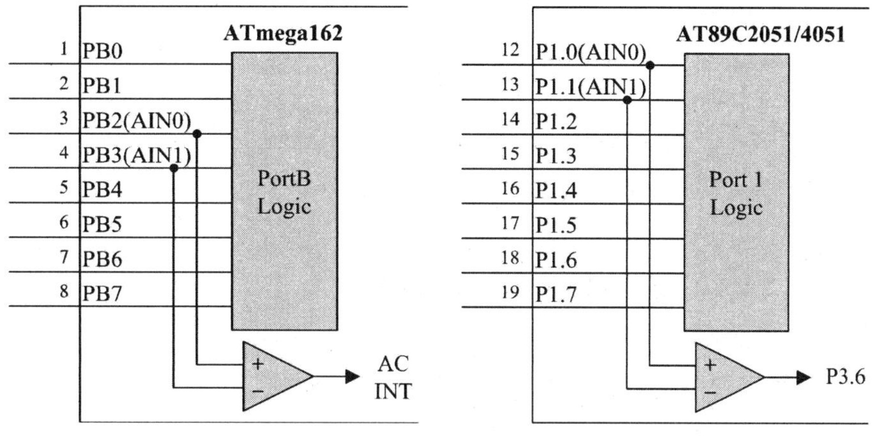

(a) ATmega162　　(b) AT89C2051/4051

[그림 3-1-50] 전압 비교기 내장형 마이크로컨트롤러의 예

이들 전압 비교기들은 2개의 전압을 비교하는 용도 외에 [그림 3-1-51(a)]와 같이 다른 출력포트에 D/A 변환기를 설치한 후 소프트웨어 축차비교형에 의한 A/D 변환회로로 사용할 수도 있고 [그림 3-1-51(b)]와 같이 PWM에 의한 아날로그 전압과 비교해 저속의 아날로그/디지털 비교회로를 구성할 수도 있다. 또한 [그림 3-1-52]와 같이 다른 포트를 조절해 히스테리시스 특성을 가지는 입력포트로도 활용할 수 있다.

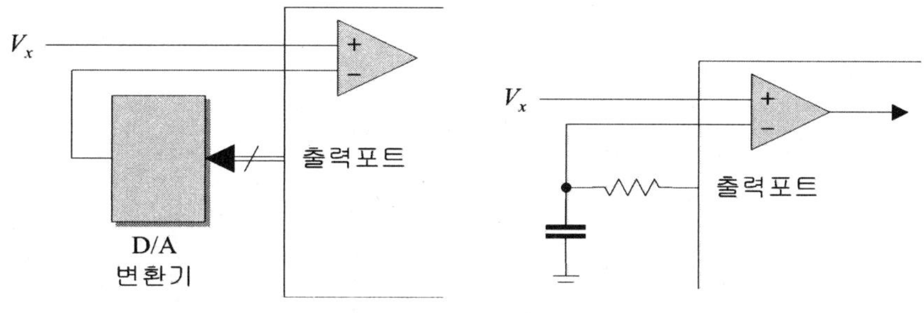

(a) D/A 변환 이용　　(b) PWM 출력 이용

[그림 3-1-51] 아날로그/디지털 변환으로의 응용 예

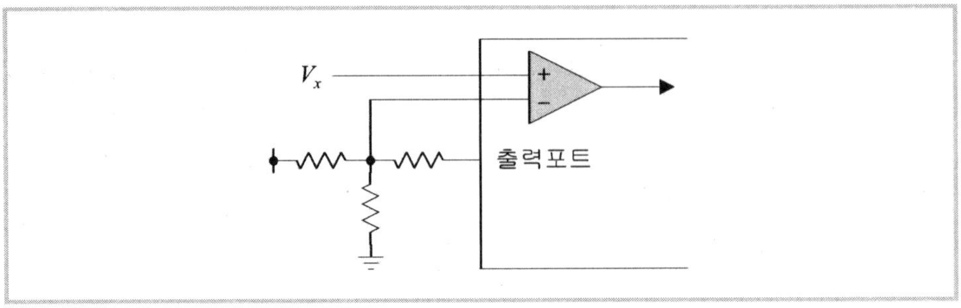

[그림 3-1-52] 히스테리시스 입력포트

③ 아날로그/디지털 변환회로 내장형

아날로그/디지털 변환회로를 내장한 마이크로컨트롤러는 많은 종류가 있는데, 모토롤라의 MC68HC05계열, MC68HC11계열, 인텔의 i80196 시리즈, AVR 계열의 ATmega8535, PIC의 PIC16F877 등이며, 이들은 모두 [그림 3-1-53]과 유사한 구조의 축차비교형 변환기를 사용하고 있다.

마이크로컨트롤러들은 일반적으로 여러 개의 아날로그 입력 채널을 사용할 수 있도록 그림과 같이 아날로그 멀티플렉서를 내장하고 있으며 해당 채널을 선택하고 변환 시작신호를 출력하면 변환이 시작된다. 변환이 종료된 경우 마이크로프로세서로 인터럽트 신호를 전송할 수도 있고 또는 마이크로프로세서가 종료신호를 계속적으로 감시해 변환이 종료되었을 때 변환된 데이터를 수집한다.

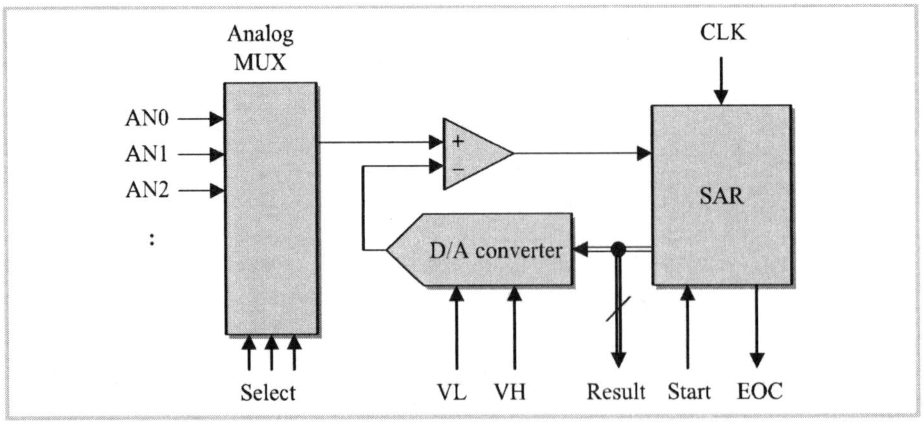

[그림 3-1-53] 내장형 아날로그/디지털 변환기의 예

특히 마이크로컨트롤러에 내장된 아날로그/디지털 변환회로들은 대부분 디지털 변환할 아날로그 전압 범위를 외부에서 설정할 수 있도록 구성되어(그림의 VL과 VH) 특별한 경우를 제외하고는 외부 증폭회로 없이도 디지털 변환 범위 내에 꽉 차는 값으로 변환할 수 있다.

즉, 예를 들어 변환해야 할 파형의 크기가 [그림 3-1-54(a)]와 같이 최저 +1V부터 최고 +3V 사이이고 A/D 변환기의 변환범위가 0V~+5V 사이인 8비트 변환기인 경우 입력파형은 51부터 154의 범위, 즉 약 100단계 정도로 변환이 되므로 정밀도가 떨어진다. 이 전압을 완전한 256단계로 변환하려면 차동증폭기를 이용해 +1V를 제거하고 2.5배 증폭을 해야 한다. 이에 비해 VL과 VH의 범위를 [그림 3-1-54(b)]와 같이 되도록 설정한다면 입력파형은 전체가 256단계로 변환이 되므로 별도의 연산증폭기 없이도 A/D 변환기의 최대 성능을 모두 활용할 수 있다.

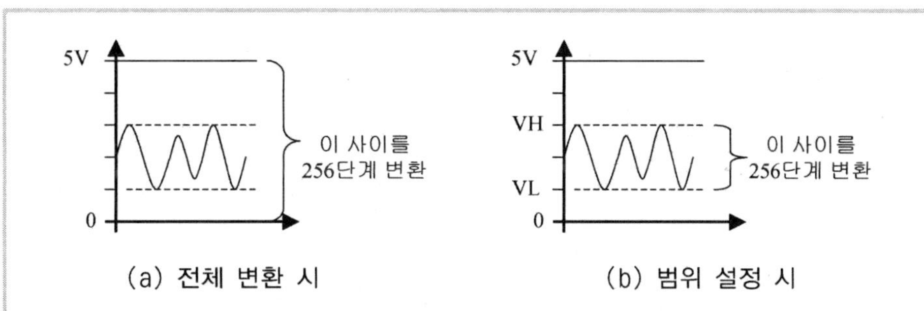

[그림 3-1-54] 아날로그 변환 범위 전압의 설정 예

④ 마이크로컨트롤러의 응용 예

지금까지 다룬 각종 지식들이 실전의 응용에 도움이 되도록 마이크로컨트롤러를 측정에 활용하는 몇 가지 예를 든다.

i) 전자식 온도계

A/D 변환 기능이 내장된 마이크로컨트롤러, 예를 들어 모토롤라의 MC68HC05계열이나 MC68HC11 계열, 또는 ATMEL사의 ATmega8535 등의 소자를 이용해 전자식 온도계를 구성하는 예를 [그림 3-1-55]에 나타내었다.

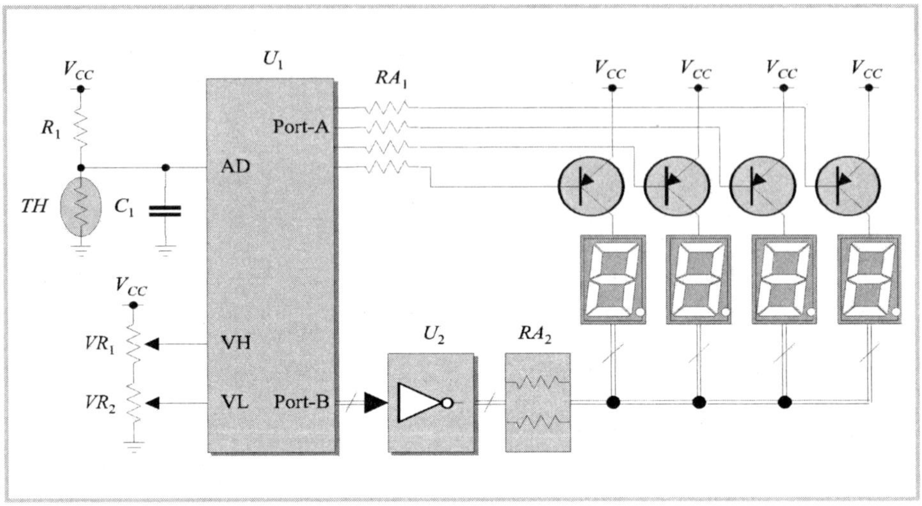

[그림 3-1-55] 마이크로컨트롤러를 사용한 온도계

그림에서 TH는 온도를 검출하는 서미스터이고 이는 R_1과의 비율에 의해 온도에 해당하는 전압으로 변환되어 A/D 변환 입력에 인가된다. 이 때 변환되는 전압은 최저 온도에서 V_{CC}, 최고 온도에서 0V가 나타나는 것이 아니라 어떤 범위 내에서 전압이 발생하기 때문에 변화범위 전체를 최대값과 최소값으로 디지털 변환하기 위해 VR_1과 VR_2를 설정한다.

변환된 디지털 값은 8비트 A/D 변환기일 경우 0부터 255 사이의 값, 10비트일 경우 0부터 1023 사이의 값이 되는데, 이 값 자체가 실제 온도를 나타내는 것은 아니며, 더구나 센서 소자의 특성에 따라 온도에 완전히 비례하는 것도 아니기 때문에 이들을 감안해 실제 표시할 온도로 변환해야 한다. 이를 프로그램으로 구성하려면 매우 복잡하기 때문에 〈표 3-1-3〉의 예와 같이 마이크로컨트롤러 내에 조견표(look-up table)를 구성하고 인덱스 어드레싱에 의해 A/D 변환값에 따른 실제 온도를 구한다.

〈표 3-1-3〉 온도 조견표의 예

A/D값	온도	A/D값	온도
0	50.0	:	:
1	49.8	253	-19.5
2	49.5	254	-19.7
:	:	255	-20.0

이와 같이 변환된 값은 폰트(font)로 다시 변환한 후 7-Seg. LED를 통해 다이내믹 디스플레이 기법으로 표시한다. 다이내믹 디스플레이 기법에 관한 것은 저자의 "멀티미디어 회로"를 참조하라.

ii) 환경에 따른 2단계 시계 밝기 조절

디지털시계를 구성할 때 주변 환경이 밝을 때는 시계도 밝게 켜지고, 취침 시와 같이 주변 환경이 어두울 때는 시계도 어둡게 켜지도록 제어할 수 있는데, 마이크로컨트롤러에 A/D 변환회로가 내장된 경우에는 앞서 온도계와 동일한 방법으로 밝기를 검출해 처리하면 된다. 그러나 단지 비교기만 내장된 것이나 이마저 내장되지 않은 경우에도 2단계 정도는 쉽게 구분할 수 있는데 그 예를 [그림 3-1-56]의 (a)와 (b)에 나타내었다.

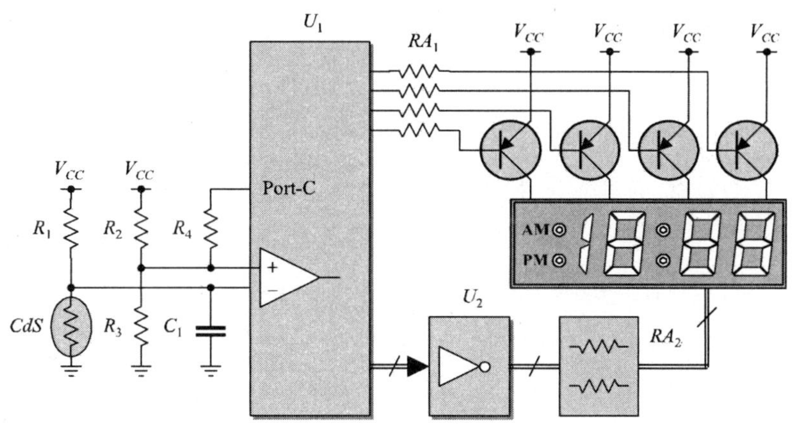

(a) 비교기를 이용한 방법

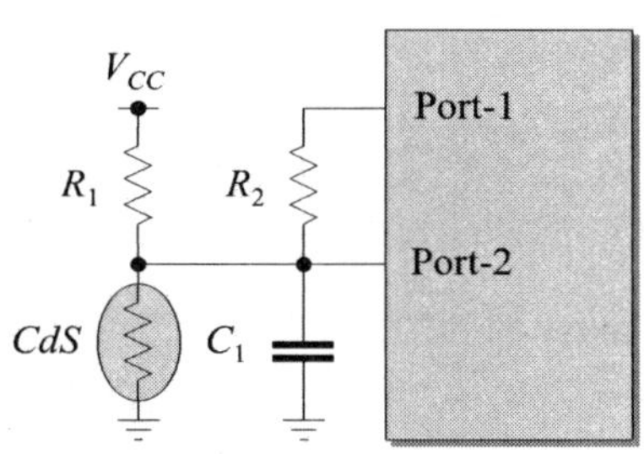

(b) 일반 포트를 이용한 방법

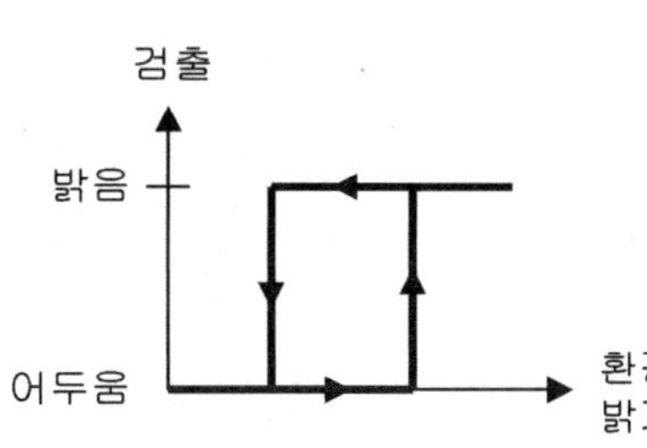

(c) 밝기 검출 특성

[그림 3-1-56] 2단계 밝기 검출

2단계로 밝기를 검출할 때 중요한 점은 밝기 판단의 경계점인데, 단순히 어떤 전압레벨을 비교해 이 결과로 밝기를 제어하면 경계점 근처의 밝기에서는 주변의 작은 밝기 변화에도 기준점을 넘나들기 때문에 표시가 매우 불안정해진다. 따라서 일단 어두운 것으로 처리되면 어느 한계 이상 밝아졌을 때를 밝은 것으로 처리하고, 또한 밝은 것으로 처리되면 어느 한계 이하로 어두워졌을 때를 어두운 것으로 처리하는 [그림 3-1-56(c)]와 같은 히스테리시스 특성이 부여되어야 안정된 동작이 가능하다. [그림 3-1-56]의 (a)와 (b)에 나타낸 두 회로들은 히스테리시스 특성을 부여할 수 있는 회로로서 그 동작 원리를 간단히 살펴본다.

[그림 3-1-56(a)]는 비교기가 내장된 마이크로컨트롤러를 이용한 경우로서, 밝기 검출 센서에 의한 전압과 R_2, R_3에 의해 생성되는 전압을 비교한다. 이때 R_4와 이를 제어하는 1개의 출력포트가 히스테리시스 특성을 부여하는데, 만약 환경이 밝아 센서 출력이 비교전압보다 낮아지면 프로그램에 의해 출력포트에 'H'를 출력해 이후에 비교할 전압을 더 상향조정한다. 이와 같이 되면 환경이 어두워져 센서 전압이 커지더라도 비교할 전압이 상향조정 되어 있으므로 이보다 더 큰 전압이 발생할 만큼 어두워지기 전에는 어두운 것으로 검출되지 않는다. 실제로 이 정도 어두워져 비교전압보다 높아지면 이번에는 프로그램에서는 출력포트에 'L'을 출력해 비교전압을 하향조정해 다음에 밝아질 때는 이 비교전압보다 더 낮은 전압이 될 만큼 밝아지지 않으면 밝은 것으로 검출하지 않는다.

결론적으로, 현재 밝은 것으로 검출되어 있다면 어두운 것으로 검출할 기준을 더 낮추고, 어두운 것으로 검출되어 있다면 밝은 것으로 검출할 기준을 더 높인다.

[그림 3-1-56(c)]는 비교기가 내장되지 않은 경우 디지털 포트를 이용해 히스테리시스 특성을 부여하는 예로서, 비교기를 이용하는 것보다는 자유도가 떨어지지만 IC 소자의 추가 없이 간단히 구현할 수 있다. 센서 출력이 디지털 포트에서 'L'로 검출될 만큼 낮은 경우 이 전압이 쉽게 'H'로 이동하지 못하도록 출력포트(Port-1)를 'L'로 설정한다. 센서 출력이 증가해 디지털 포트에서 'H'로 검출되면 이때는 쉽게 'L'로 이동하지 못하도록 출력포트를 'H'로 설정한다.

2. 카운터/타이머

카운터란 외부 펄스 등이 입력될 때 이의 숫자를 세는 회로를 의미하고, 타이머란 정해진 시간이 되면 출력신호가 나타나거나 출력하던 신호가 사라지는 회로를 의미한다. 디지털 측정에서는 카운터와 타이머 회로가 필수적인 회로이기 때문에 이에 관한 완전한 이해가 필요하다.

(1) 카운터 회로

논리회로(디지털 회로)는 크게 조합논리회로(Combinational logic)와 순차논리회로(Sequential logic)로 분류한다.

조합논리회로는 회로에 입력이 주어지면 그에 해당하는 출력이 바로 생성되는 것으로서, 예를 들어 [그림 3-2-1(b)]와 같은 AND 회로에 '1'과 '1'을 입력하면 그에 대한 출력은 '1'이 생성된다.

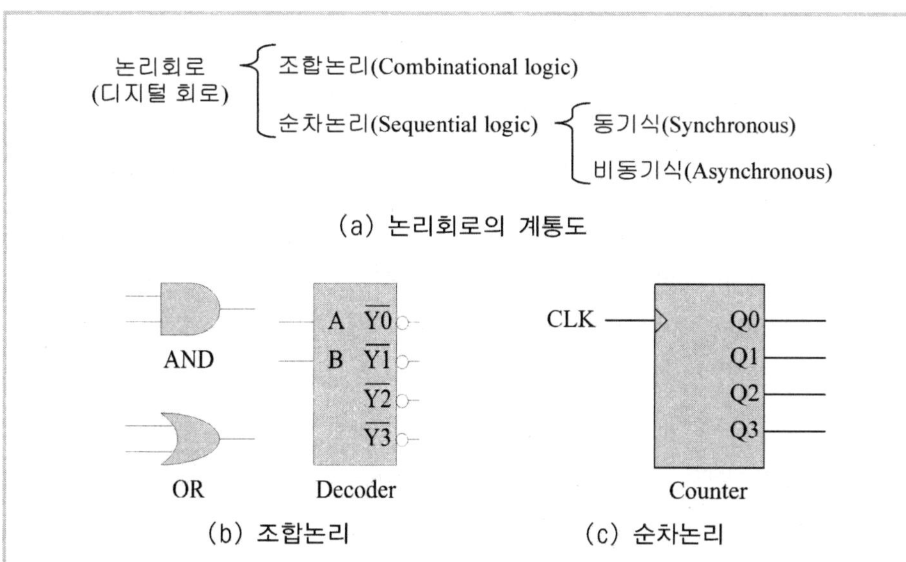

[그림 3-2-1] 논리회로의 분류 및 예

이에 비해 순차논리회로는 동일한 입력이라 할지라도 회로의 이전 상태값이 현재 상태에 영향을 미치는 것으로서, 예를 들어 [그림 3-2-1(c)]와 같이 카운터에 동일한 클록신호를 입력하더라도 이전에 5였다면 현재 출력은 6이 되고 이전에 8이었다면 현재 출력은 9가 된다. 따라서 순차논리회로는 이전 상태의 값을 저장하기 위한 기억소자(주로 플립플롭)와 조합논리회로로 구성된다.

순차논리회로는 다시 회로의 동작 방식에 따라 동기식과 비동기식으로 분류되는데, 동기식의 경우 내장된 기억소자들의 동작신호인 클록이 모든 기억소자에 동시에 입력되는 방식으로서, 회로는 복잡하지만 한 상태에서 다른 상태로의 전환 시 발생하는 '글리치(glitch) 현상'이 없다. 이에 비해 비동기식은 기억소자들에 입력되는 클록신호가 필요에 따라 각자 입력되기 때문에 한 상태에서 다른 상태로의 전환 시 불확실한 출력이 발생하는 단점이 있다.

지금 다룰 디지털 카운터도 앞서 설명한 논리회로의 분류 중 순차논리회로에 속하기 때문에 회로의 동작 방식에 따라 동기식 카운터(Synchronous counter)와 비동기식 카운터(Asynchronous counter)로 나누어 설명한다.

(1) 동기식 카운터

① 동기식 카운터의 원리

동기식 카운터는 [그림 3-2-2]에 나타낸 바와 같이 조합논리회로와 플립플롭으로 조합된 순차논리회로의 모든 플립플롭 클록들이 공통 접속되어 있다. 따라서 한 상태에서 다음 상태로 진행하기 위해 입력되는 클록신호는 모든 플립플롭에 동시에 인가되어 이 회로의 출력 비트들은 클록신호에 동기된 출력이 나타난다. 이 회로 중의 조합논리회로는 현재 출력되는 회로의 값에 의해 다음에 출력될 값을 정해 플립플롭에 인가하는 역할을 하며, 예를 들어 현재의 출력이 10진수 '5'가 발생되고 있다면, 각 플립플롭의 입력에는 '6'에 해당되는 신호를 준비해 다음 클록이 입력되면 이 출력이 나타나도록 하고 있다.

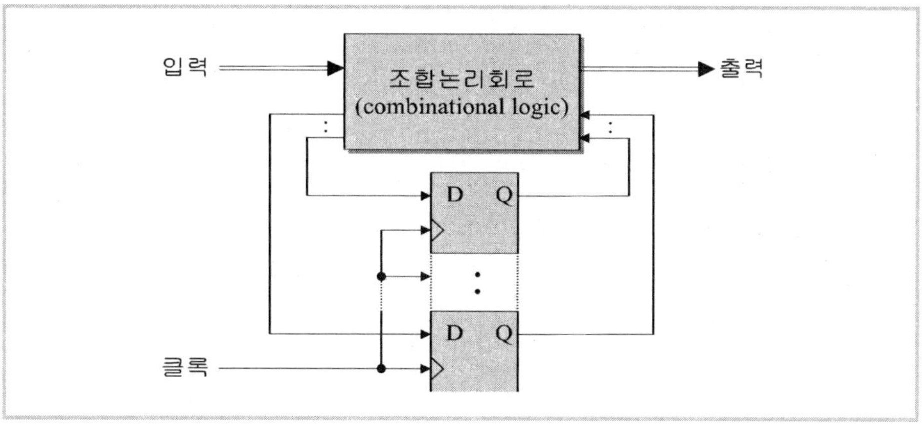

[그림 3-2-2] 동기식 카운터의 구성

이러한 동작 원리에 의해 동기식 카운터는 회로의 설계 및 사용법이 상당히 복잡해지는 단점이 있지만 출력값이 비동기식에 비해 안정되어 있는 장점이 있다. [그림 3-2-3]은 동기식 카운터에 구체적인 기능을 구성한 예를 나타낸 것으로서, 더 자세한 사항은 74LS161과 같은 동기식 카운터의 데이터 시트를 참조하라.

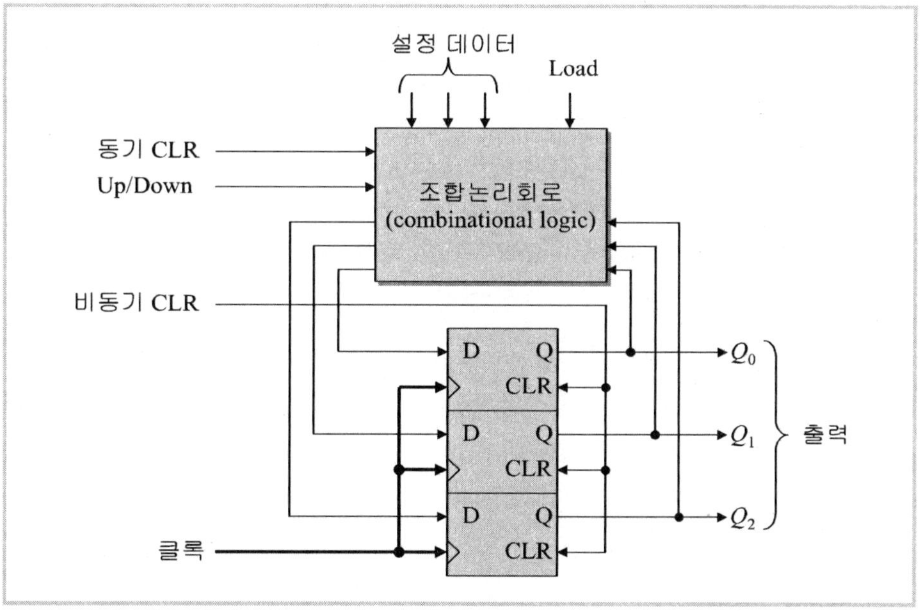

[그림 3-2-3] 동기식 카운터의 기능 구성 예

그림에 나타낸 바와 같이 이 회로의 모든 기능 조작은 조합논리회로 부분에서 이루어지며, 이에 대한 처리결과가 다시 플립플롭에 인가되어 다음 클록신호에서 이 결과가 나타난다.

동기식 카운터에 부여할 수 있는 기능은 다양한데, 예를 들어 증가 카운터(Up-counter)로 가동하거나 감소 카운터(Down-counter)로 가동하는 것, 내용을 0으로 초기화하는 것(동기식 CLR), 외부에서 초기값을 받아들여 그 값부터 카운트 하는 것 등이다.

② 동기식 카운터 회로의 예

동기식 카운터를 이용한 10진 카운터의 예를 [그림 3-2-4]에 나타내었다.

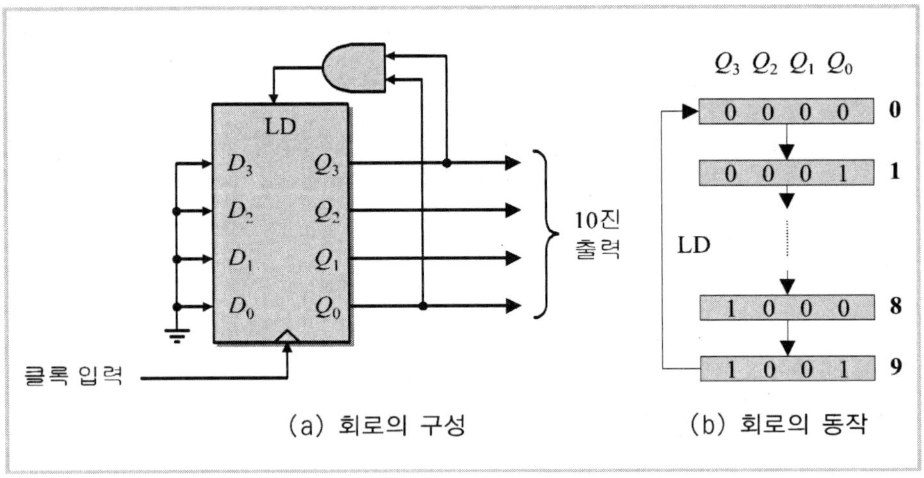

[그림 3-2-4] 동기식 10진 카운터의 구성 예-1

[그림 3-2-4(a)]에서 카운터의 출력이 '1001', 즉 10진수 9가 되면 이를 AND에서 검출해 다음 클록이 입력되었을 때는 입력값 $D_0 \sim D_3$ 인 '0000', 즉 10진수 0이 로드된다. 따라서 이 회로의 동작은 [그림 3-2-4(b)]와 같이 0부터 9의 숫자가 카운트되는 '10진 카운터(BCD counter)'가 구성된다. 만약 숫자를 1부터 10까지 카운트 하고 싶다면 [그림 3-2-5]와 같이 회로를 구성한다.

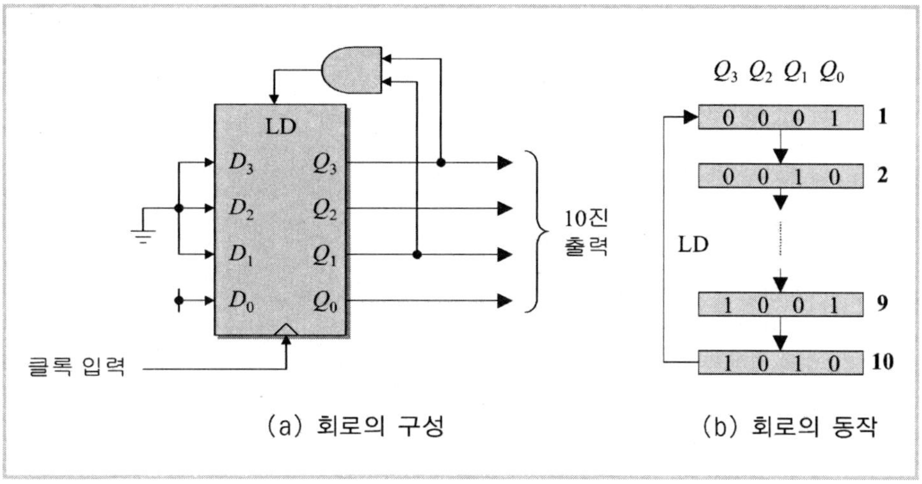

[그림 3-2-5] 동기식 10진 카운터의 구성 예-2

(2) 비동기식 카운터

비동기식 카운터는 각 플립플롭에 인가되는 클록신호가 필요에 따라 각각 입력되는 방식으로서 대표적으로 '2진 리플 카운터(Binary ripple counter)'를 들 수 있다. 여기서는 이 카운터를 대상으로 비동기식 카운터에 관해 살펴본다.

① 2진 리플 카운터(Binary ripple counter)

[그림 3-2-6]에 2진 리플 카운터를 나타내었다.

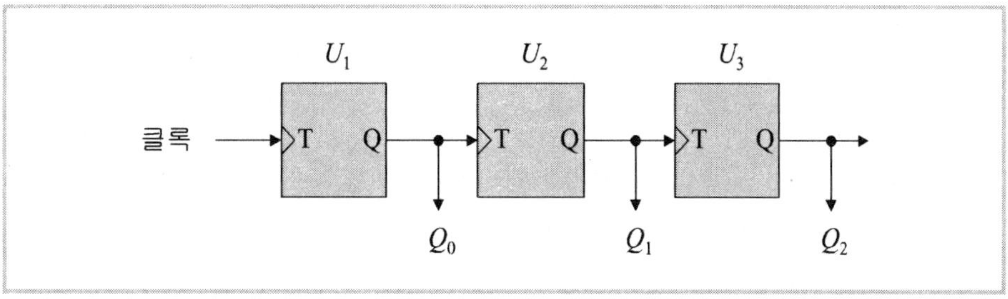

[그림 3-2-6] 2진 리플 카운터의 구성도

이 회로는 그림에 나타낸 회로가 실제 회로의 전부로서 상당히 간단함을 알 수 있다. 회로에 사용된 플립플롭은 T-플립플롭으로서 클록이 입력될 때마다 출력이 반전되며, 첫 번째 플립플롭 U_1에는 클록신호가 입력되지만 두 번째 플립플롭 U_2에는 입력된 클록신호가 아닌 U_1의 출력이 접속되어 있고, 마찬가지로 세 번째 플립플롭 U_3에는 U_2의 출력이 접속되어 있어 각 플립플롭은 동일한 클록신호에 의해 동작하지 않으므로 '비동기식 카운터'라 하며 동작 원리를 [그림 3-2-7]에 나타내었다.

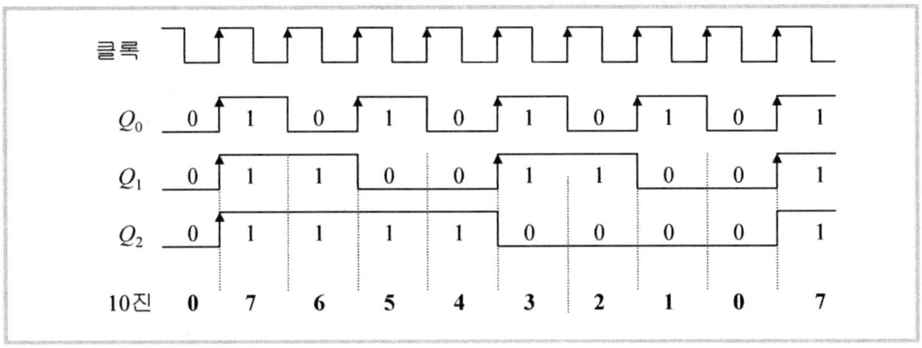

[그림 3-2-7] 2진 리플 카운터의 동작 원리

만약 플립플롭의 초기값이 모두 0이었고, 이때 클록신호가 입력되면 상승 엣지(rising edge)에서 첫째 플립플롭이 반전되어 '1'로 변화한다. 그런데 이 출력은 두 번째 플립플롭의 클록으로 작용해 두 번째 플립플롭의 출력이 반전되어 '1'이 되고 이는 다시 세 번째 플립플롭의 입력으로 작용하는 과정을 거쳐 [그림 3-2-7]의 10진수 0에서 7로 이동한다. 이후에 다시 클록신호가 입력되면 첫 번째 플립플롭은 반전되어 '1'에서 '0'으로 변화하며, 이는 하강 엣지이므로 두 번째 플립플롭에는 클록으로서의 작용을 하지 않아 Q_1은 반전되지 않는다. 따라서 세 번째 플립플롭 또한 동작하지 않아 [그림 3-2-7]의 10진수 7에서 6으로의 변화가 나타난다.

이와 같은 과정을 반복하면 10진수가 7부터 0으로 감소하며 카운트가 진행되므로 이를 '감소형 카운터(Down-counter)'라 하고, 특히 각 플립플롭의 입력신호들은 첫 번째 플립플롭이 변화하여 두 번째 플립플롭으로,

이것이 변화하여 세 번째 플립플롭으로 전달되어 마치 물결이 옆으로 전달되는 모양과 비슷하다 하여 '리플 카운터(ripple counter)'라 한다.

즉 [그림 3-2-7]에 나타낸 회로는 '감소형 2진 리플 카운터'라 한다. 만약 플립플롭을 한 단계 더 부착하면 15부터 0까지의 카운터가 구성된다. [그림 3-2-8]은 이 카운터의 실용회로를 나타낸 것으로서 D-플립플롭을 이용해 T-플립플롭을 구성하고 서로 접속한 것이다.

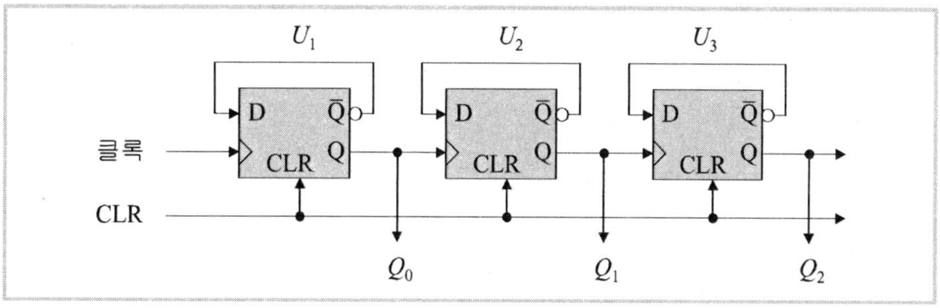

[그림 3-2-8] D-플립플롭으로 구성한 2진 리플 카운터

이상에서 소개한 리플 카운터는 그 원리상 각 플립플롭은 동시에 동작하지 않기 때문에 출력이 나타나는 시간에 각각 차이가 있으며 그 순간에는 원하지 않는 다른 값이 존재한다. 이러한 문제점의 예를 [그림 3-2-9]에 나타내었다.

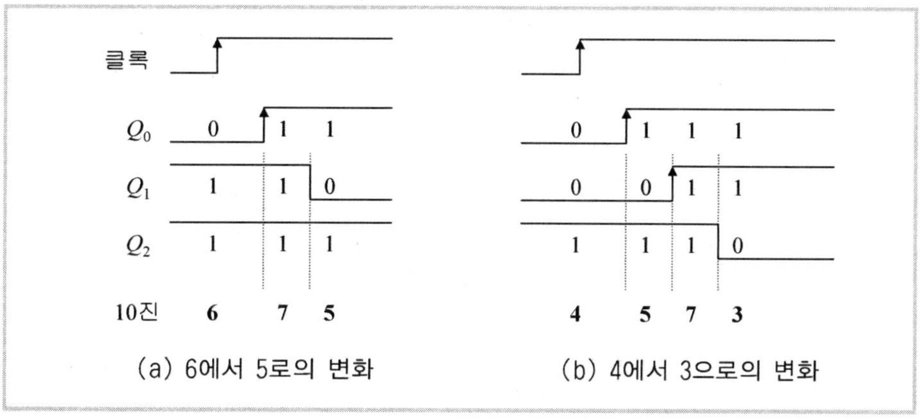

[그림 3-2-9] 리플 카운터의 동작 문제

[그림 3-2-9(a)]는 카운트 값이 6에서 5로 변화되는 순간을 나타낸 것으로서, 각 플립플롭의 출력은 연쇄반응으로 동작하기 때문에 시간차가 발생하며, 따라서 6에서 5로 값이 변동하기 위해서는 도중에 7이 반드시 존재한다.

같은 방법으로 [그림 3-2-9(b)]는 3개 비트가 모두 변화하는 4에서 3으로의 진행을 나타낸 것으로서, 이는 도중에 5와 7이 반드시 존재한다. 4개 비트, 8개 비트의 카운터에서는 이 현상이 더 심각하게 발생한다.

카운터 출력을 일정 시간 후에 사용하는 시스템의 경우 이러한 현상은 크게 문제가 되지 않지만, 예를 들어 이 출력을 디지털/아날로그 변환회로에 입력해 실시간으로 출력을 발생하는 경우에는 [그림 3-2-10]과 같이 아날로그 전압을 순간적으로 잘못 출력하는 글리치(glitch) 현상이 발생한다.

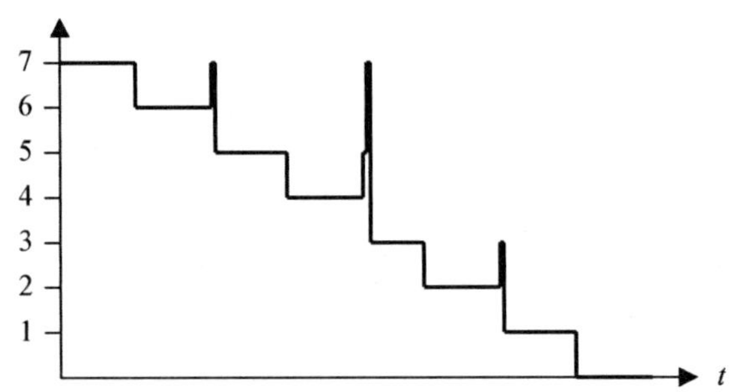

[그림 3-2-10] 비동기식 카운터의 글리치 현상

② 증가 카운터(Up-counter)

앞서 살펴본 2진 리플-카운터는 숫자가 감소하며 동작하는데, 약간의 변화만으로 증가 카운터를 구성할 수 있으며 그 구성도를 [그림 3-2-11]에 나타내었다.

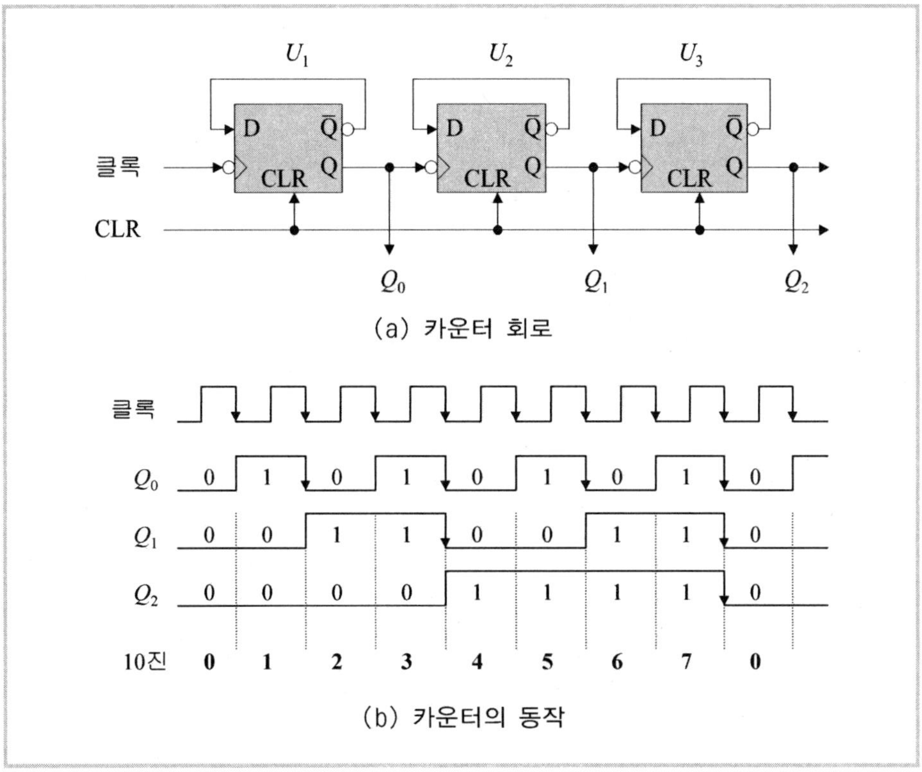

[그림 3-2-11] 증가 카운터의 구성 및 원리

[그림 3-2-11(a)]에 나타낸 바와 같이 증가 카운터는 앞서 감소 카운터와 비교해 플립플롭의 엣지 극성이 반대로 되어 있다. 즉 감소 카운터는 상승 엣지에서 플립플롭이 동작하지만, 증가 카운터는 하강 엣지에서 플립플롭이 동작하며, 이 회로의 동작파형을 [그림 3-2-11(b)]에 나타내었다. 일반적인 논리회로 IC의 비동기식 카운터들은 대부분 이와 같은 증가 카운터로 구성되어 있는데, 이에 관한 사항은 TTL의 74LS393이나 CMOS의 4040 등을 참조하라.

③ 증가/감소 겸용 카운터(Up/Down Counter)

필요에 따라 증가 동작과 감소동작을 해야 할 경우 [그림 3-2-12]에 나타낸 바와 같이 플립플롭의 엣지를 반전시키는가 그렇지 않은가에 따라 증가와 감소 동작을 제어할 수 있다.

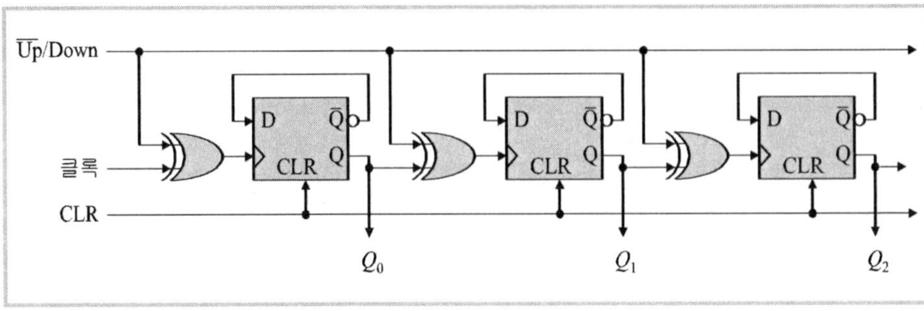

[그림 3-2-12] 증가/감소 겸용 카운터의 구성

④ 10진 카운터의 구성

비동기식 카운터를 이용한 10진 카운터의 구성 예를 [그림 3-2-13(a)]에 나타내었다. 이는 동기식과는 차이가 있는데 출력이 10이 됨을 검출해 카운터를 다시 0으로 지우는 방법을 사용하므로 [그림 3-2-13(b)]와 같이 출력에는 순간적으로 10이 나타나고, 이 출력이 존재하기 때문에 카운터는 다시 0으로 되돌아간다.

그러므로 이와 같은 순간값이 문제를 일으킬 가능성이 있는 회로인 경우에는 반드시 동기식 회로를 사용해야 한다.

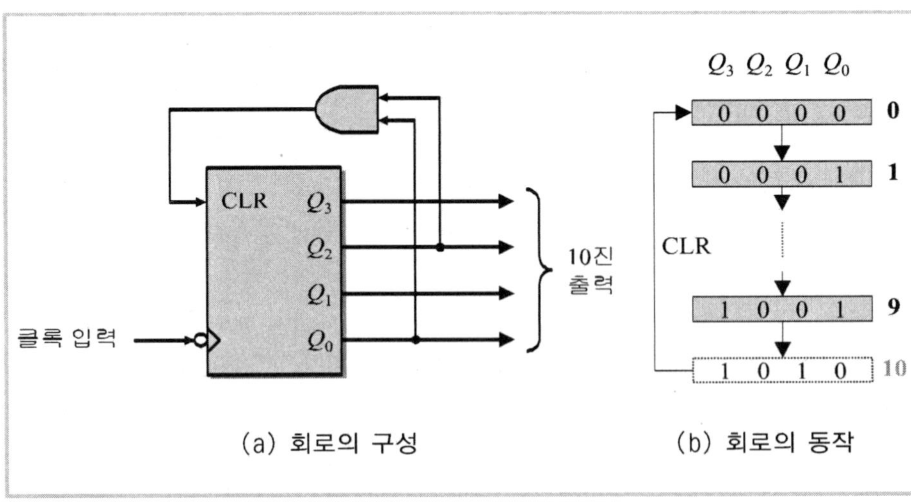

[그림 3-2-13] 비동기식 10진 카운터의 예

(3) 주파수 분주

주파수 분주란 주어진 신호의 주파수를 나눗셈해 더 낮은 주파수로 변환하는 회로로서, 일반적으로 카운터 회로를 이용해 쉽게 구현할 수 있다.

① 2진 주파수 분주

2진 주파수 분주회로는 [그림 3-2-14(a)]와 같이 2진 카운터의 입력에 특정 주파수 신호를 입력하면 [그림 3-2-14(b)]와 같은 원리에 의해 주파수는 절반씩 하강하는 효과가 나타난다.

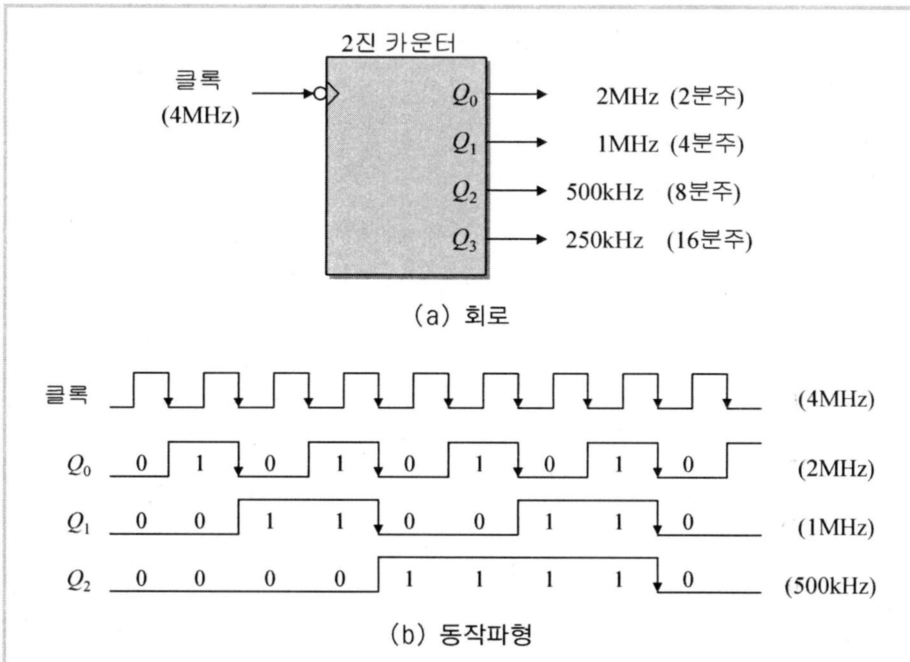

[그림 3-2-14] 2진 주파수 분주회로의 구성 및 원리

② 정수 비 주파수 분주

정수 비 주파수 분주는 일정 정수로 입력 주파수를 나누는 회로를 의미하며, 이는 동기식 카운터를 이용하거나 카운터에 디코더를 부착한 회로를 이용해 쉽게 구현할 수 있다.

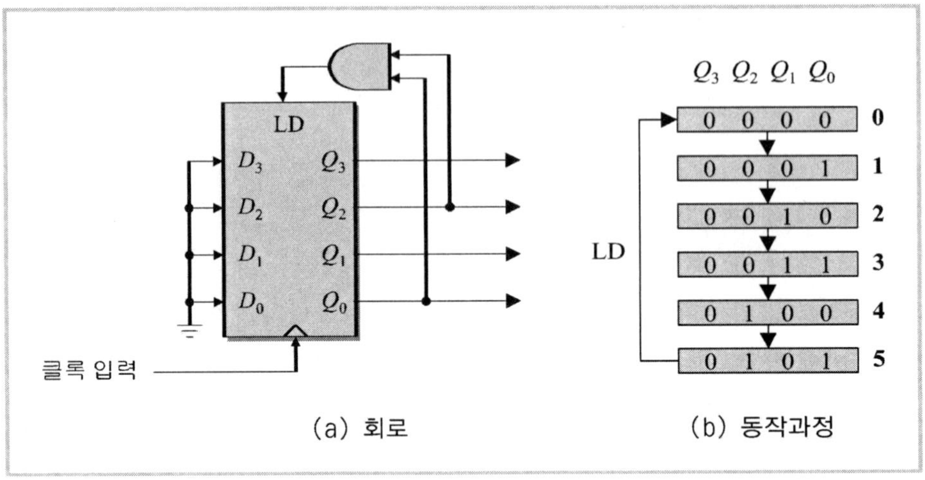

[그림 3-2-15] 동기식 6분주 회로의 구성 및 동작-1

[그림 3-2-15(a)]는 입력된 주파수를 6분주 하는 회로이고, 동작 시 발생하는 수는 [그림 3-2-15(b)]와 같다.

그림의 회로는 0부터 5까지를 반복해 카운트하는 것으로서, 출력의 Q_1 이나 Q_2 의 파형을 살펴보면 [그림 3-2-16]과 같이 입력파형이 6분주됨을 알 수 있다.

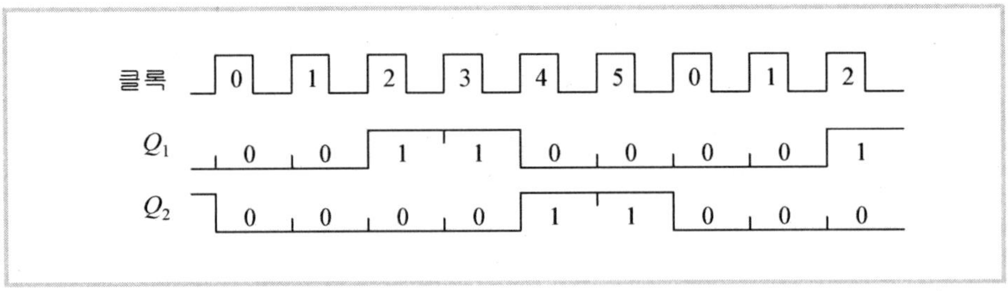

[그림 3-2-16] 6분주 회로의 출력

만약 출력파형의 duty가 50%를 유지되도록 하려면 [그림 3-2-17]과 같이 1부터 6까지 카운트하고, 이때의 Q_2 출력을 이용하면 된다.

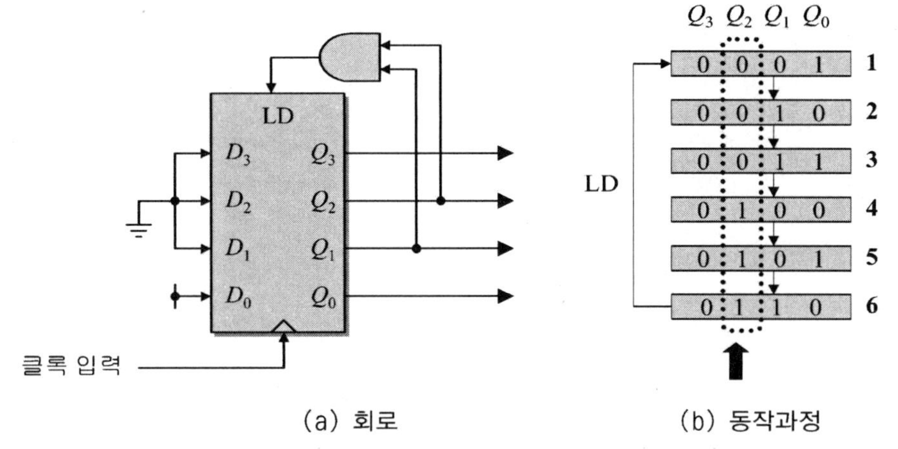

[그림 3-2-17] 동기식 6분주 회로의 구성 및 동작-2

또한 [그림 3-2-18]과 같이 초기숫자를 설정하고 최대 숫자인 F를 넘어갈 때 발생하는 캐리 출력(RCO)을 다시 로드신호인 LD로 돌리면 최종 숫자 검출회로를 간단히 할 수 있다. 즉 어떤 숫자를 카운트 하더라도 로드신호를 생성해 내는 회로는 항상 NOT게이트 하나면 된다. (최종 숫자 7을 검출하기 위한 회로와 비교해 보라)

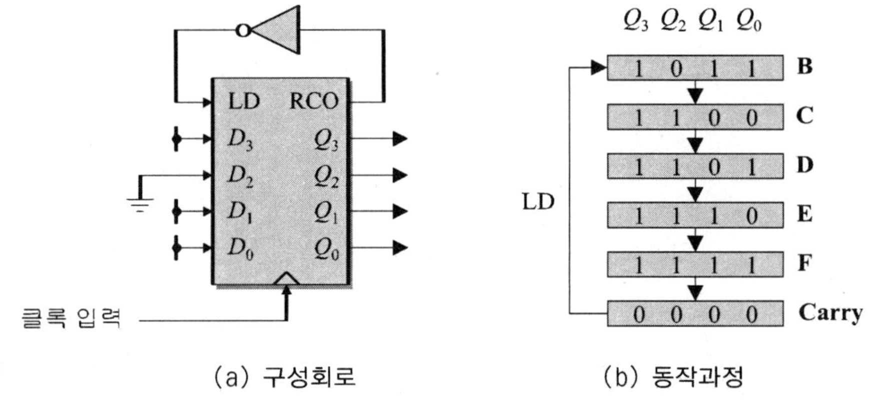

[그림 3-2-18] 동기식 6분주 회로의 구성 및 동작-3

[그림 3-2-19]는 존슨 카운터(카운터+디코더) 기능의 CMOS 4017을 이용해 5분주 회로를 구성한 예로서, [그림 3-2-19(b)]와 같이 출력 Y5를 리셋 입력으로 되돌리면 [그림 3-2-19(c)]와 같이 5번째 클록이 입력될 때 회로는 초기화되므로 입력된 클록 주파수는 Y0−Y4 단자에서 5분주된 출력으로 나타난다.

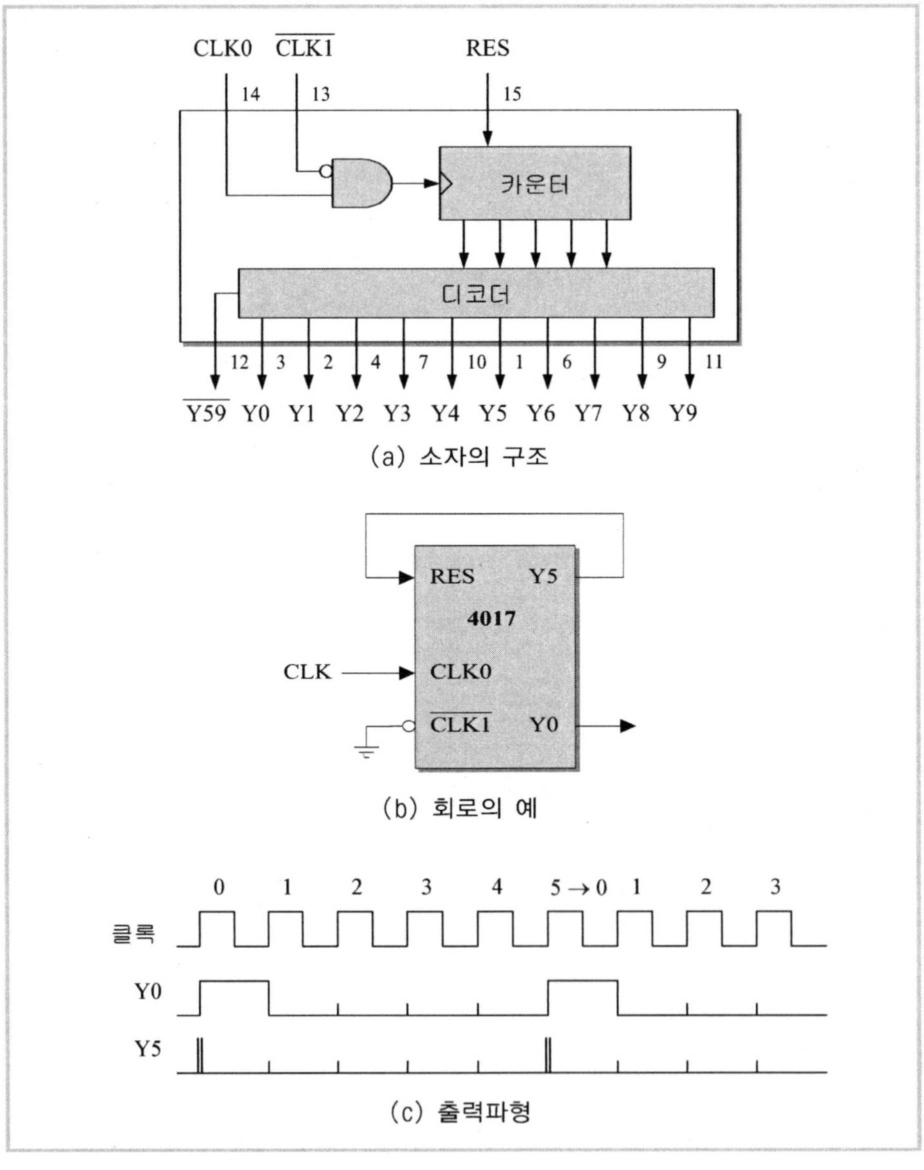

[그림 3-2-19] 존슨 카운터를 이용한 5분주 회로의 예

(2) 타이머 회로

타이머 회로란 정해진 시간이 되면 출력신호가 나타나거나 출력하던 신호가 사라지는 회로를 의미한다. 이를 구현하기 위한 방법으로는 회로의 구성이 간단하지만 정밀도가 떨어지는 아날로그 회로를 이용하거나, 회로의 구성은 복잡하지만 정밀도가 매우 좋은 디지털 회로를 이용해 구성할 수 있다.

(1) 아날로그 타이머

아날로그 타이머는 지속시간을 저항과 커패시터의 시정수에 의해 설정하는 것으로서 회로는 비교적 간단하지만 지속시간에 오차가 존재하고, 특히 커패시터의 온도특성 등에 많은 영향을 받기 때문에 간이회로에 주로 사용된다.

① 간이형 타이머

[그림 3-2-20(a)]는 저항과 커패시터에 의한 간이형 타이머로서, 출력파형이 발생하는 원리는 [그림 3-2-20(b)]와 같다.

입력신호가 주어지면 ⓐ점의 전압은 저항과 커패시터에 의해 서서히 충전되며, 이 동안은 XOR 게이트의 입력이 서로 다르므로 'H' 출력이 나타난다.

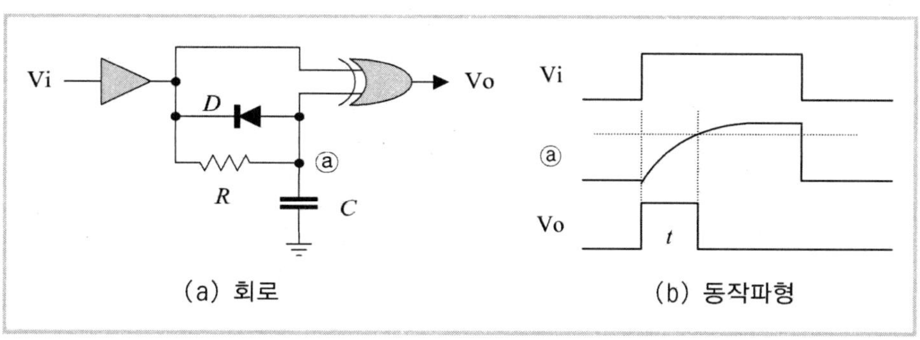

[그림 3-2-20] 간이형 타이머 회로의 예

그 후 ⓐ점 전압이 일정수준에 이르면 XOR 게이트의 입력은 동일한 상태가 되므로 출력은 'L'로 복귀한다. 입력신호가 'L'로 되면 *D*에 의해 ⓐ점은 급속 방전되어 출력은 나타나지 않는다.

즉 저항과 커패시터에 의해 타이머의 시간이 결정되는데, 이는 커패시터의 용량변화에도 민감하지만 아날로그 전압을 입력받는 XOR 게이트의 경계전압이 소자에 따라 다르고 동일 소자에서도 동작상황에 따라 달라지므로 많은 오차가 발생한다. 또한 이 회로는 입력신호가 출력신호보다 오래 지속되는 경우에만 사용할 수 있는 제한점이 있다.

② 전압 비교기를 이용한 타이머

앞서 간이형 타이머는 게이트의 경계전압이 불확실하다는 것과 게이트의 입력 임피던스에 의해 영향을 받는 등의 문제점이 있다. 따라서 이러한 단점들을 보완하기 위해 [그림 3-2-21]과 같이 비교기를 이용할 수 있다.

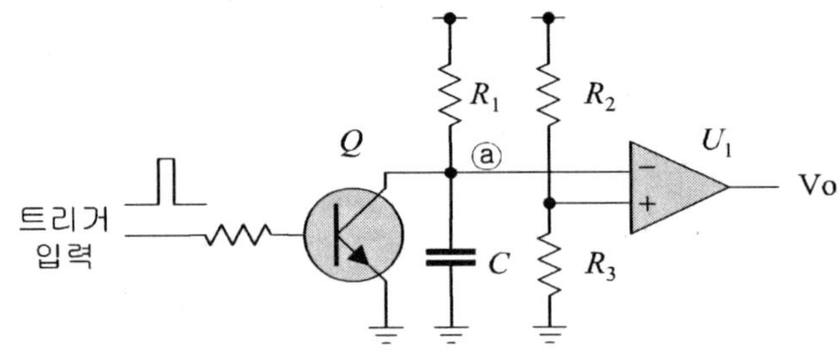

(a) 회로

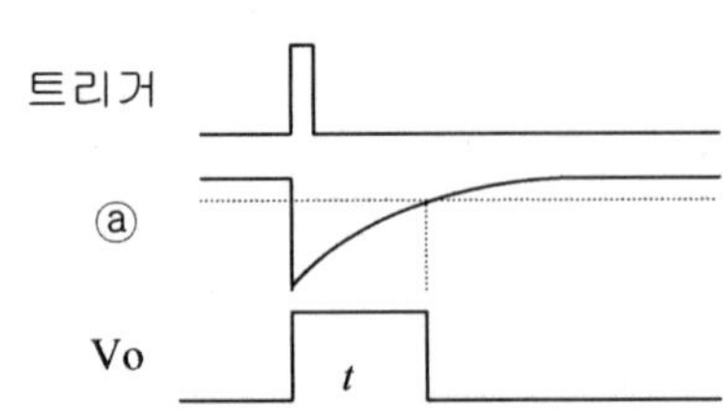

(b) 동작파형

[그림 3-2-21] 전압 비교기를 이용한 타이머 회로의 예

트랜지스터에 트리거 신호를 입력해 C를 방전시키면 이때부터 R_2와 R_3에 의해 형성된 전압보다 큰 전압으로 충전될 때까지 [그림 3-2-21(b)]와 같은 출력으로 나타난다. 이와 유사한 회로를 IC에 집적시킨 것이 다음의 단안정 멀티바이브레이터이다.

③ 단안정 멀티바이브레이터

단안정 멀티바이브레이터(Mono-stable Multivibrator) 회로를 이용하면 비록 아날로그 회로이지만 비교적 정확한 타이머를 구성할 수 있는데 그 회로 예를 [그림 3-2-22]에 나타내었다.

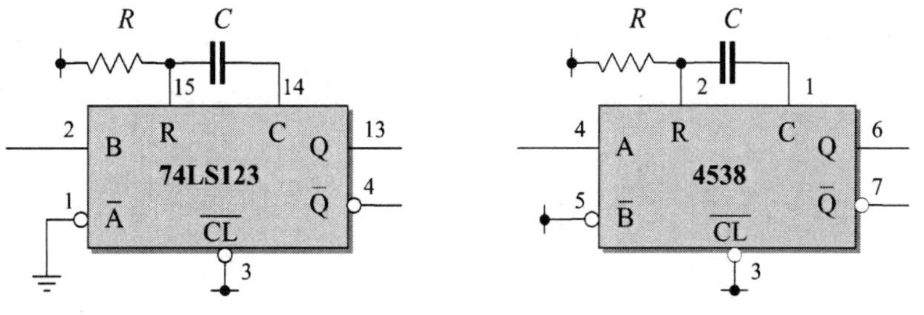

(a) 74LS123 (b) 4538

[그림 3-2-22] 단안정 멀티바이브레이터를 이용한 타이머 회로의 예

[그림 3-2-22(a)]는 TTL 시리즈의 74LS123을 사용한 예로서, 입력 B에 트리거 신호를 인가하면 출력에서 $t = 0.45R \cdot C$의 펄스가 나타난다. 단, 데이터 시트에 의하면 $5\text{k}\Omega < R < 260\text{k}\Omega$의 조건을 지켜야 한다.

[그림 3-2-22(b)]는 CMOS 시리즈의 4538을 이용한 예로서, 입력 A에 트리거 신호를 인가하면 출력에서 $t = R \cdot C$의 펄스가 나타난다. 이 소자는 CMOS로 구성되어 있어 입력 임피던스가 매우 크므로 커패시터의 오차가 없는 경우 출력 펄스의 오차가 $\pm 0.5\%$인 매우 안정적인 결과를 얻을 수 있으며 이론적으로 각 소자들의 용량제한은 없다. 이 소자들은 모두 펄스의 출력 중에 재 트리거가 가능한(retriggerable) 타이머들로서 이는 [그림 3-2-23]과 같은 동작을 한다.

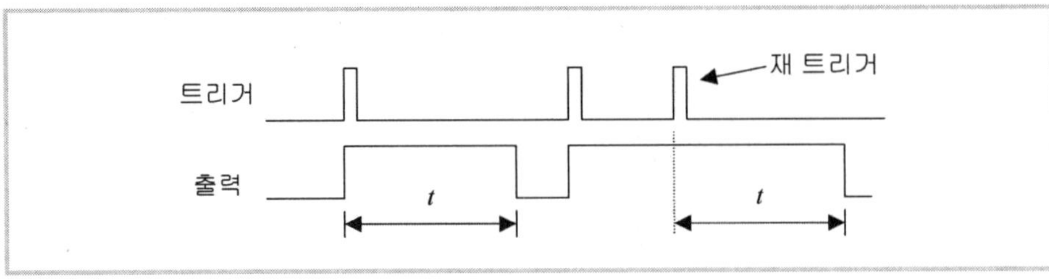

[그림 3-2-23] 재 트리거 기능의 동작

그림에서 첫 번째 트리거 펄스가 인가되어 출력이 나타나고 이 동안 더 이상 트리거 펄스가 입력되지 않으면 설정된 시간 후 자동으로 출력이 사라진다. 그러나 두 번째 트리거가 입력되어 출력이 발생하고 있는 중에 세 번째 트리거가 입력되면 이 트리거 점부터 다시 시간이 재설정되어 출력이 나타나며 이를 재트리거 기능(retriggerable)이라 한다. 이 기능은 Watch-dog timer 등과 같은 용도에 매우 유용하게 사용된다.

(2) 디지털 타이머

앞서 살펴본 아날로그 타이머는 수동 소자들, 특히 커패시터의 경우 온도 등에 의해 영향을 크게 받으므로 오차가 비교적 큰 단점이 있고 잡음에 노출되기 쉽다. 또한 수동소자는 IC화에 불리하기 때문에 마이크로프로세서 등에서는 디지털 타이머가 주로 사용된다. 디지털 타이머는 발진회로의 출력을 카운터에 인가해 구성하는데, 이때 카운터를 감소형으로 할 것인지 증가형으로 할 것인지에 따라 구성이 달라진다.

① 감소형 디지털 타이머

감소형 디지털 타이머는 [그림 3-2-24]에 나타낸 바와 같이 감소형 카운터에 초기값을 설정한 후 이 값이 0이 될 때까지를 목표시간으로 정하는 방법이다.

트리거(load) 신호가 입력되면 초기치가 카운터로 입력되고 발진회로의 펄스가 전달되어 카운트가 시작되며, 카운트 값이 0에 도달하면 출력은 0으로 되어 발진회로의 펄스는 중단되고 회로의 동작이 정지한다.

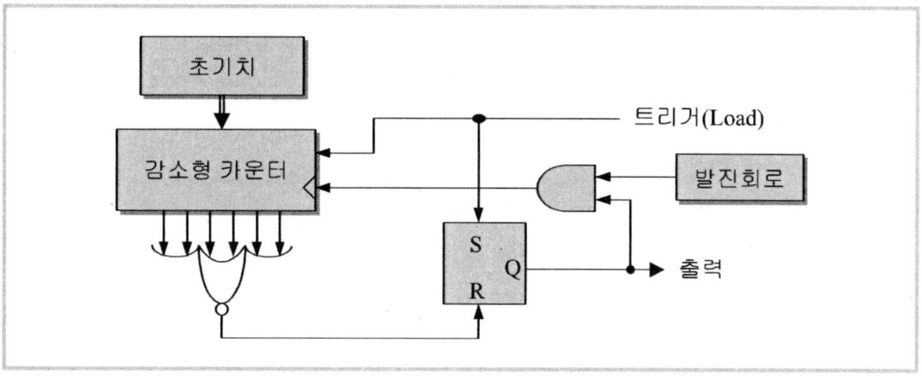

[그림 3-2-24] 감소형 디지털 타이머의 구성

이 회로는 카운터의 0값을 검출하는 부분이 간단하기 때문에 마이크로 프로세서에서 자주 사용된다.

② 증가형 디지털 타이머

증가형 디지털 타이머는 [그림 3-2-25]에 나타낸 바와 같이 증가형 카운터와 목표값 레지스터(실제로는 비교값 레지스터라 한다), 그리고 비교회로로 구성된다.

트리거 신호가 입력되면 카운터 값은 초기화되고 발진회로의 펄스가 입력되어 증가한다. 카운터 값이 목표값과 일치하면 비교회로의 출력에 의해 발진회로 펄스가 공급되지 않아 회로의 동작이 정지한다.

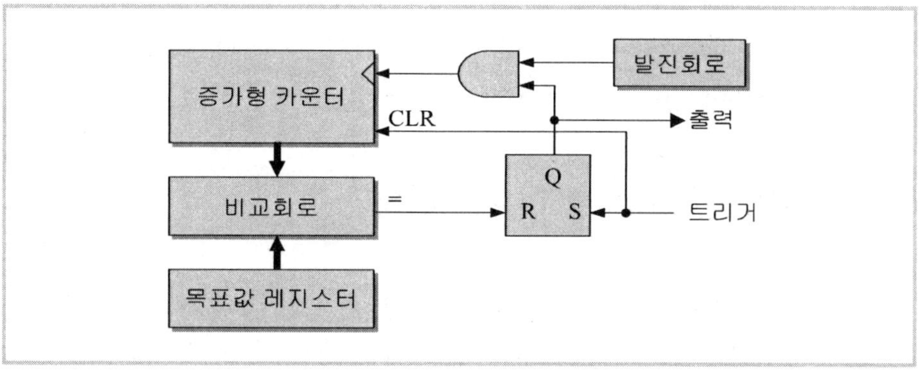

[그림 3-2-25] 증가형 디지털 타이머의 구성

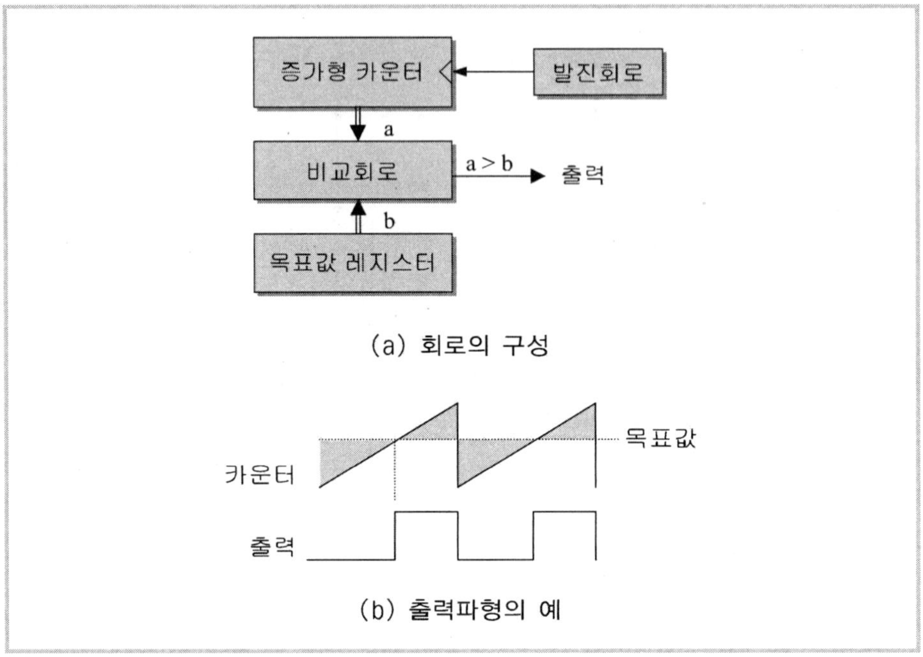

[그림 3-2-26] 증가형 회로의 응용 예

이 회로는 비교회로 부분이 74LS85와 같은 다소 복잡한 소자를 사용해야 하는 단점이 있지만 응용에 따라 [그림 3-2-26]과 같이 PWM파 등을 쉽게 생성할 수 있는 장점이 있어 복잡한 응용에 사용된다. 참고로, AVR 계열 마이크로컨트롤러는 이 방식을 사용하고 있다.

[그림 3-2-26(a)]의 회로에서 증가형 카운터는 자동으로 계속 진행하기 때문에 값의 진행은 [그림 3-2-26(b)]의 톱니파와 같이 되며, 목표값과 비교해 카운터 값이 클 경우 'H' 출력이 나타나므로 목표값을 변화시키면 펄스폭이 달라지는 PWM파가 출력된다.

(3) 카운터/타이머를 이용한 측정

지금까지 다룬 카운터와 타이머 회로를 조합하면 각종 디지털 측정이 가능한데, 우선 개별회로로 구성하는 방법을 다루고 이후에 마이크로프로세서에 적용된 카운터/타이머 회로를 살펴본다.

(1) 개별 회로에 의한 측정

① 누적 카운터

누적 카운터(Accumulation Counter, Pulse Accumulator)는 [그림 3-2-27]과 같이 회로를 구성하고 타이머에서 스위칭 신호를 발생해 해당시간 동안 입력되는 펄스신호를 카운트 한다. 이때 입력 펄스는 임의의 시간간격을 가질 수 있다. 이와 같은 누적 카운터의 사용 예로는 하루 동안 도서관에 입장한 사람 수를 카운트하거나 정해진 시간 동안 생산되는 상품의 수를 카운트하는 경우를 들 수 있다. 마이크로컨트롤러에서는 이를 펄스 누산기(Pulse Accumulator)라고도 한다.

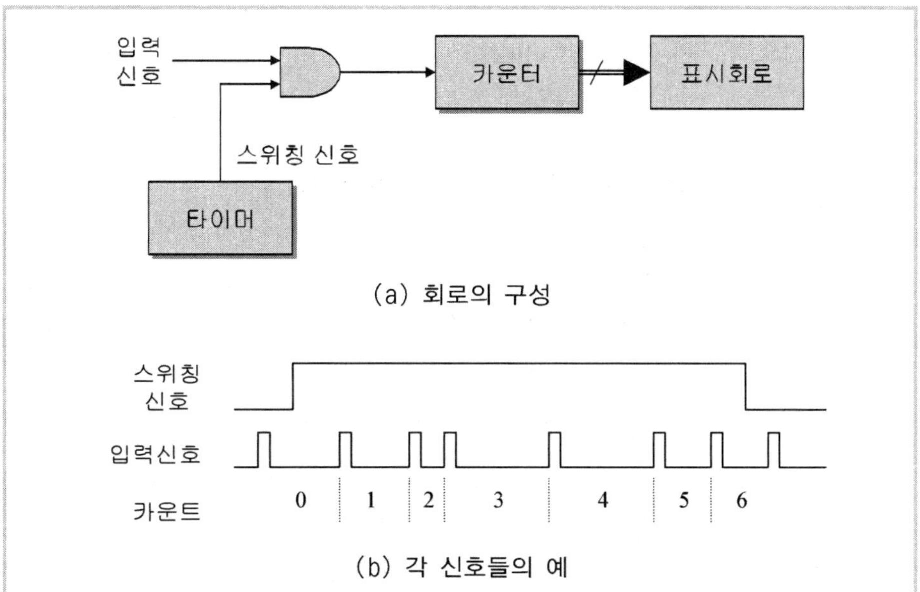

[그림 3-2-27] 누적 카운터의 구성 및 동작

② 주파수 측정

주파수 측정(Frequency Counter)은 [그림 3-2-28]에 나타낸 바와 같이 기본적으로 누적 카운터와 동일한 원리로 구성되며, 일정 시간의 스위칭 펄스 동안 지나가는 입력 펄스 수를 카운트해 주파수를 측정할 수 있다.

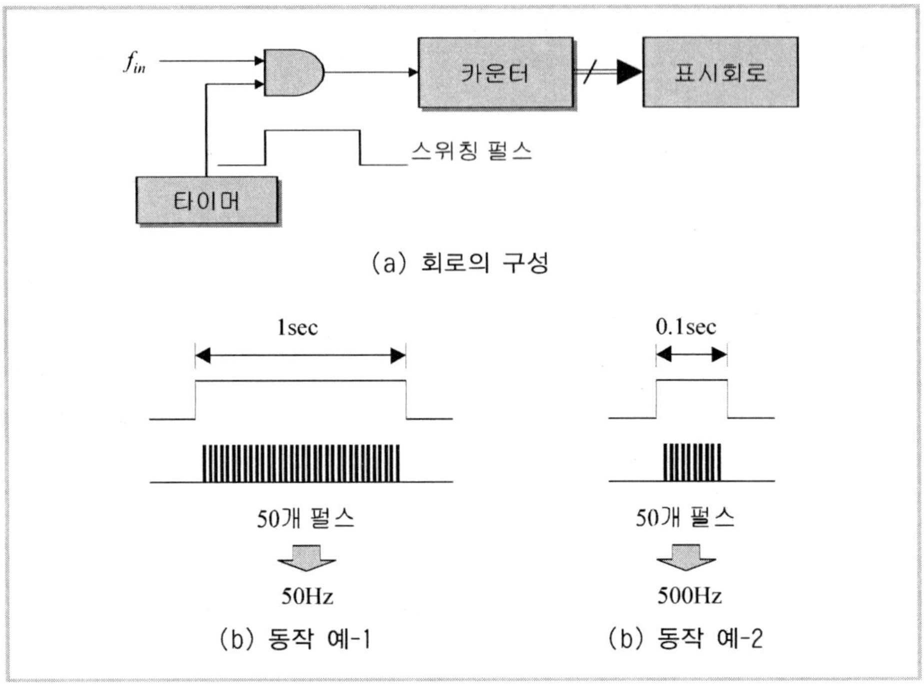

[그림 3-2-28] 주파수 카운터의 구성 및 동작

[그림 3-2-28(b)]와 같이 1초 동안 50개의 펄스가 카운트 되었다면 입력 주파수는 50Hz임을 알 수 있고, [그림 3-2-28(c)]와 같이 0.1초 동안 50개의 펄스가 카운트 되었다면 입력 주파수는 500Hz이다.

만약 10MHz의 펄스를 1초 동안 카운트 하려면 카운터와 표시회로의 자릿수는 8자리가 필요한데, 이러한 경우 마지막 자릿수들은 큰 의미가 없으므로 스위칭 펄스를 1mS로 카운트 한다면 카운터와 표시회로는 5자리면 되고 표시된 숫자 끝에 'K' 단위를 붙여 측정할 수 있다.

이러한 방법으로 측정하면 측정시간도 크게 단축(1mS로)되고 카운터 회로와 표시회로도 줄어들며, 표시값을 읽기도 더 편해진다. 따라서 일반적으로 [그림 3-2-29]에 나타낸 바와 같이 측정범위에 따라 스위칭 펄스폭을 가변하도록 제작한다.

참고로, 이후에 다시 설명하겠지만 그림의 분주회로와 같이 실제 사용할 신호의 생성을 위해 미리 적당한 크기로 조절하는 기능을 프리-스케일러(pre-scaler)라 한다.

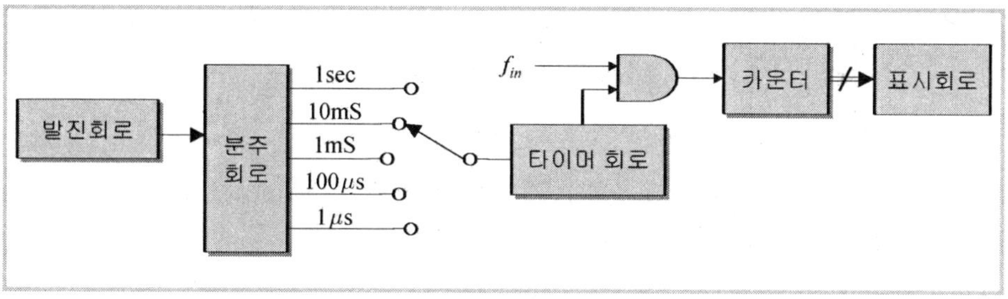

[그림 3-2-29] 가변 펄스폭 주파수 카운터

③ 주기측정

주기측정(Period)은 [그림 3-2-30]과 같이 입력 펄스 한 주기 동안의 시간을 측정하는 것으로서 예를 들어 [그림 3-2-30(c)]와 같이 한 주기 동안에 1kHz 기준 클록이 1000개 통과했다면 주기는 1sec이고, [그림 3-2-30(d)]와 같이 100개가 통과했다면 주기는 0.1sec가 된다. 즉 1kHz의 기준클록 1개당 1mS의 주기가 된다.

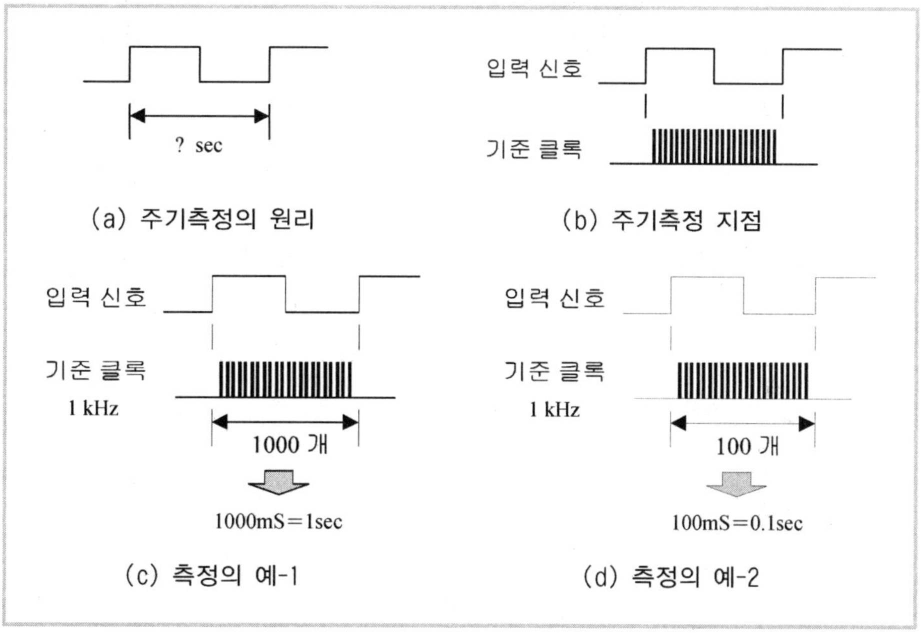

[그림 3-2-30] 주기측정의 원리 및 측정 예

입력된 펄스의 1주기 동안을 측정하기 위해서는 [그림 3-2-31(a)]와 같이 T-플립플롭을 이용해 1주기 펄스를 생성한 후 이를 기준 클록의 스위칭용으로 사용한다.

이때 T-플립플롭을 이용하기 때문에 [그림 3-2-31(c)]와 같이 입력신호의 듀티비가 50%가 아니더라도 정상적인 측정이 가능하다.

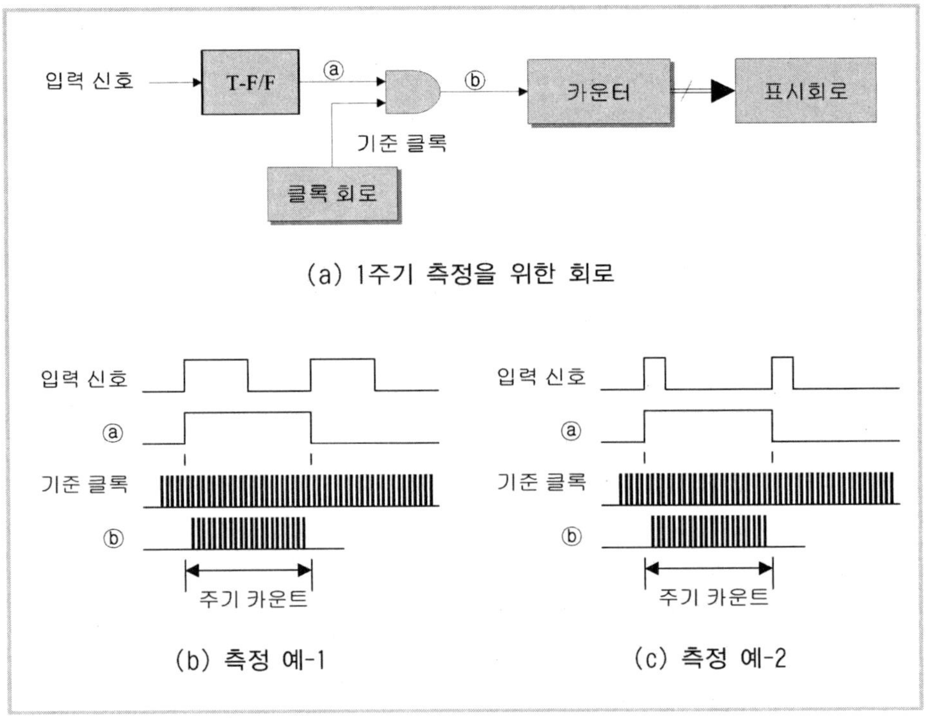

[그림 3-2-31] 완전한 주기측정의 원리 및 측정 예

④ 비율측정

비율측정(Ratio)이란 2개 파형의 주파수 비를 측정하는 것으로서 [그림 3-2-32(a)]와 같은 회로로 측정할 수 있다.

측정한 결과가 [그림 3-2-32(b)]와 같이 5카운트라면 f_1 보다 f_2 가 10배 높은 주파수이다.

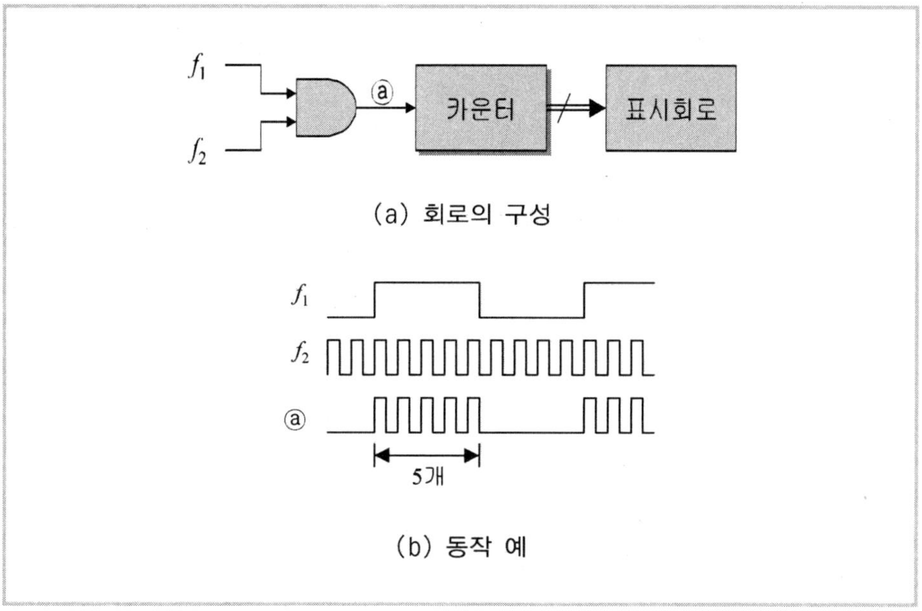

[그림 3-2-32] 비율측정의 원리 및 측정 예

⑤ 시간차 측정

시간차 측정(Interval)은 [그림 3-2-33(a)]와 같은 2개의 동일 주파수 펄스의 시간차를 측정하는 것으로서 [그림 3-2-33(b)] 회로로 측정이 가능하다.

이때 각부의 파형은 [그림 3-2-33(c)]와 같고, [그림 3-2-33(b)] 회로의 2개 AND 게이트를 한 개로 간략화하면 [그림 3-2-33(d)]와 같다.

만약 두 파형의 시간차를 앞쪽과 뒤쪽 모두 측정하려면 [그림 3-2-34]와 같이 XOR 게이트를 이용한다.

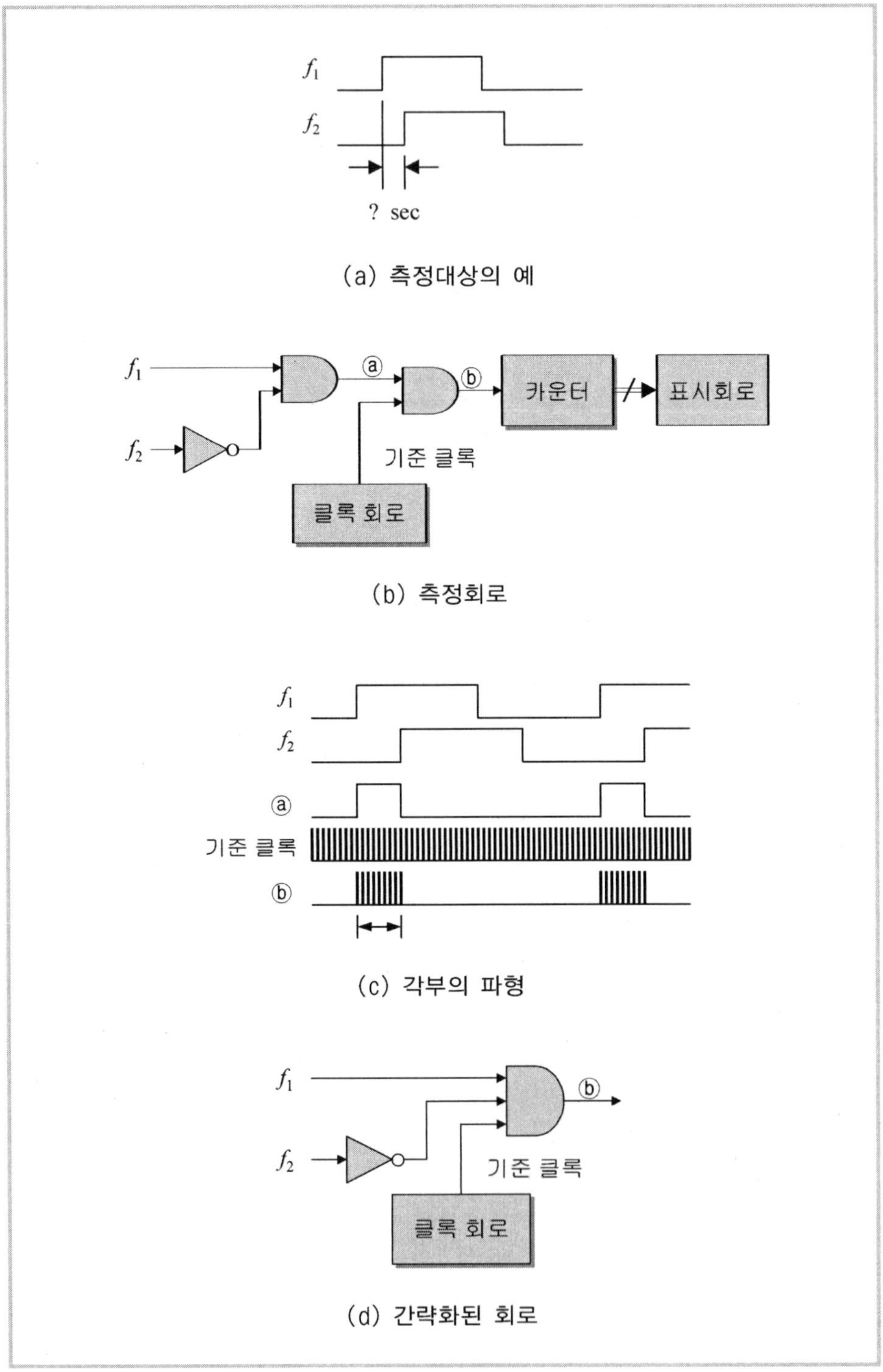

[그림 3-2-33] 시간차 측정의 원리 및 측정 예-1

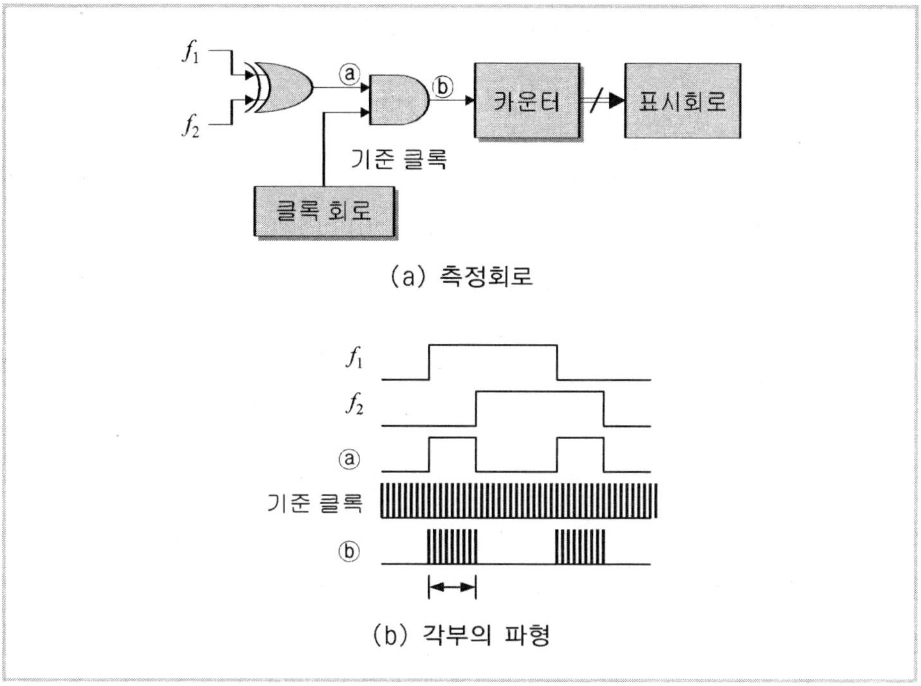

[그림 3-2-34] 시간차 측정의 원리 및 측정 예-2

⑥ 위상측정

위상측정(Phase)은 전체 파형 중 시간차의 비율이므로 [그림 3-2-35]에 나타낸 바와 같이 한 주기 카운트 회로와 시간차 카운트 회로를 함께 사용해 결과를 얻은 후 계산에 의해 위상을 구할 수 있다.

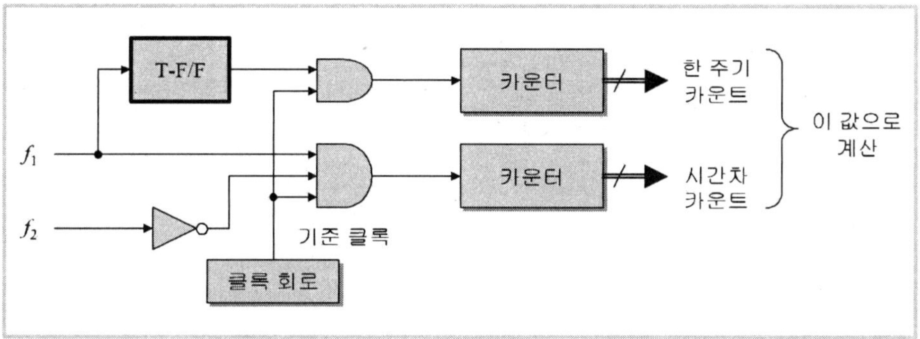

[그림 3-2-35] 위상측정 회로

(2) 마이크로프로세서의 카운터/타이머

① 기본 구조

마이크로프로세서에서 카운터란 외부 펄스 등이 입력될 때 이의 숫자를 세는 역할을 하거나 또는 특정 숫자가 되면 이를 CPU에 인터럽트로 알리는 기능을 의미하고, 타이머란 일정한 시간이 되면 CPU에 이를 인터럽트로 알리거나 일정 시간간격마다 지속적으로 CPU에 인터럽트로 알리는 기능을 의미한다.

카운터와 타이머의 기본 원리는 앞서 논한 바와 거의 동일한 개념으로서 이를 [그림 3-2-36]에 다시 나타내었다.

[그림 3-2-36(a)]에 나타낸 바와 같이 카운터는 기본적으로 다운 카운터를 사용하는데, 예를 들어 10개의 펄스를 세고 싶다면 0부터 증가시켜 10까지 세는 것보다는 10부터 줄여 0까지 세는 것이 회로가 더 간단하며, [그림 3-2-36(a)]에서와 같이 OR-게이트를 응용해 쉽게 0을 검출할 수 있다.

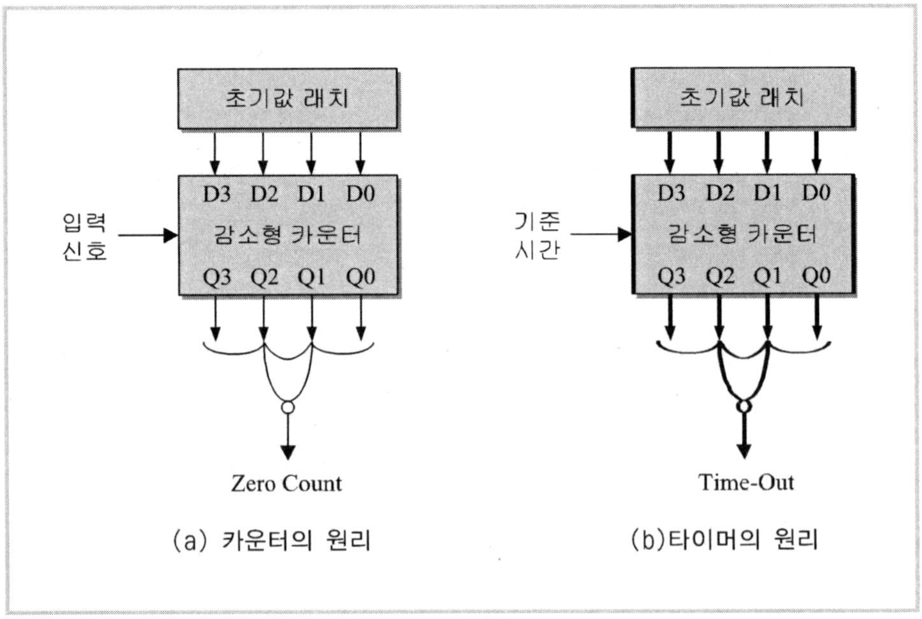

[그림 3-2-36] 카운터와 타이머의 원리

[그림 3-2-36(b)]는 타이머의 원리를 나타낸 것으로서, [그림 3-2-36(a)]와 비교하면 완전히 동일함을 알 수 있다. 만약 10초 타이머가 필요하다면 기준시간을 1초로 설정하고 다운 카운터에서 10을 세면 10초 타이머가 실현된다. 이와 같이 카운터와 타이머의 기능은 하나의 회로로 실현 가능하므로 마이크로프로세서에서는 일반적으로 카운터/타이머라 명명하여 [그림 3-2-37]과 같이 두 가지 기능 중 하나를 선택해 사용하도록 구성된다.

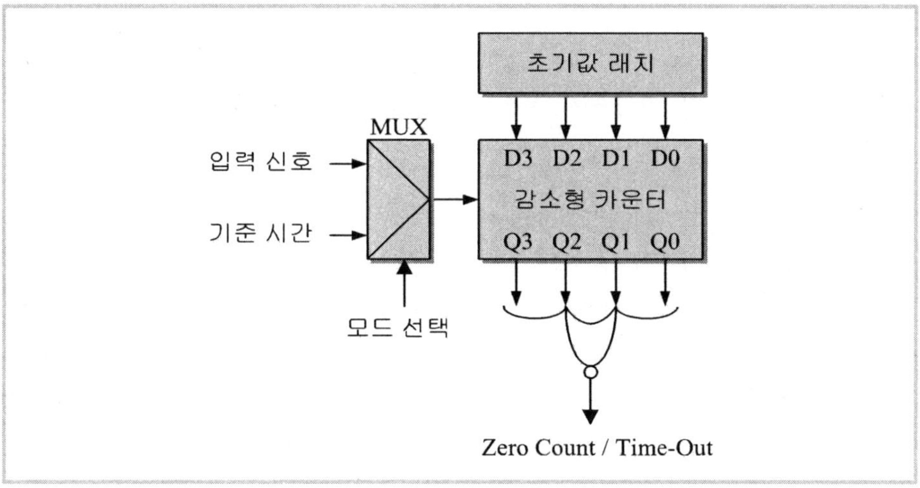

[그림 3-2-37] 마이크로프로세서의 카운터/타이머 회로

카운터/타이머의 응용 예로는 전자시계를 들 수 있는데, 시계를 구성하기 위해 1초 단위나 0.1초 단위로 CPU에 인터럽트를 발생시키고, CPU에서는 이에 해당하는 시간을 계산하도록 한다.

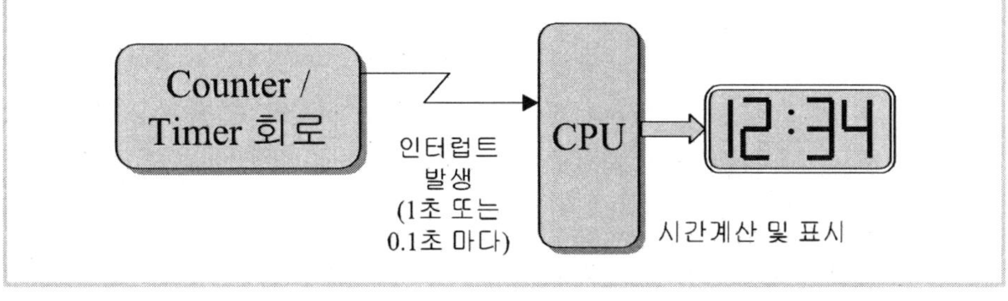

[그림 3-2-38] 전자시계의 구현 원리

또한, 이러한 전자시계를 이용해 시간을 계산하다 특정 시간이 되면 이를 알람신호 등으로 알리는 기능 또한 '타이머 기능'이라 할 수 있다. 컴퓨터 내에서는 이러한 시계기능 이외에 DRAM의 리프레시 시간을 알리는 타이머 기능이나 멀티태스크의 태스크 절환용 기준시간 발생 등에 사용하고 있다.

② 마이크로프로세서의 카운터/타이머 관련 용어

카운터와 타이머는 회로적으로는 동일하지만 개념적으로는 다르기 때문에 이에 사용되는 용어도 차이가 있으므로 이에 관해 살펴본다.

i) 제로 카운트/타임-아웃(Zero Count / Time-Out)

제로 카운트와 타임-아웃은 회로적으로는 모두 카운터가 0이 되었을 때를 의미하지만 이 신호가 사용되는 용도에 따라 명칭을 다르게 한 것이다. 카운터가 0에 도달하면 카운터 모드인 경우에는 이를 제로 카운트라 하며, 타이머 모드인 경우에는 이를 타임-아웃이라 한다. 축구 경기의 시간이 종료되면 이를 '타임-아웃'이라 하는 것과 동일한 개념이다.

<표 3-2-1> Zero Count와 Time-Out의 차이

카운터 모드	타이머 모드
넷! 셋! 둘! 하나! 영! → '제로 카운트!!'	4초! 3초! 2초! 1초! 0! → '타임-아웃'

ii) 클록/트리거(Clock / Trigger)

클록과 트리거도 앞서 Zero Count와 Time-Out의 경우처럼 카운트 모드와 타이머 모드에서 각각 사용되는 용어로서, 클록은 카운트하는 입력신호를 의미하고 이 신호가 입력되면 그 때마다 카운터 숫자는 하나씩 감소한다. 즉, 클록신호는 카운터 모드의 입력신호를 의미한다. 이에 비해 트리거는 이 신호가 입력되는 때부터 타이머가 가동되기 시작하는 것으로서, 이는 마치 스톱워치의 시작신호라 생각할 수 있다.

<표 3-2-2> 클록과 트리거의 차이

카운터 모드	타이머 모드
5 ↓← Clock 4 ↓← Clock 3 ↓← Clock	Trigger → (시작신호) 5 ↓ 4 3 :

iii) 시정수 레지스터(Time Constant Register ; TCR)

시정수 레지스터란 카운터의 초기값을 저장하는 레지스터를 의미하며, 카운터는 이 레지스터에 설정된 값부터 카운트를 시작한다. [그림 3-2-39]에 나타낸 바와 같이 카운터가 0이 되었을 때 자동으로 시정수 레지스터의 값이 카운터로 재설정되면 카운트되는 숫자는 계속 회전할 수 있는데, 이와 같이 자동으로 시정수 레지스터 값이 카운터로 입력되는 기능을 'Auto-reload'라 한다.

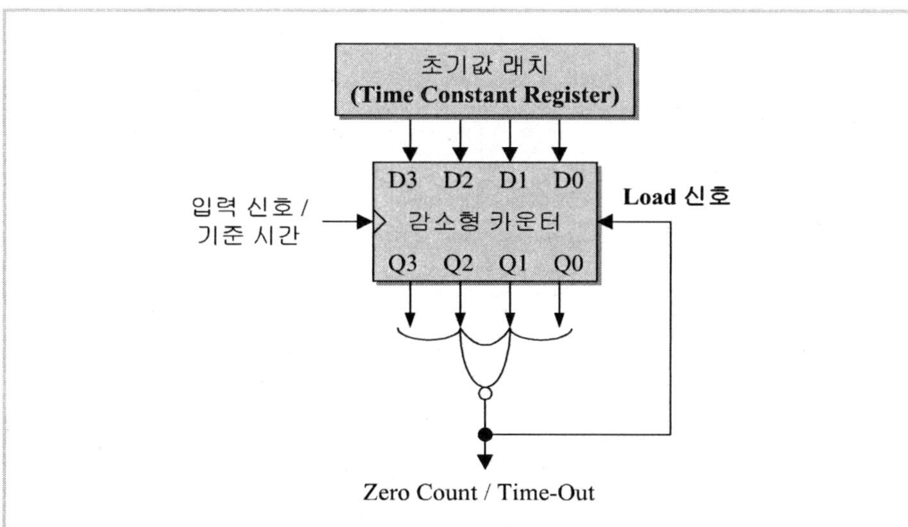

[그림 3-2-39] TCR과 Auto-reload의 개념

iv) 원-숏/프리-러닝(One-shot / Free-running)

원-숏과 프리-러닝은 카운터/타이머가 동작하는 방법을 의미하는데, 원-숏이란 단안정 멀티바이브레이터와 같이 카운트 동작을 단 한번만 행하는 것이고, 프리-러닝이란 카운트 동작이 자동으로 지속되는 것을 의미한다. 프리-러닝은 앞서 설명한 Auto-reload 기능을 사용함으로써 구현된다.

<표 3-2-3> One-shot와 Free-running의 예

동작	카운트 예
One-shot	4 → 3 → 2 → 1 → 0 (끝)
Free-running	4 → 3 → 2 → 1 → 0 → 4 → 3 → 2 → 1 → 0 → 4 ····

v) 프리-스케일러(Pre-scaler)

프리-스케일러는 타이머 모드에서 사용할 기준시간을 만들기 위해 사용한다. 일반적으로 타이머를 위한 기준시간은 크리스털을 이용한 발진기로부터 클록을 발진시켜 사용하는데, 특히 마이크로프로세서에서는 주로 시스템 클록을 이용한다. 그런데 시스템 클록은 타이머 모드에서 필요로 하는 주파수에 비해 매우 높기 때문에 원하는 시간을 생성하기 위해서는 많은 비트 수의 카운터가 필요하다. 따라서 용도에 맞도록 시스템 클록 주파수를 미리 낮춰 카운터의 비트 수가 지나치게 늘어나지 않도록 간단한 2진 카운터로 구성한 회로를 프리스케일러(Pre-scaler)라 한다.

일반적으로 프리스케일러의 분주비율은 [그림 3-2-40]과 같이 소프트웨어에서 선택할 수 있도록 구성된다.

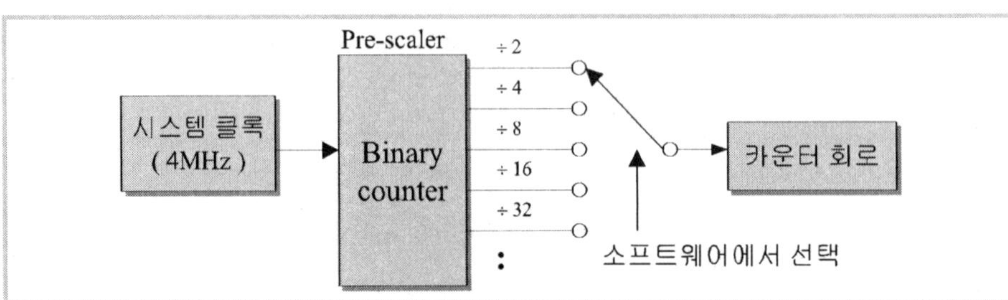

[그림 3-2-40] 프리-스케일러의 원리(예)

[그림 3-2-40]과 같은 프리스케일러 예에서 얻어지는 기준시간은 다음과 같다.

<표 3-2-4> 기준시간 발생의 예

분주비	주파수	기준시간
÷ 2	2 MHz	0.5 μs
÷ 4	1 MHz	1 μs
÷ 8	500 kHz	2 μs
÷ 16	250 kHz	4 μs
:	:	:
÷ 256	15.625 kHz	64 μs

③ 마이크로프로세서의 카운터/타이머 구조

마이크로프로세서나 마이크로컨트롤러에 사용되는 카운터/타이머 회로의 전형적인 예를 [그림 3-2-41]에 나타내었다.

이 구조는 지금까지 설명한 카운터/타이머의 대부분 사양이 포함되어 있으며, 프로그램에 의해 세부 기능을 설정할 수 있다. 이러한 기본적인 사양 이외에 일부 소자에서는 특수한 기능을 가지고 있는데 이 중 입력 캡처 레지스터(Input Capture Register)와 출력비교 레지스터(Output Compare Register)에 관해 설명한다.

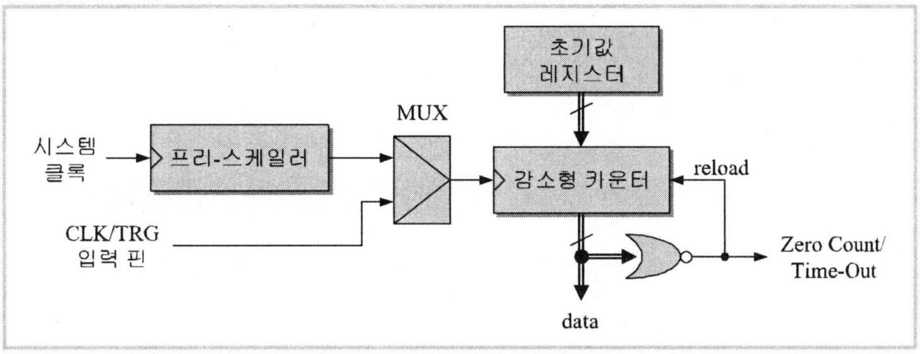

[그림 3-2-41] 마이크로프로세서의 카운터/타이머 구조의 예

i) 입력 캡처 레지스터(Input Capture Register)

이 기능은 모토롤라의 MC68HC11 계열이나 AVR 계열에 장치되어 있는 기능으로서, 입력 펄스의 간격을 측정해 주파수나 주기를 알아낼 때 오직 소프트웨어만으로 실행하는 것에 비해 훨씬 정확한 측정값을 얻을 수 있다. 입력 캡처 레지스터의 구조를 [그림 3-2-42]에 간단히 나타내었다. 단, 회로의 카운터는 감소형 카운터나 증가형 카운터 어떤 것도 사용할 수 있다.

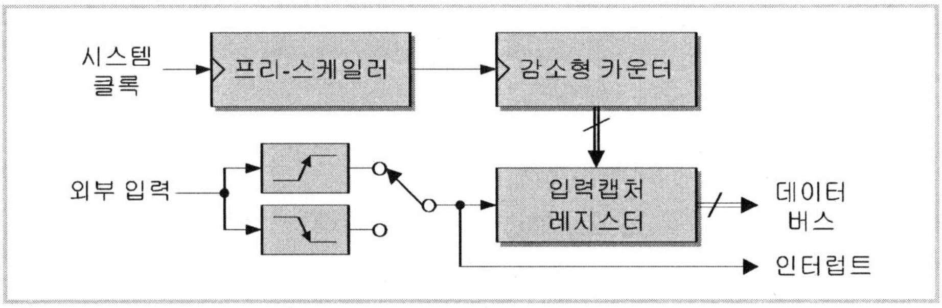

[그림 3-2-42] 입력 캡처 레지스터 회로의 구조

입력 캡처 레지스터는 [그림 3-2-42]에 나타낸 바와 같이 외부에서 입력되는 신호가 설정된 엣지로 변화할 때 카운터의 값이 입력 캡처 레지스터로 복사되고 CPU에 인터럽트 신호를 발생하도록 구성되어 있다. 따라서 외부 입력 펄스 변화 순간의 카운터 값을 기록할 수 있어 이를 이용하면 정확한 주파수나 주기 측정이 가능하다.

예를 들어 [그림 3-2-43]과 같은 입력 펄스가 인가되었을 때 다음과 같은 순서로 주기를 측정할 수 있다.

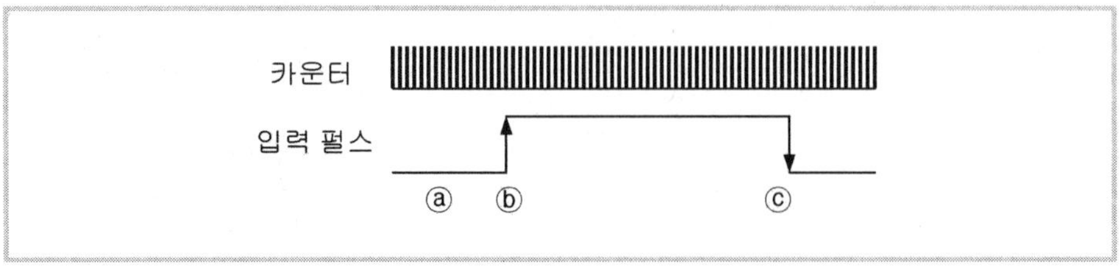

[그림 3-2-43] 입력 캡처 레지스터의 사용 예

입력 펄스가 입력되기 전인 ⓐ에서 입력 캡처 회로를 상승 엣지에서 동작하도록 설정해 놓는다. 입력 펄스가 상승하는 ⓑ지점에서 카운터의 값이 입력 캡처 레지스터에 저장되고 CPU에 인터럽트 신호가 전달되며, 이에 따라 CPU는 입력 캡처 레지스터의 값을 읽어 들이고 입력 캡처 회로를 하강 엣지에서 동작하도록 설정한다.

이후 입력 펄스가 하강하는 ⓒ지점에서 카운터의 값이 입력 캡처 레지스터에 저장되고 CPU에 인터럽트 신호가 전달되며, 이때 CPU는 입력 캡처 레지스터의 내용을 읽어 이전의 입력 캡처 레지스터 내용과 계산하면 펄스의 주기를 측정할 수 있다. 예를 들어 카운터의 입력 주파수가 1kHz, 즉 한 카운트 당 1mS이고, ⓑ지점에서의 입력 캡처 레지스터가 153, ⓒ지점에서의 입력 캡처 레지스터가 75로 측정되었다면 입력된 신호의 펄스폭은 $(153-75) \times 1mS = 78mS$ 이다.

이러한 측정을 소프트웨어로만 행할 경우 입력 펄스를 감지하기 위해 루프를 실행하고 펄스의 변화가 감지된 순간의 카운터 값을 읽는 동작을 하는 동안 카운터 값이 변화하기 때문에 정확한 측정이 이루어지지 않는다.

ii) 출력비교 레지스터(Output Compare Register)

출력비교 레지스터는 앞서 증가형 디지털 타이머에서 카운터와 비교하기 위한 목표값 레지스터와 유사한 개념으로서 이를 [그림 3-2-44(a)]에 나타내었다. 단, 회로의 카운터는 감소형 카운터나 증가형 카운터 어떤 것도 사용할 수 있다.

그림에서 카운터 값과 출력비교 레지스터의 값이 비교되어 서로 동일한 경우 '=' 신호가 출력되며 이 신호는 CPU의 인터럽트로 전달되면서 동시에 '출력비트'에 설정된 값이 D-플립플롭에 설정된다.

[그림 3-2-44(b)]는 출력비교 레지스터를 사용한 예로서, 출력신호를 보내기 전인 ⓐ지점에서 카운터 값을 읽는다(이때 카운터 값이 200이었다고 가정한다). 그 후 ⓑ시점이 될 카운트 값(예를 들어 190)을 출력비교 레지스터에 설정한 후 '출력비트'에 'H'를 설정해 놓는다.

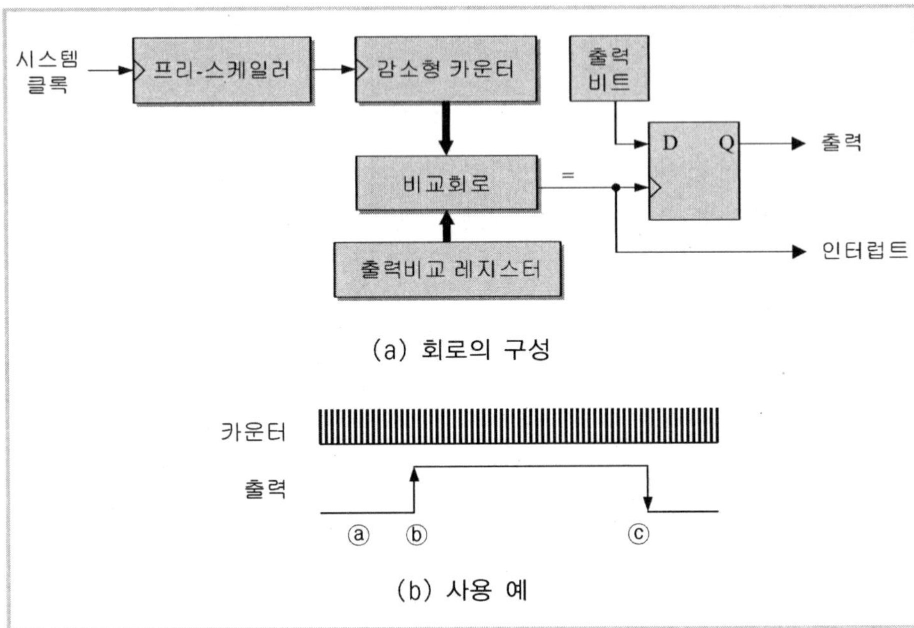

[그림 3-2-44] 출력비교 레지스터 회로

카운터가 진행해 출력비교 레지스터의 값(190)과 동일한 시점인 ⓑ가 되면 비교회로의 '=' 출력이 발생해 '출력비트'에 설정했던 'H' 신호가 출력되면서 동시에 CPU에 인터럽트 신호가 전달된다.

인터럽트 신호를 받은 CPU는 원하는 펄스폭만큼을 계산한 카운트 값(카운터의 펄스 주기가 1mS, 발생할 펄스폭이 100mS라면 190 − 100 = 90)을 출력비교 레지스터에 대입하고 '출력비트'를 'L'로 설정해 놓는다.

카운터가 진행해 출력비교 레지스터의 값(90)과 동일한 시점인 ⓒ가 되면 비교회로의 '=' 출력이 발생해 '출력비트'에 설정했던 'L' 신호가 출력되면서 동시에 CPU에 인터럽트 신호가 전달된다. 따라서 소프트웨어에 의한 지연 없이 매우 정확한 펄스폭의 출력을 얻을 수 있다.

(3) 카운터/타이머를 이용한 측정의 예

① 전동기 회전속도 측정

전동기의 회전속도를 측정하는 방법에는 회전축에 회전 센서(로터리

엔코더 등)를 부착해 측정하거나 회전축의 자력을 검출해 측정하는 방법이 있으나, 여기서는 이러한 특정한 장치를 부착하지 않고 측정하는 방법을 살펴본다.

우선 전동기의 회전축에 [그림 3-2-45(a)]와 같이 반사 스티커(알루미늄 테이프 등)를 부착한 후 외부에서 광원을 발사하고 이의 반사광을 측정하면 [그림 3-2-45(b)]와 같이 회전에 따른 반사광이 측정되므로 이의 시간을 측정하거나 특정 시간 동안의 펄스 수를 카운트하는 방법에 의해 전동기의 회전속도를 측정할 수 있다.

만약 광원이 빛과 외부의 빛이 섞여 측정이 잘 되지 않는 경우에는 변조시킨 적외선을 방사하고 수신 센서 회로에서 필터를 경유한다.

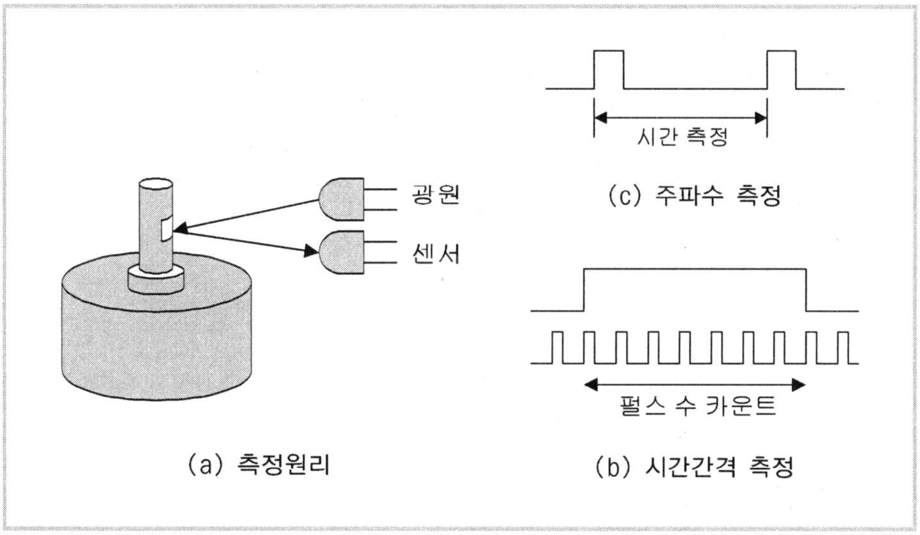

[그림 3-2-45] 전동기 회전속도 측정의 원리

② 프린터 헤드 이동량 측정

프린터의 경우 잉크 카트리지 헤드의 위치를 검출해야 정확한 인쇄가 가능하다. 이 때문에 [그림 3-2-46]과 같은 기구물을 사용하는데, 이는 2개의 센서들로 구성되어 있다.

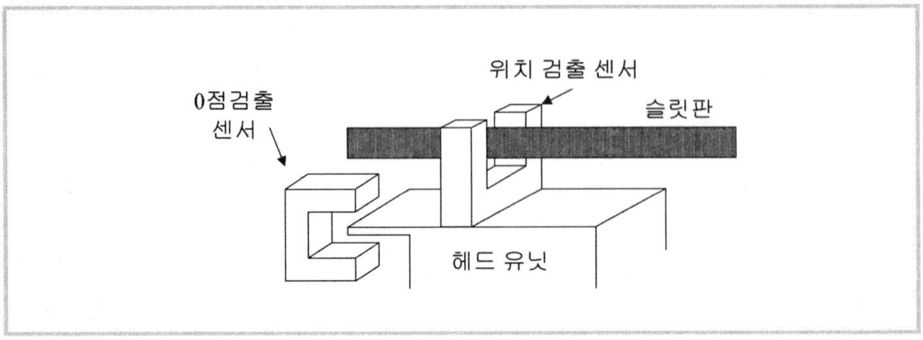

[그림 3-2-46] 프린터 헤드의 기구물 구조

프린터가 인쇄를 시작하기 전에 0점 검출 센서에 도달할 때 까지 헤드를 왼쪽으로 이동시켜 초기화시킨다. 이후 오른쪽으로 이동하면서 위치검출 센서에서 셀룰로즈나 강철로 구성된 슬릿판(슬릿 밴드)의 슬릿들이 지나가는 수를 카운트하면 헤드의 위치를 정확히 검출할 수 있어 해당되는 위치에 잉크를 분사한다. 이때 정밀한 검출을 위해 위치검출 센서에서는 일반적으로 적외선보다는 레이저를 이용한다.

③ 초음파 거리계

직진성이 우수한 초음파를 이용하면 물체가 떨어져 있는 거리를 측정할 수 있는데 자동차 후진 경보장치가 이를 이용한 예로서 기본 원리는 [그림 3-2-47]과 같다.

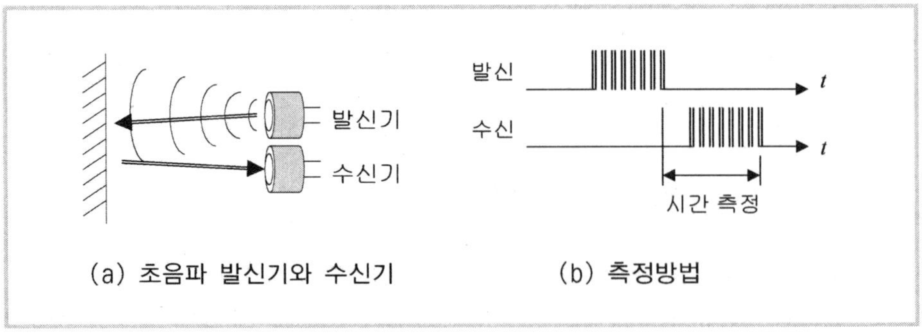

[그림 3-2-47] 초음파 거리계의 원리

[그림 3-2-47(a)]는 초음파 거리계의 동작 원리로서 초음파 발신기로부터 펄스성 신호를 발생하고 이 신호가 물체에 반사되어 돌아오는 것을 수신기에서 검출하는데, 초음파도 음파이므로 실온에서 340m/S의 속도로 진행하므로 [그림 3-2-47(b)]와 같이 신호를 발신한 순간부터 수신되는 시간까지의 시간을 측정하면 초음파의 왕복거리를 구할 수 있다.

④ 볼 마우스

컴퓨터에서 자주 사용하는 마우스 중 볼 마우스(ball mouse)는 사용자가 마우스를 움직임에 따라 내부의 볼이 구르며, [그림 3-2-48]과 같은 기구물을 거쳐 구르는 방향과 움직인 거리를 측정할 수 있다.

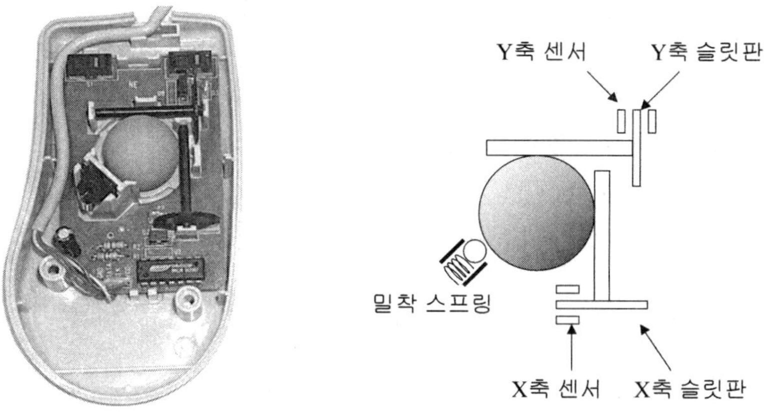

(a) 내부 사진 (b) 움직임 검출 기구

[그림 3-2-48] 마우스 내부 구조

[그림 3-2-48(b)]의 X축과 Y축 슬릿판 및 센서는 [그림 3-2-49]의 (a), (b)와 같은 종류들이 사용되는데, 최종 결과는 동일하다.

[그림 3-2-49(a)]는 슬릿판에 이중으로 슬릿이 뚫려 있는데, 외부와 내부의 슬릿들은 절반씩 빗 걸려 있고 센서들(S1과 S2)은 일직선상에 놓여 있다.

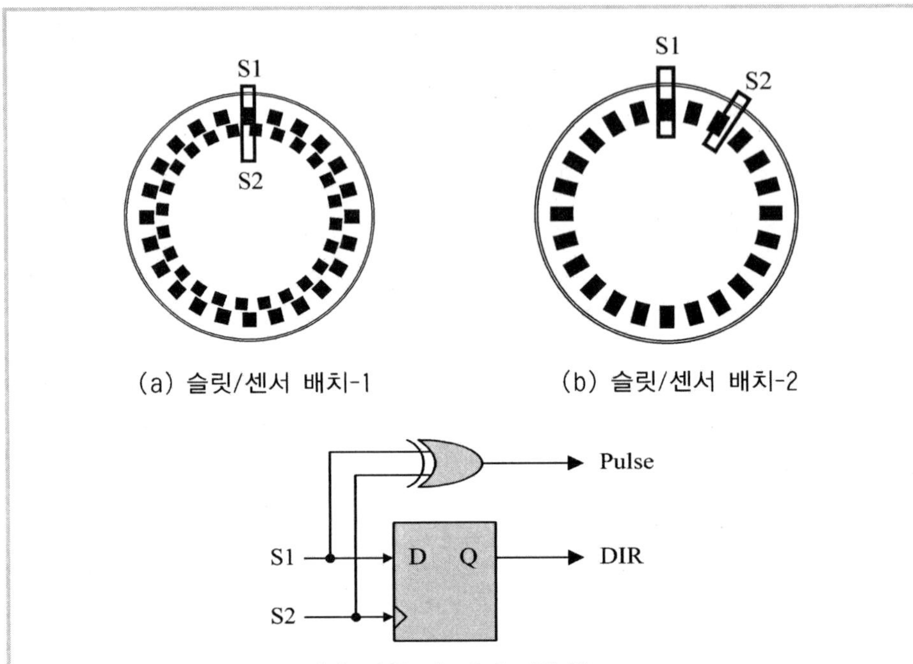

(a) 슬릿/센서 배치-1 (b) 슬릿/센서 배치-2

(c) 방향 및 거리 검출회로

[그림 3-2-49] 센서 및 검출회로

[그림 3-2-49(b)]는 한 줄의 슬릿이 뚫려있는 대신 센서들 중 하나가 절반이 걸치도록 구성되어 있다. 따라서 이들 센서에서 출력되는 파형은 항상 한 센서 신호에 비해 다른 센서 신호가 절반이 걸쳐 나타나는데, [그림 3-2-49(c)]와 같은 간단한 회로를 이용하면 회전 방향과 회전량을 검출할 수 있으며 이의 동작 예를 [그림 3-2-50]에 각각 나타내었다.

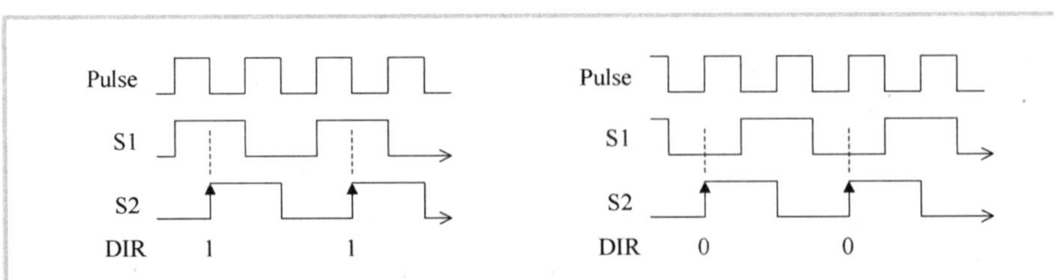

(a) 시계 방향 회전 (b) 반시계 방향 회전

[그림 3-2-50] 회전 검출의 예

슬릿판이 시계 방향으로 회전할 때는 [그림 3-2-50(a)]와 같이 S1신호가 S2신호에 비해 절반 뒤지는 형태로 나타나며, 이들을 XOR한 결과는 원래 슬릿의 2배 분해능으로 이동거리가 검출된다. 또한 S1은 D-플립플롭의 데이터에, S2는 클록에 접속되어 있으며 S2가 상승 엣지에서 데이터가 접수되므로 플립플롭의 출력은 1이 나타난다.

반시계 방향으로 회전할 때는 [그림 3-2-50(b)]와 같이 S1신호가 S2신호보다 절반 앞서는 형태로 나타나며, 이때는 S2의 상승 엣지에서 S1은 항상 low가 되므로 플립플롭의 출력은 0이 된다. 즉 슬릿이 시계 방향으로 회전하면 플립플롭은 1, 반시계 방향으로 회전하면 0이 검출된다.

3. 디지털 측정 관련 회로

(1) RS-232C

RS-232C는 PC나 컴퓨터가 내장된 기기에서 가장 간단히 구현할 수 있는 통신 방식 중 하나이기 때문에 간단한 통신에서 널리 사용되는 방식이다. 이 규격을 이용해 프린터나 플로터로 데이터를 전송하면 곧바로 인쇄가 가능하기도 하고, 컴퓨터에서 수신하면 그림 파일이나 디지털 데이터 파일의 형태로 보관이 가능하다.

[그림 3-3-1]은 이 책의 모델로 사용했던 오실로스코프에 내장된 통신 인터페이스의 예로서, 이 인터페이스를 통해 오실로스코프의 데이터를 받아볼 수 있음은 물론 컴퓨터에서 커맨드를 전송해 오실로스코프를 제어해 측정조건 등을 조절할 수도 있다.

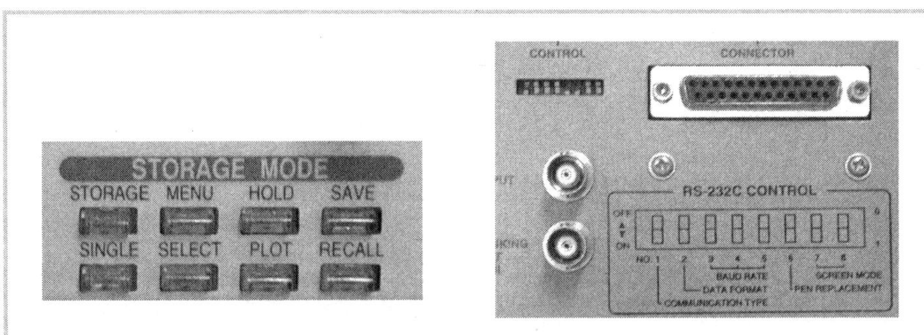

[그림 3-3-1] 오실로스코프 통신기능의 예

(1) RS-232C의 원리 및 규격

RS-232C는 전송 거리가 비교적 짧고 저속인 경우에 사용하는 방법으로서 구현이 쉽고 비용이 저렴한 특징으로 주로 전화선 모뎀(MODEM), 터치스크린, 바코드 리더, 카드 결제기 등과의 교신에 사용된다.

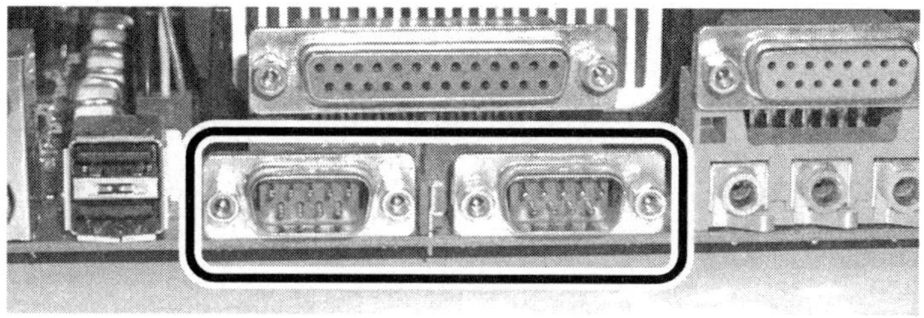

[그림 3-3-2] IBM-PC의 RS-232C 포트

[그림 3-3-2]에 PC에 장착된 RS-232C 포트를 나타내었다.

통신 라인에 논리회로 전압인 +5V와 0V의 전압을 이용하면 전압이 작기 때문에 잡음의 영향을 쉽게 받으므로 먼 거리를 전송하기 어렵다. 따라서 높은 전압으로 전송해 잡음에 강하도록 한 것이 RS-232C의 기본 원리이며, 이를 [그림 3-3-3]에 나타내었다.

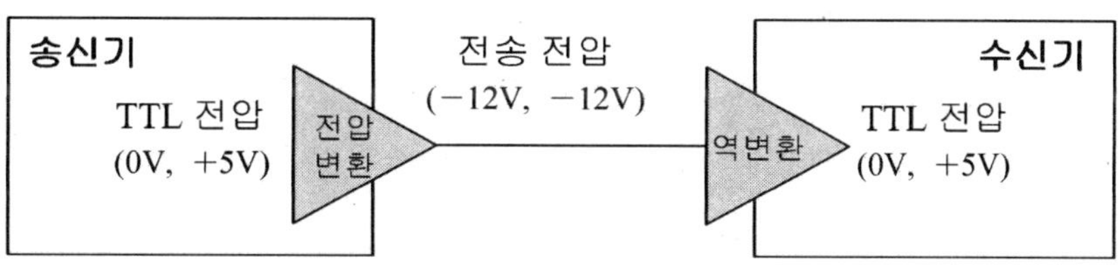

[그림 3-3-3] RS-232C 전송의 기본 원리

그림의 예에서는 TTL 전압을 ±12V로 변환해 전송하는데, 만약 잡음전압이 3V 정도라면 이는 TTL 전압에 대해서는 큰 오류를 발생하는 잡음이지만, ±12V에 대해서는 큰 잡음에 해당되지 않는다.

이와 같은 원리에 의해 송신기는 TTL 전압을 잡음의 영향을 덜 받도록 훨씬 큰 전압으로 변환해 전송하고, 수신기는 이 전압을 다시 TTL 전압으로 복귀시킨다.

〈표 3-3-1〉은 RS-232C에서 규정하고 있는 전기적 규격이다.

<표 3-3-1> RS-232C의 전기적 규격

구 분	사 항	규 격
드라이버	무부하 시 최대 출력전압	±25V′
	3~7kΩ 부하 시 최소 출력전압	±5V~±15V
	전원 off시 최소 출력저항	300Ω
	Short 시 최대 출력전류	±500mA
	최대 Slew Rate	30V/μS
리시버	입력저항	3~7kΩ
	입력 threshold 전압	±3V
	최대 입력전압	±25V

이 규격 중 가장 중요한 것은 동작전압으로서 최소 ±5V로부터 최대 ±25V 사이의 전압을 이용하는 것이다. RS-232C를 접속하는 커넥터 규격은 [그림 3-3-4]와 같이 2종류가 있다.

[그림 3-3-4(a)]의 25핀 커넥터 규격 중에는 모뎀 제어와 텔레타이프(TTY) 제어용 규격들이 포함되어 있으며, IBM-PC에서는 [그림 3-3-4(b)]와 같이 모뎀 제어용 신호만을 모은 9핀 커넥터 규격도 사용한다. 단, 그림의 규격은 통신 호스트(일반적으로 컴퓨터 측)를 기준으로 표시하기 때문에 전송 데이터인 TxD의 경우 호스트 입장에서는 출력신호이지만 상대측에서는 입력신호이다.

[그림 3-3-4(c)]에 나타낸 RS-232C의 주요 핀은 다음과 같은 의미를 가지고 있다.

- DCD (Data Carrier Detect) : 모뎀에서 연결 캐리어(carrier)가 검출되고 있음을 알리는 신호
- RxD (Received Data) : 직렬 데이터의 수신
- TxD (Transmitted Data) : 직렬 데이터의 송신
- DTR (Data Terminal Ready) : 상대편에 이쪽이 통신 준비 됐음을 알리는 신호. 즉, 통신에 접속됐음을 알리는 신호
- DSR (Data Set Ready) : 상대편이 통신 준비 완료됐음을 알려오는 신호
- RTS (Request to Send) : 상대편에 데이터 송신을 요구하는 신호
- CTS (Clear to Send) : 데이터를 송신해도 좋다는 상대편의 허가신호
- F.G (Frame Ground) : 기기의 외장 케이스와 연결하는 접지
- GND (Signal Ground) : 신호선의 접지

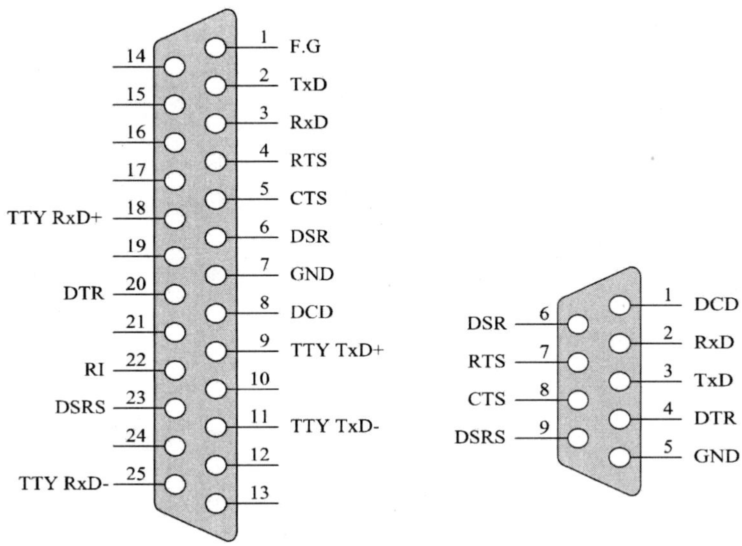

(a) 25핀 커넥터　　　　(b) 9핀 커넥터

약자	입출력	의 미
DCD	입력	Data Carrier Detect
RxD	입력	Received Data
TxD	출력	Transmitted Data
DTR	출력	Data Terminal Ready
DSR	입력	Data Set Ready
RTS	출력	Request to Send
CTS	입력	Clear to Send
F.G	-	Frame Ground
GND	-	Signal Ground

(c) 주요 신호의 의미

[그림 3-3-4] RS-232C 접속 커넥터 규격

(2) 회로 및 구동 소자

RS-232C 규격을 만족하는 대표적 소자로서 75188과 75189를 들 수 있는데, 이들은 ±12V와 +5V의 전원을 필요로 한다. 이에 비해 +5V 단일 전원으로 동작되는 MAX232 계열도 자주 사용된다.

① 75188, 75189 RS-232C 드라이버/리시버

RS-232C 드라이버와 리시버는 [그림 3-3-5]와 같은 역할을 수행한다.

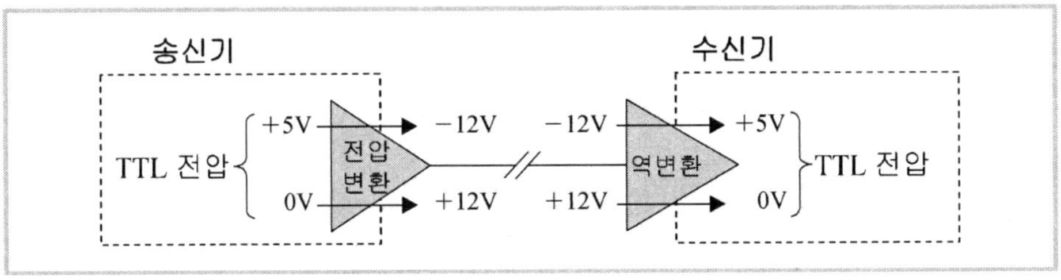

[그림 3-3-5] RS-232C 드라이버/리시버의 역할

즉, 드라이버는 +5V 전압을 −12V로, 0V를 +12V로 변환해 전송하며, 리시버는 이와 반대의 동작을 해 본래의 신호로 복원한다. RS-232C의 규격을 만족시키는 드라이버와 리시버 중 가장 많이 사용되고 있는 것으로 75188, 75189(별칭 1488, 1489라고도 불린다)이 있는데, 이의 내부 구성을 [그림 3-3-6]에, 회로의 구성 예를 [그림 3-3-7]에 나타내었다.

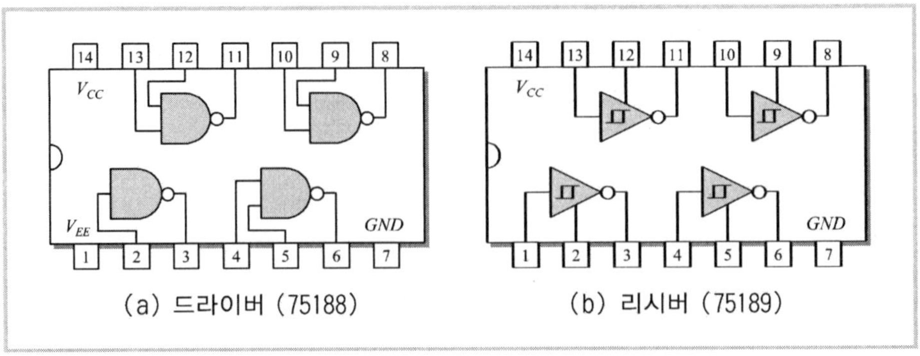

[그림 3-3-6] RS-232C 드라이버/리시버 소자

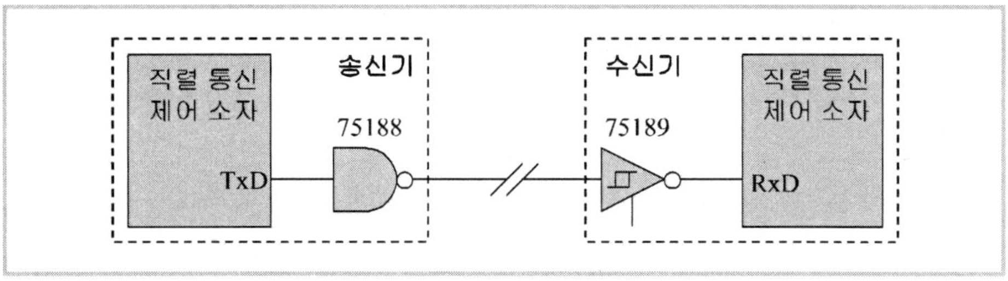

[그림 3-3-7] RS-232C 드라이버/리시버의 사용 예

[그림 3-3-6(b)]에 나타낸 75189의 2번 핀은 [그림 3-3-8]에 나타낸 바와 같이 접속해 입력 히스테리시스 폭과 변화 위치(threshold)를 조절하는 단자로서, 보통은 open상태로 놓는다.

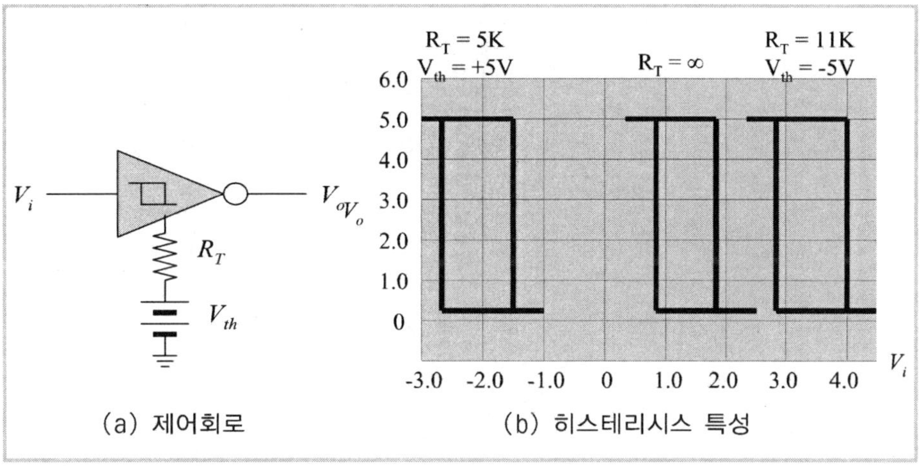

[그림 3-3-8] 75189의 히스테리시스 특성 예

드라이버 소자 75188은 ±12V의 2개 전원이 필요하고, 컴퓨터 회로에는 +5V가 필요하므로, 송신 측은 3종류의 전원이 필요하므로 ±12V 전원을 이미 사용하고 있는 시스템에서는 75188을 사용해 저가격으로 RS-232C가 구현되나, ±12V가 없는 시스템에서 이 소자를 사용하려면 별도의 전원회로를 추가해야 하므로 비용이 많이 들고 시스템의 부피도 커진다.

이러한 경우 MAX232 소자를 사용하면 +5V 단일전원으로 RS-232C를 구현할 수 있다.

② MAX232 RS-232 드라이버/리시버

[그림 3-3-9]에 MAX232의 구조와 이를 이용한 회로의 예를 나타내었다.

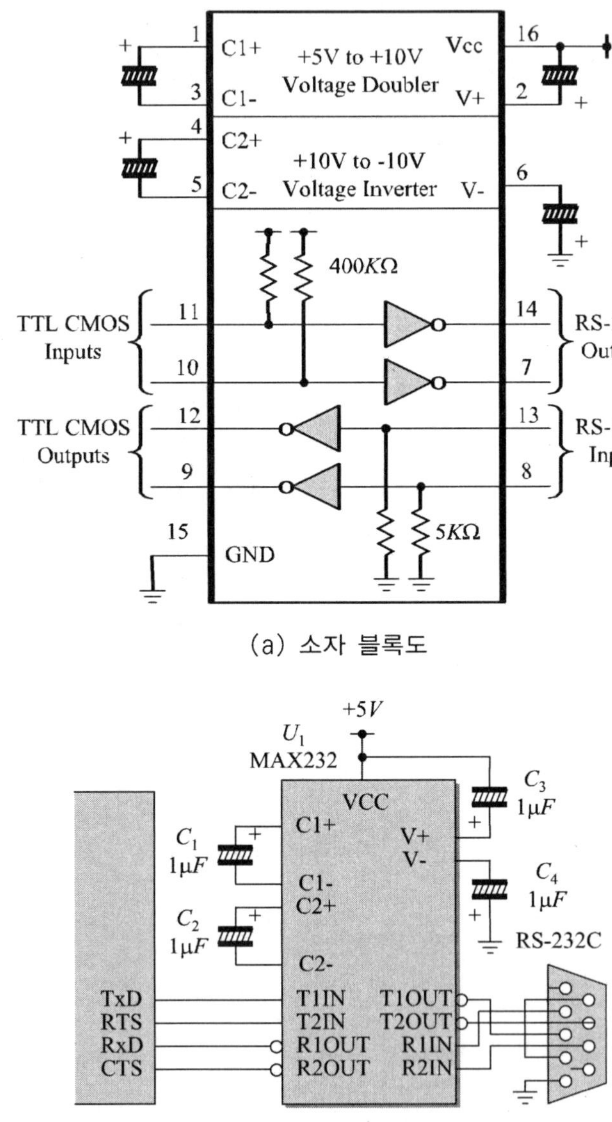

(a) 소자 블록도

(b) 구현회로 예

[그림 3-3-9] MAX232를 이용한 RS-232C 구현 예

이 소자는 75188, 75189 소자에 비해 다소 가격이 비싸지만, 시스템에 ±12V 전원이 없는 상태에서 +5V 단일전원으로 RS-232C가 구현되므로 전원회로의 추가비용보다는 훨씬 저렴하게 구성된다. MAX232는 자체에서 ±10V를 생성해 RS-232C용으로 사용하는데, 이를 위해 $C_1 \sim C_4$의 4개 커패시터가 사용된다.

이에 관한 상세한 원리는 저자의 '마이크로프로세서 구조 및 실습'이나 '컴퓨터 주변회로'의 'Charge Pump'를 참조하라.

(3) 케이블의 종류

RS-232C를 이용해 접속하는 케이블은 그 용도에 따라 straight cable과 null-MODEM cable의 2가지 종류가 있다.

① 모뎀(MODEM)

MODEM이란 Modulator(변조기)와 Demodulator(복조기)의 합성어인데, 변조기란 원래의 신호를 다른 신호로 변환하는 기기를, 복조기는 변환된 신호를 원래의 신호로 복원시키는 기기를 의미하며, 이러한 예로는 라디오 방송을 들 수 있다.

라디오 방송국에서는 음악이나 목소리 등 소리신호를 멀리 전달하기 위해 전파신호로 변환시키며, 이를 '변조'라 한다. 라디오에서는 안테나로 수집된 전파신호를 본래의 소리신호로 복원하며 이를 청취자가 듣게 되는데, 이때의 라디오가 '복조기'이다.

마찬가지 원리로, 컴퓨터의 데이터를 먼 거리에 있는 다른 컴퓨터로 전송할 때 전화를 이용할 수 있는데, 컴퓨터 신호를 전화기를 통해 전달할 수 있도록 소리신호로 변환하는 기기를 modulator라 하고 이와 반대로 전화기를 통해 전달된 소리신호를 다시 컴퓨터용 데이터 신호로 복원시키는 기기를 demodulator라 하며, 일반적으로 하나의 기기에 이러한 기능을 모두 가지고 있으므로 'MODEM'이라는 합성어를 사용한다.

모뎀의 원리에 관한 더 자세한 것은 저자의 '컴퓨터 주변회로'의 '전화선 통신'을 참조하라.

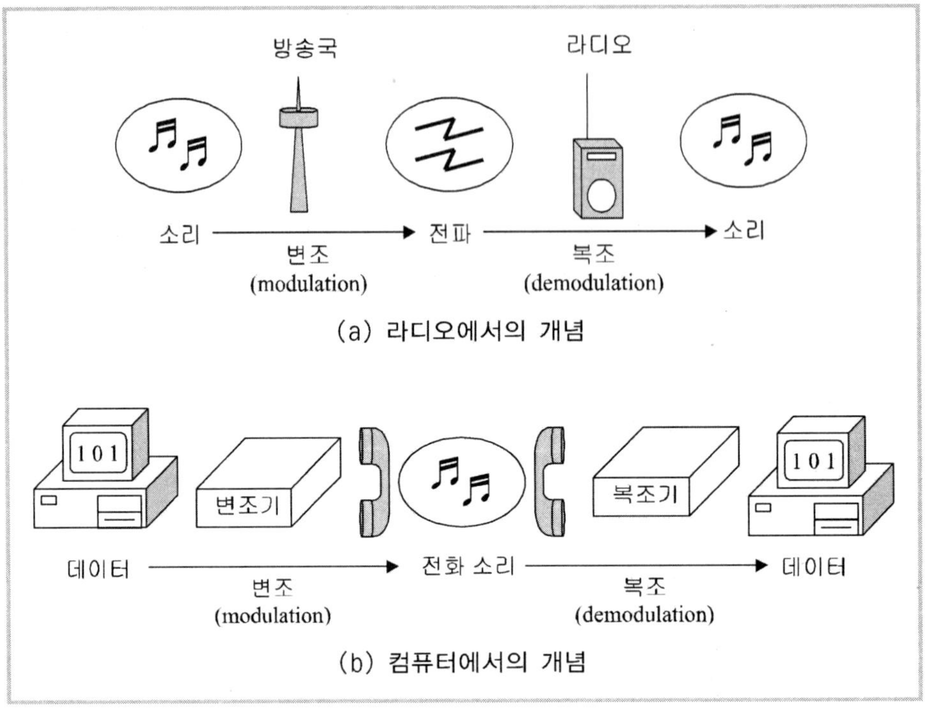

[그림 3-3-10] 변/복조 개념 및 예

② Straight 케이블

Straight 케이블은 컴퓨터와 모뎀 사이의 접속, 또는 컴퓨터와 프린터 사이 접속과 같이 주/종(主從; master-slave)관계에 있는 기기 사이를 접속하는 케이블로서, 이것이 RS-232C의 본래 케이블이다.

[그림 3-3-11(a)]와 같은 주/종 관계의 접속은 [그림 3-3-11(b)]와 같이 핀과 핀이 직결된 케이블을 사용하는데, 이때 슬레이브 측의 신호 정의는 마스터 측 입장에서 정의되며, 예를 들어 TxD는 '송신 데이터'이므로 마스터 입장에서는 출력(Output)이고 슬레이브 입장에서는 보내진 신호를 받는 입력(Input)이다.

③ null-MODEM 케이블

null-MODEM 케이블은 RS-232C를 특수하게 이용하는 것으로서, 이의 개념을 [그림 3-3-12]에 나타내었다.

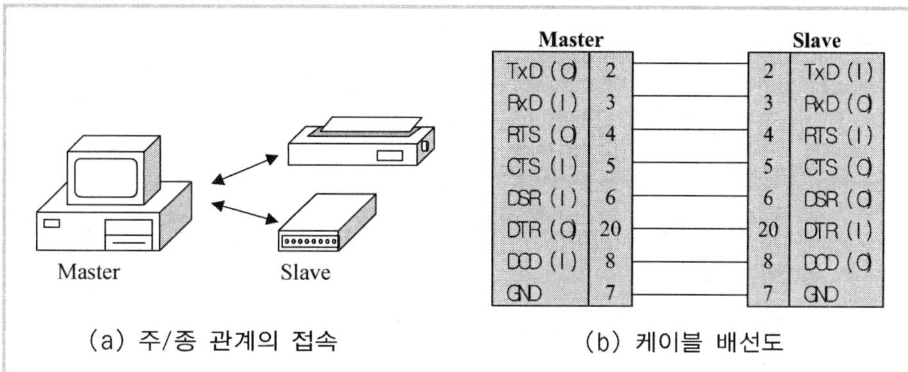

(a) 주/종 관계의 접속 (b) 케이블 배선도

[그림 3-3-11] Straight Cable의 개념

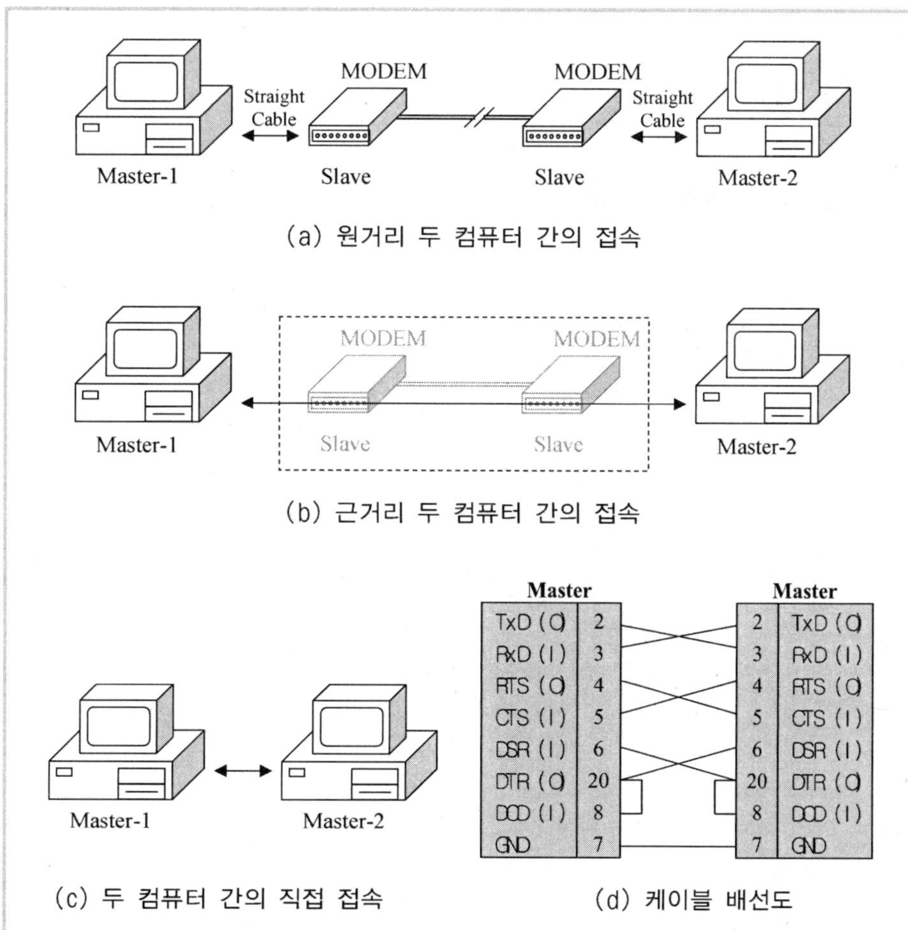

[그림 3-3-12] null-MODEM 케이블의 개념

원거리에 떨어져 있는 두 컴퓨터가 통신하려면 [그림 3-3-12(a)]와 같이 각 컴퓨터에 straight 케이블로 모뎀과 접속하고 원거리 교신은 모뎀과 모뎀 간에 행한다. 그런데, 통신할 두 대의 컴퓨터가 같은 방이나 근거리에 있다면 굳이 모뎀과 같은 장비를 거칠 필요 없이 [그림 3-3-12(b)]와 같이 컴퓨터와 컴퓨터를 곧바로 연결할 수 있으며 이때의 접속은 [그림 3-3-12(c)]와 같은 형태가 된다.

이와 같이 두 컴퓨터 사이를 RS-232C를 이용해 직접 접속할 수 있는 케이블을 '모뎀이 생략된 케이블'이라는 의미로 'null-MODEM 케이블'이라 하는데, 이 케이블은 연결할 대상들이 모두 마스터이므로 [그림 3-3-12(d)]와 같이 각 신호들을 교차해 접속한다.

(2) 접지 및 절연

RS-232C는 비절연 방식 통신이므로 접지 처리에 관한 문제가 발생할 수 있다.

(1) 접지의 문제점

앞서 소개한 RS-232C 등과 같은 통신방식은 기본적으로 통신기기 사이에 공통라인(GND 라인)이 접속된 상태에서 통신하는 '비절연 방식'이다. 이와 같은 경우 두 기기 사이에 완전한 접지가 이루어진 조건 하에서 정상동작이 이루어지는 것이기 때문에 만약 양쪽 기기 중 한쪽이라도 접지가 이루어지지 않거나 불완전한 접지인 경우 두 기기의 전위차가 크게 벌여져 통신 장애는 물론 기기의 파손까지도 초래하기 때문에 컴퓨터와 모뎀과 같이 매우 근거리이고 한 기기가 다른 기기의 부속인 경우에만 제한적으로 사용한다.

만약, 널-모뎀 케이블을 사용하는 경우와 같이 양쪽 기기가 모두 컴퓨터와 같은 대형 기기들일 경우 기기 내부에서 발생하는 전력소모에 의한 전위변동이 심하게 나타나는데, [그림 3-3-13]과 같이 한쪽만 접지가 되어 있거나 양쪽 모두 접지가 이루어지지 않은 경우 두 기기 사이에는 매우

큰 전위차가 발생한다.(일반적으로 교류 220V 전원 사용 시 직류 약 310V 정도)

따라서 이러한 큰 전위차를 동일하게 유지하기 위해 그림과 같이 공통선을 접속한 경우 컴퓨터-A와 컴퓨터-B의 전위차에 의한 전류가 공통선을 통해 흐르는데, 일반적으로 통신선에는 신호전류만 흐르기 때문에 전위차가 크게 발생하지 않는다.

예를 들어 컴퓨터-B를 기준으로 컴퓨터-A까지 공통선에서 +20V 정도의 전위차가 벌어졌다 가정하면, 컴퓨터-A는 이 전위를 기준으로 통신전압을 전송하기 때문에 +12V를 전송한 경우 컴퓨터-B에는 +32V의 전압이 거의 그대로 전달되므로 컴퓨터-B는 파손된다.

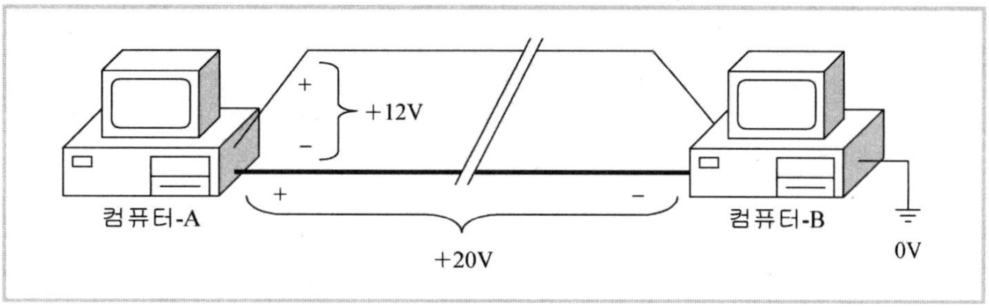

[그림 3-3-13] 접지선에 의한 전압차의 예

반대의 입장에서도 컴퓨터-A는 컴퓨터-B보다 −20V의 전위차가 발생하기 때문에 동일한 위험에 처한다. 따라서 두 컴퓨터 간 공통선은 매우 굵은 선을 사용해 임피던스를 저하시킬 필요가 있지만 굵은 선인 경우에도 임피던스는 존재하고 전선의 절단과 같은 위험의 요소가 항상 존재하기 때문에 근본적인 해결방법은 되지 않으며, 이러한 경우에는 양쪽 컴퓨터들을 전기적으로 절연시킬 필요가 있다.

(2) 절연소자

전자기기를 전기적으로 절연시키는 방법에는 여러 가지가 있는데, 그중 가장 적극적인 방법은 광에 의한 절연이라 할 수 있다.

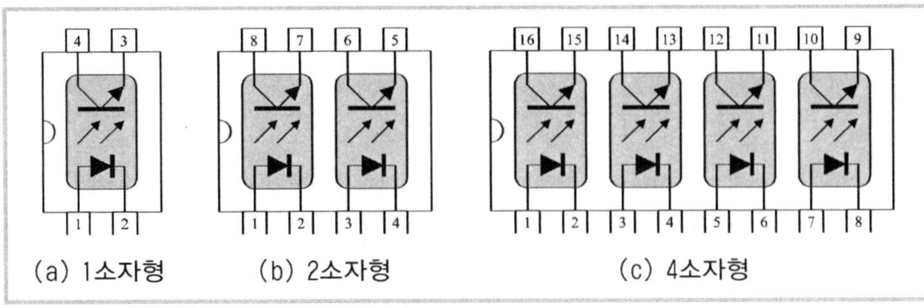

[그림 3-3-14] 옵토 아이솔레이터 핀 배치 예

이는 앞서 센서를 소개하는 절에서도 언급한 옵토 아이솔레이터(Opto-Isolator)를 이용해 신호를 빛으로 변환해 전송한 후 이를 수신해 다시 전기신호로 복원하는 것으로서, 이러한 용도의 소자는 여러 가지가 있는데, 그중 가장 흔히 사용되는 DIP IC형의 예를 [그림 3-3-14]에 나타내었다.

그림에 나타낸 바와 같이 옵토 아이솔레이터는 한쪽은 적외선 LED, 반대쪽은 적외선 트랜지스터가 함께 봉입된 것으로서 빛에 의해 신호를 전달한다.

옵토 아이솔레이터는 TLP-521, PC817 등 다양한 종류가 있는데, 이 중 TLP-521의 전기적 특성을 〈표 3-3-2〉에 나타내었다.

〈표 3-3-2〉 TLP-521의 전기적 특성

	최대 정격		동작 특성	
	항목	규격	항목	규격
1차 측	$I_{F,max}$	70 / 50 [mA]	I_F	10 [mA]
	$V_{F,max}$	5 [V]	$V_{F,max}$	1.3 [V]
	$P_{D1,max}$	-	$C_{j,typ}$	30 [pF]
2차 측	$V_{CE,max}$	30 [V]	$t_{r,typ}$	6 [μS]
	$I_{OL,max}$	50 [mA]	$t_{f,typ}$	6 [μS]
	$P_{D2,max}$	150 / 100 [mW]	$h_{FE,min}$	-
1-2차 측 사이	BV_{min}	2.5 [kV AC]	CTR_{min}	70 [%]
	T_a	−30~100 [℃]	I_F	5 [mA]
			$t_{pd,typ}$	-
			$f_{T,min}$	-

위 사양에서 알 수 있듯이 1차 측, 즉 LED 측은 일반 LED와 동일하게 최대 1.3V의 오프셋 전압을 가지며 10mA의 동작전류가 필요하다. 또한 1차 측과 2차 측 사이의 절연전압이 최대 2.5kV나 되기 때문에 일반적인 전기절연용으로는 충분하다.

단, TLP-521이나 PC817과 같은 종류는 범용으로 사용되는 것이기 때문에 속도가 그다지 빠르지 않아 통신용이나 고속 전송 등에는 사용할 수 없고, 이러한 경우에는 PC900V나 4N26 등 고속용을 사용해야 한다.

(3) Current-Loop

Current-loop는 앞서 살펴본 전기절연 소자를 이용하고 잡음의 영향을 가장 덜 받는 안정된 방식으로서, 전송거리가 매우 길거나 특히 송신 측과 수신 측의 전기적 절연이 필요할 때 주로 사용하는 방법이다.

(1) Current-Loop의 원리

[그림 3-3-15]에 Current-loop의 원리를 나타내었다.

Current-loop는 전압신호 대신 전류신호가 전체 루프를 형성하며 전달되는데, 잡음은 전압의 성질을 지니고 있기 때문에 전류신호에는 영향을 미치지 않는다. 즉, 전송회로 전체가 전류가 흐르기 위한 낮은 임피던스로 형성되어 있어 잡음이 유입되기 어렵다.

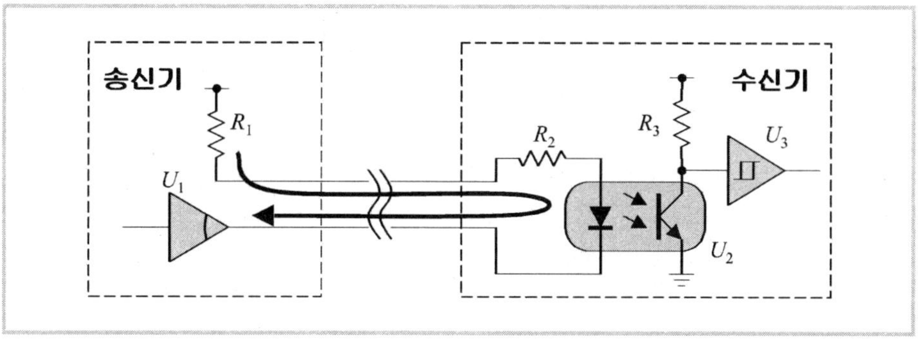

[그림 3-3-15] Current-loop 전송의 원리

전류신호는 수신 측의 LED를 구동하고, 이 빛을 검출해 신호를 전달받기 때문에 송신 측과 수신 측은 전기적으로 완전히 절연되는 특징을 가지고 있어 컴퓨터와 같은 약전(弱電)기기로 대형 강전(强電)기기를 제어할 때 적합해 공장 자동화 등에 자주 사용된다.

또한 이 방식은 오류의 확률이 다른 방식에 비해 현저히 낮기 때문에 실시간 통신을 중요시하는 전자 악기 간의 프로토콜인 MIDI(Musical Instrument Digital Interface)에 사용되고 있으며, 과거에는 텔레타이프라이터(TTY) 인터페이스용으로 사용되었다.

[그림 3-3-16]에 MIDI 인터페이스에 사용된 current-loop 회로의 예를 나타내었다.

Current-loop를 구성하기 위한 전용소자는 특별히 없으며 일반 소자들을 조합해 구성한다. 라인 드라이버용으로는 전류용량이 크고 내압이 비교적 높은 74LS06, 74LS07 등을 사용하며, 더 강한 특성을 가지도록 개별 트랜지스터 1개를 사용하거나 달링턴 트랜지스터들의 집합인 ULN2003A 등을 사용하기도 한다.

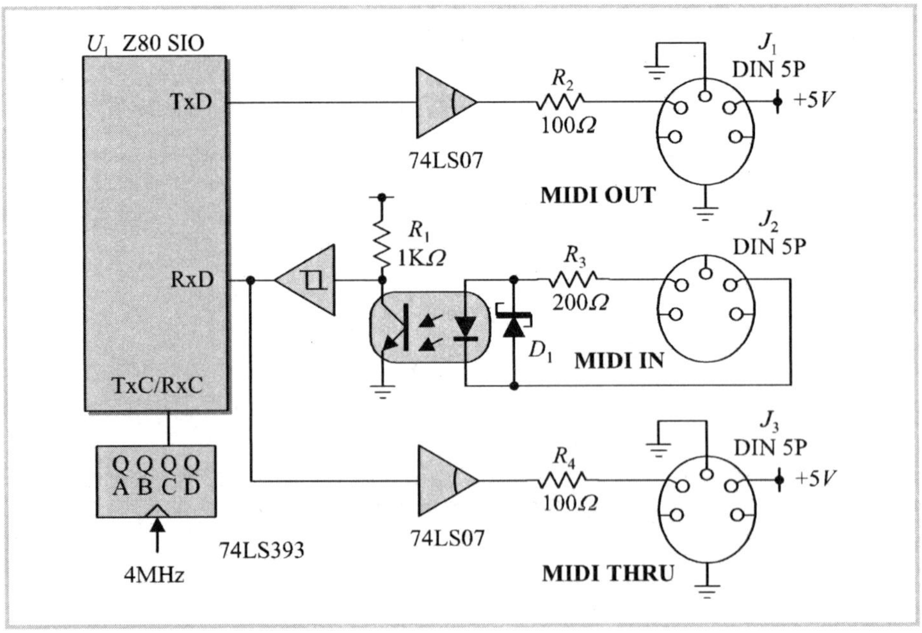

[그림 3-3-16] MIDI 인터페이스 회로의 예

(2) RS-232C - Current-Loop 변환

이미 기기에 RS-232C 통신회로가 장착되어 있고, 이를 장거리 전송해야 할 경우에는 RS-232C를 Current-Loop로 변환해 전송해야 잡음에 대한 안정성과 더불어 전기적 절연효과도 얻을 수 있다.

이와 같은 용도로 사용할 수 있는 간단한 RS-232C - Current-Loop 변환회로의 예를 [그림 3-3-17]에 나타내었다.

그림에 나타낸 회로는 변환회로의 한쪽을 나타낸 것으로서, RS-232C를 사용하는 기기의 양쪽에 각각 한대씩 부착하고 기기 사이는 이더넷용 UTP선을 이용해 twisted-pair로 전송하고 이때 사용하는 커넥터도 동일한 RJ-45를 이용할 수 있다.

기기 내의 독립전원은 이 기기의 동작을 위해 마련된 전원회로를 의미한다. 만약 컴퓨터 측에서 전원을 얻을 수 있는 경우 그 전원을 이용해도 무방하다.

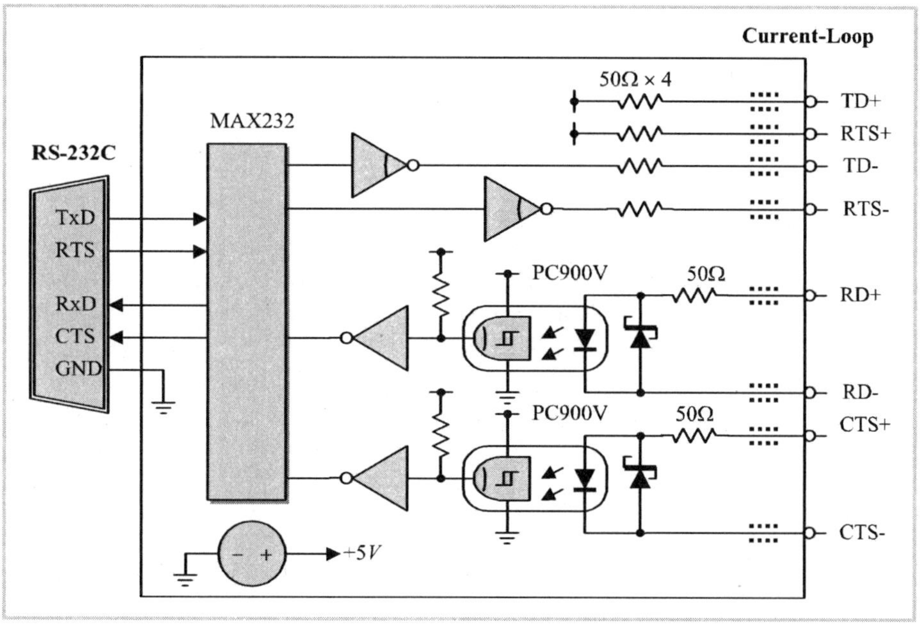

[그림 3-3-17] RS-232C - Current-Loop 변환회로의 예

찾아보기

실용전자측정

2019년 9월 10일 1판 2쇄 발행

저 자 이 현 창
발행인 남 승 우

발행처 도서출판 상尙 학學 당堂
서울특별시 동작구 사당로9가길 6
TEL : 02) 595-1692～4
FAX : 02) 595-1394
E-mail : namdoo6@unitel.co.kr
신고 : 2-155호 (1968. 11. 29)

정가 27,000원

ISBN 978-89-93383-91-1 93560